科学出版社"十三五"普通高等教育研究生规划教材
创新型现代农林院校研究生系列教材

园艺产品采后贮藏物流

孙崇德 吴 迪 主编

科学出版社
北 京

内 容 简 介

本教材以园艺产品为对象,结合国内外最新的研究进展,讲授采后生物学及采后贮藏与物流的相关内容,主要包括园艺产品采后生物学基础、园艺产品采后病害与控制、园艺产品冷链物流技术与装备、园艺产品采后包装、园艺产品智慧物流、园艺产品采后全供应链控制技术与集成、园艺产品采后性状的遗传改良等内容。本教材致力于让学生了解当前国内外园艺产品采后研究的最新进展,掌握园艺产品采后贮藏物流领域前沿技术知识和仪器装备操作方法,培养学生的学术研究能力、项目实施能力和问题解决能力,增强学生科学规范与严谨的学术素养,强化学生的学科专业知识与技能,鼓励学生构建互联网+时代下的网络化自主学习方式。本教材既衔接国际前沿又符合我国园艺产业发展需求,适应性广、实践性强,可为深化我国园艺研究生专业教育教学改革,提高教学质量提供支撑。

本教材适用于我国园艺相关专业研究生及青年学者,将有助于其了解园艺产品采后贮藏物流领域的最新研究进展和未来发展趋势,并为其开展相关研究及从事相关工作提供支撑。同时,本教材可作为园艺产品采后贮藏物流相关课程的本科生教材,也可供相关从业人员学习参考。

图书在版编目(CIP)数据

园艺产品采后贮藏物流/孙崇德,吴迪主编. —北京:科学出版社,2023.6
科学出版社"十三五"普通高等教育研究生规划教材 创新型现代农林院校研究生系列教材
ISBN 978-7-03-075752-4

Ⅰ. ①园… Ⅱ. ①孙… ②吴… Ⅲ. ①园艺作物—贮藏—研究生—教材 ②园艺作物—农产品—物流—研究生—教材 Ⅳ. ①S609 ②F252.8

中国国家版本馆 CIP 数据核字(2023)第 102610 号

责任编辑:丛 楠 林梦阳 赵萌萌 / 责任校对:严 娜
责任印制:张 伟 / 封面设计:蓝正设计

科学出版社 出版
北京东黄城根北街 16 号
邮政编码:100717
http://www.sciencep.com
北京凌奇印刷有限责任公司 印刷
科学出版社发行 各地新华书店经销
*
2023 年 6 月第 一 版 开本:787×1092 1/16
2023 年 6 月第 一 次印刷 印张:17
字数:439 000
定价:69.80 元
(如有印装质量问题,我社负责调换)

《园艺产品采后贮藏物流》编委会名单

主　　编　孙崇德　吴　迪

副 主 编　张长峰　关文强　张红印　孙　健

编　　委　（按姓氏笔画排序）

于怀智　国家农产品现代物流工程技术研究中心（山东商业职业技术学院）

王　达　中华全国供销合作总社济南果品研究所

王　岳　浙江大学

史学群　海南大学

吕恩利　华南农业大学

刘玉岭　烟台睿加节能科技有限公司

关文强　天津商业大学

孙　健　广西壮族自治区农业科学院

孙　翠　浙江大学海南研究院

孙崇德　浙江大学

李　莉　浙江大学

李永才　甘肃农业大学

李江阔　天津市农业科学院

杨相政　中华全国供销合作总社济南果品研究所

吴　坚　浙江科技学院

吴　迪　浙江大学

张长峰　国家农产品现代物流工程技术研究中心（山东商业职业技术学院）

张红印　江苏大学

林　琼　中国农业科学院农产品加工研究所

罗自生　浙江大学

班兆军　浙江科技学院

徐祥彬　海南大学

郭凤军　国家农产品现代物流工程技术研究中心（山东商业职业技术学院）

郭嘉明　华南农业大学

曹锦萍　浙江大学

阎瑞香　天津科技大学

前　　言

采后贮藏物流技术是保证果蔬等产品供应链安全和满足人民对美好生活追求的重要保障，也是践行国家"大食物观"战略的重要内容。近年来，随着经济社会的发展、科学技术的不断进步及电商物流等新模式的出现，人们对园艺产品采后贮藏物流技术提出了新的要求，要求其基于园艺、农学、生物、计算机、信息、材料、机械、控制、能源等不同学科交叉的新型技术体系，以有效支撑其发展，同时也需要有该领域相应的人才培养条件。

目前，已有一些园艺产品采后贮藏保鲜方面的规划教材，但多从园艺产品自身的生物学特性出发，对园艺产品的采后贮藏物流特性、贮藏保鲜技术等进行讲解，体现多学科交叉的基础理论和技术创新方面的内容相对较少，也缺少当前园艺产品采后研究的最新进展，无法满足当前国家培养高层次研究生人才的需求。为了培养园艺产品采后贮藏物流保鲜与品质控制相关的人才，加强该领域的技术研发，适应当前高校人才培养特点及产业发展的需求，浙江大学孙崇德教授牵头，组织了浙江大学、华南农业大学、江苏大学、天津科技大学、海南大学、甘肃农业大学、天津商业大学、国家农产品现代物流工程技术研究中心（山东商业职业技术学院）、浙江科技学院、广西壮族自治区农业科学院、中国农业科学院农产品加工研究所、天津市农业科学院、中华全国供销合作总社济南果品研究所、浙江大学海南研究院、烟台睿加节能科技有限公司等单位的专家学者共同编写了本书。本书基于当前国内外园艺产品采后与贮藏物流领域的最新资料和研究成果，内容紧随时代发展，注重实际应用环节，融入最新的采后生物学知识，尤其在园艺产品智慧物流和供应链技术探讨方面具有科学性和先进性。本书涉及知识甚广，包括园艺产品采后生物学基础、园艺产品采后病害与控制、园艺产品冷链物流技术与装备、园艺产品采后包装、园艺产品智慧物流、园艺产品采后全供应链控制技术与集成及园艺产品采后性状的遗传改良等。

本书旨在为园艺学、食品科学等学科的高校研究生和本科生培养提供支撑，也为园艺产品采后贮藏物流保鲜的研究提供一定的理论依据。同时，本书也可供从事园艺产品等生鲜农产品贮藏物流产业人员参考，可为其从事相关技术的研发和应用提供帮助，能够在一定程度上促进园艺产品采后贮藏物流产业的发展和进步。

鉴于编者水平有限，本书部分内容仍有不尽人意之处，存在的疏漏和不当之处，恳请各位读者给予批评指正，我们会不断改进和完善，以便本书在普及园艺产品采后生物学与贮藏物流的科学知识中发挥更大的作用。

孙崇德

2023 年 6 月于浙江大学紫金港校区

目　　录

第1章　绪论 ··· 1

1.1 采后贮藏物流在园艺产业中的意义 ··· 1

1.2 我国园艺产品采后贮藏物流发展概况 ··· 2

  1.2.1 我国园艺产品采后贮藏物流理论的发展 ··· 2

  1.2.2 我国园艺产品采后贮藏物流技术实践的发展 ··· 4

1.3 园艺产品采后贮藏物流发展趋势 ··· 14

第2章　园艺产品采后生物学基础 ·· 16

2.1 园艺产品的品质及其采后变化 ··· 16

  2.1.1 水分 ··· 16

  2.1.2 质地 ··· 17

  2.1.3 色泽 ··· 18

  2.1.4 滋味 ··· 19

  2.1.5 香气 ··· 20

  2.1.6 多酚 ··· 21

  2.1.7 矿物质 ·· 22

  2.1.8 维生素 ·· 23

  2.1.9 其他生物活性物质 ··· 24

  2.1.10　膳食纤维 ·· 25

2.2 影响园艺产品采后贮藏的因素 ··· 25

  2.2.1 园艺产品自身因素 ··· 25

  2.2.2 生态因素 ··· 40

  2.2.3 农艺措施因素 ··· 43

  2.2.4 贮藏条件因素 ··· 48

第3章　园艺产品采后病害与控制 ·· 53

3.1 病害种类 ·· 53

  3.1.1 病理性（侵染性）病害 ··· 53

  3.1.2 生理性（非侵染性）病害 ·· 58

3.2 传播途径及病程 ··· 64

  3.2.1 病害传播途径 ··· 64

  3.2.2 病程 ··· 65

3.3 园艺产品与病原微生物的相互作用 ··· 69

  3.3.1 病原真菌与植物互作概述 ·· 69

  3.3.2 病原微生物的主要致病机制 ··· 71

  3.3.3 感病果蔬的生理生化变化 ·· 77

3.3.4 寄主的防卫反应 ················· 78

3.4 采后病害的控制措施 ················· 81

3.4.1 化学杀菌剂 ················· 82

3.4.2 维持寄主抗性 ················· 85

3.4.3 果蔬采后病害的物理控制 ················· 88

3.4.4 化学措施 ················· 91

3.4.5 生物防治措施 ················· 93

第4章 园艺产品冷链物流技术与装备 ················· 97

4.1 制冷原理及冷链技术装备 ················· 97

4.1.1 制冷原理与制冷方法 ················· 97

4.1.2 制冷剂与载冷剂 ················· 102

4.1.3 制冷机 ················· 107

4.2 气调原理及技术 ················· 109

4.2.1 气调技术概况 ················· 109

4.2.2 自发气调 ················· 109

4.2.3 人工气调 ················· 111

4.2.4 硅窗气调 ················· 113

4.3 园艺产品采后贮藏设施 ················· 115

4.3.1 预冷设施 ················· 115

4.3.2 通风库 ················· 122

4.3.3 土窑洞贮藏库 ················· 125

4.3.4 机械冷藏库 ················· 126

4.3.5 立体仓库 ················· 128

4.4 园艺产品运输 ················· 128

4.4.1 公路运输 ················· 129

4.4.2 铁路运输 ················· 130

4.4.3 水路运输 ················· 132

4.4.4 航空运输 ················· 132

4.4.5 多式联运 ················· 133

4.4.6 集装箱多式联运 ················· 135

4.4.7 冷链运输模拟平台 ················· 138

4.5 装卸搬运装备 ················· 138

4.5.1 起重设备 ················· 139

4.5.2 物料输送设备 ················· 139

4.5.3 工业搬运车辆 ················· 139

4.5.4 堆垛机 ················· 140

4.6 冷链节能技术 ················· 140

第5章 园艺产品采后包装 ················· 142

5.1 园艺产品采后包装概述 ················· 142

5.1.1 包装的定义 ················· 142

5.1.2 园艺产品包装要求 ················· 142

5.1.3　园艺产品包装种类 ……………………………………………………… 143

5.1.4　园艺产品包装材料 ……………………………………………………… 143

5.1.5　园艺产品包装技术 ……………………………………………………… 143

5.2　园艺产品自发气调（MA）保鲜包装 …………………………………………… 144

5.2.1　MA 包装的功能 ………………………………………………………… 144

5.2.2　MA 包装的制造 ………………………………………………………… 145

5.2.3　MA 包装薄膜的选择要求 ……………………………………………… 145

5.2.4　MA 包装的理论模型 …………………………………………………… 148

5.2.5　MA 保鲜研究案例 ……………………………………………………… 150

5.3　园艺产品物流运输包装 …………………………………………………………… 153

5.3.1　园艺产品采后机械伤害 ………………………………………………… 153

5.3.2　园艺产品运输包装 ……………………………………………………… 159

5.4　园艺产品包装前沿技术进展 ……………………………………………………… 162

5.4.1　园艺产品活性包装 ……………………………………………………… 162

5.4.2　园艺产品智能包装 ……………………………………………………… 166

5.4.3　园艺产品绿色包装 ……………………………………………………… 169

第6章　园艺产品智慧物流 …………………………………………………………………… 179

6.1　物流信息的概念、特征、分类及作用 …………………………………………… 179

6.1.1　物流信息的概念 ………………………………………………………… 179

6.1.2　物流信息的特征 ………………………………………………………… 179

6.1.3　物流信息的分类 ………………………………………………………… 180

6.1.4　物流信息的作用 ………………………………………………………… 181

6.2　园艺产品采后物流信息获取技术 ………………………………………………… 182

6.2.1　正确采集数据的重要性 ………………………………………………… 182

6.2.2　条形码识别技术 ………………………………………………………… 182

6.2.3　射频识别技术 …………………………………………………………… 184

6.2.4　物流环境信息采集技术 ………………………………………………… 186

6.2.5　视频监控技术 …………………………………………………………… 189

6.2.6　定位导航技术 …………………………………………………………… 189

6.3　物流信息传输技术 ………………………………………………………………… 190

6.3.1　无线传感网络 …………………………………………………………… 190

6.3.2　ZigBee 网络技术 ………………………………………………………… 191

6.3.3　蓝牙 ……………………………………………………………………… 191

6.3.4　蜂窝移动网络 …………………………………………………………… 191

6.3.5　WiFi ……………………………………………………………………… 192

6.3.6　低功耗广域网络（LPWAN） …………………………………………… 192

6.4　物流信息管理技术 ………………………………………………………………… 193

6.4.1　ERP 系统 ………………………………………………………………… 193

6.4.2　EDI 系统 ………………………………………………………………… 193

6.4.3　OMS/WMS/TMS 系统 …………………………………………………… 195

6.4.4　GIS 技术 ………………………………………………………………… 196

6.4.5　数据挖掘与物流信息管理 ·· 198
6.5　物联网技术及其在物流中的应用 ··· 199
6.5.1　物联网的概念 ··· 199
6.5.2　物联网的结构 ··· 199
6.5.3　物联网的特征 ··· 200
6.5.4　物联网的作用 ··· 200
6.5.5　物联网技术在物流中的应用 ··· 201
6.6　大数据分析、人工智能及物流专家系统 ··· 203
6.6.1　大数据分析 ·· 203
6.6.2　人工智能 ··· 204
6.6.3　物流专家系统 ··· 205
6.7　追溯技术及区块链 ·· 207
6.7.1　追溯技术发展与应用 ··· 207
6.7.2　追溯系统概述 ··· 208
6.7.3　区块链技术与追溯系统 ··· 212
6.8　电子商务技术 ·· 213
6.8.1　电子商务技术概述 ·· 213
6.8.2　电子商务安全技术 ·· 213
6.8.3　园艺产品电商物流发展的思考 ·· 215
6.9　智慧仓储 ·· 216
6.9.1　智能叉车与无人叉车 ··· 217
6.9.2　穿梭车 ·· 217
6.9.3　自动导向搬运车 ·· 219
6.9.4　智慧仓储应用案例 ·· 221
第7章　园艺产品采后全供应链控制技术与集成 ······························· 222
7.1　园艺产品产销模式 ·· 222
7.1.1　园艺产品的商品特点和消费趋势 ·· 222
7.1.2　直接销售 ··· 222
7.1.3　间接销售 ··· 224
7.1.4　互联网营销 ·· 225
7.1.5　新型渠道策略 ··· 227
7.1.6　国际市场营销 ··· 230
7.2　园艺产品采后全供应链控制技术与集成案例 ··································· 234
7.2.1　采后全供应链控制技术 ··· 234
7.2.2　水果采后物流技术集成案例 ·· 234
7.2.3　蔬菜采后物流技术集成案例 ·· 239
7.2.4　花卉采后物流技术集成案例 ·· 243
7.3　园艺产品采后技术标准体系的建立 ··· 245
7.3.1　园艺产品采后技术标准主要类别 ·· 245
7.3.2　我国冷链物流标准化体系存在的问题 ··· 247
7.3.3　我国冷链物流标准工作建议 ·· 249

第 8 章　园艺产品采后性状的遗传改良 ·· 251

　8.1　采后病害抗性的遗传改良 ·· 251

　8.2　植物激素响应特性的遗传改良 ··· 251

　8.3　质地的遗传改良 ··· 252

　8.4　色泽的遗传改良 ··· 253

　8.5　风味和营养品质的遗传改良 ··· 254

　8.6　其他遗传改良 ··· 255

　8.7　展　　望 ··· 255

主要参考文献 ··· 256

扫码阅览彩图

第1章 绪 论

1.1 采后贮藏物流在园艺产业中的意义

园艺产品包括水果、蔬菜、花卉，在人类生活中具有重要的价值。我国是当今世界果蔬第一生产大国。国家统计局数据显示，近年来我国果蔬产量稳步增长，增幅明显（图 1-1 和图 1-2）；至 2022 年，全国蔬菜种植面积达 $2.1744 \times 10^7 \text{hm}^2$，总产量达 77 549 万吨，人均量约 549kg/年，全国水果种植面积达 $1.2962 \times 10^7 \text{hm}^2$，水果（含瓜果类）总产量达 29 970 万吨，人均量约 212kg/年。

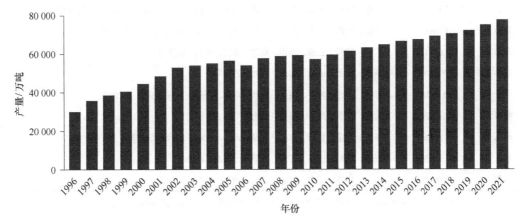

图 1-1　我国蔬菜年产量变化趋势（数据来源于国家统计局）

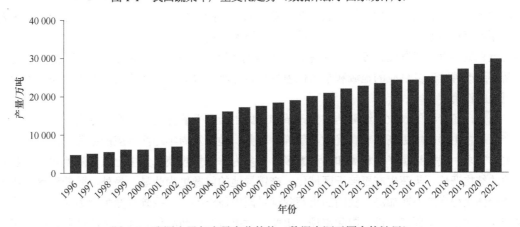

图 1-2　我国水果年产量变化趋势（数据来源于国家统计局）

我国幅员辽阔，地形多种多样。南北跨纬度广，自北而南有寒温带、中温带、暖温带、亚热带、热带等温度带及特殊的青藏高寒区。我国各区域的光照、水分、土壤等自然环境条件各异，为农业的发展提供了多种多样的条件。因此，我国水果和蔬菜种类非常丰富。据统计，2018 年产量超过 1000 万吨的水果有柑橘、苹果、梨、桃、葡萄、香蕉、西瓜和甜瓜等。各类水果的生产表现出极强的地域性，依其最适生境而分布，如柑橘主产区集中于北纬 16°～37°的各省份，其类别和品种繁多，柚、橙、宽皮柑橘又进一步形成了各自的优势产区；苹果产区分布广泛，主要分布于渤海湾和西北黄土高原两大区域；香蕉主产区集中分布于广东、广西、福建、台湾、云南和海南等省份；梨、桃、葡萄、猕猴桃等水果从南到北均有分布，而不同产区的适栽品种各异（表 1-1）。相较于园林水果，果用瓜和蔬菜得益于产季短及栽培设施与技术的广泛使用，对自然环境条件的依赖性逐渐下降，其种类和分布更为灵活，除寿光、张北、彭州、莘县、新野等大型蔬菜生产基地外，在各城镇周边往往建有中小型蔬菜供应基地，就近满足城镇居民的日常生活需求。

表 1-1　我国主要水果品类 2018 年产量与主要分布地区

水果品类	2018 年产量/万吨	主要分布地区
柑橘	4138.14	广西、湖南、湖北、广东、四川、江西、福建、重庆、浙江、云南等
苹果	3923.34	陕西、山东、河南、山西、甘肃、辽宁、河北、新疆、四川、云南、江苏、安徽、宁夏等
梨	1607.80	新疆、河北、陕西、河南、山东、安徽、辽宁、四川、山西、江苏等
桃	1521.78	山东、河南、河北、贵州、安徽、湖北、四川、江苏、山西、云南、陕西、浙江等
葡萄	1366.68	新疆、河北、山东、辽宁、云南、陕西、浙江、河南、广西、江苏等
香蕉	1122.17	广东、广西、云南、海南、福建、四川、贵州、重庆等
红枣	735.76	新疆、河北、山东、山西、陕西、甘肃等
柿	314.26	广西、河北、河南、陕西、山西、广东、福建、山东、安徽、云南等
菠萝	162.50	台湾、广东、广西、福建、海南等
西瓜	6153.69	河南、新疆、甘肃、海南、宁夏、山东、江苏、广西、湖南等
甜瓜	1315.93	新疆、河南、山东、江苏、内蒙古、陕西、浙江等
草莓	306.03	山东、江苏、辽宁、河北、安徽、河南、浙江、四川等

资料来源：国家数据 data.stats.gov.cn/；联合国粮食及农业组织统计数据 www.fao.org/faostat/。

园艺产品具有季节性强、地域性强、易腐烂变质等特点，采后贮藏物流技术是扩大园艺产品供应范围、延长供应周期、维持园艺产品新鲜品质、减少采后损失的重要手段之一。我国采后贮藏物流技术起步较晚，随着园艺产品产量的不断提高，在国家的大力支持下，我国采后贮藏物流领域得以快速发展。1949 年以来，我国市场上园艺产品种类日益丰富，产品品质和营养不断得到改善，产品供应的地域和季节性差异日益缩小，采后贮藏物流技术的进步在其中起到了巨大的作用。

当前，随着我国农业供给侧结构性改革和人民生活水平的提高，消费者对农产品的多样性和产品质量也提出了更高要求。优质、新鲜、营养、健康及周年均衡供应的果蔬产品已成为市场主体需求。我国果蔬产品种类和品种繁多，且多为季节性收获、集中上市。随着我国农业战略性的结构调整，果蔬生产更趋于区域化，产销异地的问题更为凸显，另外，随着世界产业链融合一体化程度的不断加深，我国的果蔬除满足国内需求外，一些颇具竞争潜力的大宗和特色农产品也大量走出国门、进入国际市场。由此，对果蔬产地商品化处理和物流产业的科技支撑也提出了更高要求。

1.2　我国园艺产品采后贮藏物流发展概况

1.2.1　我国园艺产品采后贮藏物流理论的发展

在过去几十年的发展中，得益于园艺产品基础理论研究的深入，人们对已有种类的园艺产品生物学特性有了较为全面的了解，由此带来了采后保鲜技术的飞速发展。

1.2.1.1　园艺产品采后品质变化与调控

园艺产品品质组成要素包括色泽、风味、香气、水分、质地等感官品质，也包括糖酸、维生素、矿物质组成等营养品质及膳食纤维和酚类等生物活性成分，以及与人体健康相关的其他品质。了解采收后园艺产品品质的变化特性及内在机理，是对其调控技术进行研发的基础。

随着生物化学分析技术乃至高通量的代谢组学研究技术在园艺产品采后基础研究领域的应用，人们对构成园艺产品品质的化学成分种类和含量、组织分布、采后变化规律的了解越来越全面，如香蕉果实后熟变甜的过程中淀粉向甜味的还原糖的转化、桃果实软化过程中果胶的分解、柿果实脱涩过程中单宁类成分的变化、柑橘采后的降酸、枇杷果实采后质地变硬过程中木质素的合成、果蔬采后异味的形成等过程。同时，人们也对采后环境对园艺产品品质变化的影响有了更为全面的了解，如环境温度与果蔬呼吸速率之间的关系、低温造成果蔬香气不可逆减淡的原因、果蔬冷害的成因、环境中高浓度 CO_2 对果蔬带来的保鲜或毒害作用、光照和温度等因素对色泽成分（花色苷、叶绿素、类胡萝卜素等）积累的影响等。

分子生物学技术体系在园艺产品采后基础研究领域的应用，使人们能够对园艺产品品质变化规律和调控手段的了解进一步深入到更为本质的基因水平。例如，人们从果实中发现了一系列与糖酸、香气成分、花色苷、类胡萝卜素、叶绿素、果胶、木质素、淀粉等物质的合成、降解和转运相关的功能基因，并研究了这些基因在采后不同时期、不同环境条件下表达量的变化。在研究外界条件对品质调控的机理方面，目前对于转录水平的调控研究已较为成熟，如 ERF、MYB、bHLH、WRKY 转录因子家族中有大量成员的功能已被挖掘，使园艺产品采后变化及其对环境的响应机理得以在转录调控水平上被解释。在此基础上，蛋白质修饰、转录修饰、基因组修饰等表观遗传学研究手段在园艺产品采后领域的应用报道也不断增加，为园艺产品采后变化及其对环境的响应机理研究提供了更为深入和新颖的角度。

1.2.1.2　园艺产品采后病害与控制

园艺产品采后病害包括病理性（侵染性）病害和生理性（非侵染性）病害。病理性病害是果蔬受真菌、细菌等病原微生物侵染所致，其往往具有传染性，容易造成巨大的损失。生理性病害也称采后生理失调或采后生理紊乱，是指由采前或采后非生物因素引起的园艺产品采后生理代谢紊乱，表面或内部组织出现异常的现象。

关于病理性病害，目前人们已经掌握了各类园艺产品中典型的病害种类及其病原菌。园艺产品采后主要病原真菌包括：半知菌亚门真菌，如青霉属、链格孢属、葡萄孢属、镰刀菌属、地霉属、刺盘孢属、单端孢属、拟茎点霉属、曲霉属、球二孢属真菌等；鞭毛菌亚门真菌，如腐霉属和疫霉属真菌；接合菌亚门真菌，如根霉属和毛霉属真菌；子囊菌亚门真菌，如核盘菌属、链核盘菌属和葡萄座腔菌属真菌。园艺产品采后主要病原细菌包括：欧文氏菌属和假单胞菌属，可引起大多数蔬菜和部分水果的软腐。同时，人们经过大量的研究，对各类园艺产品病害的发病条件、传播途径、病程、病原微生物的致病机制和宿主的防御反应有了较为清晰的了解。这些基础理论研究成果，为园艺产品采后病理性病害的防控提供了有力的理论依据。

园艺产品的采后生理性病害以贮藏期间不适宜的温度影响最为典型。此外，环境中不适宜的气体成分、过高的相对湿度、过量化学药物的处理及采前生长期间的强光照射、矿质营养的过量或缺乏等均会造成果蔬采后生理紊乱，导致品质劣变，采后寿命缩短。例如，长期低温贮藏导致桃果实的冷害现象、环境中过高浓度的 CO_2 引起的果心褐变现象、环境湿度过高加重柑橘果实浮皮的现象、钙元素缺乏导致白菜黑心病和苹果苦痘病等。

1.2.1.3　园艺产品采后智能化与信息化管理技术

基于重量传感器、图像技术的果蔬分级，可直观地获取果蔬的重量、几何结构和表面特征，替代了人工分选，使果蔬分级开始走向机械化和自动化，但仍然不能获取果实的内部品质信息。光谱和成像果蔬品质检测技术的出现，使内部品质的可视化分析和快速无损分选得以实现，目前已被广泛应用。光谱技术是根据果蔬和光之间的作用关系，利用不同光学特性所对应的特征光谱进行果蔬理化特性等研究的检测技术。目前，在果蔬无损检测领域研究较多的光谱技术包括近红外光谱、高光谱成像、拉曼光谱等。此外，激光诱导击穿光谱技术、太赫兹光谱技术也开始被逐步应用。

得益于这些分选技术的发展，近年来，我国采后处理流水线设备的制造企业数量增加，并出现了具备出口能力的大型设备生产企业，农产品商品化国际竞争力也在不断提升。但国内的采后自动化处理技术普及程度仍较低，未来有很大的发展空间。目前，多是针对果蔬单一品质进行检测，缺乏对口感、质地、营养成分等的综合评价标准，此外，大量的噪声、干扰变量等冗余信息的存在也会对模型的稳定性产生影响。因此，在构建更全面有效的综合评价体系、建立稳定可靠的检测模型、新算法的应用和现有算法的优化等方面，仍需大量的理论和应用研究，以服务于果蔬产业的发展。

1.2.2　我国园艺产品采后贮藏物流技术实践的发展

1.2.2.1　化学保鲜技术的发展

化学保鲜技术是园艺产品采后领域长期使用、经济而有效的技术措施之一。目前市面上和待开发的化学试剂林林总总，归结起来主要通过两方面起作用：抑制或杀灭微生物、调节果蔬的生理活动。

用于园艺产品采后领域的化学防腐杀菌剂种类繁多，包括：用于库房消毒的常用杀菌剂次氯酸盐、福尔马林、高锰酸钾、二氧化硫等，这类化合物具有广谱杀菌作用，能在短时间内杀灭绝大多数微生物，减小环境中的病原菌基数；用于杀灭果实病原微生物的苯并咪唑类、苯基吡咯类、嘧啶胺类、甲氧基丙烯酸酯类杀菌剂等，也是种植管理中常用的农药，大部分属于内吸性杀菌剂，对园艺产品具有长时间的保护作用。化学防腐杀菌具有经济、杀菌效果好、见效快且持久等优点。在目前的生产实践中，园艺产品采后病害控制很大程度上依赖于化学防腐杀菌剂。

许多化学成分对于园艺产品的生理活动具有调节作用，它们的作用机制多样，包括抑制或者清除乙烯、诱导抗性、促进伤口愈合等，还有类似植物激素的作用，如 1-甲基环丙烯（1-methylcyclopropylene，1-MCP）与乙烯受体结合从而阻断乙烯的作用，高锰酸钾用于清除环境中的乙烯、生长调节剂 2,4-二氯苯氧乙酸（2,4-dichlorophenoxyacetic acid，2,4-D）用于维持柑橘果蒂的新鲜度等。一些化学保鲜剂往往具有多重效果，如百可得不仅能杀菌还可促进柑橘果实伤口的愈合，咪唑类杀菌剂——咪鲜胺不仅能杀菌还有保鲜作用。调节园艺产品生理活动的化学保鲜剂，极大地维持了园艺产品品质的效果。

许多传统的化学保鲜剂对人体或者环境往往具有一定的毒性，其使用剂量需受到严格的监管。目前，不同的国家制定的剂量标准不一，常常成为园艺产品国际贸易的一大障碍。此外，在实际生产实践中，长期使用化学药剂所导致的病原菌产生抗药性问题、环境污染问题、食品安全问题等屡见不鲜。化学杀菌剂的使用安全性已成为当今公众关注的焦点。近年来，人们积极寻求新型、安全、高效的保鲜剂，常被考虑的化学物质为美国食品药品监督管理局（Food and Drug

Administration，FDA）规定的一般认为安全（generally recognized as safe，GRAS）化合物，包括有机物和无机盐类等食品添加剂，这类化合物具有残留少、价格低廉、对人类和环境安全等特点，适用于商业采后处理实践。此外，大量的研究表明，天然产物来源的绿色保鲜成分也具有潜在的应用价值。

1.2.2.2　气调保鲜技术的发展

气调保鲜技术是当前国际上广泛使用的现代化贮藏保鲜技术，它是指在低温贮藏的基础上，通过改变新鲜园艺产品采后贮藏环境中的气体成分，从而达到抑制果蔬呼吸代谢、延长贮藏寿命的目的。正常空气中 O_2 和 CO_2 的浓度分别为 20.9% 和 0.03%，而在气调贮藏环境中，适当降低 O_2 浓度并同时增加 CO_2 浓度，可以抑制园艺产品的呼吸作用，延缓果实成熟衰老。同时，低温结合低浓度 O_2、高浓度 CO_2 的贮藏环境，能够抑制果实内源乙烯的生物合成并削弱其对果蔬成熟衰老的促进作用，减轻或避免采后生理性病害发生。此外，低浓度 O_2、高浓度 CO_2 的贮藏环境还能在一定程度上延缓真菌病害的扩散和发展。

根据对已建立起来的贮藏气体环境是否具有再调整作用，气调保鲜技术可分为自发气调（modified atmosphere，MA）和人工气调（controlled atmosphere，CA）两种类型。自发气调是指在相对密闭的环境中，利用园艺产品自身呼吸作用降低 O_2 浓度的同时提高 CO_2 浓度的贮藏方法。而人工气调则是指针对不同类型的园艺产品特性，人为调控贮藏环境中各气体成分的方法。相比自发气调，人工气调能更精确地调配贮藏环境中各气体成分及温湿度参数，因此贮藏园艺产品时间更长、效果更好。近年来，人工气调技术有了新的突破，如低氧 CA（low oxygen CA）、低乙烯CA（low ethylene CA）和快速 CA（rapid CA）等。

相比于其他保鲜方式，气调保鲜具有贮藏时间长、保鲜效果好、贮藏损耗低、转货架期长及绿色无污染等优势。气调贮藏综合了低温贮藏和调节贮藏环境气体成分两方面技术，极大地抑制了园艺产品的呼吸作用和新陈代谢速率，实现了多种果蔬季产年销和周年供应，解决了我国果蔬"旺季烂，淡季断"的矛盾。由于严格控制了贮藏环境中的温度、湿度及气体成分，气调贮藏有效降低了果蔬的蒸腾作用及微生物的侵染，贮藏期间因失水、腐烂等导致的采后损耗大大减少，相比化学防腐更为绿色环保。

不同园艺产品由于自身的生物学特性差异，所需要的气调贮藏参数也不同（表 1-2），因此气调贮藏时应选择适宜的 O_2 和 CO_2 及其他气体浓度配比。我国幅员辽阔，各地区果蔬栽培管理、生态条件等差异较大，在实际生产中应因地制宜地选择合适的气调参数。值得注意的是，气调贮藏技术并不适用于所有园艺产品，如柑橘类果实在过低的 O_2 浓度或过高的 CO_2 浓度下会大量积累乙醇和乙醛等异味成分，甚至发生水肿病。另外，气调保鲜技术配套的技术设备成本较高，且对于果蔬采前管理、采后分级要求相对较高，因此更适合于大规模果蔬销售。

表 1-2　常见园艺产品气调贮藏参数

水果类	O_2/%	CO_2/%	蔬菜类	O_2/%	CO_2/%
苹果	1.5～3	1～4	番茄	2～4	2～5
梨	1～3	0～5	莴苣	2～2.5	1～2
桃	1～2	0～5	胡萝卜	2～4	2
香蕉	2～4	4～5	青椒	2～3	5～7
芒果	3～4	4～5	花椰菜	2～4	8

续表

水果类	O_2/%	CO_2/%	蔬菜类	O_2/%	CO_2/%
无花果	5	15	蒜薹	2～5	0～5
猕猴桃	2～3	3～5	生姜	2～5	2～5
柿	3～5	5～8	菠菜	10	5～10
板栗	2～5	0～5	西芹	1～9	0
荔枝	5	5	洋葱	3～6	8～10
草莓	3～10	5～15	青豌豆	10	3

1.2.2.3　物理保鲜技术的发展

相较于化学和生物方法，物理方法无残留、绿色、安全，具有很大的开发价值。控温保鲜技术（主要是冷链技术）是目前使用最广、最为有效的果蔬保鲜技术。大部分果蔬的控温保鲜技术参数已较为成熟，果蔬的采后处理技术标准中也均包含温度控制参数。除控温技术外，使用较广泛的还有气调保鲜技术，气调相关的包装材料和装备也已商业化应用，目前已有多种果蔬建立了气调技术标准。而近年来，越来越多的物理保鲜手段不断出现，包括紫外保鲜、减压保鲜、等离子体保鲜、高压静电场保鲜、热处理保鲜、射频和微波保鲜等。然而，物理保鲜技术门槛较高，对设备和操作技术均有严格的要求，成本也较高，而且目前尚缺乏简便灵活的装备，制约了其在产地的推广应用，这也是未来亟待突破的问题。

通过调节环境温度（通常是合适的低温）来延长园艺产品的保鲜期并维持其品质，是目前效果明显而且最为生产者接受的采后保鲜方法。果蔬最初采收时会释放田间热，在入库冷藏或冷链运输之前，需采取措施将其温度迅速降至所需终点温度，这一过程称为预冷。预冷是果蔬采后非常重要的一环，预冷处理是否得当，甚至关系到整个采后环节的成败。预冷环节需处理好两个关键问题：一是温度控制的准确性，二是时效性。除了对低温敏感的种类，大部分果蔬采后应尽快预冷，中间间隔时间过久，将会使后续的保鲜效果大打折扣。以草莓为例，从采收到预冷环节之间数小时的间隔，将导致其失水率增加50%以上，硬度下降14%～22%，褐变指数增加，商品性和食用品质均显著降低。因此，产地及时预冷，是果蔬冷链保鲜效果的重要保障。

根据冷媒的不同，可将预冷方式分为空气预冷、水预冷和真空预冷等。空气预冷措施众多，包括自然冷却预冷、加冰预冷、冷库预冷、压差预冷、强制空气冷却等；水预冷措施有喷雾式、喷淋式、浸泡式、液态冰技术等；真空预冷是指利用抽真空的方法，使农产品水分在低压条件下迅速蒸发带走热量，达到快速预冷的目的，具有冷却速度快、预冷均匀、清洁的优点，但也存在适宜预冷品种有限、失重率大、前期投资成本高等不足。果蔬的预冷效果与诸多因素相关，包括果蔬本身的生理特性、果蔬个体大小和传热速率、果蔬包装、果蔬堆放体积和堆放方式等。

长期以来，由于技术和设备条件的欠缺，我国绝大部分农产品的产地预冷一直未能很好地开展，成了果蔬冷链保鲜需解决的瓶颈问题之一。目前，产地预冷仅在劣变快、难贮运的果蔬上陆续开展，使用的技术也非常简单，最为常用的是加冰空气预冷和水预冷等，在荔枝、樱桃、杨梅等难贮运水果中广泛使用。今后，研发更为灵活（可移动式）的预冷设备、提高控温的精准性、降低能耗、提高能量利用率，是产地预冷技术的突破口之一。

1.2.2.4　生物保鲜技术的发展

该技术主要利用拮抗微生物及其制剂来进行防腐和保鲜。研究发现，果实表皮或环境中天然存在许多对采后病害具有防治作用的微生物，能提高果实抗病性，保护果实免受采后病害侵染。目前发现较为有效的拮抗菌包括芽孢杆菌属（*Bacillus*）、毕赤酵母属（*Pichia*）、假丝酵母属（*Candida*）、粘红酵母属（*Rhodotorula*）等。利用遗传学手段对拮抗微生物作进一步改造，能显著提高其抗病能力，这也是拮抗微生物的研究开发方向之一。除了直接应用拮抗微生物，还可应用其代谢产物开发抗菌制剂。微生物中广泛存在抗菌肽，如环孢霉素 B，也可通过遗传手段引入外源抗菌物质基因，如在酵母中重组表达豌豆防御素、天蚕素 A 及微生物发酵产物如纳他霉素等。另外，微生物中的结构成分，如胞壁物质，可能对果实具有抗性诱导作用，也具有开发潜力。

1.2.2.5　包装技术的发展

包装是果蔬实现商品化的重要步骤，它除能提升果蔬的商品性外观品质外，还能保护果蔬免受机械损伤、隔绝以减少病虫害的蔓延、保持微环境（温度、湿度、气体成分）稳定等。因此，减震缓冲、透水透气、防止结雾等能力是果蔬包装需具备的基本性能。

园艺产品的包装技术，是在结合园艺产品采后的生理活动规律的基础上形成的专用技术。当前，包装已成为园艺产品保鲜技术的重要部分，并涉及食品科学、植物学、材料科学、环境科学、市场营销等多学科的交叉应用。随着食品包装技术的日益发展，园艺产品的包装材料日益丰富，包括木质材料、纸质材料、竹制品、各种性能的聚乙烯、聚苯乙烯。将气调保鲜技术与包装技术进行整合，利用园艺产品自身的呼吸作用和塑料薄膜的透气性能，形成了自发气调（MA）包装技术；将抗菌物质、乙烯清除剂/拮抗剂、吸湿材料、纳米材料等融入包装材料中，制成活性包装，进一步拓展了包装材料的保鲜功能；物联网等现代信息技术在果蔬产业中的应用也促进了果蔬包装的变革。智能包装技术的研究逐渐兴起，并将成为未来的研究热点。目前已见智能标签的研发及其与包装的集成应用，如根据乙烯释放量指示果蔬新鲜度的标签、根据芳香气体的释放量来感知果蔬成熟度的指示标签等。另外，随着大众环保和健康意识的提高，可降解材料、可食用材料在果蔬包装中的应用研究也逐渐成为近年来的研究热点。

1.2.2.6　快速检测分级技术及其配套装备

果蔬的分级，是实现合理定质定价，并保持商品品质稳定的重要措施。果蔬的分级依据包括外部品质（大小、形状、表面缺陷、色泽、纹理）和内部品质（内部缺陷、糖酸含量、水分、质地）。传统的人工分级只能通过肉眼观测从而进行分拣，效率低下、误差大，而且无法评估其内在品质。在效率优先、人工成本日益上升的农业生产现状下，采后分级实现自动化和智能化，已成为产业发展的必然趋势。

现代园艺产品采后流通过程中的自动化分级处理主要以园艺产品无损检测理论和技术为支撑。近年来，我国果蔬的分拣装备研发进步迅速，各种基于大小、重量、形状的分选设备制造技术已经成熟，这类设备灵活轻便、占地面积小、操作简单、经济实用，已经在各地中小型生产主体中广泛使用，大大减轻了采后分选对人工的依赖程度。在园艺产品品质检测方面，我国装备研发和制造技术也取得了极大进步，出现了具备出口能力的大型设备生产企业。目前我国品质分选设备在柑橘、苹果等大宗水果的分选中应用较为普遍。

然而，目前国内的采后自动化处理技术普及程度仍较低，这与我国园艺产品生产主体规模普遍较小、设备使用成本高、闲置时间长、占地面积大、分选产品类别和品质指标有限等诸多因素有关。因此，品质分选装备的普及，有赖于无损检测相关理论技术的发展及园艺产品生产和流通方式的变革，但其无疑将成为园艺产品采后规模化生产流通不可或缺的技术支撑。

1.2.2.7　保鲜技术的集成应用

园艺产品采后劣变和损耗是多方面因素共同作用的结果，其与园艺产品本身的生理生化变化特点、外界温湿光气等环境因素、微生物种类和数量、采后流通过程中的机械损伤等均有密切关系。因此，应将园艺产品采后保鲜当成一项系统工程来看待，任何单一针对一个因素的保鲜技术，都很难确保园艺产品采后保鲜的成功。

园艺产品进入流通往往需要经过采收、前处理、分级、包装、贮藏、物流、上货架等环节。针对各环节所出现的问题进行相应技术的应用，才能最终实现采后损耗的最小化，保障最终产品的品质及经济效益。在实践过程中，园艺产品保鲜技术也在不断完善，并逐渐形成较为完整的技术体系。例如，20 世纪 60 年代发展起来的柑橘单果薄膜包装技术及前处理防腐保鲜剂的研发使用，使柑橘采后损耗大大降低。20 世纪 90 年代该技术推广至全国柑橘产区广泛使用，且至今仍是生产中主要使用的柑橘保鲜技术之一。在苹果采后技术方面，低温贮藏、气调保鲜和乙烯拮抗型抑制剂 1-MCP 的综合应用，加上耐贮运品种的筛选优化，使苹果贮藏期可达到 200 天以上，基本实现了周年供应；在低温保鲜技术基础上的气调保鲜技术和 1-MCP 的联合使用，不仅使苹果保鲜周期大大延长，也极大地改善了猕猴桃和桃等呼吸跃变型水果及蔬菜和鲜切花等多种产品贮藏与流通后的采后品质，并延长了供应周期。

1.2.2.8　政策的支持和基础设施建设

当前，国家对农产品采后体系建设高度重视。2015～2019 年连续 5 年的中央一号文件，均提出了关于农产品贮运、冷链、分级包装等采后体系建设的内容。2017 年发布的《"十三五"农业农村科技创新专项规划》提出"重点开展不同农产品产地商品化处理、物流过程损耗与质量控制、信息化监控、防霉防蛀防腐、包装等核心技术与配套装备等研究、示范、推广、应用，支撑农产品生产和物流健康发展"。2019 年 3 月 1 日，国务院新闻办公室举行新闻发布会，介绍了《关于促进小农户和现代农业发展有机衔接的意见》；中央农村工作领导小组负责人在回答记者提问时表示，电商要在农村发展壮大，必须要提升农村农副产品产地商品化的处理水平，必须要缩短农村和城市在物流配送体系方面的差距。2020 年中央一号文件提出"启动农产品仓储保鲜冷链物流设施建设工程。加强农产品冷链物流统筹规划、分级布局和标准制定。安排中央预算内投资，支持建设一批骨干冷链物流基地。国家支持家庭农场、农民合作社、供销合作社、邮政快递企业、产业化龙头企业建设产地分拣包装、冷藏保鲜、仓储运输、初加工等设施，对其在农村建设的保鲜仓储设施用电实行农业生产用电价格。依托现有资源建设农业农村大数据中心，加快物联网、大数据、区块链、人工智能、第五代移动通信网络、智慧气象等现代信息技术在农业领域的应用。开展国家数字乡村试点"等内容；2021 年的中央一号文件对农产品冷链基础设施建设做出了进一步的要求，提出"加快实施农产品仓储保鲜冷链物流设施建设工程，推进田头小型仓储保鲜冷链设施、产地低温直销配送中心、国家骨干冷链物流基地建设"。

得益于政策指引和市场需求，冷链硬件设施不断增加，截至 2019 年，我国共有冷链物流企业 1832 家，已建成冷库总库容 45 973 803 吨，冷链物流车 40 946 辆（参考 2019 年中冷联盟发布数据），为园艺产品冷链流通率的提升提供了硬件支持。

1.2.2.9　标准体系的建立

一直以来，园艺产品的管理均遵循非标准化产品的管理模式。尽管目前已经形成和发布了关于园艺产品采后的各类标准，内容涉及仓储、运输、配送、装卸搬运、包装、流通加工等环节，包括技术基础标准、冷链物流设施标准、仓储、运输、配送、装卸搬运、包装、流通加工设备标准、托盘标准、周转箱标准、集装箱袋标准、手工作业工具标准、信息采集跟踪标准、信息传输设备标准、信息交换设备标准、信息处理设备标准、信息存储设备标准、冷链物流技术方法标准等，然而，规模化、系统化的冷链物流体系仍然尚未形成。目前园艺产品标准管理方面仍存在诸多问题：我国园艺产品标准领域存在空白、交叉重复、矛盾现象；标准化推行部门缺少统一性、协调性；企业标准化意识淡薄，标准制定缺乏实践经验，对实际运作指导性不足，标准宣传有待加强；国际标准采用比例低等。推进我国园艺产品标准化体系的建设，促进品牌化，提升商品价值和市场竞争力，是未来园艺产品商品化高效优质发展的重要软件支撑。

1.2.2.10　产销模式的变革

我国地理条件多样，园艺产品生产种类丰富，但不同地区的生产模式差异巨大。在平原地区，不乏规模化种植基地，生产的标准化和机械化程度较高。而在高山和丘陵地区，生产模式往往因地而异，标准化和机械化实现难度较高。另外，我国农业用地细碎化，家庭经营规模普遍偏小，农业专业化水平较低。

我国园艺产品目前多样化的生产模式极大地影响着采后贮运水平，尤其是产地商品化处理水平的发展。截至 2019 年，我国共有冷链物流企业 1832 家，已建成冷库总库容 45 973 803 吨，冷链物流车 40 946 辆。然而，冷库等采后设施集中分布于东部和东南沿海等地，而中西部地区缺乏相关的设施设备。杀菌剂滥用的现象仍然较为普遍，监管难度大。采后技术体系尚待完善，尤其是全过程管理仍然难以实现，冷链断链、冷链损耗率高等问题普遍存在（表 1-3）。采后损耗不可控，受天气、操作管理水平、市场需求等多因素的影响。

表 1-3　我国与发达国家园艺产品采后贮藏物流现状比较

比较方面	发达国家	中国
贮藏	制冷控温贮藏为主，环境条件精准控制	许多产区缺乏冷库等硬件设施及配套的低温贮藏技术
化学保鲜	杀菌剂、打蜡处理为主，有严格的使用规范	杀菌剂、打蜡处理为主，使用较为粗放，易滥用
采后技术体系	较完善，注重综合技术的开发应用和全过程的管理	有待完善
机械化程度	高	因地而异，高山、丘陵及小规模经营农场机械化程度低
采后损失率	低，可控	不可控，受天气、操作管理水平、市场需求等多种因素影响

近年来，随着人们生活水平的提高和生活方式的变化，果蔬和花卉等新鲜园艺产品的消费量逐渐增长，并且消费者对于园艺产品品质的要求也明显提高。园艺产品具有易腐烂、价格和产量波动大、生产具有区域性和季节性等特点。市场经济较成熟的发达国家所生产的园艺产品已在生产与市场之间形成了完整的链条，而我国的园艺产品生产者仍面临严峻的销售压力。园艺产品采后贮藏物流作为解决产销问题的重要措施之一，其模式和技术体系变革将随着产销模式的变更而发生变化。

我国传统的园艺产品供应链模式中，参与主体包括农户、批发商、初加工单位、连锁店、超市、批发市场、农贸市场等。传统的产销模式为直接销售和间接销售。前者无中间销售环节，直接将产品销售给消费者，该模式下实施园艺产品采后贮藏物流的主体是生产者，不过该模式受生产的地域、季节、人力和市场行情等的影响非常大，生产者将承担巨大的销售压力和风险，一般只有小规模生产户使用；后者指生产经营者通过中间商把产品销售给消费者，是各类生产者尤其是规模化生产者普遍采用的模式，该模式下生产者和中间商都可能成为园艺产品采后贮藏物流的

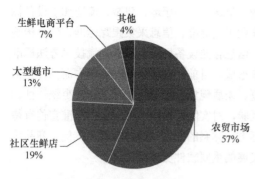

图 1-3　我国生鲜园艺产品流通现状
（全国城市农贸中心联合会，2022）

主体。

　　近十几年来，我国电子商务和物流水平飞速发展，园艺产品供应链模式也随之发生了巨大的变化。电商平台、配送中心等也参与到园艺产品供应链中，成为重要的主体。利用互联网平台开展园艺产品营销的新型模式，具有信息透明、便捷实用的特点，可以解决传统园艺产品销售过程中遇到的信息沟通不畅，供给资源容易被垄断和错过的问题。另外，利用线上社交工具和线下平台及社区进行销售的模式更是在近年来迅速发展（图 1-3）。

　　此外，目前我国已经成为世界上最大的蔬菜、水果和花卉生产基地。蔬菜一直保持着我国第一大出口优势农产品的地位，出口额占我国农产品出口总额的 20% 左右。表 1-4 和表 1-5 分别列示了当前我国进口和出口的主要园艺产品种类。

表 1-4　我国进口园艺产品种类

类别	种类	输出国家或地区
蔬菜	辣椒（*Capsicum annuum* L.；pepper）	韩国、荷兰、缅甸、泰国、乌兹别克斯坦、越南
	马铃薯（*Solanum tuberosum* L.；potato）	荷兰、法国、德国、印度、加拿大
	甜玉米（*Zea mays* var. *rugosa* Bonaf.；maize）	印度、美国、越南、日本、泰国
	番茄（*Solanum lycopersicum* L.；tomato）	荷兰、加拿大、印度、美国、越南、日本、泰国
	胡椒（*Piper nigrum* L.；black pepper）	阿拉伯联合酋长国、奥地利、澳大利亚、巴西、比利时、朝鲜、丹麦、德国、俄罗斯
	豌豆（*Pisum sativum* L.；pea）	新西兰、美国、瑞典、波兰
	大蒜（*Allium sativum* L.；garlic）	巴西、美国、缅甸、墨西哥、日本、西班牙
	生姜（*Zingiber officinale* Roscoe；ginger）	澳大利亚、菲律宾、韩国、马来西亚、美国、缅甸、尼日利亚、日本、泰国、印度、越南
	洋葱（*Allium cepa* L.；onion）	巴西、比利时、德国、法国、韩国、美国、缅甸、日本、乌克兰、印度、越南、中国台湾
	芦笋（*Asparagus officinalis* L.；asparagus）	澳大利亚、秘鲁、泰国
	卷心菜（*Brassica oleracea* var. *capitata* Linnaeus；cabbage）	法国、中国台湾
	花椰菜（*Brassica oleracea* var. *botrytis* Linnaeus；cauliflower）	比利时、法国、瑞士、中国台湾
	大白菜（*Brassica rapa* var. *glabra* Regel；Chinese cabbage）	朝鲜、俄罗斯、韩国、尼泊尔、日本、越南
	萝卜（*Raphanus sativus* L.；radish）	澳大利亚、比利时、韩国、荷兰、美国、日本
	胡萝卜（*Daucus carota* var. *sativa* Hoffm.；carrot）	比利时、韩国、美国、中国台湾
	蚕豆（*Vicia faba* L.；horsebean）	比利时、美国、日本、新西兰、越南
	黄瓜（*Cucumis sativus* L.；cucumber）	加拿大
	豇豆（*Vigna unguiculata* L. Walp.；cowpea）	巴基斯坦、法国、老挝、美国、缅甸、印度

续表

类别	种类	输出国家或地区
蔬菜	金针菇（*Flammulina velutipes*；needle mushroom）	朝鲜、韩国、马来西亚、日本、中国台湾
	山药（*Dioscorea polystachya* Turczaninow；Chinese yam）	澳大利亚、缅甸、日本、泰国、新西兰、印度、印度尼西亚、越南
水果	苹果（*Malus domestica*；apple）	日本、南非、波兰、法国、美国、阿根廷、智利、澳大利亚（塔斯马尼亚州）、新西兰
	柑橘类（*Citrus* spp.）	埃及、美国（加利福尼亚州、佛罗里达州、亚利桑那州、得克萨斯州）、乌拉圭（柠檬除外）
	橘（*Citrus reticulata*；mandarin）	巴基斯坦、泰国、以色列、中国台湾、摩洛哥、南非、西班牙、阿根廷、秘鲁、澳大利亚、新西兰
	橙（*Citrus sinensis*；orange）	巴基斯坦、泰国、以色列、中国台湾、摩洛哥、南非、塞浦路斯、西班牙、意大利、阿根廷、秘鲁、澳大利亚、新西兰
	葡萄柚（*Citrus paradisi*；grapefruit）	以色列、中国台湾、摩洛哥、南非、塞浦路斯、西班牙、阿根廷、秘鲁、澳大利亚
	甜葡萄柚（*Citrus grandis* × *Citrus paradisi*）	澳大利亚
	柚（*Citrus maxima*；pomelo）	泰国、以色列、中国台湾
	柠檬（*Citrus limon*；lemon）	塔吉克斯坦、以色列、中国台湾、南非、塞浦路斯、西班牙、意大利、澳大利亚、新西兰
	酸橙（*Citrus aurantifolia*、*Citrus latifolia*、*Citrus limonia*；lime）	秘鲁、澳大利亚
	橘柚（*Citrus tangelo*）	澳大利亚
	克里曼丁橘（*Citrus clementina*；clementine）	摩洛哥
	橘橙（*Citrus sinensis* × *Citrus reticulata*；mandora）	塞浦路斯
	芒果（*Mangifera indica*；mango）	巴基斯坦、菲律宾、缅甸、泰国、印度、越南、中国台湾、厄瓜多尔、秘鲁、澳大利亚
	菠萝（*Ananas comosus*；pineapple）	菲律宾、马来西亚、泰国、中国台湾、巴拿马、哥斯达黎加
	香蕉（*Musa nana.*；banana）	菲律宾、柬埔寨、老挝、泰国、印度尼西亚、越南、中国台湾、巴拿马、哥斯达黎加、厄瓜多尔、哥伦比亚
	甜樱桃（*Prunus avium*；cherry）	吉尔吉斯斯坦、塔吉克斯坦、土耳其、乌兹别克斯坦、加拿大（不列颠哥伦比亚省）、美国（华盛顿州、俄勒冈州、加利福尼亚州、爱达荷州）、阿根廷、智利、澳大利亚、新西兰
	草莓（*Fragaria ananassa*；strawberry）	美国（加利福尼亚州）
	杏（*Armeniaca vulgaris*；apricot）	澳大利亚
	葡萄（*Vitis vinifera*；grape）	韩国、印度、中国台湾、埃及、南非、西班牙、葡萄牙、美国、墨西哥、秘鲁、智利、澳大利亚、新西兰
	猕猴桃（*Actinidia chinensis*，*Actinidia deliciosa*；kiwi fruit）	法国、希腊、意大利、智利、新西兰
	梨（*Pyrus pyrifolia*；pear）	日本、中国台湾、比利时、荷兰、美国（加利福尼亚州、华盛顿州、俄勒冈州）、阿根廷、智利、新西兰
	桃（*Prunus persica*；peach）	中国台湾、西班牙、澳大利亚

类别	种类	输出国家或地区
水果	油桃（*Prunus persica* var. *nectarine*；nectarine）	智利、澳大利亚
	梅（*Prunus mume*；Japanese apricot）	中国台湾、新西兰
	李（*Prunus salicina*；plum）	中国台湾、西班牙、美国（加利福尼亚州）、智利、澳大利亚、新西兰
	枇杷（*Eriobotrya japonica*；loquat）	中国台湾
	柿（*Diospyros kaki*；persimmon）	中国台湾、新西兰
	西瓜（*Citrullus lanatus*；watermelon）	老挝、马来西亚、缅甸、越南
	哈密瓜（*Cucumis melo*；melon、cantaloupe）	中国台湾
	番木瓜（*Carica papaya*；papaya）	菲律宾、泰国、中国台湾
	龙眼（*Dimocarpus longan*；longan）	马来西亚、缅甸、泰国、印度尼西亚、越南
	荔枝（*Litchi chinensis*；litchi）	马来西亚、缅甸、泰国、越南
	椰子（*Cocos nucifera* L.；fresh young coconut）	菲律宾、马来西亚、泰国、中国台湾
	鳄梨（*Persea americana* Mills.；avocado）	菲律宾、墨西哥、秘鲁、智利、新西兰
	山竹（*Garcinia mangostana*；mangosteen）	马来西亚、缅甸、泰国、印度尼西亚
	椰枣（*Phoenix dactylifera*；dates palm）	埃及
	蓝靛果（*Lonicera caerulea* L. var. *edulis* Turcz. ex Herd.；blue honeysuckle）	朝鲜
	越橘（*Vaccinium* sp.；lingonberry）（仅加工使用）	朝鲜
	蓝莓（*Vaccinium* spp.；blueberry）	加拿大（不列颠哥伦比亚省）、墨西哥、阿根廷、秘鲁、乌拉圭、智利
	黑莓（*Rubus ulmifolius*；blackberry）	墨西哥
	树莓（*Rubus idaeus*；raspberry）	墨西哥
	甜瓜（*Cucumis melo*；melon）	缅甸、乌兹别克斯坦
	番石榴（*Psidium guajava*；guava）	泰国、中国台湾
	番荔枝（*Annona squamosa*；sugarapple）	泰国、中国台湾
	阳桃（*Averrhoa carambola*；carambola）	泰国、中国台湾
	波罗蜜（*Artocarpus heterophyllus*；jackfruit）	泰国、越南
	火龙果（*Hylocereus undulatus*；dragon fruit/pitahaya/pitaya）	越南、中国台湾
	椰色果（*Lansium parasiticum*；long kong）	泰国
	毛叶枣（*Zizyphus mauritiana*；Indian jujube）	缅甸、中国台湾
	红毛丹（*Nephelium lappaceum*；rambutan）	马来西亚、缅甸、泰国、越南
	木瓜（*Chaenomeles sinensis*；pawpaw）	马来西亚
	罗望子（*Tamarindus indica*；tamarind）	泰国
	人心果（*Manilkara zapota*；sapodilla）	泰国
	西番莲（*Passiflora caerulea*；passion fruit）	泰国
	榴莲（*Durio zibethinus*；durian）	泰国
	蛇皮果（*Salacca zalacca*；salacca）	印度尼西亚

续表

类别	种类	输出国家或地区
水果	莲雾（*Syzygium samarangense*；rose apple）	泰国、中国台湾
	槟榔（*Areca catechu*；betel nut）	中国台湾
花卉	百合（*Lilium brownii* var. *viridulum* Baker；lily）	荷兰、日本、朝鲜、西班牙
	玫瑰（*Rosa* spp.；rose）	厄瓜多尔、哥伦比亚、保加利亚、肯尼亚
	郁金香（*Tulipa gesneriana* L.；tulip）	荷兰、新西兰
	蝴蝶兰（*Phalaenopsis aphrodite* H. G. Reichenbach；phalaenopsid）	中国台湾、菲律宾
	大花蕙兰（*Cymbidium hybrid*；cymbidium）	新西兰、越南、缅甸、泰国
	康乃馨（*Dianthus* 'Carnation'；carnation）	肯尼亚、哥伦比亚、荷兰

注：水果数据来源于中国海关总署 2019 年 4 月发布的《获得我国检验检疫准入的新鲜水果种类及输出国家/地区名录》；蔬菜数据来源于中国海关总署 2022 年发布的《准予进口新鲜蔬菜、调味料等植物产品种类及输出国家地区名录》；花卉数据来源于中国花卉协会发布的《2021 年全国花卉进出口数据分析报告》。

表 1-5　我国出口园艺产品种类（海关统计数据）

类别	种类	准入国家或地区
蔬菜	大蒜（*Allium sativum* L.；garlic）	日本、美国、巴西、韩国、泰国、孟加拉国、印度尼西亚、越南
	蘑菇（*Agaricus campestris*；mushroom）	印度尼西亚、越南
	番茄（*Solanum lycopersicum* L.；tomato）	哈萨克斯坦、吉尔吉斯斯坦、印度尼西亚、越南、意大利、尼日利亚
	生姜（*Zingiber officinale* Roscoe；ginger）	印度尼西亚、越南、韩国、日本、美国
	辣椒（*Capsicum annuum* L.；pepper）	俄罗斯、泰国、蒙古国、美国、韩国、日本、印度尼西亚、越南
	洋葱（*Allium cepa* L.；onion）	日本、韩国、泰国、阿拉伯联合酋长国、俄罗斯、印度尼西亚、越南
	胡萝卜（*Daucus carota* var. *sativa* Hoffm.；carrot）	日本、印度尼西亚、马来西亚、韩国、泰国、越南、俄罗斯
	萝卜（*Raphanus sativus* L.；radish）	印度尼西亚、越南、泰国、韩国
	木耳［*Auricularia auricula*（L.ex Hook.）underwood；agaric］	日本、韩国、印度尼西亚、越南
	马铃薯（*Solanum tuberosum* L.；potato）	印度尼西亚、越南
	竹笋（*Bambusoideae* spp.；bamboo shoot）	日本、美国、德国、荷兰、韩国、土耳其、比利时
	菠菜（*Spinacia oleracea* L.；spinach）	马来西亚、新加坡、泰国、越南、俄罗斯、老挝、俄罗斯
	黄瓜（*Cucumis sativus* L.；cucumber）	马来西亚、蒙古国、新加坡、泰国、越南、俄罗斯、柬埔寨
水果	苹果（*Malus domestica*；apple）	智利、阿根廷、墨西哥、秘鲁、南非、澳大利亚、美国、加拿大、泰国、毛里求斯
	鲜梨（*Pyrus bretschneideri*、*Pyrus* sp. Nr. communis、*Pyrus pyrifolia*；pear）	加拿大、美国、墨西哥、阿根廷、智利、秘鲁、南非、新西兰、澳大利亚、泰国、毛里求斯、以色列（*Pyrus* sp. Nr. communis 除外）
	柑橘（*Citrus* sp.；orange）	秘鲁、墨西哥、泰国、毛里求斯［仅包括柚子（*Citrus grandis*；Pomelo）］、智利
	荔枝（*Litchi chinensis*；litchi）	日本、乌拉圭、智利、澳大利亚、韩国、美国
	龙眼（*Dimocarpus longan*；longan）	乌拉圭、智利、澳大利亚、美国
	哈密瓜（*Cucumis melo*；melon, cantaloupe）	日本
	葡萄（*Vitis vinifera*；grape）	新西兰、澳大利亚、泰国
	欧洲甜樱桃（*Prunus avium*；cherry）	韩国、中国台湾

续表

类别	种类	准入国家或地区
水果	鲜枣（*Zipiphus jujube*；Chinese date）	南非、泰国
	油桃（*Prunus persica* var. *nectarina*；nectarine）	澳大利亚
	香蕉（*Musa nana.*；banana）	新西兰
	桃（*Prunus persica*；peach）	澳大利亚
	李（*Prunus domestica*、*Prunus salicina*；plum）	澳大利亚
	杏（*Armeniaca vulgaris*；apricot）	澳大利亚
花卉	菊花（*Chrysanthemum*×*morifolium* Ramat；chrysanthemum）	日本、韩国、泰国、新加坡、菲律宾、澳大利亚
	蝴蝶兰（*Phalaenopsis aphrodite* H. G. Reichenbach；phalaenopsid）	美国、越南、澳大利亚、荷兰
	大花蕙兰（*Cymbidium hybrid*；cymbidium）	日本、韩国、加拿大、美国
	康乃馨（*Dianthus 'Carnation'*；carnation）	日本、韩国、泰国、菲律宾、澳大利亚
	百合（*Lilium brownii* var. *viridulum* Baker；lily）	缅甸、泰国、菲律宾、新加坡、马来西亚
	玫瑰（*Rosa* ssp.；rose）	澳大利亚、泰国、马来西亚、新加坡、菲律宾
	红掌（*Anthurium andraeanum* Linden；anthurium）	越南、新加坡、泰国

注：传统贸易不在此名录内。水果传统贸易是指不需要签署双边议定书就可以直接出口某种新鲜水果至该国的贸易方式，比如我国柑橘出口到俄罗斯。这些传统贸易无法统计具体的水果种类和国家，因为有的是已有新鲜水果贸易且进口国无准入条件，有的是尚未开展新鲜水果贸易但进口国无准入条件，有的虽有新鲜水果贸易但进口国以后可能会设置准入条件。若有意出口新鲜水果至某国，又不在我国允许出口的水果和国家名录中，是否可以准入可向该国检验检疫机构咨询。

1.3　园艺产品采后贮藏物流发展趋势

我国果蔬采后研究起步较晚，一直以来，"重采前、轻采后"的传统思想导致不够重视水果和蔬菜的采后商品化处理，大部分果蔬以原始产品状态进行贮藏和物流上市，果蔬采后腐烂率高，经济损失大。

自 2010 年国家发展和改革委员会出台《农产品冷链物流发展规划》（2010～2015 年）以来，我国果蔬冷链物流比例逐步提高。公开数据表明：2010～2016 年，果蔬冷链流通率由 5%升至 22%；然而，跟发达国家相比，仍存在差距。当前，美国、日本等发达国家的冷链流通率达 95%以上，损耗率小于 5%，冷链利润率达 20%～30%；而我国冷链损耗率超过 20%，冷链利润率仅 8%，低于常温利润率 2 个百分点，呈现冷链流通比例低、损耗大、成本高的局面。因此，我国的冷链技术和管理体系还有非常大的发展空间，如果能减少冷链能耗、提高冷链效率、降低成本，建设完善的农产品冷链系统化管理体系，在今后园艺产品采后贮运领域具有非常重要的实践意义。

在产销模式变更、物流业发展、消费需求从量变到质变的共同推动下，园艺产品采后目标在逐渐发生转变，从追求更长的贮藏期转向维持更好的采后品质。为实现这一目标，人们希望改变园艺产品作为非标准化商品的状态，使其成为可控的标准化产品。因此，精准调控技术、产品标准体系的建设，都将成为今后园艺产品采后领域需解决的重要问题。

伴随着人口素质的不断提高，未来社会的农业劳动力将逐渐减少，劳动成本将增加。因此，园艺产品的生产也不可避免地将朝着智能化、无人化方向发展。智慧、高效的园艺产品供应链能够保持产品品质、延长货架期、减少损耗，智慧物流基于物联网、大数据、人工智能、区块链等现代信息技术，具有思维、感知、学习、推理判断和自行解决物流中某些问题的能力，帮助企业提升园艺产品物流效率、提高物流服务水平、降低物流成本，将带动整个园艺产业的现代化高质量发展。

另外，随着基础理论研究的不断深入，更多关于园艺产品品质形成和劣变的机理将不断被揭示。通过开展多组学研究，发掘关键基因，从种质资源和育种层面培育易于生产管理、耐贮运、品质佳的品种，从根本上解决园艺产品采后贮运问题，是园艺领域研究的重要方向之一。

总而言之，低能耗、绿色安全、精准化、自动化、智能化是园艺产品采后贮藏物流未来发展的理念和方向，其实现有赖于跨学科合作技术攻关及管理体系的不断完善。

第 2 章　园艺产品采后生物学基础

2.1　园艺产品的品质及其采后变化

果蔬富含多种植物化学物质，是膳食的重要组成部分。果蔬中除含有必需的维生素和矿物质之外，还含有纤维素、类胡萝卜素、植物甾醇等植物源成分，有益人体健康，通常根据色泽、风味、营养、质地与安全状况来评价果蔬的品质。园艺产品的品质不仅影响产品本身的市场竞争力，也影响人们的生活质量。园艺产品具有易腐烂、含水量高、保鲜期短等特性，而且在收获后也仍能保持代谢活性，在贮藏运输过程中会继续进行呼吸作用，释放乙烯，因体内的水分发生迁移和蒸腾作用而变得萎蔫皱缩，在此过程中园艺产品体内的营养成分及活性物质也会发生改变。因此，在对园艺产品进行贮藏运输时，要将其置于适宜的环境条件下。

2.1.1　水分

生鲜园艺产品的共同特性是含水量高，新鲜果蔬的含水量大多在 75%～95%。水分（water content）决定园艺产品的新鲜度，但采后园艺产品体内的水分会蒸散，大量失水导致其变得疲软、萎蔫，品质下降。园艺产品在采后贮藏期间品质下降主要体现在两个方面，失重和失鲜。失重包括水分和干物质的损失，而失鲜是指产品质量的损失，表面光泽消失、形态萎蔫、外观不再饱满、失去新鲜和脆嫩的质地，甚至失去商品价值。而水分散失既会导致园艺产品失重，也会造成其失鲜。许多果实失水率高于 5%即引起失鲜。不同产品失鲜的具体表现有所不同，如叶菜失水容易萎蔫、变色、失去光泽；萝卜失水，外观变化不大，内部糠心；苹果失鲜不十分严重时，外观也不明显，表现为果肉变沙。新鲜果蔬水分损失主要是由于蒸腾作用和呼吸作用。

2.1.1.1　蒸腾作用

蒸腾作用（transpiration）是产品与周围大气的水蒸气压差驱动的过程，包括三个基本阶段：①水主要以水蒸气形式从细胞间区扩散到表面；②水从产品的外部表层蒸发；③水由水蒸气对流传质到邻近环境。影响蒸腾作用的内在因素有园艺产品的表面积比、表面保护结构和细胞持水力，外在因素有空气湿度、温度、空气流动和气压等。空气湿度是影响产品表面水分蒸腾的主要因素，贮藏中通常用空气的相对湿度来表示环境的湿度。水分在园艺产品表面的蒸散有两个途径，一是通过气孔、皮孔等自然孔道，二是通过表皮层。气孔蒸散的速度远大于表皮层。表皮层的蒸散因表面保护结构和成分的不同差别很大。表面的角质层不发达，保护能力差，极易失水；角质层加厚，结构完整，有蜡质、果粉则利于保持水分。原生质亲水胶体和可溶性物质含量高的细胞有高渗透压，可使组织水分向细胞壁和细胞间隙渗透，利用细胞保持水分。此外，细胞间隙大，水分移动的阻力小，移动速度快，也会加速失水。园艺产品表面积比越大，蒸腾作用则越强。蒸腾作用对园艺产品采后品质和保鲜期有各种不利影响，如果不加以控制，蒸腾作用释放的水会在产品包装的内表层凝结成一层水珠，接触到园艺产品后不仅会导致产品外观缺陷，还会促进腐败微生物生长。

失水还会造成园艺产品的代谢失调。园艺产品萎蔫时，原生质脱水，促使水解酶活性增强，加速水解。例如，风干的甘薯变甜，就是因为水解酶活性增强，引起淀粉水解为糖。但是水解加速会使呼吸基质增多，促进了呼吸作用，加速了营养物质的消耗，削弱了组织的耐藏性和抗病性，加速腐烂。过度脱水还使脱落酸含量急剧上升，加速脱落和衰老。因此，水分调节对于维持园艺产品采后品质而言是必需的。

2.1.1.2　呼吸作用

呼吸作用（respiration）是一个复杂的过程，包括产生代谢物、CO_2、能量、还原当量及消耗糖类和大气氧而产生水。随着环境中温度和相对湿度的增大，园艺产品的呼吸速率会提高，产生的能量可以提供更多的水蒸发所需潜热，故而导致更多的水分散失。除提供水蒸发所需的潜热外，有氧呼吸还会消耗体内的有机物氧化产生水，这部分水也会作为水蒸气而损失。研究发现，把梨置于 293.15K、95%相对湿度条件下贮藏时，呼吸作用产生的水损失［达 18.512μg/（kg • s）］占梨总水分损失量的 39%。Mahajan 等证实了呼吸速率对蘑菇、草莓和红番茄蒸腾失水的贡献，并将具有呼吸热纳入 Fick 理论扩散模型。但总体来说，在园艺产品采后的水分损失中，蒸腾作用起直接作用，呼吸起间接作用。

2.1.2　质地

质地（texture）是从食物的结构元素中衍生出来的一组物理性质，主要与食物在力作用下的变形、崩解和流动性能有关。质地对园艺产品的综合品质具有显著的贡献。从消费者的角度来看，它是市场接受度的主要贡献因素之一。质地也决定了果蔬产品的某些部位的可接受性及它们通常的食用方式。例如，一些果蔬的果皮较薄，可以与果肉一起食用，如草莓、蓝莓等；但当果皮较厚、较硬、有毛或纤维物质时，则通常会把皮去掉，如芒果、猕猴桃等。

园艺产品的质地主要体现为脆、绵、硬、软、细嫩、粗糙、致密、疏松等，它们与园艺产品品质密切相关，是评价果蔬品质的重要指标。在园艺产品中，硬度和多汁性是最重要的质地参数。其中，硬度是影响果蔬贮运性能的重要因素。人们常常借助硬度来判断果蔬的成熟度，确定他们的采收期，同时也是评价果蔬贮藏效果的重要参考指标。

园艺产品质地的好坏取决于组织的结构。组织结构与其化学组成密切相关，故化学成分是影响果蔬质地的最基本因素。与果蔬质地有关的化学成分主要是水分和果胶物质。

2.1.2.1　水分对质地的影响

含水量高的果蔬细胞膨压大、组织饱满、品质好、商品价值高。研究发现，蒸腾作用引发的失水与果实的软化有关。例如，番茄果实成熟时，植物的蒸腾作用越弱，水和矿物质从土壤和叶子向果实的转运就越慢，从而导致番茄果实变软。

采后园艺产品表面的角质层可以通过减少内部水分蒸腾而有利于维持园艺产品的质地。角质层由角质和蜡组成，在植物与其环境之间提供了一个关键的结构屏障。角质层具有多种生物学作用，如控制水分流失、减少微生物侵染和控制生理紊乱等，其中最重要的作用是抑制园艺产品体内的水分流失。植物的角质层由表皮细胞层合成，其合成包括三个过程：①脂质的生物合成和形成单体的延伸；②运输和出口；③角质层组装。这些过程包括蜡和角质的沉积模式，在不同的物种和器官之间是不同的，这表明它们受到不同机制的调节，但植物角质层的结构-功能关系尚有诸多方面未能得到很好的解释。角质层还具有流动性和自我修复的能力，有助于机体抵抗生物和非生物胁迫。

2.1.2.2　果胶对质地的影响

果胶是一种多糖，存在于植物的细胞壁与中胶层，是内部细胞的支撑物质。果胶有三种形态，即原果胶、可溶性果胶与果胶酸，在不同生长发育阶段，果胶物质的形态会发生变化。果胶形态变化是果蔬硬度下降的主要原因，也是影响果蔬贮运性能的重要因素。

在成熟过程中，肉质果实会经历软化过程，之后便可以食用。果实软化是一个复杂的过程，可以分为三步：扩张蛋白引起的细胞壁松弛、半纤维素的解聚作用、多聚半乳糖醛酸酶或者其他水解酶类的解聚作用。然而，过度软化会降低果实质量，导致采后损失。薄壁细胞壁的降解和胞间层的溶解是果实软化的主要因素，而半纤维素解聚、果胶增溶与解聚是许多果实成熟普遍存在的现象。抑制编码果胶降解酶，如多聚半乳糖醛酸酶或果胶裂解酶的基因，可以减少果实的软化，延长果实采后保质期。蔬菜通常比水果的硬度大，且软化程度较水果轻。蔬菜的质地变化也与细胞壁组成的改变有关，除此之外，还与渗透溶质的流失和渗漏导致的细胞膨胀有关。

2.1.2.3　细胞与细胞壁的变化对质地的影响

园艺产品质地的变化也与细胞形状和大小、细胞壁厚和组成、相邻细胞之间的黏附和细胞膨大有关。植物细胞之间的黏附是植物生长和发育的一个基本特征，也是植物生长过程中获得机械强度的重要组成部分。果实成熟后，细胞黏附的聚合物网络解体，细胞之间的黏附力减弱而逐渐游离成单个细胞。水果和蔬菜的烹饪或加工过程也会诱导细胞分离，细胞分离的程度是马铃薯、豆类、番茄、苹果和其他水果的重要品质特征。此外，园艺产品采后细胞会发生破裂和分解，并且随着果实的成熟，细胞的细胞壁会逐渐解体。细胞壁厚与果实的成熟度和组织类型密切相关。对番茄果实组织成熟过程中细胞形态和微裂解行为的研究发现，番茄果实的细胞破裂率取决于果实成熟阶段、组织类型和施加力的方向/模式。在外加剪切和张力作用下，番茄果实在每个成熟阶段的不同组织中可以观察到两种破坏模式，即细胞破裂和分离。

植物细胞壁是由结构多样的多糖组成的高度复杂的复合材料，由两层构成，包括初级细胞壁和中壁层，为植物抵抗病原菌的侵染提供了一层屏障。初级细胞壁由纤维素、微纤维和基质（由果胶和半纤维素组成）组成，中壁层富含果胶，将相邻细胞黏附在一起。植物细胞壁既抑制和调节细胞的膨胀，同时又保持细胞间的黏附，从而使具有强大力学性能的器官得以生长发育。园艺产品细胞壁的多糖成分大致分为三类，即纤维素、半纤维素和果胶。对野草莓的研究表明，成熟过程中细胞分离、细胞伸长和细胞壁分解是同时发生的，并且细胞分离和细胞壁分解的协调作用有助于果实成熟过程中果实的快速膨胀。解剖观察发现细胞分离发生在果实形成的最早阶段。当细胞完全分离时，大量的纤维素分解，这与细胞和果实体积的膨胀相吻合。

2.1.3　色泽

色泽（color）是人们感官评价果蔬品质的一个重要因素，在一定程度上反映了果蔬的新鲜程度、成熟度和品质。因此，果蔬的色泽及其变化是评价果蔬品质和判断成熟度的重要外观指标。园艺产品中主要的色素类物质有叶绿素、花色苷、类胡萝卜素和黄酮类色素。

2.1.3.1　叶绿素

自然界中的绿色是植物细胞叶绿体中存在叶绿素所致。叶绿体将叶绿素保持在细胞壁附近，叶绿素在生物膜上进行光合作用。叶绿素与类胡萝卜素等其他色素协同作用，在光能代谢和催化碳水化合物的合成中起着重要作用。在园艺产品的成熟衰老过程中，随着叶绿素的降解，园艺产品特有的色泽得以显现。在一些植物的成熟过程中，避光条件下叶绿素的合成受乙烯气体的调控。这一机理被广泛应用到果蔬的贮藏技术中，如在受控的气体环境中贮存水果（柑橘类水果、香蕉、芒果、梨等），可以促进其叶绿素降解或者保持贮藏产品的绿色；在包装或贮藏环境中用乙烯气体处理梨，可以加速其叶绿素的降解，促进梨的成熟。

植物体内叶绿素的降解代谢途径可分为两种：未脱绿代谢和脱绿代谢。叶绿素的绿色是由于四吡咯大分子环上 π 电子共轭效应形成的，而叶绿素代谢产物包括脱植基叶绿素和脱镁叶绿酸等，这些代谢产物拥有完整的四吡咯大分子环，因此它们仍能保持绿色。对大白菜的采后研究发现，冷库贮藏能够有效地维持叶绿素含量，较好地抑制参与叶绿素降解途径的相关酶活性，其中包括脱镁叶绿素酶、叶绿素酶和脱镁螯合酶等，而叶绿素过氧化物酶被证实不是参与大白菜叶绿素降解的关键酶。此外，冷库贮藏还较好地维持了大白菜叶绿体的完整性及其数量。

2.1.3.2 花色苷

花色苷是使果蔬、花卉等组织表现出特定颜色如红色或蓝色的主要次生代谢物。它属于多酚类化合物中的黄酮类化合物，广泛存在于园艺产品中，是植物用来抵抗低温和辐射胁迫的重要保护物质。花色苷也是天然抗氧化剂，对人类健康具有诸多益处。目前从植物中发现的花色苷超过500 种，其中矢车菊素-3-O-葡萄糖苷（又称花青苷）是自然界中分布最广泛的花色苷。游离花青素在自然条件下极为罕见，主要以糖苷形式存在，糖苷形式增加了花青素的稳定性和水溶性。花青苷的生物合成和转运途径已有大量的研究，这些途径中的关键调控因子在许多植物中都存在。花青苷是由苯丙氨酸通过一种高度保守的途径（苯丙烷类代谢途径）合成的。花色苷的生物合成主要由两类基因控制，其中一类基因编码合成途径的酶，另一类基因编码调控结构基因表达的转录因子（transcription factor，TF）。调控花青苷合成的转录因子主要有 MYB、bHLH 和 WD40 等。最近人们发现，在转录和转录后水平上控制花色苷生物合成的调节蛋白受光、温度、糖和激素等环境与生物因素的调节。在园艺产品中，新合成的花色苷会被转运到液泡中储存，花色苷从内质网的胞质侧转运到液泡可能是通过谷胱甘肽 S-转移酶（glutathione S-transferase，GST）介导的转运机制发生的。花色苷可以被 GST 结合和保护，然后被包裹在囊泡内，或者与囊泡膜形成复合物，向液泡周围移动，促进花色苷通过转运液泡融合，从而转运到液泡中。

2.1.3.3 类胡萝卜素与黄酮类色素

类胡萝卜素广泛地存在于园艺产品中，其颜色表现为黄、橙、红。植物中的类胡萝卜素主要为胡萝卜素、番茄红素、番茄黄素、辣椒红素、辣椒黄素和叶黄素等。β-胡萝卜素是维生素 A 的前体物质。番茄红素是一种很好的天然抗氧化剂。各种果蔬中均含有叶黄素，它与胡萝卜素、叶绿素共同存在于果蔬的绿色部分中，只有叶绿素分解后，其黄色才能呈现出来。黄酮类色素呈无色或黄色，主要存在于柑橘、芦笋、杏、番茄等果实中，具有较强的抗氧化活性。果蔬在生长发育的不同阶段色素类物质含量不同，同种果蔬不同品种的色素类物质含量也不尽相同。例如，白肉西瓜含有少量的类胡萝卜素，黄肉西瓜主要含有新黄素，橙肉西瓜中 β-胡萝卜素含量较高，红色和粉红色的西瓜主要含有番茄红素。

2.1.4 滋味

滋味（taste）是构成果蔬品质的主要因素之一，果蔬因其独特的味道而备受人们的青睐。果蔬的基本味道有甜、酸、苦、辣、涩等。不同果蔬所含呈味物质的种类和数量各不相同。

2.1.4.1 甜

糖是构成果蔬甜味的主要物质。果蔬的甜味与糖的种类有关，蔗糖、果糖、葡萄糖是果蔬中主要的甜味成分。有研究表明，在杏的生长到成熟过程中，葡萄糖和果糖浓度先降低后升高，蔗糖浓度先升高后降低，而山梨醇浓度逐渐降低。在成熟的西瓜果实中，蔗糖和葡萄糖占总糖含量的 20%~40%，而果糖占总糖含量的 30%~50%。果蔬甜味的强弱受含糖量与含酸量比值的影响，糖酸比越高，甜味越浓，反之酸味越强。目前，测定园艺产品糖含量和甜度的方法有标准手持折射仪测定法、比重计测定法、高效液相色谱法和近红外光谱法等。高效液相色谱法对于果蔬糖含量和种类的测定十分精确，但其样品前处理步骤比较烦琐，还会对果蔬造成不可逆的损伤。近红外光谱因其非破坏性、实时、迅速、无害的特点而适用于在线检测，未来发展前景广阔。

2.1.4.2　酸

果蔬的酸味主要来自有机酸，其中柠檬酸、苹果酸、酒石酸在水果中含量较高。不同果蔬有机酸的种类和含量不同，多数果蔬有机酸含量为 0.1%~4%，个别可达 8%（如柠檬）。有机酸是水果的主要风味物质，它们的组成和含量与水果的品质密切相关，直接影响水果的风味。例如，苹果中含有多种有机酸，包括草酸、富马酸、琥珀酸、酒石酸、奎宁酸、莽草酸、柠檬酸、苹果酸和乙酸，其中苹果酸的含量最高。新鲜苹果汁的酸味与可滴定酸含量呈显著正相关，即可滴定酸越高，酸味越强，反之亦然。在采后贮运过程中，有机酸含量下降，糖酸比升高，果蔬风味变甜。因此，糖酸比也是判断果蔬成熟度、采收期的重要参考指标。

可溶性糖和有机酸的积累与代谢取决于果实的发育阶段，并且受多种因素的调控，包括环境条件和植物激素等。例如，种植过程中长时间缺乏灌溉会导致葡萄的粒重和总酸含量略微下降，而可溶性糖含量显著增加，同时内源性激素含量也受到影响。

2.1.4.3　涩

果蔬的涩味主要来自单宁类物质，当单宁含量达到 0.25%左右时就可感到明显的涩味，当含量达到 1%~2%时就会产生强烈的涩味。未熟果蔬的单宁含量较高，食之酸涩；但一般成熟果蔬中可食用部分的单宁含量通常为 0.03%~0.1%，食其具有清凉口感。除单宁类物质外，儿茶素、无色花青素及一些羟基酚酸等也具涩味。生产上人们往往通过温水、乙醇或高浓度 CO_2 等对果实进行脱涩处理。

2.1.4.4　苦与辣

果蔬中的苦味主要来自一些糖苷类物质，如在桃、李、杏等果实的果核中普遍存在的苦杏仁苷、十字花科蔬菜中的黑芥子苷、柑橘类果实中的柚皮苷和橙皮苷。

不同果蔬的辣味成分各异。生姜中辣味的主要成分是姜酮、姜醇和姜酚；辣椒中辣味的主要成分是辣椒素。适度的辣味具有增进食欲，促进消化液分泌的功效。

2.1.5　香气

新鲜果蔬的香气（fragrance）是决定其品质的最主要外部特征之一。醇、酯、醛、酮和萜类等挥发性物质是形成果蔬特殊香气的重要物质。果品的香味成分多在成熟时开始合成，进入完熟阶段时大量形成，产品风味也达到最佳状态。但这些香气物质大多不稳定，在贮运加工过程中易挥发与分解。

果蔬中的挥发性物质往往有上百种，但并非所有物质都对整体香气有贡献。挥发性化合物的气味活性值（odor activity value，OAV）是根据基质中气味物质的浓度与气味阈值的比值来确定的，只有 OAV>1 时，人们才能感觉到该物质气味的存在，此挥发物才对香气有贡献。对番茄果实的研究发现，在其释放的 400 种挥发物中，只有 16 种达到或超过其 OAV。

2.1.5.1 园艺产品中的香气物质

园艺产品的香气成分多种多样，苹果含有 100 多种芳香物质，香蕉含有 200 多种，草莓含有 150 多种，葡萄含有 78 种。每种园艺产品都有其特定的香气物质，如桃子的特征香气物质是 γ-内酯和 δ-内酯。香气物质的形成是由酶催化产生的，这些酶通常催化单一底物或多种底物而产生多种挥发性物质。植物的挥发性成分除参与构成果蔬的香气外，还具有防御功能和引诱作用。例如，花的挥发性化合物有助于吸引和引导授粉者。对于夜间开花的植物，挥发性成分能吸引昆虫前来授粉。挥发性成分还有助于保护植物免受侵害。例如，蔬菜中常见的挥发性成分异戊二烯可以通过稳定类囊体膜或猝灭活性氧来提高光合作用对高温的耐受性。通常，植物组织在受到草食动物的损伤后会释放出某些挥发物，如脂肪酸降解产物（C6 和 C9 醛和醇）、萜类或苄类化合物等，这些物质可以为植物提供间接防御。

2.1.5.2 影响香气物质种类与含量的因素

影响园艺产品香气成分的因素很多，包括品种、成熟度、机械损伤、采前栽培条件、灌溉情况、外源激素的使用等。许多采后技术，如气调、乙烯抑制剂等化学保鲜剂、贮藏温度等均会影响香气物质的组成，'Honeycrisp' 苹果在生长发育过程中的香气分布以醛类为主，但在果实采后则以酯类、醇类和倍半萜类化合物含量较高，这些挥发性成分大多在果实的呼吸高峰期含量最高。苹果果皮与果肉中香气成分的种类与含量也有所不同，果皮中倍半萜类、醛类和酯类的种类与含量均高于果肉，但醇类物质的种类和含量与果肉相差不大。研究发现，采前喷钙处理可以抑制采后冷藏期间南果梨的香气流失。对于跃变型水果来说，采后乙烯处理会改变果实内的可溶性糖含量和挥发性香气成分含量，从而改变果实的风味。前人通过建立糖代谢相关基因与香气相关基因的共表达网络，揭示了果实生长发育过程中糖和香气之间的联系，并发现编码 β-葡萄糖苷酶和山梨醇脱氢酶的基因是该网络中的枢纽基因。

2.1.6 多酚

多酚（polyphenol）是一组天然存在的次生代谢产物，是人类重要的膳食抗氧化剂来源之一，主要由苯丙氨酸途径和莽草酸途径合成。人体内大量自由基的产生会导致氧化应激，从而引发各种慢性疾病如心血管疾病、癌症、高血压和 2 型糖尿病等。果蔬中含有多酚等抗氧化物质，故食用果蔬可以降低人体慢性疾病的发病率。日常饮食中多酚类物质的摄入量可达每天 1g，大约是维生素 C 摄入量的 10 倍。

2.1.6.1 多酚类物质的分类

果蔬中的多酚类化合物可分为水解单宁（酸酯类多酚）和缩合单宁（黄烷醇类多酚或原花色素）两大类。水解单宁主要是指棓酸及其衍生物与多元醇以酯键相连而形成的聚棓酸酯类多酚，包括鞣花单宁和棓酸单宁两大类；缩合单宁主要是羟基黄醇类单宁以 C—C 键相连而形成的原花色素或聚黄烷醇类多酚。随着越来越多果蔬多酚被分离鉴定出来，又将果蔬多酚分为水解单宁、缩合单宁和复杂多酚三大类。其中单宁类物质多具有涩味和收敛活性。裸子植物的松科、柏科，被子植物的豆科、胡桃科等含有丰富的单宁类物质，其在医药、化工、食品、饮料、色素等领域应用广泛。研究表明，葡萄种子中的单宁含量对红酒的颜色和品种特点有重大影响。种子中的单宁含量越高，红酒的苦涩味越重，且用冻融方法更有利于提取在气候较冷区域生长的红色品种葡萄种子中的单宁，还能提高单宁的抗氧化性。

2.1.6.2　影响多酚含量的因素

园艺产品中的多酚含量可因品种、生长条件、成熟状态和采后条件等因素而显著变化，即使是同一果蔬的不同部位，其多酚类物质种类和含量也有所不同。例如，苹果果皮中的多酚含量高于果肉，且果皮中槲皮素糖苷占总酚的 50%以上，而果核和果籽中根皮苷含量较高。对 10 个品种成熟苹果中的多酚组成的研究表明，苹果中总多酚含量为 $2.3\sim3.6g/kg$，在这些苹果中原花青素和黄烷醇类的含量相对较高。研究发现，有机果蔬与传统果蔬相比，水解多酚含量较高。在高于日光 40%的光照强度下，马铃薯中的绿原酸和芦丁含量可增加 4 倍。将反射性薄膜覆盖在果园的土地上可以增加苹果果皮中的花青素含量。在日平均温度为 $27.5℃$条件下培养菊苣时，其花色苷含量比 $12.5℃$时降低了 90%。而关于缺水对各种植物酚类化合物的影响，不同的研究有相互矛盾的结果，既有消极影响也有积极影响。大气中 CO_2 的升高可以提高园艺产品如花椰菜的光合活性，促进植物中碳水化合物的合成，而碳水化合物产量的增加可以为多酚等次生代谢产物提供更多来源，故而高 CO_2 含量可以提高园艺产品中的多酚类物质含量。

2.1.6.3　多酚的抗胁迫作用

在园艺产品受到干旱、温度改变、紫外线暴露等非生物胁迫时，多酚类物质的生物合成会发生改变从而有助于抵抗胁迫。例如，紫外线（ultraviolet ray，UV）照射处理可以改善采后酚类化合物的富集，提高果蔬的营养价值。其中黄酮类化合物对紫外线处理最敏感，经过紫外线处理后，开始时含量下降，后期显著增加，导致总酚含量的波动，这表明黄酮类化合物是水果和蔬菜贮藏过程中暴露于紫外线胁迫时防御系统中的主要物质。

多酚类物质对园艺产品的抗胁迫作用存在多种机制，如通过螯合金属离子、清除活性氧、捕获脂质烷氧自由基来抑制脂质过氧化等，这些反应会阻碍体内自由基的扩散，限制氧化后的再吸收时间。植物中存在两种活性氧清除系统：酶促清除系统和非酶促清除系统，多酚类物质是非酶促清除系统的重要组成部分。它们可作为单线态氧猝灭剂，在逆境胁迫中去除植物体内过量的活性氧，保护膜结构，使植物抵御逆境胁迫并延迟组织衰老。

通过采后处理提高机体内活性氧清除系统活性，可保护园艺产品免受活性氧的损伤，从而延长其贮藏期。前人研究发现，1-甲基环丙烯（1-methylcyclopropene，1-MCP）和 UV-C 处理可以提高红富士苹果中抗坏血酸、酚类物质和类黄酮物质的含量，从而较好地保持果实的营养品质和贮藏特性。

2.1.6.4　贮藏加工过程中多酚含量的变化

在贮藏加工过程中，为了延长园艺产品的采后贮藏期或者生产出使人们满意的产品，通常会用一定的技术如漂洗、热烫等进行处理，经过处理后的园艺产品中酚类物质的含量组成及抗氧化活性都会发生改变。例如，花椰菜在经过煮沸后，其多酚含量减少，但用于煮花椰菜的水中多酚类物质含量有所增加；热烫处理会导致绿芦笋的总酚含量降低；采后油桃经 1-MCP 处理后，总多酚和类黄酮物质的含量在贮藏前期略有下降，但在贮藏后期含量明显上升。

2.1.7　矿物质

果蔬是人体摄取矿物质（mineral）的重要来源。果蔬含有较多的钙、磷、铁等矿质元素，对于维持人体酸碱平衡具有重要作用，这也是果蔬对人体健康的重要益处之一。

2.1.7.1　园艺产品中的矿物质

矿物质对园艺产品的感官品质有重要的影响。例如，钙离子对果蔬的硬度及正常的生命活动均有着重要的影响。钙作为一种普遍存在的信号传递者，可以将内源性和外源性信号传递给适当的细胞进行反应，因此在植物组织生长发育、细胞壁结构和应激反应中起着关键作用。钙稳态有利于维持植物的正常生长，钙的局部缺乏会导致细胞壁和膜降解，并导致果实发育过程中出现紊乱，如开花端腐烂。含钙较高的蔬菜主要有海菜类、豆类、叶菜类，而含钙较高的水果主要有山楂、脐橙等。

钾可以通过调节气孔、叶肉电导、细胞生长、茎叶木质部水力来影响园艺产品的抗干旱胁迫能力。果蔬中的钾营养充分可以减少干旱、盐度等非生物胁迫的影响。榴莲、木瓜、香蕉等水果中钾含量较高，此外，葡萄干的钾含量也较高，达 995mg/100g。一般来说，大多数热带（或亚热带）含钾量比常见的苹果、梨、橘、橙、桃、西瓜等水果更高一些。

镁不仅是构成园艺产品叶绿素分子的结构成分，还起着对激酶、ATP 酶和碳水化合物代谢酶的激活或调节作用。镁缺乏会影响园艺产品的卡尔文循环，降低还原型烟酰胺腺嘌呤二核苷酸磷酸（reduced nicotinamide adenine dinucleotide phosphate，NADPH）的利用率，并导致光合电子传输系统的过饱和。缺镁叶片具有很高的光敏性，光照强度的增加会导致这些叶片的类囊体成分严重的黄化和光氧化。在人体中，镁是构成骨骼、牙齿和细胞质的主要成分，可调节和抑制肌肉收缩及神经冲动等，对维持人体正常生理功能有重要作用。新鲜的绿叶蔬菜、香蕉中镁含量比较丰富。

果蔬中铁锌含量较少且人体的利用率不高，原因是草酸等酸性物质会与其结合形成不易被人体吸收的物质。

2.1.7.2　矿物质在园艺产品采后贮藏与加工过程中的变化

园艺产品中矿物质的含量受到各种因素的影响，如土壤中矿物质的含量、树龄、蔬菜结构、采后处理、加工工序等，其中加工工序中的热烫对矿物质的流失影响最大。

采后浸钙有助于提高果蔬的品质和耐贮性。将聚乙烯塑料袋套袋处理后的梨果实采后喷洒氯化钙溶液，可减少梨果实表面因套袋而产生的伤疤，而这些伤疤可能是果实表面套袋抑制了果实对钙营养的吸收所导致的。

树龄对采后园艺产品的矿物质含量有所影响。前人研究发现，随着树龄的增加，芒果的钙含量减少，钾含量上升，而硼、铁、铜、锌、锰含量的变化则无明显的规律。

蔬菜梗茎部分的长短会影响蔬菜贮藏期间矿物质的含量与分布，梗过长或过短均会对贮藏期间蔬菜的品质造成不良影响。例如，西兰花的头与茎部分都含有很多营养成分，在食用时其茎部通常会被丢弃。研究发现，当切割西兰花时保留其茎部 6cm 可以在贮藏期间较好地平衡头部与茎部的矿物质含量。因其在贮藏时头部的代谢通常较尾部旺盛，维持头部与尾部营养物质与矿物质含量的平衡有利于降低头部代谢，从而有助于果蔬采后品质的稳定。

加工常常会导致园艺产品矿物质流失。据报道，罐藏菠菜可损失 81.7%的锰、70.8%的钴和40.1%的锌。在烫漂工序中要用到水，会引起矿物质的较大损失，损失程度与矿物质在水中的溶解度有关。此外，矿物质会与园艺产品中的其他成分如草酸、植酸等结合形成不被人体吸收的物质，故这些物质对矿物质的生物效价有很大影响。

2.1.8　维生素

维生素（vitamin）是人和动物为维持正常的生理功能而必须从食物中获得的一类微量有机物，

在人体生长发育和代谢过程中发挥着重要作用。根据溶解性特征，可将维生素分为两大类：水溶性维生素和脂溶性维生素。脂溶性维生素有维生素 A、维生素 D、维生素 E、维生素 K 等，来源于异戊二烯途径；水溶性维生素有维生素 B_1、维生素 B_2、泛酸、烟酸等，它们的合成途径尚未完全清楚。果蔬中含量较多的维生素是维生素 C 和维生素 K，维生素 C 是水溶性维生素，在贮藏加工过程中稳定性较差，较易损失。

2.1.8.1　园艺产品中的维生素

维生素 C 又名抗坏血酸，是含有内酯结构的多元醇类，为水溶性维生素。在抗坏血酸氧化酶的作用下，还原型的维生素 C 会转化成氧化型；而在低 pH 和还原剂的作用下，氧化型的维生素 C 又可以转化为还原型。维生素 C 参与人体内的羟化反应，如类固醇的合成与转变、有机药物或毒物的生物转化等；维生素 C 还是体内重要的还原剂，如保护巯基并使巯基再生、促进铁的吸收与利用、促进叶酸转变为四氢叶酸、有利于抗体的形成等。维生素 C 广泛存在于果蔬（如猕猴桃、柑橘、西兰花、番茄等）中，不同果蔬中含有的维生素 C 类型不同，如柑橘中主要是还原型，而苹果和柿中氧化型较多。在氧化、光、金属离子存在的条件下，维生素 C 会发生氧化降解反应，氧浓度、水分活度对反应速率有很大的影响。维生素 C 降解的最终产物参与果蔬风味物质的形成或非酶褐变。

绿叶蔬菜中维生素 K 含量较高，其化学性质较稳定，能耐酸和热，在园艺产品的加工贮藏过程中很少损失，但具有光敏性，易被碱和紫外线分解。

新鲜果蔬中含有大量的类胡萝卜素。β-胡萝卜素是维生素 A 原，在人和动物的肠壁和肝脏中可以合成维生素 A。维生素 A 对于人体的夜盲症有较好的治疗作用。在果蔬的贮藏过程中要冷藏避光，减少维生素 A 的损失。

2.1.8.2　园艺产品中维生素含量变化影响因素

果蔬中维生素的含量随着成熟度、生长地及气候的变化而有所不同，如番茄中的维生素 C 在成熟前期含量最高，而辣椒在成熟期时维生素 C 含量最低。园艺产品采摘后，营养价值会发生变化，部分维生素会发生损失，这是因为许多维生素的衍生物是酶的辅助因子，易被植物释放出的内源酶降解。

加工会导致园艺产品维生素的部分丢失，如苹果去皮、凤梨去心、胡萝卜去皮等操作会导致去掉部分的营养物质被丢弃。果蔬经过切割处理后，再进行热烫或漂洗操作则会丢失大量的水溶性维生素。

园艺产品在贮藏过程中也会损失一部分维生素。例如，冷冻和解冻会使水溶性维生素流失和降解，蔬菜经冷冻后会损失 37%～56% 的维生素。水果及其产品经冷冻后，维生素的损失较复杂，与许多因素有关，如种类、品种、固液比、包装材料等。因此在园艺产品加工贮藏过程中，要注意加工方法和贮藏条件。

2.1.9　其他生物活性物质

植物的代谢可分为初生代谢和次生代谢。植物的初生代谢产物主要有脂质、糖类、蛋白质和氨基酸等，次生代谢产物有生物碱、花青素、黄酮类、醌类、木质素、鞣质、类固醇和萜类化合物等。植物次生代谢产物在植物与环境的相互作用中充当防御性化学物质而起重要作用。植物体内的次生代谢产物含量很少，但当植物遭受各种压力时含量明显增加。

2.1.10　膳食纤维

膳食纤维（dietary fiber）也称食物纤维，以非淀粉多糖类物质及木质素为主，它们不能被人体肠道内的消化酶消化，但能被肠内的某些微生物部分酵解和利用。膳食纤维通常分为可溶性膳食纤维和不溶性膳食纤维，前者包括果胶等亲水胶体物质和部分半纤维素，能溶于水，并在水中形成凝胶体，主要存在于梨、牛蒡、大豆、扁豆、卷心菜、胡萝卜（煮熟）、生藕、葱、南瓜、芹菜、甘薯、李子、苹果、香蕉、冬笋、苋菜等食物中。不溶性膳食纤维主要包括纤维素、半纤维素和木质素等。

膳食纤维使人在进食之时具有饱腹感和咀嚼感。膳食纤维还有助于增加食品消费数量，并且减慢食物经过胃部的速度，从而放慢人体消化和吸收营养的速度，一些纤维所形成的凝胶体还会放慢人体吸收营养的速度。膳食纤维还具有其他诸多益处。例如，胆酸盐和胆固醇会与膳食纤维结合在一起，并且与不溶性纤维一道被排出体外，从而造成胆酸盐的重新吸收率下降，可降低血浆胆固醇水平。

联合国粮食及农业组织关于饮食、营养和预防慢性疾病的咨询专家于 2004 年提出建议，每天摄入 400g 水果和蔬菜（不包括马铃薯和其他淀粉块茎），以预防心脏病、癌症、糖尿病和肥胖。这一摄入水平还可以降低微量营养素缺乏引起的发病率和死亡率，包括出生缺陷、智力和身体发育迟缓、免疫系统减弱、失明甚至死亡。通过以园艺作物为基础的食物摄入实现饮食多样化，是发达国家和发展中国家消除微量营养素营养不良的可持续办法。

2.2　影响园艺产品采后贮藏的因素

影响园艺产品采后贮藏性能的因素有很多，总的来说分为内因和外因两类：内因主要为园艺产品自身因素，包括园艺产品的种类和品种、成熟度和发育年龄、田间生长发育状况等。外因主要为生态因素、农艺措施、贮藏条件等，其中生态因素和农艺措施属于采前影响因素，而贮藏条件属于采后影响因素。生态因素包括温度、光照、降雨、土壤、地理条件等；农艺措施包括施肥、灌溉、施用生长调节剂等；贮藏条件包括温度、湿度、O_2 与 CO_2 浓度、其他采后处理等。

2.2.1　园艺产品自身因素

2.2.1.1　种类和品种（variety）

（1）种类（species）　园艺产品种类繁多，耐贮性差异很大。不同温度带产区、不同成熟季节、不同组织结构、不同可食部位来源、不同新陈代谢方式的果蔬及花卉种类贮藏性能各异。总体上，产于热带地区或高温季节成熟并且生长周期短的园艺产品，收获后呼吸旺盛、蒸腾失水快、干物质消耗多、易被病菌侵染而腐烂变质，不耐贮藏；生长于温带地区或低温冷凉季节成熟收获并且生长期比较长的园艺产品，体内营养物质积累多、新陈代谢水平低，具有较好的贮藏性。比较园艺产品的组织结构，一般果皮和果肉为硬质的种类较耐贮藏，而软质或浆质的耐贮性较差。另外，园艺产品食用部位为保护结构较差的幼嫩组织或者新陈代谢旺盛的繁殖器官，不耐贮藏；食用部位为表层保护结构充分发育的组织或者新陈代谢水平较低的营养贮藏器官，比较耐贮。

不同温度带主产水果种类贮藏性能不尽相同，总体来说，温带地区生长的水果较热带、亚热带地区生长的水果耐贮。例如，气温相对较低的温带地区盛产的代表性水果枣、梨、哈密瓜、石榴、山楂、苹果，在贮藏适宜温度和湿度下贮藏时间最短的可达 2～3 个月、最长的能到 7～8 个月；而气温相对较高的热带、亚热带地区主产的代表性水果香蕉、番木瓜、番石榴、芒果、阳桃、菠萝、荔枝、龙眼，在贮藏适宜温度和湿度下贮藏时间最短的为1个月以内、最长的仅1.5个月左右，即使贮藏期相对较长的葡萄柚、柠檬、橙等橘果类，其在适宜温度和湿度下的贮藏时间也短于或近似于温带许多果品（表2-1）。

表2-1　不同温度带主产代表性水果的贮藏性能

水果种类	贮藏适宜温度/℃	贮藏适宜湿度/%	可能贮藏时间/天
温带			
杏 Armeniaca vulgaris	0~1	90~95	7~14
樱桃 Cerasus pseudocerasus	−1~0	90~95	14~21
桃 Amygdalus persica	0~1	90~95	14~28
李 Prunus salicina	0~1	85~90	14~28
枣 Ziziphus jujuba	−1~0	90~95	60~100
梨 Pyrus spp.	0~1	90~95	60~210
哈密瓜 Cucumis melo	3~4	75~85	90~120
石榴 Punica granatum	4~5	90~95	90~150
山楂 Crataegus pinnatifida	−1~0	90~95	90~210
苹果 Malus pumila	−1~4	90~95	90~240
亚热带、热带			
香蕉 Musa nana	13~15	85~90	5~10
番木瓜 Carica papaya	10~13	85~90	7~21
番石榴 Psidium guajava	8~10	85~90	14~21
芒果 Mangifera indica	9~14	85~90	14~25
阳桃 Averrhoa carambola	9~10	85~90	20~30
菠萝 Ananas comosus	10~13	85~90	21~28
荔枝 Litchi chinensis	1~4	90~95	21~35
龙眼 Dimocarpus longan	2~4	90~95	30~45
葡萄柚 Citrus paradisi	0~10	85~90	30~60
柠檬 Citrus limon	10~14	85~90	30~150
橙 Citrus sinensis	4~6	85~90	90~180

资料来源：罗云波和生吉萍，2010；李一，2002；赵丽芹和张子德，2017；高海生和张翠婷，2012；黄绵佳，2007；《浆果贮运技术条件》（NY/T 1394—2007）。

注：表中数据仅为参考数据，具体贮藏条件应根据品种、栽培条件等因素试验而确定。

另外，根据水果组织结构的差异可分为仁果类、橘果类、核果类、浆果类、瓠果类等，这五个主要水果种类中相对耐贮的是仁果类和橘果类，不太耐贮的是核果类和浆果类，现将其简述如下：①仁果类食用部分为花托发育而成的较为硬质的果皮和果肉，子房形成果心，果心有薄壁构成的若干种子室，室内含有种仁，植物学上称为假果；仁果类代表如苹果、梨、山楂，它们在适宜温度和湿度下贮藏期较长，分别达90~240天、60~210天、90~210天（表2-1）。②橘果类果实由若干枚子房联合发育而成，果皮较厚且具油胞，因此耐贮，其食用部分为若干枚内果皮发育而成的囊瓣、内生汁囊；橘果类包括柑、橘、橙、柚、柠檬五类，在贮藏适宜温度、湿度和气体条件下，代表种类如柑的贮藏期长达90~150天、红橘达60~90天、橙达90~180天、葡萄柚达 30～60 天、柠檬达 30～150 天。③核果类外果皮极薄，由子房表皮和表皮下几层细胞组成，保护作用较差，食用部分为肉质发达的中果皮，内果皮的细胞经木质化后成为坚硬的核包裹在种子外面；该种类果品相对不耐贮藏。例如，在适宜贮藏条件下代表性种类桃和李的贮藏期仅为 14～28 天、杏为 7～14 天、樱桃为 14～21 天（表 2-1）。④浆果类果实皮薄、肉软、多汁，果皮外面的几层细胞为薄壁细胞，少有坚硬的果皮保护，且果肉浆质导致其不耐贮藏，浆果果皮的三层结构不明显，中果皮与内果皮一般难以区分，内含较小种子，由子房或联合其他花器发育而成；该类代表如草莓、蓝莓、杨梅、无花果在适宜条件下的贮藏期分别为 7～10 天、10～18 天、7～15 天、7～14 天。⑤瓠果类果实的肉质食用部分是子房和被丝托共同发育而成的，属于假果，很多种子沿胎座分散分布在果实中；果皮、果肉硬质的瓠果耐贮而软质的不耐贮，如在适宜贮藏条件下哈密瓜耐贮，贮藏期可达 90～120 天，而西瓜和白兰瓜不耐贮，贮藏期仅 21～35 天和 28～80 天。

　　蔬菜的可食部分来自植物的根、茎、叶、花、果实和种子，按照不同食用部位蔬菜大致分为根茎类、果菜类、花菜类和叶菜类，由于它们的组织结构和新陈代谢方式不同，贮藏特性也有很大差异。采后贮藏期间，不同种类蔬菜的贮存寿命取决于它们自身的数量损失（水分损失）和质量变化（干物质含量、碳水化合物成分、质地等）。根据食用部位保护结构发育程度或新陈代谢旺盛程度的差异可以大体判断不同种类蔬菜的耐贮性（表 2-2）：根茎类蔬菜最耐贮，在最适贮藏条件下，多数代表种类如萝卜、莲藕、茭白、生姜、荸荠、胡萝卜、洋葱、马铃薯贮藏期最短 1 个月，更有甚者像马铃薯、芋头、淮山、竹笋、慈姑的贮藏时间都超过半年，最长能达 10 个月；果菜类中的茄果类和豆类较不耐贮，番茄（完熟）、茄子、扁豆、刀豆、青豌豆、黄瓜、菜豆在最适冷藏条件下贮藏期不超过 1 个月，最适气调条件下也不超过 2 个月；而瓜类相对耐贮一些，丝瓜、南瓜最适冷藏条件下贮藏期可达 2～3 个月，冬瓜甚至长达 120～160 天；花菜类总体来说较不耐贮，代表种类金针菜、青花菜、花椰菜、朝鲜蓟在最适冷藏条件下贮藏期为 1 个月以内，蒜薹相对较耐寒，可以在低温下作较长期的储存，结合气调贮藏期能达到 90～250 天；叶菜类蔬菜中普通叶菜和香辛叶菜不耐贮，在最适冷藏条件下代表种类韭菜、菠菜、芥菜、芫荽贮藏期仅为 2 周以内，莴苣、茴香、油麦菜贮藏期也短至 4 周以内，结球叶菜相对耐贮，如结球甘蓝最适冷藏条件下贮藏期可达 60～90 天，大白菜冷藏结合气调贮藏期可以延长到 120～150 天。

　　1）根茎类蔬菜栽培与收获对象为植株的块茎、鳞茎、球茎、根茎、块根等营养贮藏器官，大量碳水化合物储存于其中，如胡萝卜的贮藏根中富含纤维素、姜根茎薄壁组织细胞内和髓部均含淀粉粒。根茎类蔬菜耐贮是因为它们有些具有生理休眠特性，采后器官积累大量营养物质，原生质内部发生剧烈变化，新陈代谢明显降低，外层保护组织完全形成，水分蒸腾减少，生命活动进入相对静止状态，此时即使给予适宜条件也难以萌芽，是贮藏的安全期，有利于营养品质的维持；有些在外界环境条件不适时具有强制休眠特性，在休眠状态下它们新陈代谢水平较低，减少营养物质消耗，实际贮藏中可采取给予不利于生长的温湿度条件、气调控制、植物激素诱导等手段使产品强制休眠。例如，马铃薯块茎收获后经 20～35 天的后熟作用，外部周皮形成、木栓化，水分散失强度和呼吸强度减弱，逐步转入休眠状态，薯块内的生理生化活动极弱，有利于贮藏，在适宜低温下（4℃以上）薯块进行生理休眠，但在极端低温下（如 0.5～2℃）可强迫其显著延长休眠期。

　　2）果菜类蔬菜以植物的果实或幼嫩的种子作为主要供食部位，包括瓜类、茄果类、豆类三大类，多数原产热带、亚热带地区，生长时需要较高温度，不耐寒，贮藏温度低于 8～10℃时易发生冷害。果菜类可食部分为幼嫩果实，表层保护组织发育尚未完善，新陈代谢旺盛，容易失水和遭受微生物侵染，采后易发生养分转移，果实容易变形和发生组织纤维化，如黄瓜变成"棒槌形"、豆荚变老等，因此不耐贮藏。但有些瓜类蔬菜是在充分成熟时采收的，代谢强度已经下降，表层保护组织已充分长成，表皮上形成了厚厚的角质层、蜡粉或茸毛等，所以比较耐贮。例如，南瓜、冬瓜在最适冷藏条件下贮藏期分别可达 60～90 天、120～160 天（表 2-2）。

3）花菜类蔬菜主要以植物的肉质花朵、花瓣或花薹（花茎）等作为食用部位，如金针菜是未开放的花蕾、花椰菜是成熟的变态花序、蒜薹是花茎。该类蔬菜品种不多，但经济价值和食用价值较高。花菜类的食用部分是植物的繁殖器官，新陈代谢比较旺盛，在生长成熟及衰老过程中会形成乙烯，表层保护组织较嫩或缺乏，采后极易失水老化，因此比较难贮藏。例如，金针菜花蕾采后 1 天就会开放并很快腐烂，必须干制；新鲜的霸王花采后 12h 内需要烘干，以防变质；青花菜食用部分为幼嫩的花梗和花球，花球外部是薄壁组织，没有既能防止内部水分蒸散，又能阻止外部病害侵染的保护组织，采后室温下呼吸代谢旺盛，极易失水萎蔫、花蕾开放和黄化，即使在适宜的冷藏和气调条件下贮藏时间都短至 10～14 天和 30～90 天（表 2-2）；蒜薹的幼嫩薹条表面也缺少保护组织，采后新陈代谢活跃，常温下贮藏 10～20 天即出现老化，基部黄化、纤维增多，薹条变软变糠，薹苞膨大开裂长出气生鳞茎，使其食用价值降低或失去。

4）叶菜类蔬菜以植物肥嫩的叶片和叶柄作为食用部位，这些同化器官组织幼嫩，保护结构差，呼吸和蒸腾作用旺盛，采后极易失水萎蔫、黄化和败坏，耐贮性最差。叶菜类品种多，在蔬菜的全年供应中占有重要地位，按照其栽培特点大体分为普通叶菜、香辛叶菜和结球叶菜三种类型。普通叶菜和香辛叶菜食用植物幼嫩的绿叶、叶柄或嫩茎，采后代谢非常旺盛，失水迅速而难以贮藏，如韭菜、菠菜在最适贮藏温度和湿度下冷藏时间仅为 7～10 天、10～14 天（表 2-2）。而结球叶菜的叶片为营养贮藏器官，在营养生长的末期包心而形成紧实的叶球，由于收获后处在休眠状态，新陈代谢有所降低而较耐贮藏，如大白菜、结球甘蓝在最适冷藏条件下贮藏期长达 60～90天（表 2-2）。

表 2-2　不同可食部位代表性蔬菜的贮藏性能

蔬菜种类	最适贮藏条件				可能贮藏时间/天	
	温度/℃	相对湿度/%	O₂/%	CO₂/%	冷藏	气调
根茎类						
石刁柏 *Asparagus officinalis*	0～3	95～100	2～3	5～7	10～21	
萝卜 *Raphanus sativus*	0	90～95			30～60	
莲藕 *Nelumbo nucifera*	10～15	95～100			30～60	
茭白 *Zizania caduciflora*	0～2	95～100			30～75	
生姜 *Zingiber officinale*	11～15	90～95			30～150	
荸荠 *Eleocharis plantaginea*	0～2	95～98			60～90	
胡萝卜 *Daucus carota* var. *sativa*	0	90～95	1～2	2～4	60～100	100～150
洋葱 *Allium cepa*	0	65～75	3～6	0～5	60～180	60～240
马铃薯 *Solanum tuberosum*	2～3	85～90			150～240	
芋头 *Colocasia esculenta*	7～10	80～85			180	
淮山 *Dioscorea opposita*	16	70～80			180～210	
竹笋 *Bambusoideae* spp.	−1～3	65～75			180～300	
慈姑 *Sagittaria sagittifolia* var. *longiloba*	1～5	95～100			180～300	
大蒜 *Allium sativum*	−1～3	65～75			180～300	

续表

蔬菜种类	最适贮藏条件				可能贮藏时间/天	
	温度/℃	相对湿度/%	O_2/%	CO_2/%	冷藏	气调
果菜类						
番茄（完熟）*Lycopersicon esculentum*	7.2~10	85~90	2~5	2~5	4~7	7~15
茄子 *Solanum melongena*	12~13	90~95	2~5	0~5	7	20~30
扁豆 *Lablab purpureus*	7~10	90~95			7~10	
刀豆 *Canavalia gladiata*	7~10	90~95			7~10	
青豌豆 *Pisum sativum*	0	90~95			7~21	
黄瓜 *Cucumis sativus*	12~13	90~95	2~5	0~5	10~14	20~40
苦瓜 *Momordica charantia*	10~13	85~95	2~3	0~5	10~15	20~30
菜豆 *Phaseolus vulgaris*	8~12	85~95	6~10	1~2	20~30	20~50
青椒 *Capsicum frutescens*	8~10	90~95	2~8	1~2	20~30	30~70
丝瓜 *Luffa cylindrica*	3~5	85~95			28~42	
豇豆 *Vigna sinensis*	10~12	70~75			60~90	
南瓜 *Cucurbita moschata*	10	70~75			60~90	
冬瓜 *Benincasa hispida*	10	70~75			120~160	
花菜类						
金针菜 *Hemerocallis citrina*	0	95~100	1~2	0~5	5~7	20~40
青花菜 *Brassica oleracea* var. *italica*	0	95~100	3~5	0~5	10~14	30~90
花椰菜 *Brassica oleracea* var. *botrytis*	0	90~95			15~30	
朝鲜蓟 *Cynara scolymus*	0	95			21~28	
紫菜薹 *Brassica campestris* var. *purpuraria*	0~5	90~95			30~60	
芥蓝 *Brassica alboglabra*	0~5	80~90	2~5	0~5	70~75	90~250
蒜薹 *Allium sativum*	0	85~95			90~150	
叶菜类						
韭菜 *Allium tuberosum*	0~1	90~95			7~10	
菠菜 *Spinacia oleracea*	0	90~95	11~16	1~5	10~14	30~90
芥菜 *Brassica juncea*	0	90~95	11~16	1~5	10~14	30~90
芫荽 *Coriandrum sativum*	−1~0	95~100			10~14	
莴苣 *Lactuca sativa*	0~1	95~100	2~3	1~2	14~21	28~42
茴香 *Foeniculum vulgare*	0	95			14~21	
油麦菜 *Lactuca sativa* var. *longifolia*	0~1	95~100			14~28	
小白菜 *Brassica chinensis*	1~2	85~90			20~60	
葱 *Allium fistulosum*	0	95~100			21~28	
油菜 *Brassica campestris*	0	90~95			42	
芹菜 *Apium graveolens*	0	90~95	2~3	4~5	60~90	60~90
大白菜 *Brassica pekinensis*	0	90~95	1~6	0~5	60~90	120~150
苋菜 *Amaranthus tricolor*	0	90~95	2~3	4~5	60~90	60~90
结球甘蓝 *Brassica oleracea* var. *capitata*	−0.5~0.5	90~97			60~90	
空心菜 *Ipomoea aquatica*	3~5	80~85			60~90	
茼蒿 *Chrysanthemum coronarium*	−1~0	90~95			60~90	

资料来源：罗云波和生吉萍，2010；黄绵佳，2007；曾洁和徐亚平，2012；谭兴和，2015；刘国琴等，2005；宗静，2013；刘学浩和张培正，2002；金明弟等，2018；王丽琼，2008。

注：表中数据仅为参考数据，具体贮藏条件应根据品种、栽培条件等因素试验而确定。

切花是从活体植株上切取的具有观赏价值,用于制作花篮、花束、花环、瓶插花、壁花等花卉装饰的茎、叶、花、果等离体植物材料。切花的种类是决定其寿命的内在因素,现代花卉育种已经把切花采后寿命的长短作为衡量切花品质的主要指标之一。不同种类的切花采后寿命差别很大,如室温下不经处理的栀子花的瓶插寿命仅 2～3 天、大丽花的瓶插寿命只有 3～4 天、非洲菊的瓶插寿命约 9 天,而鹤望兰室温货架寿命可达 14～30 天、火鹤花的瓶插寿命长达 15～41 天。不同的切花种类需要不同的采后贮藏温度,一般而言,起源于温带的切花最好贮藏在比其组织最高冻结点稍高的温度下,大多数为 0～2℃,如蜡梅;起源于热带和亚热带的切花在 0～5℃ 的低温下会产生冷害,从而导致花瓣褪色或贮后花蕾不开放,一般应储存在 8～15℃ 下,如典型代表鹤望兰和山茶花适宜贮温为 7～8℃、卡特兰为 7～10℃、火鹤花和一品红为 10～15℃、万代兰和蝴蝶兰要求 13～15℃(表 2-3)。

表 2-3　常见切花的推荐贮藏条件

切花种类	贮藏温度/℃	贮藏湿度/%	可能贮藏时间/天	最高冻结点/℃
勿忘我 Myosotis sylvatica	4～5	90～95	1～2	
毛地黄 Digitalis purpurea	4～5	90～95	1～2	
报春花 Primula malacoides	4～5	90～95	1～2	
福禄考 Phlox drummondii	4～5	90～95	1～3	
银莲花 Anemone cathayensis	4～7	90～95	2	−2.1
六出花 Alstroemeria haemantha	4～5	90～95	2～3	
小白菊 Tanacetum parthenium	4～5	90～95	3	−0.6
金鸡菊 Coreopsis drummondii	4～5	90～95	2	−0.5
矢车菊 Centaurea cyanus	4～5	90～95	3～4	−0.6
大波斯菊 Cosmos bipinnata	4～5	90～95	3～4	
天人菊 Gaillardia pulchella	4～5	90～95	3	
羽扇豆 Lupinus micranthus	4	90～95	3	
耧斗花 Aquilegia viridiflora	4	90～95	3	
屈曲花 Iberis amara	4	90～95	3	
合欢类 Albizia julibrissin	4	90～95	3～4	−3.5
紫罗兰 Matthiola incana	2～5	90～95	4～6	−0.4
金盏花 Calendula officinalis	4	90～95	3～6	
大丽花 Dahlia pinnata	4	90～95	3～5	−1.8
姜花 Hedychium coronarium	13	90～95	4～7	
一品红 Euphorbia pulcherrima	10～15	90～95	4～7	−1.1
艳山姜 Alpinia zerumbet	13	90～95	4～7	
嘉兰 Gloriosa superba	4～7	90～95	4～7	
万代兰 Vanda spp.	13～15	90～95	5	
百日草 Zinnia elegans	4	90～95	5～7	
洋桔梗 Eustoma grandiflorum	2～4	90～95	5～7	
石蒜 Lycoris radiata	5～8	95～100	5～7	
唐菖蒲 Gladiolus gandavensis	2～5	90～95	5～8	−0.3

切花种类	贮藏温度/℃	贮藏湿度/%	可能贮藏时间/天	最高冻结点/℃
花毛茛 *Ranunculus bulbosus*	0~5	90~95	7~10	−1.7
蜡梅 *Meratia praecox*	0~2	90~95	7	
马蹄莲 *Zantedeschia aethiopica*	4	90~95	7	−2.5
藏红花 *Crocus sativus*	0.5~2	90~95	7~14	
非洲菊 *Gerbera jamesonii*	1~4	90~95	7~14	
球根鸢尾 *Iris tectorum*	−0.5~0	90~95	7~14	−0.8
万寿菊 *Tagetes erecta*	4	90~95	7~14	
金鱼草 *Antirrhinum majus*	4	90~95	7~14	−0.9
水仙 *Narcissus tazetta* var. *chinensis*	0~0.5	90~95	7~21	−0.1
中国紫菀 *Aster tataricus*	0~4	90~95	7~21	−0.9
鹤望兰 *Strelitzia reginae*	7~8	90~95	7~21	
小苍兰 *Freesia hybrida klatt*	0~0.5	90~95	10~14	
石斛兰 *Dendrobium nobile*	5~7	90~95	10~14	
满天星 *Gypsophila paniculata*	2~5	90~95	10~20	
蝴蝶兰 *Phalaenopsis aphrodite*	13~15	90~95	10~20	
牡丹 *Paeonia suffruticosa*	2~5	90~95	10~25	
硕花葱 *Allium giganteum*	0~2	90~95	14	
栀子花 *Gardenia jasminoides* var. *fortuneana*	0~1	90~95	14	−0.6
风信子 *Hyacinthus orientalis*	0~0.5	90~95	14	−0.3
大花蕙兰 *Cymbidium hybrid*	−0.5~4	90~95	14	−0.3
卡特兰 *Cattleya labiata*	7~10	90~95	14	−0.3
香豌豆 *Lathyrus odoratus*	−0.5~0	90~95	14	−0.9
月季 *Rosa chinensis*	0.5~3	90~95	14	−0.5
郁金香 *Tulipa gesneriana*	−0.5~0	90~95	14~21	−2.4
百合 *Lilium brownii* var. *viridulum*	0~1	90~95	14~21	−0.5
铃兰 *Convallaria majalis*	−0.5~0	90~95	14~21	
火鹤花 *Anthurium andraeanum*	10~15	90~95	14~28	
芍药 *Paeonia lactiflora*	0~1	90~95	14~42	−1.1
金嘴蝎尾蕉 *Heliconia rostrata*	13	90~95	18	
山茶花 *Camellia japonica*	7~8	90~95	21~28	−0.7
香石竹 *Dianthus caryophyllus*	−0.5~0	90~95	21~28	−0.7
菊花 *Dendranthema morifolium*	−0.5~0	90~95	21~28	−0.8
补血草 *Limonium sinense*	2~4	90~95	21~28	
罂粟 *Papaver somniferum*	4	90~95	21~35	

资料来源：赵丽芹和张子德，2017；郑文法，2012；何生根和肖巧云，2000；王献和郑东方，2002；杜玉宽和杨德兴，2000。

注：表中数据仅为参考数据，具体贮藏条件应根据品种、栽培条件等因素试验而确定。

切花离开母体植株即意味着开始走向衰老，内部水分代谢、呼吸代谢、细胞内含物降解、细胞酶活性和激素分泌变化等都是加快切花衰老而难以贮藏的原因。水分蒸腾散失严重且茎部不能很好吸收水分的切花种类衰老进程较快，但像火鹤花这类蒸腾速率较小的种类，即使鲜切后细菌繁殖堵塞茎部导管，瓶插寿命仍然较长。另外，呼吸代谢越强，呼吸跃变和乙烯释放高峰出现越早的切花种类越难保存，而菊花为典型的乙烯非跃变型切花，花朵开放与衰老对乙烯不敏感，适宜温湿度下贮藏期长达21～28天，较耐贮运并具有较长瓶插寿命。研究发现，内源激素是切花采后衰老过程中的重要信号分子，乙烯和脱落酸可能是促进切花衰老的主要激素：在大多数切花的衰老过程中，乙烯是瓶插寿命的主要影响因子，但有的种类如唐菖蒲尽管对乙烯不敏感，但脱落酸诱导其膜稳定性变差，导致适宜条件下贮藏期也只有5～8天；采后牡丹切花花瓣内的脱落酸大量积累诱导内源乙烯的迅速合成，乙烯的大量释放直接导致其在10～25天内很快衰老。

（2）品种　　同一种类不同品种的园艺产品成熟收获时期、组织结构、生理特性等不同，品种间的贮藏性也有很大差异。一般晚熟品种最耐贮，中熟品种次之，早熟品种不太耐贮。晚熟品种耐贮的原因主要有三点，一是生长期长，成熟期间气温下降，果肉组织致密、坚挺，外部保护组织如蜡质层、蜡粉和茸毛发育完好，防止微生物侵染和抵抗机械伤能力强；二是营养物质积累丰富，抗衰老能力强；三是大都有较强的氧化系统，对低温适应性好，贮藏期间能保持正常生理代谢，特别是当果蔬处于逆境时，呼吸很快加强，有利于产生积极的保卫反应。以温带大宗水果苹果为例，早熟品种'华硕''红魁''嘎拉''丹顶''祝光'等采后呼吸旺盛，内源乙烯大量积累，很快出现硬度下降、口感由脆变绵软、易腐烂等品质劣变现象，不耐贮藏，采收后应立即上市鲜销，如若不能也需及时预冷并置冷库短期贮藏或冷链运输，以保持果实商品价值；中熟品种'元帅系''红星''金冠''红玉''乔纳金''旭''津轻'等耐贮性优于早熟品种，冷藏结合气调条件下的贮藏期可达2～5个月；'富士系''国光''秦冠''王林''北斗''秀水''胜利''青香蕉'等晚熟品种干物质积累多，大多具有风味好、肉质脆硬而且耐贮的特点，因此是我国当前苹果栽培的主体，如'红富士'是目前苹果产区种植和贮藏的当家品种，晚熟品种耐贮性强，在冷藏结合气调条件下贮藏期长达4～7个月。热带、亚热带水果也具有相似特点，比如大宗代表柑橘类（包括柑、橘、橙、柚、柠檬、金柑等柑橘属及其近缘属水果），我国大量推广种植的多为中熟或晚熟品种，其耐贮性优于早熟品种。例如，中晚熟品种'菠萝橙''福橘''芦柑''蕉柑''椪柑''温州蜜柑''茂谷柑'等低温贮藏期为3～5个月，而早熟品种'南丰蜜橘'的低温贮藏期为2个月左右。荔枝品种间的贮藏性也不同，一般晚熟品种比中熟及早熟品种耐贮，在1～3℃低温下，'怀枝''桂味''灵山香荔''尚书怀'等晚熟品种耐贮，大约可贮藏30天，中熟品种'妃子笑''白糖罂'次之，早熟品种'三月红'不耐贮运，仅20天左右。蔬菜品种的耐贮性比较如下，以芹菜为例，采后在4℃贮藏期间，早熟品种'日本小香芹''紫芹''白芹'的水分含量很快下降，'白芹'在第1天即达呼吸峰值，'玉皇''日本小香芹''紫芹'在第2天出现呼吸峰开始进入衰老阶段，'白芹'在第4天就失去商品性，'玉皇''日本小香芹''紫芹'稍晚在第6天时失去商品性，早熟芹菜品种不耐贮，采收后应尽快上市销售；中晚熟品种'马家沟''帝王''四季西芹''文图拉''双岗西芹''斯地德'在低温贮藏期间水分含量下降相对较慢，呼吸峰值出现时间相对较迟，尤其晚熟品种'斯地德''双岗西芹'分别在第4天和第5天才出现呼吸峰，耐贮性较好。另外，不同萝卜品种在约4℃贮藏过程中，'春红1号''红帅40''七叶红'等早熟品种贮藏60天后的商品率低于晚熟品种'大红袍'，晚熟品种更适于长期贮藏。大白菜早熟品种'包头白''拧心白''翻心白''小白口'等"白帮菜"不耐贮，而晚熟品种'包头青''大青口''小青口''核桃纹''拧心青'等"青口菜"适宜贮藏。

园艺产品不同品种组织结构和生理特性的差异也影响耐贮性。例如，柠檬果皮组织紧密，表面蜡质层厚，果实含酸量高，自然成熟过程中不发生呼吸跃变，也没有呼吸高峰和乙烯生成高峰出现，在10℃适宜低温和85%～90%相对湿度下可贮藏8～9个月，是柑橘类水果中最耐贮的；

柚类果皮较厚，一般耐贮性好，但品种之间有差异，'沙田柚''胡柚'中心柱充实或比较充实，果皮海绵层致密，果皮蜡质层厚，常温可贮藏 3～5 个月，耐贮性好，而中心柱不充实或采前裂果严重的品种如'脆香甜柚''中江柚''逢溪柚''文旦柚'贮藏性相对较差；橙类品种果皮蜡质组分含量较高，包裹紧密，不易剥离，较耐贮藏，'甜橙'低温可贮 3～5 个月、'脐橙'3～4 个月；宽皮柑橘类果皮薄而宽松，海绵层薄，容易剥离，'椪柑''蕉柑''温州蜜柑'可低温贮藏 3～5 个月，但'南丰蜜橘''红橘''砂糖橘'不太耐贮，仅能贮藏 2 个月左右。又如叶用莴苣（生菜）中叶片呈球形结构的品种'红菊苣'、结球或叶片较厚且紧凑的品种'罗马'蒸腾作用低、持水效果好，因此失重率小而拥有较好脆性。另外这些品种采后呼吸强度低，褐变程度浅，耐藏性好，在约 4℃低温和 90%相对湿度下贮藏 10～12 天仍具有商品性；但叶片相对较薄软且呈扇形结构的散叶品种'罗莎红''大速生''紫罗''橡生 2 号'等水分蒸腾面积大、通道短，持水能力弱，失重率大而易萎蔫，此类品种生理生化反应较活跃，呼吸强度高，褐变程度较深，耐贮性差，在相同条件下贮藏 10 天可失去商品性，尤其当'橡生 2 号'贮藏至第 6 天、'紫罗'贮藏至第 8 天就不再具商品性。大白菜中"白帮菜"品种因其叶大且白嫩、包头、实心、水分较多而耐贮性较差，但"青口菜"品种生长期较长，植株高大粗壮、叶大青绿、叶肉厚且组织紧密、包心结实、水分较少、韧性大不易受损、抗病性强，因此较耐贮藏。芹菜中实秆类型如天津的'白庙芹菜'、陕西的'实秆绿芹'、北京的'棒儿芹'等耐贮，而空秆类型如'日本小香芹''白芹'等茎秆为空心，水分蒸腾快，贮藏后容易变糠，纤维增多，品质变劣。马铃薯中以块茎休眠期长的品种'克新一号''男爵''陇薯 3 号'等耐贮藏。

切花瓶插水养寿命长短与花梗粗度、水分平衡等密切相关，芍药切花花梗直径最大品种'未定紫'的水养寿命最长（9 天），花梗直径第二的'紫凤羽'的水养寿命也排第二（7.5 天），'巧玲'的花梗直径最短，其水养寿命也最短（4 天），这可能是花梗越粗的品种体内贮存的营养物质越多，因而瓶插寿命也越长。切花的水分状况主要取决于花枝对水分的吸收、蒸腾及在体内的输导三者之间的相对速率。吸水量和蒸腾量之间的水分平衡影响瓶插寿命。由各种因素引起的水分代谢失调是切花凋萎、品质下降和寿命缩短的主要原因。芍药切花水分平衡值（即吸水量和失水量之差）降为 0 后外观表现出衰老症状。水养寿命最长的'未定紫'在 6.5 天时水分平衡值才降为 0，水养寿命 7.5 天的'凤羽落金池''紫凤羽''粉玉奴'在 5 天时降为 0，水养寿命 5 天的'莲台''红绣球'在 3 天时降为 0，而水养寿命 4 天的'巧玲'在第 2.7 天时水分平衡值已降为 0。维持水分平衡时间越长的切花品种，其水养寿命越长，水养寿命与切花水分平衡值降为 0 的时间呈强正相关。此外，切花寿命与花器颜色也相关。例如，花烛切花保鲜期长短与佛焰苞的颜色有关，一般佛焰苞红色或带红色的品种保鲜时间短，而绿色或带绿色的杂色品种保鲜时间较长，按保鲜期长短花烛品种可分为易败和非易败两大类品系：佛焰苞含红色的趋向于易败品系，红色越深越易凋败，'梦幻''热带''紫色快车''罗沙''卡罗'5 个品种保鲜期短，仅 9 天左右；佛焰苞为绿色或杂绿色的为非易败品系，绿色越深越不易凋败，'卡丽''白兰地''苏雷''绿苹果''元老''总统''白雪'7 个品种的保鲜期长达 17～33 天，其中'绿苹果'保鲜期最长，为 33 天。

园艺产品的采后贮藏性在很大程度上取决于种类和品种的遗传性，而遗传性又是一个很难改变的生物属性。一般来说，耐贮品种首先应是抗病性良好的品种，晚熟、耐低温，具有完整致密的外皮组织和结构良好的保护层，组织有一定的硬度和弹性，糖和其他营养物质含量高，能维持较长时间的呼吸消耗，或有较长的休眠期等。因此，要使园艺产品采后贮藏获得好的效果，必须重视选择耐藏的种类和品种，才能达到高效、低耗、节省人力和物力的目的。这一点对于长期贮藏的园艺产品显得尤为重要。

2.2.1.2　生理成熟状况（physiological maturity）

园艺产品采收时的生理成熟状况是采后适应贮藏条件的基础，是决定产品质量、贮藏潜力、贮藏失调等的关键因素，对产品的生理特性和品质管理有很大影响，过早或过晚采收都可能降低园艺产品采后贮藏性及商品价值。成熟度（maturity）是评判水果及许多种蔬菜生理成熟状况的重要指标，但对一些蔬菜和花卉，如黄瓜、菜豆、辣椒、部分叶菜等，在幼嫩或花朵未开放时就已收获，因此，对于蔬菜和花卉，用发育年龄（developmental age）来指示生理成熟状况更为适宜。在园艺产品的个体发育或者器官发育过程中，未成熟的果实、幼嫩的蔬菜和没有开放的花朵，它们的呼吸旺盛，各种新陈代谢都比较活跃。另外，该时期园艺产品表皮的保护组织尚未发育完全，或者结构还不完整，组织内细胞间隙也比较大，便于气体交换，体内干物质的积累也比较少。以上诸方面综合对园艺产品的采后贮藏性产生不利的影响。随着园艺产品的成熟或者发育年龄增大，干物质积累不断增加，新陈代谢强度相应降低，表皮组织如蜡质层、角质层加厚并且变得完整，有些果实如葡萄、番茄在成熟时细胞壁中胶层溶解，组织充满汁液而使细胞间隙变小，从而阻碍气体交换而使呼吸水平下降。苹果、葡萄、李子、冬瓜等随着发育成熟，它们表皮的蜡质层才明显增厚，果面形成白色细密的果粉。对于贮藏的园艺产品来说，这不仅使其外观色彩更鲜艳，更重要的意义在于它的生物学保护功能，如对园艺产品的呼吸代谢和蒸腾作用的抑制作用及对病菌侵染的防御作用等，因而有利于园艺产品的采后贮藏。下面着重从采后生理特性和贮藏品质两方面分析成熟状况对园艺产品采后贮藏的影响。

（1）成熟状况与采后生理特性的关系　　园艺产品采后贮藏期间的生理特性，如呼吸强度、乙烯释放量、软化速度等，与采收时的成熟度或发育年龄密切相关。

呼吸作用是果蔬最重要的生命活动之一，与采后贮藏生理及货架寿命有重要关系。桃采收成熟度影响常温贮藏期间果实的呼吸强度，不同成熟度的桃果实（绿果、中黄果、黄果）采后初期呼吸均明显增强，到达峰值后开始波动式下降，逐步进入呼吸速率值基本恒定的呼吸平衡状态（图 2-1）。桃绿果采后初期呼吸速率增加幅度、最大呼吸速率值都显著低于中黄果和黄果，绿果在常温贮藏80h后才达到呼吸平衡，迟于中黄果和黄果，表明绿果呼吸强度较成熟度高的果实弱，

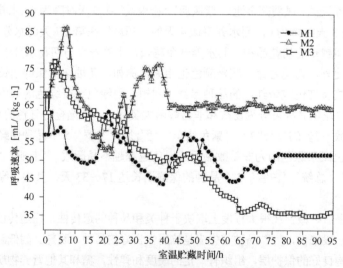

图 2-1　常温贮藏期间不同成熟度桃果实（品种'Diamante'）的
呼吸速率差异（Pérez-López et al.，2014）

M1 为绿果，果皮 1/4 转黄；M2 为中黄果，果皮 1/2 转黄；M3 为黄果，果皮全部转黄

呼吸跃变更迟出现，因此更晚进入衰老，较耐贮藏；绿果和中黄果在达到呼吸平衡状态时的呼吸速率值高于黄果，说明此时黄果中更多营养物质作为呼吸底物被消耗了，不耐贮藏。杨梅果实在贮藏保鲜过程中，七成熟和完熟果实的呼吸强度呈先降后升的趋势，而八九成熟果实的呼吸强度变化相对比较稳定。晚熟甜樱桃在 0～2℃冷藏期间成熟度高的果实其呼吸强度表现为先降后升，而成熟度低的果实则是先升后降。研究还发现未成熟甜椒果实其呼吸量大于成熟果实，未成熟（种植期 133 天）马铃薯块茎的呼吸速率和休眠期大于成熟（种植期 163 天）块茎。在生产实践中，需长期贮藏的呼吸跃变型果蔬，如香蕉、番茄等，应在其出现呼吸高峰之前采收。总之，采收生理成熟状况既影响贮藏期间果蔬呼吸强度又影响呼吸变化的趋势，根据呼吸强度变化规律在适宜的成熟度时进行采收有利于贮运。

乙烯影响呼吸作用，是促进园艺产品成熟衰老的重要激素之一。乙烯生物合成有 2 个调节系统，即系统Ⅰ和系统Ⅱ，系统Ⅰ只负责低速率的基础乙烯生成，非跃变型园艺产品仅有系统Ⅰ的活动；当系统Ⅰ产生的乙烯达到一定程度时，跃变型园艺产品的系统Ⅱ开始产生乙烯，负责呼吸跃变时成熟过程中乙烯自我催化大量生成。同一品种园艺产品在不同生理成熟阶段产生乙烯的能力不同，对乙烯的敏感度也有差异。通常未成熟果蔬、刚采下的切花对乙烯较不敏感，乙烯释放量及释放速度较小；随着果蔬逐渐成熟、切花逐渐衰老，果蔬对乙烯比较敏感，乙烯合成能力增强，释放量不断加大；到衰老后期，乙烯合成能力有所下降。例如，在 5℃和 85%～95%相对湿度下贮藏的李果实，未熟果乙烯含量为 16.1ng/（kg·s），中熟果上升到 20.9ng/（kg·s），但熟后果又降至 9.2ng/（kg·s）；又如，在 23℃和 70%相对湿度下，香豌豆切花刚采切时乙烯含量为 3nL/（g·h），采切后第 2 天升至 16nL/（g·h），但随着衰老，第 4 天下降到 6nL/（g·h）。

以上乙烯释放量变化趋势在呼吸跃变型果蔬中尤为明显：成熟度较低时，跃变尚未发动，乙烯发生速率很小，果蔬对乙烯作用不敏感，系统Ⅰ生成的低水平乙烯不足以诱导成熟；随着成熟度增加，在基础乙烯不断的作用下，组织对乙烯的敏感性持续上升，当组织对乙烯敏感性增加到能对内源乙烯（低水平的系统Ⅰ）作用起反应时，便启动了成熟和乙烯的自我催化（系统Ⅱ），跃变发动，乙烯大量生成，衰老进程加快。

在生产实践中，应根据果蔬不同的贮藏要求在适当的成熟期采收。如果在产地鲜销，一般可选择食用品质极佳、品种特征充分体现的完熟期采收，这个时期乙烯释放量增加，不耐贮藏，比如缺乏或无后熟作用的大多数蔬菜及草莓、樱桃、枇杷、荔枝等水果，充分成熟即上市销售，但不适于长期贮运；如果采后极易后熟衰老或用于长期贮运，需要在产品基本具备品种特征、乙烯释放量较小的成熟前期采收，比如有明显后熟作用的香蕉、芒果、猕猴桃、鳄梨、番茄等果蔬，应在跃变前未完全成熟时采收以延长货架寿命，销售阶段可通过乙烯处理人工催熟以确保货架期的成熟品质。许多切花，如唐菖蒲、金鱼草、鹤望兰、满天星、月季、郁金香、香石竹等，提倡在蕾期采切，优点是体积小易包装贮运，更重要的是蕾期生成乙烯少，对乙烯敏感度也相对较低，从而可提高切花品质和延长寿命。

软化是果蔬成熟衰老的重要特征之一，决定其采后货架寿命和商业价值。软化是细胞壁降解酶催化细胞壁组分果胶、半纤维素、纤维素等降解，细胞壁内部结构破坏所致，细胞壁降解酶包括多聚半乳糖醛酸酶（polygalacturonase，PG，EC 3.2.1.15）、果胶甲酯酶（pectin methylesterase，PME，EC 3.1.1.11）、β-半乳糖苷酶（β-galactosidase，β-Gal，EC 3.2.1.23）和纤维素酶（cellulase，Cx，EC 3.2.1.4）等，其中，PG 是水解果胶物质的主要酶，在细胞壁结构改变中起重要作用，一度被认为是控制软化的关键酶。不同成熟度果蔬的软化进度有一定差异。猕猴桃（品种'Haegeum'）经乙烯催熟处理后于 25℃贮藏 6 天，随贮藏时间延长，低成熟度果实（盛花后 160 天采收）的 PG 活性增幅及总果胶含量降幅小于高成熟度果实（盛花后 180 天采收），第 6 天时低成熟度果实的 PG 活性小于而总果胶含量大于高成熟度果实，总的来说贮藏期间成熟度低的果实硬度高于成熟度高的果实，说明成熟度越低猕猴桃果实软化进度越慢（表 2-4）。

金铃大枣 PG 活性在 0℃ 左右贮藏期间呈先升后降趋势，半红果和微红果的 PG 活性不如大半红果实的高，所以大半红枣更易软化变质，而半红和微红果则容易保持原有硬度，考虑耐贮性和品质，可将半红枣时期作为金铃大枣最佳采收的时期。'赛买提'杏在 4℃、相对湿度（90%～95%）下贮藏 35 天后，中成熟度果（转黄率 50%～80%）的纤维素含量及 PG、PME 活性小于低成熟度果（转黄率＜50%）和高成熟度果（转黄率＞80%），木质素含量大于低成熟度果和高成熟度果，因此果实硬度大于低成熟度果和高成熟度果，可选择转黄率 50%～80% 作为贮藏杏果实的适宜采收成熟度。梨果实（品种 'Conference' 和 'Alexander Lucas'）无论经气调贮藏、1-MCP 处理后冷藏还是 1-MCP 处理后气调贮藏，成熟度低的果实硬度都大于成熟度高的，且两个品种趋势一样，表明在不同贮藏条件下，采收时高成熟度梨果实比低成熟度果实较早开始软化。另外，加工番茄常温贮藏过程中有一个明显的呼吸高峰，根据呼吸跃变出现的时间将其分为早、中、晚三种类型，这三种类型番茄果实硬度都随贮藏时间呈下降趋势，呼吸跃变出现越晚的类型呼吸峰值越小，进入成熟向后熟衰老的转变越迟，硬度则越大，果实越耐贮藏，反之亦然。综上所述，采收成熟度通过影响细胞壁降解酶的活性及细胞组织结构，从而对果蔬的软化进程产生重要影响，采收时成熟度越高，贮运期间果蔬软化速度越快。

表 2-4　不同成熟度猕猴桃经乙烯催熟处理后贮藏 6 天期间 PG 活性与总果胶含量

果实采收期	PG 活性/（μmol/g）				总果胶含量/（mg/kg）			
	0 天	2 天	4 天	6 天	0 天	2 天	4 天	6 天
盛花后 160 天	7.35	6.79	7.70	8.25	505.19	400.32	461.20	351.18
盛花后 180 天	7.50	8.80	9.17	9.17	512.05	357.23	296.78	218.00

注：数据部分引自 Tilahun 等（2020），贮藏温度 25℃，PG 为多聚半乳糖醛酸酶。

（2）成熟状况与采后贮藏品质的关系　　采后园艺产品的感官质量直接影响货架期商品价值，不同生理成熟状况决定了园艺产品采后贮藏期间的感官品质差异。鸭梨贮藏期间组织中酚类物质的酶促氧化褐变极易导致果心及果肉逐步变褐，果皮色泽暗淡呈现淡灰褐色不规则晕斑；在 0℃ 左右、80%～85% 相对湿度下贮藏半年的果实，低成熟度的果心褐变缓慢，到 60 天时才开始变褐，而高成熟度的果心褐变指数快速上升，贮藏 40 天时就已变褐；虽然与果心相比，果肉的褐变发生较晚且速度较慢，但不同成熟度果实的果肉褐变差异与果心一致，即高成熟度的果肉褐变相对更快更严重，鸭梨贮藏的关键在于控制其黑心病的发生，选择低成熟度的果实有利于长期贮藏。采后树莓在 4～6℃ 贮藏过程中，初熟果实的大小、纵横径、鲜艳色泽等外观品质比适熟和完熟果实保持得更好。绿熟期采收的辣椒形状、蜡质、硬度、光泽和耐藏性都好，如果采收的辣椒成熟度太低，在贮运过程中将会快速失水萎蔫。对于菱角果实，贮运中成熟度低的果实皮部完整厚实，叶绿素和花青素只有轻微降解，易保持良好的新鲜状态。用于长途运输或贮藏的切花应在合适的发育年龄采切，这既关系到切花寿命，也关系到切花感官品质。百合切花如需远距离运输或贮藏，要选在花序基部第一个花蕾已着色但未充分显色时采收，如采收过早，花朵将不能充分开放，同时会促进叶片黄化，外观品质不佳。

采收时果蔬的成熟度也影响贮藏过程中产品的风味营养。首先，只有当果蔬发育到一定的阶段，才能够积累比较丰富的风味和营养物质；另外，不同成熟度采收的果蔬耐贮性不同，贮藏期间风味和营养劣变程度有差异。酯类化合物是苹果呈现特有果香味的关键芳香物质，在约

1.5℃、94%相对湿度下气调（1.2kPa O_2＋2.0kPa CO_2）贮藏采后苹果（品种'Galaxy'）9 个月前后，含量最为丰富的几个特征酯类化合物在未熟果和过熟果中的浓度明显不同：刚采收时，未熟果中的乙酸-2-甲基丙酯、乙酸-2-甲基丁酯、2-甲基丁酸乙酯、乙酸丁酯、乙酸己酯等含量显著低于过熟果；气调贮藏后与采收时相比，乙酸-2-甲基丙酯含量在未熟果中增加但在过熟果中减少，乙酸丁酯含量在过熟果中贮藏后已检测不到但在未熟果中增加，乙酸-2-甲基丁酯含量在未熟果中增加但在过熟果中减少，乙酸己酯含量在未熟果中下降幅度小于过熟果。以上结果说明尽管采收时高成熟度苹果中的特征芳香物质比低成熟度果实更为丰富，但是长期贮藏后这些风味物质在高成熟度果实中逸散更多。采后桃溪蜜柚室温贮藏 180 天期间，高成熟度果（花后 208 天）的失重率最小而出汁率、总糖含量最高，高成熟度果和中成熟度果（花后 192 天）的可溶性固形物含量大于低成熟度果（花后 178 天），除贮藏 30 天外高成熟度果的可滴定酸含量最低，贮藏 60～90 天高成熟度果和中成熟度果的维生素 C 含量较高，贮藏 120 天时高成熟度果的超氧化物歧化酶（superoxide dismutase，SOD）活性最高，因此，桃溪蜜柚在花后 208 天采收且贮藏 120 天内上市可维持较好的风味品质。番茄果实尽管采收时可溶性固形物、维生素 C 等含量在红熟期较高，但冷藏期间大幅下降，生产中应在绿熟期至顶红期采收，此时生理上处于跃变前期，糖酸等干物质已充分积累且含量波动比红熟期小，具有一定的耐藏性，贮后适销率高；芹菜采收早影响产量和品质，采收晚会导致中空现象，且贮藏中叶柄易呈海绵状干枯；萝卜采收偏晚，在贮藏中极易发生糠心现象。

2.2.1.3　田间生长发育状况（growth and development in field）

园艺产品在田间的生长发育状况，包括砧木类型、树龄大小、长势强弱、营养状况、植株负载量、个体大小及其着生部位等，都会对其贮藏性产生影响。

（1）砧木　砧木类型不同，其果树根系对养分和水分的吸收能力也不同，从而对果树的生长发育进程、对环境的适应性及对果实产量、品质、化学成分和耐贮性直接造成影响。

研究发现，在 15℃贮藏过程中，柠檬砧木红江橙果实的失重率、腐烂率高于红橘砧木；低温贮藏对红橘砧木红江橙可溶性固形物含量影响不大，但显著降低了柠檬砧木红江橙的可溶性固形物含量，红橘砧木的红江橙耐贮性比柠檬砧木好。比较嫁接在不同砧木上的甜橙的贮藏性可知，以枳壳、红橘和香柑作砧木的果实，耐贮性好；以酸橘、香橙和沟头橙作砧木的果实，耐贮性较好。通过评估 4 种砧木（'Freedom''140 Ruggeri''1103 Paulsen''own-root'）在冷藏条件下（约 4℃、98%相对湿度）'火焰无核'葡萄的性状及抗氧化酶活性发现，与其他砧木相比，'1103 Paulsen'砧木上的'火焰无核'葡萄因其抗坏血酸含量高，对 90 天的低温耐性更强；另外，在贮藏期间'1103 Paulsen'砧木上的果实在低温下的抗氧化酶活性更强，并可将贮藏期延长到 80 天，'1103 Paulsen'砧木提高了葡萄果实的低温贮藏能力。还有研究表明，红星苹果嫁接在保德海棠上，果实色泽鲜红，最耐贮藏；嫁接在武乡海棠、沁源山定子和林檎砧木上，耐藏性也较好。苦痘病是苹果成熟期和贮藏期常发生的生理病害，该病害与砧木也有关，如在烟台海滩地上嫁接于不同砧木上的国光苹果，砧木是烟台沙果、福山小海棠的果实发病轻；砧木是山荆子、黄三叶海棠的果实发病最重；晚林檎和蒙山甜茶砧木居中。另外，矮生砧木上生长的苹果较中等树势砧木上生长的苹果发生苦痘病要轻。

了解砧木对果实的品质和耐贮性的影响，有利于今后果园的规划，特别是在选择苗木时，应实行穗砧配套，只有这样，才能从根本上提高果实的品质，以利于采后的贮藏。

（2）树龄和树势　树龄和树势不同的果树，不仅果实产量和品质不同，而且耐藏性也有差异。一般幼龄树和老龄树不如盛果期树结的果实耐贮，这是因为幼龄树营养生长旺盛，结果数量少而致果实体积较大、组织疏松，果实中氮、钙比值大，因而贮藏期间果实的呼吸水平高、品质变化快、易感染寄生性病害和发生生理性病害。幼龄树对果实品质、贮藏性的影响往往容易被忽视，但对老龄树的认识人们一般都比较清楚。老龄树地上、地下部分的生长发育均表现出衰老退化趋势，根部营养物质吸收能力变小，地上部光合同化能力降低，因此，果实体积小、干物质含量少、着色差、抗病力下降，其品质和贮藏性都发生不良变化。

　　分析不同树龄组柑橘（品种'Kinnow'）在常温贮藏（约 20℃）期间的采后呼吸和果实品质的关系发现，贮藏 7 天后，18 年树龄的柑橘果实质量损失较大，且果实乙烯产生与重量损失呈正相关；而 6 年树龄的果实质量损失相对较小，且乙烯产生与重量损失呈负相关。树龄也影响芒果的采后品质，3 个不同树龄（6、18 和 30 年）采后芒果（品种'Amrapali'）果实的总酚、抗坏血酸含量及抗氧化活性随树龄增大而降低，但总类胡萝卜素含量随树龄增加而升高；果实多聚半乳糖醛酸酶、果胶甲酯酶活性及呼吸速率随树龄增大呈上升趋势；总可溶性固形物、总糖含量在 18 年树龄的果实中更高；综合考虑采后果实品质特征和耐贮性，18 年盛果期树龄的芒果更符合消费者需求和产业需要。另据报道，树龄 11 年的苹果（品种'Rome Beauty'）果实比 35 年的着色好，贮藏中虎皮病的发生概率少了 50%～80%；此外，幼树上采收的'富士'苹果，贮藏中 60%～70%的果实发生苦痘病，不适合长期贮藏，苹果苦痘病的发病规律有如下特点：幼树的果实苦痘病比老树重，树势旺的果实比树势弱的重，结果少的发病较重，大果比小果发病重。研究发现，不同树势的'翠玉'猕猴桃果实的耐贮性差异较大，树势强壮则果实的贮藏性良好，树势衰弱则贮藏性降低；0～2℃贮藏期间，树势衰弱的果实硬度下降幅度最大，软化速度比树势强壮和中庸的快（图 2-2），提前 30 天左右进入软熟状态，表明强壮树势可以明显提高'翠玉'果实的贮藏性。

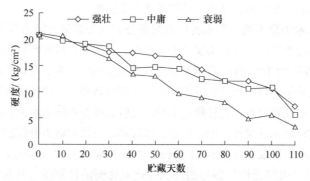

图 2-2　树势对猕猴桃果实贮藏期硬度的影响（'翠玉'品种）（蔡金术和王中炎，2009）

　　（3）果实大小　　同一种类或品种的果蔬，果实大小与其耐贮性密切相关。一般以中等和中等偏大的果实最耐贮。大个果实具有与幼树果实性状类似的原因，所以耐贮性较差。水果中，大个苹果的苦痘病、虎皮病、低温伤害发生比中等个果实严重，硬度下降也快；雪花梨、鸭梨、酥梨的大果易发生果肉褐变，褐变发生早而且严重；大个蕉柑皮厚汁少、贮藏中枯水病发生早而且严重。在蔬菜贮藏中，大个番茄肉质易粉质化；大个黄瓜采后易脱水，变成棒槌状；大个萝卜和胡萝卜易糠心。

　　以'纽荷尔'脐橙为例，按果实直径分为大果（＞9.8cm）、中果（7.7～9.8cm）和小果（＜7.7cm）3 个级别，通过研究脐橙果实大小对其贮藏品质的影响发现，常温贮藏 90 天后，大果和小果的腐烂率显著高于中果；随着贮藏时间延长，果实硬度、果实外观和口感风味等品质指标均下降，且表现为中果和小果的品质较好；中果和小果的可溶性固形物含量始终高于大果，其中，中果的可溶性固形物含量在贮藏 60 天后最高，仍可达 12%以上，表明采后 60 天是脐橙贮藏品质的一个临界点，且脐橙中果和小果具有较好的贮藏品质。

（4）植株负载量　植株负载量大小对果实的质量和贮藏性也有影响。负载量适当，可保证果实营养生长与生殖生长的基本平衡，使果实具有良好的营养供应而正常发育，收获后的果实质量好、耐贮藏。负载量过大，果实的生长发育过度消耗营养物质，削弱了植株的营养生长，果实没有足够的营养供应而使发育受损，通常表现为果小、着色差、风味淡薄，不但商品质量低，而且也不耐贮藏。负载量过小，植株营养生长旺盛，大果比例增加，也不利于贮藏。植株负载量对果实贮藏性的影响，不论是对木本的果树，还是对草本的蔬菜西瓜、甜瓜等的影响是相似的。所以，在园艺产品生产中，应该重视对植株开花结果数量的调节控制，使负载量保持在正常合理的水平上，有利于生产出商品质量好、耐贮藏的果实。

'夏黑'葡萄的植株负载量显著影响果实的产量、品质和枝条贮备营养，随负载量降低果实产量呈下降趋势，高负载量梢果比 1∶2 时产量最高，其次为 1∶1，再次为 1∶1.5，低负载量梢果比为 1.5∶1、2∶1 和 3∶1 产量较低。另外，随负载量降低，果实品质呈升高趋势，可溶性固形物含量以梢果比 1∶1 最高，显著高于 1∶1.5、1∶2，梢果比 1∶2 最低；可滴定酸含量梢果比为 1∶2 最高、1∶1.5 最低；维生素 C 含量梢果比 1∶1 最高。随负载量下降枝条贮备营养也呈升高趋势，可溶性糖含量以梢果比 1∶1 最高，其次为低负载量梢果比，高负载量梢果比最低；淀粉含量梢果比 1∶1 与 3∶1 无显著差异，且显著高于其他负载量；游离氨基酸含量低负载量梢果比最高，其次为梢果比 1∶1，高负载量梢果比最低；可溶性蛋白质含量梢果比 1∶1、3∶1 最高，其次为 1.5∶1、2∶1，梢果比 1∶2、1∶1.5 最低。综合各指标来看，'夏黑'葡萄果实品质和枝条贮备营养水平最佳的梢果比为 1∶1，采后果实商品性较好，相对耐贮。

（5）结果部位　同一植株上不同部位着生果实的生长发育状况和贮藏性存在差异。一般来说，同一棵树上不同结果部位所结苹果的成熟先后顺序为：向阳面树冠外围＞向阳面树冠内膛和背阴面树冠外围＞背阴面树冠内膛；向阳面或树冠外围的苹果果实着色好，干物质含量高、风味佳、肉质硬、贮藏中不易萎蔫皱缩；但有试验表明，向阳面果实中干物质含量较高，而氮和钙含量较低，发生苦痘病和红玉斑点病的概率较内膛果实为高。库尔勒香梨光照充足的外围果比弱光的内膛果的单果质量好，糖多酸少，果实硬度小。还有研究发现，柑橘外围枝条上所结果实的抗坏血酸含量比内膛果实高。同一株树上顶部外围的伏令夏橙果实可溶性固形物含量最高，内膛果实的可溶性固形物含量最低，果实的含酸量与结果部位没有明显的相关性，但与接受阳光的方向有关，在东北面的果实可滴定酸含量偏低。锦橙密植幼树，不同树冠高度的果实耐贮性有一定差异，通风库中贮藏 5～6 个月后，下层果（离地 50cm 以下）比上层果（离地 100cm 以上）耐贮性差，贮藏中好果率低，腐果率增加；而中层果（离地 50～100cm）与上层果间无显著差异。下层果耐贮性差的原因有以下几点：第一，离地面近，果实易感染绿霉病和褐腐病等，贮藏中这两种病导致的腐果率高；第二，下层果光照条件差，果实生理抗菌能力比中上层果差，果皮受各种损伤也比中上层多，因此，在贮藏中下层果的腐果率显著高于中上层果。

果菜类着生部位、品质及耐贮性关系和果树果实相比略有不同，一般以生长在植株中部的果实品质最好，耐贮性最强。例如，番茄、茄子、辣椒等蔬菜具有从下向上陆续开花、连续结果的习性，植株下部和顶部果实的品质及耐贮性均不及中部果实；西瓜、甜瓜、冬瓜等瓜类也有类似情况，瓜蔓中部果实比基部和顶部的个大、风味好、耐贮藏。

不同部位果实的生长发育和贮藏性的差异是田间光照、温度、空气流动及植株生长阶段的营养状况等不同所致。因此，果实的着生部位也是选择贮藏果实时不可忽视的因素。在实际生产中，如果条件允许，贮藏用果最好按果实生长部位分别采摘，分别贮藏。

2.2.2 生态因素

2.2.2.1 温度（temperature）

温度对园艺产品的采后贮藏品质有重要影响。园艺产品生长的适宜温度因类别和品种而异，同时也受到气候、纬度或海拔等地理和其他环境条件的影响。园艺产品在适宜温度下发育成熟度好、产量高、贮藏品质良好。

温度过高或过低都会对果蔬生长发育、产量、品质、耐贮性产生影响。温度过高，作物生长快，产品组织幼嫩，营养物质含量低，表皮保护组织发育不好，有时还会产生高温伤害。温度偏低，可能引起果蔬着色不佳，成熟度差，品质下降及低温冻害等。中国富士苹果的气候适宜区主要分布在黄土高原、环渤海湾和黄河古道，适宜区的年平均气温为 7～14℃、≥10℃积温 3000～4800℃·d、最冷月平均气温−7～0℃、夏季气温平均日较差 8～12℃。这些适宜区的海拔较高、日照充足、生长季长，越冬期温度条件保证了苹果安全越冬又不影响休眠，夏季日较差大且空气较为干燥，有利于苹果高产和品质形成，对贮藏有利；但江苏、安徽、陕南及河南中南部地区由于夏季气温偏高影响苹果果实硬度，对耐贮性造成不利影响。桃是耐夏季高温的果树，夏季温度高，果实含酸量高，较耐贮藏；但气温超过 30℃时，会影响果实的色泽和大小；如果夏季低温高湿，桃的颜色和成熟度差，品质不佳，不耐贮运。沃柑等柑橘类果树耐寒性中等，适宜的年平均温度在 17.5℃，冬季最低气温不低于−1℃，温度过低会出现低温冻害，果实受冻而出现斑点甚至腐烂，果实表皮质量不均，果品质量较差，不耐贮运；夏季高温和强烈的阳光直射则易使沃柑日灼伤，水分供应不足，影响果实的蒸腾作用，局部温度过高和失水易造成局部组织死亡，影响果实的贮藏品质。此外，马铃薯生长发育适宜温度是 15～20℃，开花结薯期到块茎膨大期适宜温度比营养生长期偏低，为 16～18℃，当温度大于 35℃时薯块容易产生腐烂现象。

大量的生产实践证明，采前温度、采收温度和采收季节也会对果蔬的品质和耐贮性产生深刻影响。例如，苹果采前 6～8 周昼夜温差大，果实着色好，含糖量高，组织致密，品质好，较耐贮藏。部分果蔬应避免早晨低温采收，此时果蔬表面有露水附着，采收后环境湿度高从而影响耐贮性。同一种类或品种的蔬菜，采收季节不同其品质及耐贮性有明显差异，通常秋季收获比夏季收获更耐贮运。

2.2.2.2 光照（illumination）

光照是园艺产品生长发育的重要环境因子，也是获得良好品质的重要条件之一。没有光照园艺作物就无法进行光合作用，光照强度意味着光合作用的强度，在适宜温度及充足养分、水分、空气条件下，光照的强弱会直接影响光合作用的速率，决定产品的干物质、糖分的积累及风味、色泽的形成，进而影响园艺产品的品质及其贮藏特性。

一般种植区的地理位置和朝向越好，在一定范围内可获得更多的光照，果蔬的成熟度就越好。光照时间相对较长的地区更易获得高糖度、低水分的果蔬产品，部分园艺品种对短日照较为敏感，研究发现暴露在阳光下的柑橘果实与背阴处的果实比较，一般具有发育良好、皮薄、果汁可溶性固形物含量高等特点。但如果光照过多、强度过大，部分果蔬会受到日照伤害，导致其表面出现暗斑，整个产品的品质不均匀，贮藏性会降低。特别是在干旱季节或年份，光照过强对果蔬造成的危害更为严重。例如，'秦冠''鸡冠''红玉'苹果受强日照后，生长及贮藏过程中易患生理性病害，如蜜果病等；番茄、茄子和青椒在炎热夏天受强烈日照后，会产生日灼病，不能进行贮藏。

果蔬生长时期光照不足，会不同程度地降低果实中糖、酸和花青素的含量，使成熟度受到影响，色泽和贮藏品质下降。如果种植区经常遇到多云天气，比如相对低洼的山谷地区，光照不足会使果蔬含糖量降低、产量下降、抗性减弱，贮藏中容易衰老。研究发现，水果果穗遮光后，果实的透光率降低，果实在幼果期的光合作用减少，使果实膨大期推迟，从而影响果实重量的变化。苹果在生长季节连续阴天会影响果实中糖和酸的形成，容易发生生理病害，缩短贮藏寿命。树冠内膛的苹果因光照不足易发生虎皮病，贮藏中衰老快，果肉易粉质化；遮阴会降低大樱桃枝条上果实的可溶性固形物含量和硬度，而且果实着色变差；兔眼蓝莓果实的总酚、类黄酮、花青素、维生素 C 含量整体随光照减弱而降低。光照直接影响植物花青素的生物合成，是园艺产品色泽形成（着色）的重要环境因子。相对光照强度大的区域的苹果单果质量、花青苷含量、硬度、可溶性固形物含量显著高于光照强度小的区域，贮藏性较好。在阳光照射下苹果颜色鲜红，特别是在昼夜温差大、光照充足的条件下着色更佳，而接触阳光少的果实成熟时不呈现红色或色调不浓。

2.2.2.3　降雨量（rainfall amount）

降雨量是影响园艺产品生长发育、品质和贮藏性的重要因素之一，干旱或者多雨常常制约着园艺产品（尤其非灌区作物）的生产与采后贮运。例如，切花生长期间水分条件的失衡直接影响其质量，缺水会使花朵变小，切花易于衰老；而生长期过量的降水，会使切花易感病和不耐贮藏。

潮湿多雨地区环境湿度大，雨后易出现树上裂果现象。例如，生长末期和成熟期已受水分胁迫的石榴植株，降雨可能引发果肉膨大的程度远大于果皮，使果实膨压发生不对称增加，当果皮无法承受来自果肉膨大而产生的压力时，石榴果实开裂，不能贮藏。雨后潮湿环境还易使园艺产品滋生大量微生物，尤其真菌类病原体的大量繁殖导致病害发生，加剧产品腐烂。例如，香蕉种植在常年高温、降雨充沛的区域，采后易受香蕉炭疽病侵染，该病害由病原真菌芭蕉刺盘孢（*Collectorichum musae*）引起，香蕉刺盘孢产生的分生孢子潜伏于未成熟的苞片、叶柄、花里，当降雨来临时可分散开来，通过昆虫和气流传播；分生孢子落在香蕉植株上后，4h 内即可在植株表面水膜上萌发并形成芽管，芽管顶端膨胀成球形附着胞，3 天内附着胞会产生侵染丝，通过机械刺穿寄主角质层的方式进行侵染；在采后香蕉后熟过程中，产生的乙烯会加速附着胞的生长，随着香蕉刺盘孢的不断生长繁殖，病菌趁机进入受伤蕉皮，蕉皮表面慢慢出现黑褐色病斑，且病斑在后期会凹陷，最后数斑融合，2～3 天内全果即呈现黑色，果肉腐烂而无法贮运。园艺产品病害的不断发生促使人们不得不通过适量喷洒农药的方式来应对，但过多的降雨量会稀释农药的有效成分，病害侵染难以控制，采后贮藏期间常有暴发，缩短货架寿命。此外，降雨过多还会造成土壤中的可溶性盐类（如钙盐等）被雨水带走，造成园艺产品矿物质缺乏，加上下雨天无法保证充足光照，产品品质和耐贮性受到较大影响。例如，处于冷凉多雨环境下的黄瓜，品质和耐贮性都不高，因为空气湿度高时蒸腾作用会受到阻碍，无法从土壤中吸收充足的矿物质，阻碍了有机物的合成、运输及累积。

另外，当降雨量减少或在干旱少雨的地带，空气湿度不高、土壤缺乏水分，会造成园艺产品对营养物质的吸收不足，正常生长发育受阻，常表现为产品体积偏小、产量较低、色泽异常，产生生理病害，如缺乏水分的苹果易患苦痘病、大白菜则易发生干烧心病、萝卜易出现糠心等。而甜橙在贮藏过程中的枯水与生长期的降雨量息息相关：在干旱天气过后遇到多雨天气时，果实会在短期内生长加快，果皮组织变得疏松，加重其枯水程度。

2.2.2.4　土壤（soil）

土壤作为园艺作物生长发育的重要基础之一，其质地、微生物类群能通过直接影响产品的组织结构、化学组成而影响品质和耐贮性。

按照土壤颗粒组成不同，土壤质地一般可分为砂土、壤土和黏土三大类。受成土母质特点、人为平整土、耕地、灌溉、施肥等众多因素影响，不同质地的土壤具有不同的特性，适宜栽种的园艺作物也有区别（详见表2-5）。不同质地的土壤能影响农作物的生长发育、果实品质，造成园艺产品的采后贮藏性、货架期大相径庭。例如，壤土相对砂土来说，具备更高 Ca^{2+} 吸附和固持能力，更有利于农作物对 Ca^{2+} 的吸收及果实硬度的提升。硬度是衡量果实品质及影响果实贮藏性的重要指标，果实钙含量的提高可以在一定程度上增加其硬度，提高其可溶性固形物含量和糖酸比，抑制果实内维生素C等物质的转化降解，降低果实中果胶酸的含量，增加果胶钙的含量，减轻果实细胞膜透性的变化，从而降低烂果率，提高果实的耐贮性。

表2-5 不同土壤质地特性

特性		宜种蔬菜类		宜种水果类	
		品种	作物特性	品种	作物特性
砂土	通气透水性好，导热性强，抗旱能力弱，易漏水漏肥，养分少，保肥性能弱	早熟薯类、根菜、春季绿叶菜类	生长快，外观好，味淡，不耐贮	西瓜、石榴	果皮坚韧，品质佳，耐贮运能力强
壤土	通气透水性适中，保水保肥性好，营养较好	任何蔬菜	生长适中，品质好，耐贮性好	苹果	风味好，贮藏性好
黏土	养分丰富，有机质含量较高，保肥性能好，易积水，通气透水性差	晚熟品种蔬菜	生长迟缓，形小不美观，味浓，品质好，耐贮	香蕉、柑橘	风味好，耐贮藏

土壤微生物主要由细菌、真菌、放线菌等构成。土壤中的一些有效微生物除了能促进农作物生长、加速土壤有机质分解、提高产量之外，还能提升品质及贮藏性，如青霉菌、放线菌、酵母菌、霉光合细菌、乳酸菌等。增加土壤中有效微生物的数量和种类，能促进土壤对碳、氮的吸收，提升土壤养分含量，降低土壤pH和容重，提高作物产量和品质。有效微生物对植物养分吸收的影响在成熟期比开花期更明显。另外，土壤中的某些微生物能与宿主植物建立互惠共生体，改善作物相关成分含量，使其贮藏性能得到提升。例如，摩西球囊霉（*Glomus mosseae*）是广泛分布于盐碱土壤中，能侵染植物并提高植物抗盐能力的一种霉菌。对在盐碱胁迫条件下生长的西瓜幼苗接种摩西球囊霉后可显著降低盐害指数，株高变得更高、叶面积变得更大，有利于果瓤色泽、亮度、色饱和度等的增加，提升商品性；果实中可溶性蛋白、可溶性固形物、维生素C、番茄红素、总酚、总黄酮等成分含量显著上升，提高品质；超氧化物歧化酶、抗坏血酸过氧化物酶、过氧化物酶等抗氧化酶含量也得到大幅提升。说明盐碱土壤中的摩西球囊霉十分有利于增强西瓜的贮藏性，延长货架期。

2.2.2.5 地理条件（geographical condition）

果蔬栽培地区的纬度、地形、地势、海拔等地理条件不同，其生长期间的温度、光照、降雨量、空气湿度会有差异，从而影响生长发育、品质和耐贮性，地理条件对果蔬的影响是间接性的。

同一种类果蔬栽培在不同的地理条件下，它们的生长发育状况、质量及贮藏性表现出一定的差异。例如，苹果属温带水果，在我国长江以北广泛栽培，多数中、晚熟品种较耐贮藏，但因生长的纬度不同，果实的耐贮性也有差别：生长在河南、山东一带的苹果不如生长在辽宁、山西、甘肃、陕北的耐贮性强；同一品种的苹果在高纬度地区生长的比在低纬度地区生长的耐贮性要好，

'元帅'苹果在辽宁、甘肃、陕北生长的较山东、河北生长的耐贮藏；我国西北地区生长的苹果可溶性固形物含量高于河北、辽宁的苹果，西北虽然纬度低，但海拔较高，凉爽的气候适合苹果的生长发育。海拔对果实品质和耐贮性的影响十分明显，海拔高的地区日照强且昼夜温差大，有利于糖分积累与花青素形成，抗坏血酸含量也高，所以苹果的色泽、风味和耐贮性都好。我国柑橘的纬度分布为20°N～33°N，不同纬度栽培的同一品种一般表现出从北到南含糖量增加、含酸量减少，因而糖酸比值增大，风味变好。例如，广东生产的橙类较之纬度偏北的四川、湖南生产的橙类，糖多酸少、品质较优；陕西、甘肃和河南的南部地区虽然也种植柑橘，但由于纬度偏北，柑橘生产受限制的因素很多，果实质量不佳，也不耐贮藏。另外，从相同纬度的垂直分布看，柑橘的品种分布有一定差异。例如，湖北宜昌地区海拔550m以下的河谷地带生产的甜橙品质良好；海拔550～780m地带则主栽温州蜜柑、橘类、酸橙、柚等；海拔800～1000m地带主要分布宜昌橙，对其他品种则不适宜。不同产地的冬枣对比试验发现，在0～1℃气调库贮藏2个月后，河北产区的冬枣好果率大于山东产区，但不同产地冬枣好果率下降的原因有差异，山东乐陵的枣果多表现为软化，河北黄骅的则主要表现为腐烂。另外，生长在山地或高原地区的蔬菜，体内碳水化合物、色素、抗坏血酸、蛋白质等营养物质的含量都比平原地区生长的要高，表面保护组织也比较发达，品质好，耐贮藏。例如，生长在高海拔地区的番茄比生长在低海拔地区的品质明显要好，耐贮性也强。

由此可见，充分发挥地理优势发展果蔬生产，是改善果蔬品质、提高贮藏效果的一项有力措施。

2.2.3　农艺措施因素

2.2.3.1　施肥（fertilization）

施肥对园艺产品的品质及贮藏性有很大的影响，只有合理施肥才能提高品质，增加耐贮性和抗病性。

（1）氮（nitrogen，N）　　N是园艺产品生长发育最重要的营养元素，是构成植物蛋白和含氮有机物的主要元素之一，为了获得高产，增施氮肥是最常采用的措施。氮素缺乏常常制约着园艺产品正常生长发育，如切花缺N会使叶片黄化和出现早衰。但是，氮肥施用量过多，园艺产品的营养生长旺盛，导致组织内矿质营养平衡失调，果实着色差，质地疏松，呼吸强度增大，成熟衰老加快，对质量及贮藏性产生一定程度的消极影响。例如，苹果施N过量导致果实含糖量低、风味不佳，果面着色差、易发生虎皮病，肉质疏松而较快地粉质化，氮钙比增大易发生水心病、苦痘病等生理性病害。室温贮藏条件下，火龙果的腐烂率随着施氮量的增加而提高。一般认为，适量施入氮肥，园艺产品的产量虽然比过量施N的低一些，但能保证产品的质量和良好的贮藏性，降低腐烂和生理病害造成的损失。

对于绿叶蔬菜而言，采前不同阶段平衡的氮肥供应尤为重要。徐超炳研究了氮肥施用量对青花菜萝卜硫苷含量和品质的影响，发现'优秀'和'绿岭'两个品种青花菜花球的直径和重量都随氮肥施用量的增加而升高，花球和花茎在5℃下的抗坏血酸含量、萝卜硫苷含量、贮藏寿命都随着氮肥施用量的增加而降低，其中施氮量300～400kg/hm^{2}时抗坏血酸含量最低，400kg/hm^{2}时贮藏寿命最短且萝卜硫苷含量最低。综合考虑各方面因素，中等施氮量（200～300kg/hm^2）对青花菜品质保持和贮藏比较适宜。

花卉栽培过程中过量施N也会缩短切花产品的瓶插寿命，一般在花蕾现色之前应少施或停施氮肥，并适量施用钾肥，以提高切花品质和延长瓶插寿命。不同切花种类生长发育期间对矿质营养的需求量和平衡比例有不同的要求：通常观叶切花可适当增加氮肥的施用量，促进叶片迅速生长，提高叶绿素含量使叶色鲜嫩浓绿；而观花和观果类切花营养生长期需施氮肥，进入生长切花期应增加磷、钾的比例及硼和锌等微量元素的施用，减少施氮肥，以免叶片过大、花瓣畸形等。

（2）磷（phosphorus，P）　　P是植物体内能量代谢的主要物质，不仅对细胞膜结构稳定具有重要作用，而且是核蛋白、酶和卵磷脂的组成成分。它对园艺产品呼吸作用、光合作用及果实、种子的形成必不可少，能促进植株生长健壮、果大质好，还能促进花卉花芽分化和孕蕾，能使花卉花多而艳。

P元素的平衡可调控水果果实的采后生理。在冷藏过程中，低P果实的呼吸强度高，组织易发生低温崩溃，果肉褐变严重，腐烂病发生率高。这种感病性的增强是含P不足时，醇、醛、酯等挥发性物质产量增加的结果。土壤中缺P，果实的颜色不鲜艳，果肉带绿色，含糖量降低，贮藏中容易发生果肉褐变和烂心。增施磷肥有提高苹果的含糖量、促进着色的效果。适宜的磷素用量（0.9～1.2mmol/L）可改善甜瓜可溶性固形物、可溶性糖、维生素C、可溶性蛋白、总酸含量，提高采后营养品质和耐贮性。

生产过程中不同的磷肥施用策略会影响蔬菜的采后品质和贮藏性能。例如，不同氮磷钾施肥处理显著影响青花菜的品质，其成品率与植株内磷元素呈显著正相关。磷钾肥还可增加胡萝卜中胡萝卜素的含量。

P对花卉的生长和品质也有重要影响，P质量浓度为40mg/L时菊花花径、茎粗、叶面积最大，可有效延迟花期。香水百合切花品质受混合施肥的显著影响，在中等水平磷（100mg/kg）结合300mg/kg氮、150mg/kg钾和120mg/kg钙配比下，花瓣中超氧化物歧化酶活性保持在较高水平，瓶插期间花瓣中可溶性糖、可溶性蛋白质含量的损失减缓，有效延长了切花瓶插寿命。

（3）钾（potassium，K）　　K虽然不是植物有机体的组成物质，但却是其进行正常生理活动的必要成分。钾肥与园艺产品中蛋白质、淀粉、纤维和糖等物质的生成有密切关系。钾肥施用合理，能够提高园艺产品产量，并对质量和贮藏性产生积极影响。适量施K能促进果蔬花青素形成，增强果实组织的致密性和含酸量，增大细胞的持水力，对切花采后新鲜度也有益。

果树缺K容易发生焦叶现象，降低果实产量及品质。苹果缺K时果实着色差，贮藏中果皮易皱缩，品质下降；施用氯化钾可降低苹果贮存期腐烂率，推迟采后可溶性固形物峰值的出现时间，延长果实贮藏寿命。成熟前施用钾肥能显著提高在室温和冷库贮藏猕猴桃的果实硬度、维生素C含量。另外，缺K会延缓番茄的成熟过程，因为K浓度低时会使番茄红素的合成受到抑制。

过多施用钾肥，会降低园艺产品对钙的吸收率，导致组织中矿质营养平衡失调，结果使贮藏期缺钙性生理病害和某些真菌性病害（如苹果苦痘病和果心褐变病）发生的可能性增大。果树对钾的吸收与钙、镁的吸收存在拮抗作用，钾肥吸收过多，造成果实中钙含量降低。柑橘对K的需求量较大，柑橘树和果实中均具有较高含量的K，柑橘果实质量对钾素水平的变化非常敏感，K含量高会导致果实大且果皮粗厚，较耐贮；相反，缺K会使得果实较小且果皮薄，不耐贮藏。

（4）钙（calcium，Ca）　　Ca作为细胞壁和细胞膜的结构物质对植物的生理代谢起着重要的调节作用，钙离子可以通过与膜磷脂的磷脂基及膜蛋白的羧基形成钙离子桥来保证膜的结构稳定性，因此Ca供应不足易引起细胞质膜解体。Ca在调节园艺产品的呼吸代谢、抑制成熟衰老、控制生理性病害等方面具有重要作用。

采收前增加园艺产品Ca含量，可明显降低其在贮藏期间的呼吸强度，并能影响其酸度、硬度、维生素C含量和对冷害的抵抗力，从而起到延长贮藏期的作用，对提高产品的贮藏能力非常有效。果蔬常在果实生长发育初期到采摘前，分一次或几次追施各种易吸收的不同形态钙肥来增加果实中的 Ca 含量，以提高果实品质和耐贮性。王强等采用低浓度硝酸钙（0.5%）处理脐橙，发现其汁囊的粒化和枯水情况均降低，贮藏后的出汁率升高，硝酸钙延缓果实衰老效果明显。邢尚军等在冬枣幼果期至采摘前分三次分别喷施离子钙、螯合钙和纳米钙三种溶液到果实表面，发现三种形态钙处理均抑制了贮藏期间冬枣的褐变及硬度变化、降低了维生素 C 的消耗、减少了细胞质中钙颗粒的累积、更好地保持了营养成分，其中螯合钙的效果最佳。采前施 Ca 还可提高甜樱桃果实中的钙含量，改善果实硬度，减少花梗收缩及果实腐烂的发生，在减少裂果和提升贮藏质量方面均有积极作用，但是果皮吸收 Ca 的机理和途径尚需要进一步的研究。

近年来，对土壤中 Ca 含量与蔬菜生理病害的关系研究较多，普遍认为蔬菜需 Ca 高于一般大田作物。土壤中缺 Ca 是大白菜发生干烧心的主要原因，当土壤中可利用的 Ca 低于土壤盐类总含量的 20%时，叶片中 Ca 含量下降到 12.4mg/g（干重）即可出现病症，叶片中 Ca 含量在 22mg/g 以上均正常。植物缺钙性生理病的发生与 Ca 的功能有关，植物细胞中 Ca^{2+} 与多聚半乳糖醛酸的 R—COO—基结合成易交换的形态，调节膜透性及相关过程，增加细胞壁强度。缺 Ca 组织通常表现出质膜结构破坏、内膜系统紊乱、细胞分隔消失、细胞壁中胶层解体等现象，大白菜干烧心病状、番茄的后熟斑点、甘蓝的心腐病等都与缺 Ca 密切相关。因此在施氮肥时，及时补充土壤中 Ca 的含量，以防 Ca/N 下降，适量补充 P 和 K 的用量，注意大量元素之间和微量元素之间的比例，可减轻相关的生理病害发生。生吉萍等用 0.3%的氯化钙溶液处理小油菜，能有效降低膜透性，延缓细胞衰老，有效抑制小油菜的黄变和腐烂，提高其总抗氧化能力并延长贮藏期。Liping Kou 等发现采前喷施氯化钙可增加芽菜的产量及 Ca^{2+} 含量，提高超氧化物歧化酶和过氧化物酶活性，减少贮藏期的微生物污染，调节衰老相关基因的表达，延长了货架期。

（5）镁（magnesium，Mg）　　Mg 是园艺作物生长发育不可缺少的营养元素，植物体内 Mg 含量为 0.5%～0.7%，当 Mg 营养不足时，园艺作物的叶绿素含量下降，叶片失绿，光合强度降低，碳水化合物、脂肪、蛋白质的合成受阻，产量和品质下降。Mg 在调节碳水化合物降解和转化酶的活化中起着重要作用。与 K 一样，Mg 影响园艺产品对 Ca 的吸收利用，如含 Mg 高的苹果对 Ca 的吸收率也降低，贮藏期易发生缺钙性病害苦痘病。

施肥对园艺产品采后贮藏性的影响不能孤立地仅从某一种矿质元素的盈缺去分析，而应相互配合综合考虑。适量配施镁、钾、钙肥能有效降低香蕉果皮多酚氧化酶活性、果皮丙二醛含量和果肉淀粉酶活性，减少贮藏过程中的重量损失，延缓香蕉果实的衰老进程，提高果实的耐贮性。叶面喷施含镁的高钙复合肥（含 120g/L 螯合钙、10g/L 镁和 100g/L 氨基酸）能有效提高火龙果品质，延长其贮藏期。在蔬菜作物上施用不同的镁、钙肥，对增加蔬菜产量和改善产品成分效果最明显。应用不同 Mg^{2+}、Ca^{2+} 营养水平进行番茄试验，发现镁钙肥能显著提高番茄产量和果实中的抗坏血酸及还原糖含量。Serrano 等研究表明，叶面喷施镁、钙和钛复合肥处理的油桃保鲜期达 14 天以上，显著长于无复合肥处理的样品。

2.2.3.2　灌溉（irrigation）

水分是保持园艺产品正常生命活动所必需的，土壤水分的供给对园艺产品的生长、发育、品质及耐贮性有重要影响。土壤中水分供应不足，园艺产品的生长发育受阻，产量减少，质量降低；供水太多又会延长生长期，风味淡薄，着色差，采后容易腐烂。可见合理灌溉对于保障园艺产品的正常生长，提高品质和耐贮性具有重要意义。

生产中为了既保证果蔬的产量和质量，又有利于提高其贮藏性，适时合理灌溉非常必要。芒果在果实生长发育过程中，水分的供给是必需的，干旱季节对芒果园实施灌溉有利于果实发育提前和膨大，在果实膨大期进行灌溉可增加单果重和果厚，减少裂果，从而提高芒果产量和果实品质，增强耐贮性。苹果的一些生理病害如软木斑、苦痘病和红玉斑点病，都与土壤中水分状况有一定联系，水分过多，果实过大，果汁的干物质含量低，而不耐长期贮藏，容易发生生理病害；但水分供应不足也会削弱苹果的耐贮性。桃在采收前几周缺水，果实难以增大，果肉坚硬，产量下降，品质不佳；但灌水太多，又会延长果实的生长期，果实着色差、不耐贮藏。葡萄采前不停止灌水，虽然产量增加，但因含糖量降低不利于贮藏。洋葱在生长中期如果过分灌水会加重贮藏中的颈腐、黑腐、基腐和细菌性腐烂，采前一周内灌水会导致耐贮性下降。

国内外研究证明采前调亏灌溉能改善果实的营养品质和贮藏品质。水分是影响番茄产量和品质的重要因素，在果实膨大期轻度调亏灌溉使田间持水率为65%～70%，果实的品质、单果质量、前期产量和水分利用效率综合效益较高，与常规灌溉相比，成熟期亏损灌溉（田间持水率60%～70%）番茄果实更加耐贮：贮藏10天过程中，随时间延长亏损灌溉果实的可溶性固形物含量不断增加，色度值持续升高，果实颜色越来越鲜艳，一定程度上可以调节果实色光值，有利于保持果实外观品质，便于长期贮藏；亏损灌溉还可以促进果实表皮生长，增加表皮厚度，提高果实硬度，降低果实病虫害发生率，有利于番茄果实的长距离运输及较长时间贮藏。Silveira等评价了节水灌溉对柑橘产量、果汁品质和水分利用效率的影响发现，与全灌溉相比，半亏灌溉（田间持水率为50%）可降低果实的酸度，提高成熟指数，因而可以提高果实的品质，有利于长期贮藏，是一种增产、优质、节水的有效策略。

2.2.3.3　施用生长调节剂（application of growth regulator）

控制植物生长发育的物质有两类：一类叫植物激素（plant hormone），另一类叫植物生长调节剂（plant growth regulator）。植物激素是植物自身产生的一类生理活性物质。植物生长调节剂则是仿照植物激素的化学结构人工合成的具有生理活性的一类物质，虽与植物激素的化学结构不同，但具有与植物激素类似的生理效应。生产上使用的植物生长调节剂种类很多，根据其效果可概括为以下4种：第一种，促进生长促进成熟，如生长素类的吲哚乙酸、萘乙酸和2,4-二氯苯氧乙酸（2,4-dichlorophenoxyacetic acid，2,4-D）等。这类物质可促进果蔬的生长，防止落花、落果，同时也促进果蔬的成熟。第二种，促进生长抑制成熟衰老。细胞分裂素、赤霉素等属于促进生长抑制成熟衰老的调节剂。细胞分裂素可促进细胞的分裂，诱导细胞的膨大，赤霉素可促进细胞的伸长，二者都具有促进果蔬生长和抑制成熟衰老的作用。第三种，抑制生长促进成熟。乙烯利等属于抑制生长促进成熟的调节剂。乙烯利是一种人工合成的乙烯发生剂，具有促进果实成熟的作用，一般生产的乙烯利为40%的水溶液。第四种，抑制生长延缓成熟。多效唑、青鲜素等是一类生长延缓剂，可抑制果蔬生长、延缓成熟。植物生长调节剂对园艺产品的品质影响很大，采前适量喷洒是增强产品耐贮性和防止病害的有效措施之一。作为现代农业中主要的化控技术，植物生长调节剂能调控作物的生长发育，在克服环境和遗传局限、增强作物抗逆性、稳产增产、改善品质和贮藏条件等方面发挥着积极作用。

生长调节剂对果蔬的品质与贮藏特性有一定的影响。赤霉素可促进细胞的伸长，促进果蔬生长、抑制成熟衰老，赤霉素处理延缓了香蕉贮藏期间果实硬度、淀粉含量的下降，降低了果实中可溶性糖含量上升的速率，有效推迟了果皮的褪绿变黄，同时可以降低乙烯释放量和呼吸强度的大小，推迟呼吸高峰的出现，既有利于保持香蕉的贮藏品质，又能延长贮藏期。多效唑作为生长延缓剂，通过调节果树营养生长和生殖生长的平衡来增加产量，还可一定程度上改善果实的着色和品质。在苹果上的试验结果表明多效唑使果实着色更好，果实硬度及总可溶性固形物、总酸、总糖和蔗糖含量明显提高，有利于苹果果实的贮藏。烯效唑是广谱性、高效的植物生长延缓剂，和多效唑同属于三唑类化合物，与多效唑相比具有活性高、用量少、效果好和残留低的优点。分别采用 30mg/L、40mg/L、50mg/L 浓度的烯效唑加 80mg/L 乙烯利在花期喷施'妃子笑'荔枝,可以显著延长开花时间,坐果率可分别增加 71.7%、64.6%和 57.8%。

在实际生产上可多使用几种生长调节剂对果蔬进行生长与品质调节。例如,在'阳光玫瑰'葡萄上使用赤霉素(gibberellin, GA$_3$)和 N-(2-氯-4-吡啶基)-N′-苯基脲 [N-(2-chloro-4-pyridyl)-N′-phenylurea, CPPU] 2 种植物生长调节剂,能明显改善其易落果、果穗稀疏和产量不稳等问题,提高果实无核化程度。幼果期施用 GA$_3$ 和 CPPU 可增加'夏黑'葡萄果实的可溶性固形物含量;同时这 2 个植物生长调节剂与果实花色苷的合成密切相关,GA$_3$ 处理加快'夏黑'葡萄果实的成熟从而促进果皮花青素的合成,CPPU 作为细胞分裂素可延迟叶绿素降解,减缓果皮衰老、褪绿及变色,抑制果皮花青素的合成。几种生长调节剂处理不同生长阶段的网纹甜瓜时发现,采前用油菜素内酯(epihomobrassinolide, EBR)处理甜瓜可提高其光合速率,促进碳水化合物从叶片向果实转运,显著提升果实中可溶性糖含量,提高网纹甜瓜光合速率的最有效 EBR 浓度为 0.1mg/L;开花期用 CPPU 处理可以提高网纹甜瓜果实的可溶性糖、蔗糖、果糖、葡萄糖和维生素的含量,从而提升果实品质;采后用具减缓衰老速度作用的 1-甲基环丙烯(1-methylcyclopropene, 1-MCP)处理,在不同贮藏温度下都可延长网纹甜瓜货架寿命,1-MCP 处理结合较低温度贮藏可更好地维持果实品质。蔬菜方面,采用具有促进生长、延缓衰老作用的氯吡脲和氯苯氧乙酸钠处理的黄瓜果实中,维生素 C 及干物质的含量均高于无处理组,对贮藏有利。钟蕾等探究生长调节剂对马铃薯贮藏期休眠的调控效果及其生理作用机制发现,GA$_3$、脱落酸(abscisic acid, ABA)和氯苯胺灵(chlorpropham, CIPC)处理显著影响块茎芽周及薯肉多酚氧化酶(polyphenol oxidase, PPO)与过氧化物酶(peroxidase, POD)活性,其中 GA$_3$ 主要提高块茎芽周部位的 PPO 和 POD 活性,ABA 和 CIPC 有降低未发芽块茎芽周和薯肉 PPO 活性的趋势,但 ABA 处理在块茎休眠解除过程中氧化酶活性上升,这可能是 GA$_3$ 打破休眠促进萌发、ABA 和 CIPC 延长休眠的生理机制之一。

生长调节剂也调控花卉的品质及保鲜效果。GA$_3$ 和细胞分裂素 6-苄氨基嘌呤(6-benzyl aminopurine, 6-BA)具有促进生长、抑制成熟衰老的作用,吲哚丁酸(indolebutyric acid, IBA)作为生长素类似物可促进生长、促进成熟。3 种植物生长调节剂 GA$_3$、6-BA、IBA 的不同浓度及不同浸球时间对香水百合光合色素及相关酶活性有重要影响,当用 150mg/L GA$_3$、60mg/L 6-BA、40mg/L IBA 浸球 40min 时,叶绿素含量最高,超氧化物歧化酶(superoxide dismutase, SOD)、过氧化氢酶(catalase, CAT)的活性增强。生长调节剂处理后显著提高了香水百合叶片中叶绿素的含量,并且减缓了叶绿素的降解,有效提高了香水百合光合作用的能力,延缓植株衰老。环酸钙、胺鲜酯、增产胺、油菜素内酯、氯吡脲、三十烷醇 6 种植物生长调节剂均能有效延长郁金香切花瓶插寿命,增大花径,提高水分平衡值,增加鲜重,减缓可溶性糖和可溶性蛋白的下降速度,减少脯氨酸、丙二醛的积累,降低 O^{2-} 产生速率,提高 SOD 和 CAT 活性,从而延缓郁金香切花的衰老,提高保鲜度。乙烯利(ethephon, CEPA)属于抑制生长、促进成熟的调节剂,是一种人工合成的乙烯发生剂。CEPA 处理能提高香水百合株高、茎粗、蕾长和花径,并提前了初花期,延长了开花时间,而 CEPA 与茎粗、蕾长和花径呈显著正相关,与末花天数呈显著负相关。GA$_3$ 和 CEPA 提高了香水百合开花各时期的光合特性,并增强了抗氧化酶活性,进而对开花品质和开花花期有显著影响。其中,200mg/L GA$_3$+30mg/L CEPA 协同处理对提前花期和延长开花持续天数的调节效果最佳,其次为单水平 200mg/L GA$_3$ 处理和单水平 60mg/L CEPA 处理,高浓度 200mg/L GA$_3$+60mg/L CEPA 和 300mg/L GA$_3$+30mg/L CEPA 的调节作用下降。

2.2.4　贮藏条件因素

2.2.4.1　温度（temperature）

贮藏温度影响园艺产品的呼吸、蒸腾、成熟衰老等多种生理功能。一定范围内，降低贮藏温度能显著抑制采后呼吸作用和其他代谢，降低酶活性，减缓水分流失，延缓采后后熟、衰老和腐烂等现象，实现对园艺产品的品质控制，延长贮藏时间。低温是各种园艺产品采后贮藏和运输中普遍采用的技术措施。任何一种园艺产品都有其不同的最适贮藏低温，当贮藏环境低于最适温度一定时间后，就可能发生冷害甚至冻害，影响贮藏效果。另外，贮藏温度的稳定也很重要，冷库温度一般在贮藏适温的上下 1℃内变化。

大多数水果最适贮藏温度接近其组织的冰点温度，如杏、樱桃、桃、李、枣、梨、哈密瓜、石榴、山楂、苹果等的贮藏适温在 0℃左右。樱桃最适贮藏温度为－1～0℃，在该温度下能有效抑制呼吸作用、维持果肉硬度、色泽及营养品质；在－1℃以下贮藏冷害现象较为明显，当温度低于－2℃时即全部发生冷害，且出现冷害斑、凹陷、表皮变褐等症状，失去食用价值。苹果较佳的贮藏温度为－1～4℃，在此温度范围内贮藏 190 天后可较好地抑制苹果果皮叶绿素的降解，延缓果皮色泽、色素含量的变化，可保持较好的外观及内在品质，其商品价值未受影响。热带、亚热带水果最适贮藏温度往往比温带水果高。例如，香蕉、番木瓜、番石榴、芒果、阳桃、菠萝、柠檬等一般贮藏适温在 10℃左右，但荔枝、龙眼、橙等可贮藏在 4℃左右较低温度下。

绝大多数的根、茎、叶菜类都适于贮藏在接近冰点温度，热带、亚热带地区的蔬菜一般不耐低温，在不适当的低温环境中贮藏容易发生冷害。原产于温带、寒带的绝大部分根茎类、花菜类、叶菜类均为喜凉蔬菜，其适宜的贮藏温度为 0℃左右。例如，洋葱食用部分是肥大的鳞茎，有明显的休眠期，休眠期后的洋葱适应冷凉干燥的环境，温度维持在 0℃才能减少贮藏中的损耗；花椰菜属较耐低温类型的蔬菜，在 0℃最适温度贮藏能显著抑制其腐烂和失重、维持硬度和感官品质、延长保质期。另外一些蔬菜，包括莲藕、生姜、芋头、番茄、茄子、扁豆、刀豆、黄瓜、苦瓜、菜豆、青椒、豇豆等，由于含水量较多，冷藏 15～30 天后会出现变黑、变软、变味现象，适合 10℃左右温度贮藏。例如，生姜喜温暖湿润环境，不耐低温，适宜的贮藏温度为 15℃左右，10℃以下会受冷害，受了冷害的生姜块会迅速皱缩并从表皮向外渗水，尤其是升温后很快腐烂；茄子最适贮藏温度为 12℃左右，低于 7℃则会出现斑点及铜黄色，外表皮紫色消失，瓜体凹陷。

贮藏温度越高，切花呼吸频率剧增，能耗也越大，从而缩短切花贮藏寿命。低温可以使所有花卉的贮藏寿命大大延长，其中大多数的花卉种类可延长贮藏寿命 10～20 天，如香石竹、二月兰、虞美人、芍药。部分花卉种类可以延长 30 天以上，如仙客来、郁金香、水仙等；最长的可以延长 42 天（仙客来），少数花卉只能延长 2～4 天，如瓜叶菊、非洲菊。各类品种的切花对温度的要求不同，一般温带花卉适宜的贮藏温度为 0～4℃，热带和亚热带花卉贮藏温度分别为 4～7℃和 7～15℃。例如，一品红需要在充足的光照和 10～15℃条件下贮藏，低于 10℃贮藏后移至温暖环境下会出现叶片大量脱落，从而致使产品不能出售，而当温度过低时，一品红的红色苞片容易转变成青色或蓝色，最后变为白色；非洲菊切花大多数品种的最适贮藏温度是 4℃，低温能减缓蒸腾速率和呼吸速率，减慢其损失的速度；月季切花在 0℃时的保鲜效果最好，贮藏期平均可长达 11.3天，而且花瓣中水分、糖分、蛋白质和细胞膜完好程度都要优于在较高温度下贮藏的切花月季。

园艺产品的低温冷藏应根据不同品种控制其最适贮温，即使是同一种类，也会由于品种、成熟度、栽培条件等不同而最适贮温有所差异。园艺产品在大量贮藏时，应事先对它们的最适贮温做好预测试验，在最适低温下达到较佳的贮藏效果。

2.2.4.2　湿度（humidity）

贮藏环境的相对湿度也是影响园艺产品耐贮性的主要因素。不同种类的园艺产品对相对湿度的要求不同，每种园艺产品都有其最适贮藏相对湿度。相对湿度过高，微生物繁殖快，会使园艺产品快速腐烂，贮藏损耗增加；相对湿度过低，园艺产品水分蒸发作用强，失水速度快，组织易干缩萎蔫，失重失鲜明显。所以，在园艺产品采后贮藏时不仅要保持最适温度，同时要保持最适湿度。

适宜水果贮藏的相对湿度大多为 85%～95%。例如，梨贮藏时应保持相对湿度为 90%～95%，因为梨采收后可通过果皮气孔蒸发水分，环境湿度过低可能会引起果实失水过多，果皮出现皱缩，影响外观及品质；相似地，石榴贮藏湿度低于 90% 时失水较多，失重率较高。但是，有些水果贮藏却需要较低湿度环境，如哈密瓜在 75% 相对湿度下能有效抑制呼吸作用，减缓有机酸、可溶性糖、抗坏血酸含量损失，降低多酚氧化酶等酶活性，延缓哈密瓜的老化和腐败。另外，相对湿度过高也不利于贮藏，蜜柑在 95% 以上的高湿环境下贮藏，会加重由青绿霉引起的腐烂，且果皮与果肉分离出现空隙，造成浮皮果。

大多数蔬菜在低温贮藏时要保持较高的相对湿度，以 90%～95% 为宜；而常温贮藏或者贮藏适温较高时一般要求较低的相对湿度，以 85%～90% 为宜。叶菜类与环境的接触面积大，蒸腾面积大，失水较快，导致营养物质消耗较多，贮藏期缩短。菠菜和生菜等叶菜加湿低温贮藏（相对湿度 90%～95%）可减少叶片表面失水，降低营养物质消耗速度，减缓品质变化，维生素 C 含量损失少，色差变化小，能较好地保持蔬菜的新鲜度，比直接冷藏效果更佳。根菜类适宜贮藏在空气湿度相对较高的环境中，否则容易出现糠心。例如，在较高的相对湿度（90%～95%）下，萝卜贮藏期可达 60 天，糠心、萎缩、腐烂率等有所减缓。

切花脱离母体极易失水干枯，耐贮性较差。在切花贮藏中切勿使其失水，相对湿度保持在 90%～95% 可保证切花贮藏中后期的开放率，相对湿度在 70%～80% 条件下花瓣就会出现干燥等情况。例如，香石竹在饱和湿度贮藏后开放率是相对湿度 80% 贮藏后开放率的 2～3 倍；情人草在 2～5℃ 下干贮只能存放 2～3 周，而在相同温度下湿贮则可存放 3～4 周。

采后的蒸腾失水不仅造成园艺产品明显的失重和失鲜，对其商品外观造成不良影响，而且在生理上也带来很多不利影响，促使产品衰老变质，缩短贮藏期。因此，提高环境湿度，减少蒸腾失水就成为园艺产品采后贮藏中必不可少的措施。在生产中应根据园艺产品的特性、贮藏温度、是否用保鲜袋包装等来确定贮藏的湿度条件。

2.2.4.3　O_2 与 CO_2（oxygen and carbon dioxide）

正常大气环境中，O_2 含量为 20.9%、N_2 为 78.1%、CO_2 为 0.03%。采后园艺产品个体仍有生命，贮藏期间还存在呼吸作用，随着呼吸作用的进行会消耗空气中的 O_2（降低 O_2 浓度），同时产生 CO_2（提高 CO_2 浓度）。相对于正常大气环境，适当降低 O_2 浓度或增加 CO_2 浓度，可改变环境中气体成分的组成，园艺产品的呼吸作用就会受到抑制，呼吸强度降低，呼吸高峰出现时间推迟，新陈代谢速度延缓，营养成分和其他物质的消耗减少，从而推迟园艺产品成熟衰老，保持其商品价值。同时，较低的 O_2 浓度和较高的 CO_2 浓度能抑制乙烯的生物合成，有利于延缓园艺产品采后贮藏期间衰老。此外，适宜的低 O_2 和高 CO_2 浓度具有抑制某些生理性和病理性病害发生的作用，减少园艺产品采后贮藏过程中的腐烂损失。因此，调整贮藏气体环境能保持园艺产品原有的色、香、味、质地等特性及营养价值，有效延长其贮藏期和货架寿命。

低氧浓度有利于延长园艺产品的采后贮藏期，气调贮藏中 O_2 浓度一般以能维持正常的生理活性而不发生缺氧（无氧）呼吸为底限，但应不低于其临界需氧量，引起多数果蔬无氧呼吸的临界 O_2 浓度为 2%～2.5%。提高贮藏环境中 CO_2 浓度对于园艺产品一般会产生下列效应，即降低导致成熟的合成反应（如蛋白质、色素的合成），抑制某些酶的活性（如琥珀酸脱氢酶、细胞色素氧化酶），减少挥发性物质的产生，干扰有机酸的代谢，减弱果胶物质的分解，抑制叶绿素的合成和果实的脱绿，改变各种糖的比例，显著抑制腐败微生物的生长。但是 CO_2 浓度过高也会产出不良的影响。一般水果气调贮藏 CO_2 浓度应控制在 1%～8%，蔬菜应控制在 2.5%～5.5%，切花应控制在 5%～20%。各种园艺产品在一定的温度条件下都有一个能承受的 O_2 浓度下限和 CO_2 浓度上限。不同园艺产品对气体变化的敏感程度不同，贮藏环境中 CO_2 浓度过多或 O_2 浓度过低，会降低园艺产品的采后贮藏效果。因此，不同种类、品种的园艺产品都有其最适贮藏气体组合，但这种最佳组合不是一成不变的，当某一条件因素发生改变时，可以通过调整其他因素来弥补由这一因素的改变所造成的不良影响。表 2-6 列举了部分园艺产品气调贮藏的适宜条件。

表 2-6 园艺产品推荐气调贮藏条件

园艺产品	贮藏温度/℃	贮藏湿度/%	O_2/%	CO_2/%
水果				
杏 Armeniaca vulgaris	−0.5～1	90～95	2～3	2.5～3
樱桃 Cerasus spp.	0～1	90～95	3～5	10～25
桃 Amygdalus persica	0～1	90～95	<10	2～3
李 Prunus salicina	−0.5～1	90～95	3～5	2～5
枣 Ziziphus jujuba	−1～0	90～95	3～5	0～1
梨 Pyrus spp.	0～1	85～90	7～10	1～2
哈密瓜 Cucumis melo	3～4	75～85	3～8	0～2
石榴 Punica granatum	4～5	90～95	3～5	<2
山楂 Crataegus pinnatifida	−1～0	80～95	1～3	1～5
苹果 Malus pumila	−1～0	85～90	1～3	1～5
葡萄 Vitis vinifera	−2～0	90～95	<10	8～12
猕猴桃 Actinidia chinensis var. chinensis	−0.5～0.5	90～95	2～3	3～5
草莓 Fragaria × ananassa	0～1	90～95	5～10	10～20
柿 Diospyros kaki	−1～0	85～90	2～5	3～8
香蕉 Musa nana	11～13	80～95	3～5	5～7
芒果 Mangifera indica	11～13	85～90	5～10	2～5
荔枝 Litchi chinensis	3～5	90～95	5	3～5
龙眼 Dimocarpus longan	2～4	85～90	6～8	4～6
柠檬 Citrus limon	10～14	85～90	5～7	6～9
枇杷 Eriobotrya japonica	0～1	85～90	2～5	0～1
蔬菜				
石刁柏 Asparagus officinalis	0～3	95～100	2～3	5～7
胡萝卜 Daucus carota var. sativa	0	90～95	1～2	2～4
洋葱 Allium cepa	0	65～75	3～6	0～5
番茄（完熟）Lycopersicon esculentum	7.2～10	85～90	2～5	2～5
茄子 Solanum melongena	12～13	90～95	2～5	0～5
黄瓜 Cucumis sativus	12～13	90～95	2～5	0～5

续表

园艺产品	贮藏温度/℃	贮藏湿度/%	O_2/%	CO_2/%
苦瓜 *Momordica charantia*	10~13	85~95	2~3	0~5
菜豆 *Phaseolus vulgaris*	8~12	85~95	6~10	1~2
青椒 *Capsicum frutescens*	8~10	90~95	2~8	1~2
青花菜 *Brassica oleracea* var. *italica*	0	95~100	1~2	0~5
花椰菜 *Brassica oleracea* var. *botrytis*	0	90~95	3~5	0~5
蒜薹 *Allium sativum*	0	85~95	2~5	0~5
菠菜 *Spinacia oleracea*	0	90~95	11~16	1~5
芥菜 *Brassica juncea*	0	90~95	11~16	1~5
莴苣 *Lactuca sativa*	0~1	95~100	2~3	1~2
芹菜 *Apium graveolens*	0	90~95	2~3	4~5
大白菜 *Brassica pekinensis*	0	90~95	1~6	0~5
苋菜 *Amaranthus tricolor*	0	90~95	2~3	4~5
切花				
香石竹 *Dianthus caryophyllus*	0~1	90~95	1~3	5
小苍兰 *Freesia hybrida klatt*	1~2	90~95	21	10
唐菖蒲 *Gladiolus gandavensi*	1~2	90~95	1~3	5
百合 *Lilium brownii* var. *viridulum*	1	90~95	21	10~20
月季 *Rosa chinensis*	0	90~95	1~3	5~10
郁金香 *Tulipa gesneriana*	1	90~95	21	5

资料来源：林海和郝瑞芳，2017；王志华等，2019；范雨航等，2017；杨李欣，2001；Ali et al.，2016。

2.2.4.4　其他采后处理（other postharvest treatment）

园艺产品采后其他处理，如清洗、分级、防腐、打蜡、预冷等，也会影响其贮藏特性。

（1）清洗　　清洗是园艺产品采后商品化处理的必要环节，可以提高商品价值，延长货架期。清洗是采用浸泡、冲洗、喷淋等方式水洗或用干毛刷刷净某些果蔬产品（特别是块根、块茎类蔬菜），除去附着的污泥物，减少病菌和农药残留，使其清洁卫生，符合商品要求和卫生标准，提高商品价值。清洗有手工清洗和机械清洗。机械清洗的方法有浸泡法、喷射冲洗法、摩擦清洗法、超声清洗法。浸泡法特别适合桑葚、黑莓等柔软易损坏水果的清洗；喷射冲洗法适用于形状为球形的物料，如苹果、梨、马铃薯等的清洗；摩擦清洗法广泛应用于块根、块茎等蔬菜的清洗；超声清洗法应用于不同净菜和鲜切果蔬，如草莓、番茄、猕猴桃、香菜等的清洗。

（2）分级　　园艺产品采后分级是按个体品质进行分类，目的是使园艺产品的规格、品质一致，便于包装、贮运和销售。园艺产品质量分级是实现农产品按质定价，促进大规模农产品贸易、期货贸易，降低市场交易费用的重要基础。分级的方法有手工操作和机械操作两种。叶菜类蔬菜、草莓、蘑菇、切花等形状不规则和易受损伤的种类多用手工分级；苹果、柑橘、番茄、洋葱、马铃薯等形状规则的种类除了手工操作外，还可采用机械分级。

（3）防腐　　园艺产品采后的防腐处理在国外已成为商品化不可缺少的一个步骤，保鲜防腐剂的使用对新鲜果蔬的贮藏和运输具有重要意义，不但可延长果蔬的贮存期，还可以减少微生物引起的腐烂变质。我国许多地方也广泛使用杀菌剂来减少采后损失。不同种类的果蔬对保鲜防腐剂的要求不同，按其作用主要有两方面：一是防止果蔬采后的衰老，设法减慢采后的代谢过程，主要有 2,4-二氯苯氧乙酸、吲哚乙酸类激素；二是防止采收、贮存过程机械损伤造成的病菌侵染，常用多菌灵、托布津、噻菌特等杀菌剂。常用的切花防腐杀菌剂有 8-羟基喹啉盐类、银盐、$Al_2(SO_4)_3$ 等。

（4）打蜡　　打蜡处理是现代化园艺产品商品化的重要环节，也是提高产品竞争力的重要手段。打蜡也称涂膜处理，即用蜡液或胶体物质涂在某些园艺产品表面使其保鲜的技术。打蜡主要有以下几个方面的作用：一是增强果蔬表面光泽，改善外观品质，提高商品价值；二是堵塞果蔬表面气孔和皮孔，降低失重，在一定时期内有利于保持产品新鲜度等；三是具有气调作用，限制果蔬与外界气体交换，形成微型气调环境等，减轻果实所受的机械损伤。涂蜡的种类主要有石蜡类（乳化蜡、虫胶蜡、水果蜡等）、天然涂被膜剂（果胶、乳清蛋白、天然蜡、明胶、淀粉等）和合成涂料（防腐紫胶涂料等）。

（5）预冷　　预冷是将新鲜采收的园艺产品在运输、贮藏或加工前，尽早迅速除去田间热，冷却到预定温度的过程。大多数园艺产品，如水果、蔬菜和花卉都需要预冷。园艺产品采后预冷，可以迅速抑制呼吸和蒸发等生理活动，有效地防止蔬菜新鲜度和内部品质的下降。因此，预冷是园艺产品采后商品化处理的一个关键环节。目前预冷方式主要包括普通空气预冷、强制通风预冷、真空预冷、压差预冷、冷水预冷、碎冰预冷等（表 2-7）。

表 2-7　常用预冷方法

预冷方式	预冷速度	费用	需要设备	使用范围
普通空气预冷	很慢	较高	冷藏库	果蔬、切花
强制通风预冷	中等	中等	强风冷藏库	果蔬、切花
真空预冷	最快	高	真空库	叶菜类、部分茎菜类、花菜类蔬菜、切花
压差预冷	中等	中等	压差冷藏库	果蔬、切花
冷水预冷	快	低	制冰机	果蔬
碎冰预冷	快	低	制冰机	青葱、部分花菜类、根菜类、茎菜类、切花

资料来源：Baladhiya et al.，2016。

第3章　园艺产品采后病害与控制

3.1　病　害　种　类

3.1.1　病理性（侵染性）病害

引起果蔬采后侵染性病害的病原物种类主要分为真菌类、细菌类和病毒类。大多数的果蔬病害是由真菌类引起，这些真菌包括腐霉属、疫霉属、霜疫霉属、根霉属、毛霉属、链格孢属、青霉属、灰霉属、炭疽病菌属、色二孢属、曲毒属、拟茎点霉属、小穴壳属、丝核菌属、镰孢菌属等；细菌类主要是欧文氏菌和假单胞菌属。病毒类主要是黄瓜花叶病毒（CMV）和烟草花叶病毒（IMV），如黄瓜和南瓜的病毒病主要是采前引起。导致园艺产品采后侵染性病害的微生物常被称为病原物（pathogen），主要为真菌和细菌。被病原物侵染的对象称为寄主（host），主要包括各类水果、蔬菜和花卉。

3.1.1.1　采后病原物的鉴定

通常仅基于形态特征或生化反应来识别真菌的属和种通常是困难的，所以相关基因的 DNA 测序是必不可少的，这些测序有助于对微生物进行明确的诊断鉴定。快速鉴定微生物包括对细菌 16S rRNA 和 *rpoB* 基因及真菌内部转录间隔区（ITS）和 28S 核糖体大亚基 rRNA（*LSU*）基因进行测序。由于缺乏合适的真菌 DNA 标记序列，通常 *ITS* 和 *LSU* 被单独或组合使用，广泛用于真菌种类的鉴定和分类。有学者发现，使用 SYBR Green 实时聚合酶链式反应（实时 PCR）和随后的 Sanger 测序技术在单一运行程序中结合靶向部分细菌 16S rRNA 和 *rpoB* 基因序列及结合 *ITS/LSU* 序列，是鉴定细菌和真菌合适的工具，而且仅需要两天的时间。

真菌的鉴定和多样性分析具有很大的挑战性。虽然内部转录间隔区（ITS）、区域 DNA 指纹技术是大多数真菌类群鉴定的"金标准"，但它不能区分所有类群和小种。因此，找到一种方法是至关重要的。获得近 2000 种真菌的全基因组序列数据是解决这一需求的一个很有前途的方法。有学者建立了基于全基因组测序的世界上最大的微卫星数据库 FungSatDB，该数据库包含从全球多于 1900 个真菌种类/菌株中获得的超过 19Mb 位点。它不仅可用于多样性分析，还可用于分离株/菌株的 DNA 标记。该方法可用于真菌种群结构研究、家谱构建、进化关系构建、定性和定量诊断等，为真菌溯源、植物病原菌检疫筛选、环境管理中的种群监测等真菌病害防治策略提供依据。

真菌的遗传表征是分类和检测未知微生物及创建可靠数据库必不可少的基础，这对于飞行时间质谱（MALDI-TOF）光谱分析核糖体蛋白广泛用于常规诊断中真菌的快速鉴定十分重要。与常规方法相比，MALDI-TOF 质谱（MS）是一种新兴技术，用于鉴定丝状真菌。近年来，MALDI-TOF MS 已成为鉴定微生物的有力工具，并成功地应用于丝状真菌的鉴定。MALDI-TOF MS 可以替代传统技术，以快速、可靠地识别食品和工业环境中的腐败真菌，已被广泛用于细菌和真菌的鉴定和分类学表征。

3.1.1.2　真菌性病害

每种园艺产品可受到多种病原真菌的侵染，但最为典型的只有少数几种。例如，由扩展青霉

（*Penicillium expansum*）引起的青霉病是苹果和梨的主要采后病害；指状青霉（*Penicillium digitatum*）和意大利青霉（*Penicillium italicum*）分别引起的绿霉病和青霉病是柑橘类果实的主要采后病害；由匍枝根霉（*Rhizopus stolonifer*）引起的软腐病是桃和杏等核果类果实的主要采后病害，而灰葡萄孢（*Botrytis cinerea*）主要造成葡萄腐烂等。在园艺产品采后病原物中，有些病原物寄主范围较广，如青霉、根霉、灰葡萄孢、链格孢、镰刀菌和白地霉等可侵染多种园艺产品。相反，有些病原物对寄主具有较强的选择性。例如，指状青霉能引起柑橘的绿霉病，而扩展青霉主要能引起苹果和梨等的青霉病，但不侵染柑橘。真菌性病原物大多数属半知菌亚门，少数属鞭毛菌、接合菌及子囊菌亚门（表 3-1）。

表 3-1 常见的果蔬采后真菌性病害

病原物	病害	寄主
青霉属（*Penicillium*）		
扩展青霉（*P. expansum*）	青霉病	仁果类、核果类、葡萄
指状青霉（*P. digitatum*）	绿霉病	柑橘、苹果
意大利青霉（*P. italicum*）	青霉病	柑橘
绳状青霉（*P. funiculosum*）	小果褐腐病	菠萝
产黄青霉（*P. chrysogenum*）	青霉病	大蒜、蒜薹
链格孢属（*Alternaria*）		
链格孢（*A. alternata*）	黑斑病	核果类、仁果类、葡萄、柿、红枣、枸杞、番木瓜、茄果类、瓜类、豆类、甘蓝、花椰菜、甜玉米、胡萝卜、马铃薯、甘薯、洋葱
	霉心病	苹果、梨
根生链格孢（*A. radicina*）	黑腐病	胡萝卜
柑橘链格孢（*A. citri*）	黑腐病	柑橘
甘蓝芸薹链格孢（*A. brassicicola*）	黑斑病	花椰菜、甜瓜
葡萄孢属（*Botrytis*）		
灰葡萄孢（*B. cinerea*）	灰霉病	仁果类、核果类、葡萄、柑橘、草莓、茄果类、瓜类、豆类、大白菜、花椰菜、番茄、甜椒、胡萝卜、蒜薹、马铃薯、绿叶蔬菜
镰刀菌属（*Fusarium*）	干腐病或软腐病	茄果类、瓜类、豆类、胡萝卜、马铃薯、大蒜、绿叶蔬菜
	白霉病	甜瓜、绿叶蔬菜、豆类、地下根茎类
串珠镰孢（*F. moniliforme*）	冠腐病	香蕉
亚黏团串珠镰孢（*F. subglutinans*）	冠腐病	香蕉
地霉属（*Geotrichum*）		
白地霉（*G. candidum*）	酸腐病	核果类、柑橘、荔枝、甜瓜、番茄
刺盘孢属（*Colletotrichum*）	炭疽病	绿叶蔬菜、地下根茎类、豆类
葫芦科刺盘孢（*C. lagenarium*）	炭疽病	瓜类
盘长孢状刺盘孢（*C. gloeosporioides*）	炭疽病	苹果、芒果、桃、李、杏、葡萄、番茄
芭蕉刺盘孢（*C. musae*）	炭疽病	香蕉
尖孢刺盘孢（*C. acutatum*）	炭疽病	芒果
单端孢属（*Trichothecium*）		
粉红单端孢（*T. roseum*）	粉霉病	核果类、仁果类、香蕉、番茄、甜瓜

续表

病原物	病害	寄主
拟茎点霉属（*Phomopsis*）		
柑橘拟茎点霉（*P. citri*）	褐色蒂腐病	柑橘
芒果拟茎点霉（*P. mangiferae*）	褐色蒂腐病	芒果
茄褐纹拟茎点霉（*P. vexans*）	茄褐纹病	茄子
曲霉属（*Aspergillus*）		
黑曲霉（*A. niger*）	曲霉病	葡萄、枣、洋葱
根串珠霉属（*Thielaviopsis*）		
奇异根串珠霉（*T. paradoxa*）	黑腐病	菠萝
腐霉属（*Pythium*）	软腐病	茄果类、瓜类
疫霉属（*Phytophthora*）		
柑橘褐腐疫霉（*P. citrophthora*）	褐腐病	柑橘
致病疫霉（*P. infestans*）	晚疫病	马铃薯、番茄
辣椒疫霉（*P. capsici*）	疫霉病	茄子
霜疫霉属（*Peronophythora*）		
荔枝霜疫霉（*P. litchii*）	霜疫病	荔枝
根霉属（*Rhizopus*）		
匍枝根霉（*R. stolonifer*）	软腐病	核果类、仁果类、葡萄、草莓、茄果类、瓜类、豆类、胡萝卜、马铃薯、大蒜、绿叶蔬菜
毛霉属（*Mucor*）		
梨形毛霉（*M. piriformis*）	毛霉病	苹果、梨、桃
核盘菌属（*Sclerotinia*）		
核盘菌（*S. sclerotiorum*）	绵腐病（菌核病）	柑橘、茄果类、瓜类、豆类、绿叶蔬菜类、地下根茎类、结球蔬菜类
链核盘菌属（*Monilinia*）		
果生链核盘菌（*M. fructicola*）	褐腐病	核果类、仁果类
核果链核盘菌（*M. laxa*）	褐腐病	核果类
球二孢属（*Botryodiplodia*）		
可可球二孢（*B. theobromae*）	蒂腐病	芒果、番木瓜

（1）半知菌亚门真菌　　半知菌亚门真菌因在其生活史中只发现无性阶段，尚未发现其有性阶段而得名。该亚门真菌菌丝体发达，有分枝和分隔，菌丝体可以形成子座、菌核等结构，也可以形成分化程度不同的分生孢子梗、分生孢子座、分生孢子盘、分生孢子器等载孢体，产生各种类型的分生孢子。与园艺产品采后病害相关的致病菌主要包括以下几种。

1）青霉属（*Penicillium*）。青霉菌分生孢子梗较多，先端分枝呈扫帚状，其上串生分生孢子，分生孢子单孢无色。采后常见的青霉菌主要包括扩展青霉、指状青霉和意大利青霉。扩展青霉（*P. expansum*）主要引起苹果、梨、山楂、桃、杏、李、樱桃和葡萄等果实的青霉病，其分生孢子通过果实在采收及采后商品化过程中产生的机械伤口侵入，也可通过病健果接触传染。病斑呈黄褐色水渍状圆斑，边缘明显，表面凹陷，病斑处果肉软腐，呈圆锥状向心扩展。在湿度较高的条件下，病斑表面会生出小疣状霉粒，初为白色，后变为蓝色，表面覆有一层青色粉状物，即病原菌的子实体，病斑处及周围果肉霉味严重。指状青霉（*P. digitatum*）主要引起柑橘的绿霉病，其分生孢子可从果面机械伤口和果蒂剪口侵入，也可通过病健果接触传染。病部初呈水渍状圆斑，以后病斑逐渐扩大，表面密生霉状物，初为白色，后变为蓝绿色子实体。意大利青霉（*P. italicum*）主要引起柑橘的青霉病，病原菌可通过果皮的伤口和衰老果实的皮孔侵入，可通过病健果接触传染。病部初呈水浸状斑点，以后病斑逐渐扩大，靠近病斑的中心先出现白霉，后开始产生蓝色、淡蓝色、绿色或橄榄绿色孢子。

2）链格孢属（*Alternaria*）。链格孢分生孢子梗深色，单枝，顶端单生或串生分生孢子。分生孢子淡褐色至褐色，形状不一，呈倒棍棒形、椭圆形或卵圆形，有纵隔膜，顶端有一喙状细胞。该病原物生长适温范围较宽，在 0℃ 的低温条件下也能缓慢生长。常见的有链格孢（*A. alternata*）、柑橘链格孢（*A. citri*）、苹果链格孢（*A. mali*）、瓜链格孢（*A. cucumis*）等，可引起苹果、梨、桃、油桃、杏、李、樱桃、葡萄、草莓、番茄、甜椒、茄子、黄瓜等果蔬的黑斑病、苹果霉心病等，其寄主范围广。链格孢可在花期、果实发育期及采后通过多种途径侵入园艺产品。互隔交链孢侵染后病部初呈浅褐或深褐色斑点，边缘明显，表面凹陷，以后病斑逐渐扩大，表面着生黑色霉状物，湿度较高时表面有白色菌丝产生。有时病部表面少有菌丝体或黑色霉状物，下部组织呈现深褐色或黑色海绵状，病健部明显分离。

3）葡萄孢属（*Botrytis*）。葡萄孢分生孢子梗细长，有分枝，略带灰色，顶端细胞膨大成球状，上面有许多小梗，小梗上着生分生孢子。分生孢子聚生，呈葡萄穗状，分生孢子卵圆形。该属中最重要的采后病原物就是灰葡萄孢（*B. cinerea*）。灰葡萄孢生长适温范围较宽，在 0℃ 左右的低温条件下也能良好生长，是低温贮藏期间的常见病原物。灰葡萄孢不仅具有很强的采前侵染能力，还可以在采后商品化处理过程中侵染多种果蔬，并通过病健产品接触侵染。该病原物寄主范围很广，可引起仁果类、核果类、浆果类、茄果类、瓜类及叶菜类等多种果蔬的灰霉病，尤其在葡萄、猕猴桃、草莓等浆果上发病严重，侵染初期病部呈水渍状浅褐色圆斑，以后病斑逐渐扩大，表面密生霉状物，初为白色，后变为土灰色的病原菌子实体。

4）镰刀菌属（*Fusarium*）。镰刀菌的分生孢子呈镰刀形，两端稍尖，略弯曲，无色，多细胞。菌丝均具隔膜，每个细胞中常含多个核，在有隔菌丝体上形成分化程度不同的分生孢子梗。镰刀菌最适生长温度为 25～30℃。镰刀菌可在采前或采后侵染西瓜、甜瓜、香蕉和马铃薯等多种果蔬，主要在采后发病，不同产品的症状差异较大。由半裸镰刀菌（*F. semitectum*）引起的甜瓜白霉病，病部最初呈直径 1～3cm 的淡褐色凹陷圆斑，病部处果皮开裂，裂缝中出现浓密的白色霉丛，后期病部果肉充满着菌丝，呈海绵状软木质团块，果肉甜味变淡，并伴有霉味，病部果肉与邻近果肉分离。由硫色镰刀菌（*F. sulphureum*）、接骨木镰刀菌（*F. sambucinum*）等引起的马铃薯块茎干腐病是马铃薯贮藏期间的常见病害。发病初期块茎仅局部变褐色稍凹陷，扩大后病部出现很多皱褶，呈同心轮纹状，其上有时长出灰白色的绒状颗粒。剖开病薯可见空心，空腔内长满菌丝，组织呈深褐色或灰褐色，终致整个块茎僵缩或干腐。

5）其他。除以上提到的半知菌亚门真菌外，地霉属、刺盘孢属、单端孢属、拟茎点霉属、曲霉属和球二孢属等的部分真菌也显示出对不同园艺产品的致病性。白地霉可引起柑橘、荔枝、龙眼和番茄等果蔬的酸腐病害。芭蕉刺盘孢是香蕉上最主要的潜伏侵染性真菌，可使果实表面形成大量黑色圆形斑点。黑曲霉可引起葡萄和枣发生曲霉病，在侵染位点产生黑褐色霉斑。

（2）鞭毛菌亚门真菌　该亚门真菌的特征是营养体是单细胞或无隔膜、多核的菌丝体，孢子和配子或者其中一种可以游动。无性繁殖形成孢子囊，有性繁殖形成卵孢子。与园艺产品采后病害有密切关系的主要有腐霉属和疫霉属。

1）腐霉属（*Pythium*）。腐霉属菌丝体发达、有分枝、无分隔、生长旺盛时呈白色絮状。孢子囊在菌丝顶端形成。孢子囊呈球形，柠檬形或不规则裂片状，成熟后一般不脱落，成熟时产生游动孢子。游动孢子肾脏形，鞭毛两根。藏卵器圆形，单卵球，形成一个卵孢子。该属中的瓜果腐霉（*P. aphanidermatum*）、巴特勒腐霉（*P. butler*）和终极腐霉（*P. ultimum*）与甜瓜和西瓜的腐霉病及草莓的絮状泄漏病有关。腐霉属是典型的土传病原物，适宜于潮湿的土壤环境，可直接穿透果皮侵入西瓜、甜瓜或草莓。该病原也可通过茎端割切伤口或其他机械损伤侵入。感病果实初呈水浸状浅褐色斑点，以后病斑迅速扩大，果肉软腐，严重时汁液外流。

2）疫霉属（*Phytophthora*）　疫霉属菌丝无隔膜，在寄主细胞间蔓延。孢子囊在孢囊梗上形成，孢囊梗无限生长。孢子囊卵形，成熟后脱落，萌发时产生游动孢子或直接萌发长出芽管。有性生殖在藏卵器内形成一个卵孢子。病原物可直接穿透与土壤接触的果实及表面湿润的健康果皮或自然孔口。受恶疫霉（*P. cactorum*）侵染的草莓通常褐色、僵硬或呈皮革状。在湿润条件下被稀疏的白霉所覆盖，软腐，维管束变成褐色，病健部界线明显。甜瓜受甜瓜疫霉（*P. melonis*）侵染后，病斑褐色，果肉变软，水渍状，表皮破裂直至全果腐烂。柑橘类果实受柑橘褐腐疫霉（*P. citrophthora*）侵染后引起褐腐病，罹病的果实开始呈淡灰或褐色斑，发展扩大后保持僵硬或皮革状，并产生刺激性气味。致病疫霉（*P. infestans*）引起的马铃薯晚疫病是世界范围内最具毁灭性的病害。块茎染病初生褐色或紫褐色病斑，稍凹陷，病部皮下薯肉呈红褐色，慢慢向四周扩大或腐烂，病健部无明显界线。

（3）接合菌亚门真菌　该亚门真菌绝大多数为腐生菌，少数为弱寄生菌，可引起果蔬的软腐。接合菌的主要特征是菌丝体无隔，多核，细胞壁由甲壳质组成，无性繁殖形成孢子囊，产生不动的孢囊孢子；有性生殖产生接合孢子。本亚门的根霉属和毛霉属真菌与园艺产品采后的软腐病密切相关。

1）根霉属（*Rhizopus*）。根霉菌丝发达，有匍匐丝和假根。孢囊根丛生，从匍匐丝上长出，顶端形成孢子囊，孢子囊球形，孢子囊壁易破裂，散出大量孢囊孢子。孢囊孢子球形或近球形，表面有饰纹，通过气流传播。有性生殖形成接合孢子。引起果蔬软腐病的根霉主要有匍枝根霉（*R. stolonifer*）和米根霉（*R. oryzae*）两种。根霉难以侵染未成熟果实，但对成熟果实非常敏感。主要通过果蔬表面的各类伤口侵入，具有接触侵染的能力。根霉分泌胞外酶的能力极强，在高温、高湿条件下 2~3 天即可腐烂整个果实。根霉引起的软腐病是核果类、浆果类、茄果类、仁果类和甜瓜等多种果蔬常温贮运下的常见病害。侵染初期病部呈水渍状圆斑，以后病斑逐渐扩大，病斑表面密生灰白色菌丝，菌丝体顶端肉眼可见圆形孢子囊，开始为白色，后变成黑色。

2）毛霉属（*Mucor*）。毛霉没有假根，孢囊梗单生。该属中引起采后腐烂的病原物主要为梨形毛霉（*M. piriformis*）。梨形毛霉可侵染苹果、梨和桃，病原物主要分布于土壤中，由果实表面的伤口侵入，具有接触侵染的能力。受害果面病斑圆形，褐色，水浸状软腐，稍凹陷，上生蓝灰色、高耸的毛状物，即病原菌的子实体。

（4）子囊菌亚门真菌　该亚门真菌的营养体除酵母菌是单细胞外，一般子囊菌都具有分枝繁茂、有隔的菌丝体。菌丝体可形成菌核等变态结构物。无性繁殖主要产生分生孢子，有性繁殖产生子囊和子囊孢子，该亚门中的核盘菌属、链核盘菌属和葡萄座腔菌属真菌能导致园艺产品采后病害。

1）核盘菌属（*Sclerotinia*）。核盘菌菌丝体可形成菌核，子囊盘状，有长柄，子囊平行排列于子囊盘表面，子囊棍棒状，无色，内有 8 个子囊孢子。该属中重要的病原物有核盘菌（*S. sclerotiorum*），主要引起柑橘、茄果类、瓜类、豆类、绿叶蔬菜类、地下根茎类和结球类蔬菜的菌核病。病原物通过产品表面的伤口侵入，且具有接触侵染的能力。病部初呈水渍状淡褐色的病斑，以后病斑逐渐扩大，表面长出棉絮状菌丝和黑色鼠粪状菌核，但无臭味。

2）链核盘菌属（*Monilinia*）。链核盘菌分生孢子无色，单孢，柠檬形或卵圆形，在梗端连续成串生长，分生孢子梗较短。分生孢子可经虫伤或皮孔侵入未成熟的果实，但保持休眠，潜伏到果实成熟时发病。病原物不仅可以通过皮孔侵入，还可直接穿透果皮，引起苹果、桃、李、杏的褐腐病。引起核果类褐腐病的病原有果生链核盘菌（*M. fructicola*）与核果链核盘菌（*M. laxa*）两种。病部初呈小的水浸状斑点，以后病斑逐渐扩大，病部软腐，病斑表面长出灰褐色绒状霉丝，即病菌的分生孢子层。孢子层常呈圆心轮纹状排列，后迅速变成褐色。

3）葡萄座腔菌属（*Botryosphaeria*）。该属中主要的病原物是贝伦格葡萄座腔菌（*B. berengeriana*），可引起苹果的轮纹病。轮纹病菌可经气孔和皮孔在果实生长期间侵入，幼果至果实迅速膨大期最易感病。被侵染果实集中在近成熟期开始发病，贮藏 7～30 天内发病最多。初期病斑以皮孔为中心，呈水渍状褐色小圆点，后逐渐扩大为红褐色圆斑或近圆斑，并具明显深浅色泽不同的同心轮纹。病斑表面常分泌出茶褐色黏液，且自中央部分开始陆续形成散生的小黑点，即病原菌的分生孢子器。在高温（25～30℃及以上）条件下，病斑迅速扩展，经 3～5 天便使全果腐烂，发出酸臭气味。

3.1.1.3　细菌性病害

欧文氏菌属和假单胞菌属是引起园艺产品采后病害的病原细菌，可引起大多数蔬菜和部分水果的软腐（表 3-2），与真菌性软腐的最大区别是发病后期病部有脓状物溢出，但病部表面不会产生霉状物。其中欧文氏菌属（*Erwinia*）菌体为短杆菌，不产生芽孢，革兰氏染色阴性反应，周生多根鞭毛，化能有机营养，兼性好气，最适生长温度为 27～30℃。该属中引起果蔬采后软腐的主要有胡萝卜欧文氏菌和菊欧文氏菌两个种，其中最重要的病原菌是胡萝卜软腐欧文氏菌胡萝卜软腐亚种（*E. carotovora* subsp. *carotovora*，Ecc）、胡萝卜软腐欧文氏菌黑胫亚种（*E. carotovora* subsp. var. *atroseptica*，Eca）和菊欧文氏菌（*E. chrysanthemi*，Ech）。感病组织初期为水浸状斑点，在适宜条件下，病斑面积迅速扩大，最后导致组织全部软化溃烂，伴随产生不愉快的脓臭味。

假单胞菌属（*Pseudomonas*）单细胞，直或微弯杆状，以一至多根极生鞭毛运动，革兰氏染色阴性反应，属好气性病原菌。本属细菌引起的病害具程度不一的寄主专化性，所致病害的症状复杂多样，包括维管束萎蔫、茎部溃疡、软腐等。该属中可引起采后腐烂的主要有丁香假单胞菌（*P. syringae*）和边缘假单胞菌（*P. mariginalis*），可侵染大多数叶菜及部分果菜，该属病原物的致病症状与欧文氏菌属基本相似，但气味较弱。

表 3-2　常见的果蔬采后细菌性病害

病原物	病害	寄主
欧文氏菌属（*Erwinia*）		
胡萝卜欧文氏菌（*E. carotovora*）	软腐病	茄果类、瓜类、豆类、地下根茎类、结球蔬菜、绿叶蔬菜、部分水果
菊欧文氏菌（*E. chrysanthemi*）	软腐病	大多数蔬菜和部分热带、亚热带水果
假单胞菌属（*Pseudomonas*）		
边缘假单胞菌（*P. mariginalis*）	软腐病	大多数蔬菜及部分水果
丁香假单胞菌（*P. syringae*）	软腐病或斑点病	大多数蔬菜及部分水果

3.1.2　生理性（非侵染性）病害

采后生理性病害（physiological disease），也称采后生理失调或采后生理紊乱，是指由采前或采后非生物因素引起的园艺产品采后生理代谢紊乱，即表面或内部组织出现异常的现象。以贮藏期间不适宜的温度影响最为典型。此外,不适宜的气体成分、高的相对湿度、过量的化学药物处理、采前生长期间的强光照射、过量或不当化学药物处理、矿质营养过量或缺乏等均会造成果蔬采后生理紊乱,导致品质劣变,商品性状降低,采后寿命缩短。

3.1.2.1　冷害

冷害(chilling injury)是指 0℃以上不适宜低温对果蔬造成的伤害。冷害是果蔬在低温贮藏和冷链物流期间最常见的一种生理紊乱。冷害发生的临界温度常为 0～13℃。一般来说,原产于热带的水果蔬菜对冷害比较敏感,亚热带地区的水果蔬菜次之,温带果蔬较轻。

(1)冷害临界温度及冷害症状　　冷害临界温度(critical threshold temperature)指果蔬发生冷害的最高温度,也是果蔬贮藏的最低安全温度。不同种类果蔬的冷害临界温度及症状存在明显差异(表 3-3)。对大多数果蔬来说,冷害的严重程度与低温的程度和持续时间密切相关。但有些果蔬在稍高于冷害临界温度却低于室温的"中温"环境中冷害会更加严重,这种现象在核果类水果、有些柑橘和一些茄果类蔬菜上较为普遍。例如,桃、杏、李等在 4～10℃贮藏时冷害要比在 0～2℃贮藏时严重,且出现得早。广东甜橙在 4～6℃或 7～9℃贮藏时冷害要比在 1～3℃多。不同种类果蔬的冷害症状各异(表 3-3),甚至不同品种果蔬的冷害症状不同。冷害症状主要表现为表皮和内部组织的外观变化。有些果蔬仅表现单一症状,多数果蔬会出现多种复合症状。

表 3-3　常见果蔬的冷害临界温度及症状

果蔬	冷害临界温度/℃	症状
香蕉	11～13	果皮色泽暗淡、变黑,出现水渍状暗绿色斑块,表皮内出现褐色条纹,中心胎座变硬,不能正常后熟
芒果	10～13	果皮颜色暗淡无光泽,出现褐变斑、烫伤状失色,不能正常成熟
柠檬	11～13	表皮凹陷、红斑,细胞层发生干疤,心皮壁褐变
鳄梨	5～13	果肉呈灰褐色
甘薯	13	腐烂,表面凹陷,煮熟后硬心
西葫芦、南瓜	10～12	表皮凹陷、腐烂、软烂,出现轮纹病斑
黄瓜、冬瓜	10～12	表皮凹陷、出现水浸状斑点,腐烂
番茄(绿熟)	10～12	成熟时果色不佳或不能正常成熟,出现凹陷斑、水渍状斑,腐烂
红熟番茄	7～10	水浸状斑、软烂
葡萄柚	10	表皮凹陷、果肉水渍状崩溃
百香果	10	表皮呈暗红色,风味丧失,腐烂
红毛丹	10	外皮和软刺褐变
芋头	10	内部组织褐变,腐烂
蕹菜(空心菜)	10	叶片和茎颜色变暗
菠萝	7～10	表皮暗淡,内部褐变,冠芽萎蔫,果肉出现水渍状、变褐或变黑
青椒、甜椒	7～10	表皮出现水浸状斑点,凹陷斑,萼和柄软腐,种子暗淡
茄子	7～10	果皮无光泽,出现褐变斑点,表面呈烫伤状,软烂,出现交链孢菌病斑,种子变黑
酸橙	7～9	表皮凹陷、呈棕褐色变色
番木瓜	7～8	果皮凹陷、褐变,果肉呈水渍状,不能正常后熟,无香味

续表

果蔬	冷害临界温度/℃	症状
厚皮甜瓜	3～10	表皮凹陷、失色，腐烂
菜豆	7	表皮凹陷、呈赤褐色斑点（锈斑）、水渍状斑
秋葵	7	变色、褐变，水浸状斑，腐烂
橄榄	7	内部组织褐变
番石榴	5～8	表皮褐变、凹陷斑，果肉崩溃，腐烂
山竹	4～8	壳硬化、变暗、褐变，假种皮褐变
番荔枝	4	表皮褐变、不能后熟，果肉变色
柑橘（种类和品种各异）	3～10	表皮出现凹陷斑或褐变斑点，腐烂及水肿
西瓜	4～5	表皮凹陷、风味丧失
石榴	4～5	表皮凹陷、褐变、霉斑，胎座出现褐变
橙（品种各异）	3～5	果皮凹陷、变色、褐变
马铃薯	3～5	红心、褐变、糖化
苹果（某些品种）	2～3	表皮烫伤状变色，果肉褐变，褐心
龙眼	2	外果皮颜色变暗，内果皮出现水渍状或烫伤状斑点
豇豆	1～4.5	黑荚，出现水浸状或片状褐色锈斑
芦笋	0～2	颜色变灰绿，萎蔫、褐变
荔枝	0～1	果皮颜色暗淡，色泽变褐，果肉出现水渍状
桃、杏、李	0～1	果肉褐变，絮化

（2）影响冷害发生的因素

1）内部因素。

a. 种类与品种。不同种类果蔬对冷害的敏感性存在差异，冷害临界温度不同，出现的冷害症状各异（表 3-3）。同一种类不同品种间果蔬冷害的发生情况也存在差异，如早熟品种比晚熟品种容易发生冷害。

b. 生长环境。即使同一品种，种植栽培的环境不同，对冷害的敏感性也不一样。通常，生长在暖热地区的园艺产品比冷凉地区的容易发生冷害。

c. 成熟度。成熟度低的园艺产品比成熟度高的对低温更敏感，容易发生冷害。例如，绿熟番茄的冷害临界温度为 13℃，而红熟番茄的为 7～10℃。

2）外部环境因素。

a. 温度。贮藏温度的高低和持续时间的长短是园艺产品是否受到冷害及冷害严重程度的决定性因素。在冷害临界温度以下，贮藏温度越低，持续时间越长，冷害程度越严重。例如，绿熟番茄于 4℃贮藏 8 天，升温到 20℃后，果实仍可正常转红，但在 4℃贮藏超过 20 天，升温后果实难以正常成熟或转红不均匀。

b. 相对湿度。对于冷害症状表现为表面凹陷的果蔬，如黄瓜、辣椒等，相对湿度低会加速表面凹陷的出现，提高相对湿度可以减轻冷害症状。这可能与低相对湿度加速了表皮水分的蒸腾促进凹陷斑的出现有关。

c. 气体成分。适宜的低浓度 O_2 和高浓度 CO_2 气体成分可减轻冷害的发生，当气体成分不当时可能加重冷害。例如，$1\%O_2＋3\%CO_2$ 气调贮藏可以减轻李果实冷害的发生和品质的劣变，$3\%O_2＋3\%CO_2$ 气调贮藏能够减轻黄瓜冷害。

（3）冷害的控制　　　在冷害临界温度以上贮运园艺产品是避免冷害发生的关键。但是，多数冷敏型园艺产品的冷害临界温度较高,在此温度下贮运会明显缩短采后寿命,甚至引起腐烂。为了延长采后寿命,需要采取一些措施来提高冷敏型园艺产品对冷害的抗性,延缓或减轻低温下冷害的发生程度,具体措施如下所述。

1) 调控温度。

a. 低温预贮。低温预贮（low temperature conditioning, LTC）是指将园艺产品在略高于冷害的临界温度条件下预贮一段时间,然后进行低温贮藏的方法。例如,青椒采后直接在 7℃贮藏时会发生冷害,而在 10℃预贮 10 天,然后在 0℃贮藏 18 天,却未见冷害症状。猕猴桃在 5℃预贮 3 天后转入 0℃贮藏 90 天,有效地减轻了冷害的发生。低温预贮的关键是确定适宜的预贮温度与预贮时间。

b. 分段降温（缓慢降温）。园艺产品采后不立即降温至贮藏温度,而是分阶段逐步降温或缓慢降温（lowing temperature by stage or slow cooling treatment）至贮藏温度,这种方法能使果蔬逐渐适应低温环境来提高其抗冷性。例如,将茄子先在 15℃预贮 1～2 天后直接转入 6.5℃贮藏,能明显地抑制冷害的发生。进一步研究发现,将茄子在 15℃预贮 1～2 天,再在 10℃贮藏 1 天,然后在 6.5℃贮藏,其冷害发生的程度比单一预贮降温方式还要轻。鸭梨采收后预冷至 12～15℃入库,入库后每 3 天降低 1℃,直至降温到 0℃保持稳定,可有效地预防鸭梨黑心病。

c. 间歇升温。间歇升温（intermittent warming, IW）是变温贮藏的一种方式,指在冷藏期间进行一次或数次的短期升温至 20℃左右并保持一段时间（通常为 1～2 天）,再次进行冷藏的方法。通过多次的升温降温循环以中断低温,能使遭受冷害的园艺产品生理代谢得以恢复正常,提高抵抗冷害的能力。间歇升温对桃、油桃、芒果、柑橘、黄瓜、青椒和番茄等都有减轻冷害的作用。例如,桃和油桃在 0～5℃贮藏期间每隔 2～4 周,升温至 18～25℃保持 2 天；李果实在 0℃贮藏过程中每 15 天升温至 18～25℃保持 1 天,都能显著减少冷害的发生。

d. 热处理。园艺产品采后置于 30～50℃保温一段时间（12～48h）进行高温处理,或于 40～55℃热水中浸泡 30s～15min 进行热处理（heat treatment）,不但能增强抗冷性,还能延缓采后成熟衰老的速度。热处理在有效减轻热带或亚热带果蔬的冷害方面已得到广泛应用。例如,葡萄柚贮前 38℃热空气处理 17～22h,然后在 2℃贮藏时可明显减轻冷害凹陷斑的出现。芒果、香蕉等采后用 50～55℃热水浸泡 5～10min 可提高其抗冷性和减少腐烂。

e. 冷激处理。冷激处理（cold shock）指园艺产品采后置于接近 0℃环境下进行短时间低温刺激处理。冷激温度通常低于冷害临界温度,一般为 0～4℃,也可采用近冰点的温度。处理时间一般为 0.5～4h。可采用冷空气或冰水混合物进行处理。冷激温度与处理时间的结合应适当,防止引起果蔬发生冻害。冷激处理能减轻桃、芒果、番茄等贮藏期间的冷害。

2) 气调贮藏和限气包装。在适宜的低浓度 O_2 和高浓度 CO_2 气调贮藏有利于减轻桃、油桃、菠萝、芒果、鳄梨、葡萄柚、番木瓜和西葫芦等冷害的发生。例如,甜樱桃采用低温气调贮藏（5%O_2 和 8%CO_2）时冷害程度显著降低。限气包装是指利用塑料保鲜薄膜、硅窗袋等包装,限制包装内外气体交换的自发气调保鲜方式。果蔬的呼吸作用不断消耗包装内的 O_2 并积累 CO_2,在包装内形成较低浓度 O_2 和较高浓度 CO_2 的微环境。限气包装还能提高包装内空气的相对湿度,能够有效地减轻葡萄柚、甜椒、黄瓜、香蕉和柠檬等的冷害。

3) 化学药物处理。

a. 植物生长调节物质。乙烯和脱落酸是与园艺产品成熟衰老密切相关的两种植物生长调节物质,适当的乙烯和脱落酸处理可增强低温贮藏果蔬的抗冷性。例如,脱落酸处理可减轻葡萄柚和西葫芦的冷害；乙烯处理可抑制白兰瓜的冷害。在桃果实贮藏期间,间歇或连续加入一定浓度的外源乙烯,能有效缓解果肉褐变、提高贮藏后的综合品质。此外,抑制乙烯的作用也能减轻冷害的发生,如用 1-MCP 处理可以抑制芒果、香蕉、桃、梨、番茄、枇杷和菠萝等的冷害。同时用茉莉酸及茉莉酸甲酯、水杨酸、油菜素内酯等处理均可以有效减轻番茄、番木瓜、番石榴、桃、枇杷、黄瓜等果蔬冷害的发生。

b. 其他化学物质。一些杀菌剂、自由基清除剂和 Ca^{2+} 也有减轻冷害的作用。杀菌剂噻苯唑和苯来特能减轻葡萄柚、甜橙、桃和油桃的冷害。用自由基清除剂乙氧基喹和苯甲酸钠处理能够减轻细胞膜的过氧化损伤,维护细胞膜系统的完整性,从而减轻黄瓜和甜椒的冷害。钙有助于维持细胞壁强度和细胞膜结构的稳定。通过采前喷施或采后浸泡硝酸钙、氯化钙溶液,可减轻苹果、葡萄柚、梨、桃、鳄梨、黄秋葵、火龙果和草莓等的冷害。化学诱抗剂是一类能诱导果实对病原微生物产生系统或局部获得性抗性的化学制剂,如苯并噻重氮、β-氨基丁酸、壳聚糖等能够诱导果蔬自身产生普遍抗性,有助于提高抗冷性。此外,草酸、γ-氨基丁酸、甜菜碱、一氧化氮、硫化氢等化学物质处理也能在一定程度上减轻果蔬冷害的发生。

3.1.2.2 冻害

冰点以下的低温对果蔬造成的伤害称为冻害(freezing injury)。冻害的症状主要表现为组织呈透明或半透明状、褐变,解冻或回温后汁液外流。冻害常见于在寒冷冬季的常温贮运或贮运温度控制过低及冷库风口处的园艺产品。

(1)冰点　大多数果蔬的冰点为$-5\sim-1$℃,如马铃薯为-2.8℃,苦瓜为-2.4℃,山药为-2.1℃,西葫芦为-1.4℃等。文献报道的果蔬冰点差异较大,在贮藏实践中应通过实际测定来了解具体品种果蔬的冰点,几种水果的冰点见表3-4。

表3-4　几种水果的冰点

水果	冰点/℃	水果	冰点/℃
橙	-1.81	'马奶'葡萄	-3.37
鸭梨	-1.83	葡萄'Muscat'	-4.39
雪梨	-1.96	脆枣	-4.62
苹果'Starkrimson'	-2.20	冬枣	-4.43
苹果'Jonathan'	-2.32	金丝小枣(沧州市)	-5.32
'巨峰'葡萄	-2.75	金丝小枣(青县)	-7.52
梨枣	-2.83		

果蔬冰点的高低除与种类、品种有关外,还与成熟度、可溶性糖含量有关。果蔬成熟度较高时,由于可溶性糖含量较高,具有较高渗透势,细胞内水分不易迁移结合到冰晶上使组织发生冻结,因此冰点较低。

(2)冻害的发生　发生冻害时,在冻结过程中,冰晶体首先是在细胞间隙中形成,细胞内游离态水分不断地迁移透过细胞膜和细胞壁而结合到冰晶体上。细胞间隙中不断增大的冰晶体会对周围的细胞壁和细胞膜产生机械挤压,甚至刺破或损伤细胞壁和细胞膜,破坏细胞结构,导致解冻时汁液流出。随着细胞内水分的向外迁移,会造成细胞内原生质脱水皱缩,对细胞器的破坏程度增加。细胞液中离子浓度增大,严重时引起蛋白质发生不可逆的变性。

解冻速度的快慢对遭受冻害组织的恢复具有极大的影响。当冻害不严重时,经过缓慢解冻,冰晶逐渐融化后水分可重新进入细胞内被原生质吸收,细胞恢复膨压,果蔬新鲜状态得以恢复。如果解冻速度太快,冰晶融化产生的水分来不及进入细胞内而出现汁液外流。

（3）冻害的控制　　冻害的发生一般是由于贮运温度控制不当造成的，因此应严格控制贮运温度在冰点以上，或避免长时间处于冰点以下。在冷藏和低温运输设计和操作过程中，应注意送风道设计要合理，码垛不能过于靠近冷风出口或蒸发器。寒冷季节进行贮运时应做好防寒保暖。一旦发现受冻应尽量避免搬动，否则会造成明显的损伤，应就地通过缓慢升温来解冻，尽量使细胞间隙中的冰晶融化为水分重新被细胞吸收。

3.1.2.3　气体成分伤害

在气调贮藏和限气包装贮运物流过程中，园艺产品所处环境中气体成分发生改变。这种由于气体条件的不适宜而引起的生理紊乱称为气体成分伤害，主要是由于 O_2 浓度过低或 CO_2 浓度过高而引起的伤害。

（1）低 O_2 伤害　　低 O_2 伤害（low O_2 injury）是指在气调贮藏时 O_2 浓度过低而引起的果蔬生理代谢紊乱。低 O_2 伤害的主要症状是组织褐变、软化，不能正常后熟，产生乙醇味和异味，表皮组织局部凹陷等。例如，苹果发生低 O_2 伤害时出现果肉褐变，呈褐色软木斑或形成空洞，果肉乙醇味明显；果皮上呈现界线明显的褐色斑，由一小条向整个果面发展。柑橘发生低 O_2 伤害时会产生苦味或浮肿，橘皮由橙色变为黄色，后呈现水渍状。发生低 O_2 伤害的 O_2 临界浓度与果蔬种类和贮藏温度有关。

（2）高 CO_2 伤害　　贮藏环境中 CO_2 浓度过高而导致的园艺产品生理失调称为高 CO_2 伤害（high CO_2 injury），其症状与低 O_2 伤害相似，最明显的特征是果蔬表面或内部组织或两者都发生褐变，出现褐斑、凹陷或组织脱水萎蔫，甚至形成空腔等。例如，贮藏后期或已经衰老的苹果对 CO_2 非常敏感，容易产生果肉褐变、苦味；柑橘发生高 CO_2 伤害时果皮浮肿、果肉变苦和腐烂；猕猴桃发生高 CO_2 伤害时皮色变淡，底色发灰，缺少光泽；从果皮下数层细胞开始至果心的果肉组织中出现许多分布不规则、大小不一的空腔，呈褐色或淡褐色，较为干燥；果心组织韧性大，果肉酸且有异味，严重时有麻味；受害果实的硬度偏高，果肉弹性大，手指捏压后无明显压痕，果实不能正常后熟。不同种类和品种果蔬对 CO_2 的耐受能力差异很大。对 CO_2 比较敏感的有梨、鲜枣、富士苹果、青椒、菜豆、芹菜、胡萝卜等，如鸭梨贮藏过程中 CO_2 浓度超过 1%时就会受到伤害。能耐受较高 CO_2 的有樱桃、草莓、洋葱、蒜薹、甜玉米和蘑菇等，如蒜薹在短时间内 CO_2 超过 10%也不会受到伤害。

3.1.2.4　其他

（1）营养失调　　在生长发育过程中，一些矿质元素如钙、硼和钾等的亏缺会引起果蔬的矿质元素缺乏症（mineral deficiency disorder）。有些症状在生长期间表现并不明显，而是在采后贮藏期间出现。缺乏钙会造成苹果苦痘病、水心病，白菜和甘蓝的"干烧心"心腐病，胡萝卜烂根，番茄和辣椒的脐腐，芹菜的黑心病等生理性病害。缺乏硼会导致苹果内部木栓化，其特征是果肉内陷，与苦痘病不易区别。缺乏钾会抑制番茄红素的生物合成，从而延迟番茄的成熟。此外，生长期间某些元素供应量过大也会引起果蔬生理失调。例如，生长期间氮素过量会导致西瓜果肉内部形成乳黄色团块，果肉疏松，番茄红素合成能力降低。

（2）高温伤害　　一些绿熟果蔬采后在高于35℃的环境中持续存放时，或采后热处理不当时，往往会出现高温伤害（heat injury）。高温伤害会抑制内源乙烯的合成与释放，使果蔬不能正常后熟。高温伤害会使绿熟香蕉果皮中叶绿素水解酶活性下降或丧失，出现香蕉"青皮熟"现象，表现为不能有效转黄。绿熟番茄遭受高温伤害时番茄红素的合成能力明显降低，表现为转色不良或缓慢。

（3）SO$_2$伤害　　SO$_2$被广泛用于库房的消毒及葡萄的防腐保鲜处理。如果使用不当或释放不均匀时，就容易引起SO$_2$伤害。漂白是葡萄SO$_2$伤害的常见症状，首先发生在果梗、浆果与果梗连接处及果实机械伤口和自然微裂口处。漂白从果梗周围开始逐渐向浆果果顶发展，受伤处漂白最明显。受害严重时，病部形成皱缩或下陷的水浸状漂白斑，整个果面形成许多坏死的小斑点，皮下果肉坏死，风味劣变，并有强烈的SO$_2$气味。SO$_2$伤害与葡萄品种有关，如'红地球''马奶子'葡萄容易发生SO$_2$伤害，而'巨峰''玫瑰香'葡萄较耐SO$_2$。

3.2　传播途径及病程

侵染性病害的发生、发展和延续，具有周期性或季节性变化。病害从植物的前一个生长季开始发生，到下一个生长季再度发生的过程称为病害循环（disease cycle）或侵染循环（infection cycle）。病害循环涉及4个环节：①病原物的越冬或越夏；②病原物接种体（inoculum）的传播；③病原物的侵染过程或病程；④病原物的初侵染和再侵染。

3.2.1　病害传播途径

经越冬或越夏的病原物接种体释放出来后，只有传播到可侵染的园艺产品上才能发生初侵染，进一步在产品之间传播就引起再侵染。病原物的传播是病害循环的重要环节。病原物有时可通过自身的活动传播，但在大多数情况下病原物的传播主要还是依赖外界的因素，具体传播途径如下。

3.2.1.1　气流传播

气流传播是病原物最常发生的一种传播方式。病原物接种体孢子数量大、体积小、质量轻，非常适合于气流传播。大部分子囊菌的子囊孢子和分生孢子、半知菌的分生孢子等都可以随气流传播。园艺产品病害的气流传播主要发生在发育期、采后商品化处理及贮运过程中。在生长发育期间，风能使田间残枝败叶上的病原物接种传播到植株上，同时植物各个部分及相邻植株之间的相互摩擦和接触，也有助于真菌、细菌等株内和株间传播。采后预冷及低温贮运中通风降温期间气流可引起病原物的传播。气流传播的距离一般比较远，很多外来菌都是靠气流传播。因此必须加强栽培管理、贮运设施的清洗消毒，降低气流中的病原物接种体数量，以有效防控病害。

3.2.1.2　雨水或流水传播

水传播的方式主要有以下几种：①存在于土壤中的细菌、菌物孢子和菌丝片段，能够通过雨水或灌溉水在地表或土壤中传播；②大多数细菌或真菌的孢子均存在于植株渗出的黏液中，凭借降雨或喷淋飞溅进行传播；③果蔬采后清洗过程中水中细菌或真菌可传播到产品上。另外，黑盘孢目和球壳孢目的分生孢子多半都是雨水传播的，因为这些子实体之间含有胶质，胶质遇水膨胀和融化后，接种体才能从子实体或植物组织上散出，随着水滴的飞溅和水流而传播。同时卵孢子的游动孢子只有在有水的情况下才能产生和传播。因此将排灌系统分开、在采后清洗水中适量添加消毒剂，可有效控制水流传播。

3.2.1.3　昆虫传播

昆虫在产品感病部位的活动能够在其体表黏附一些病原物接种体，随着昆虫的取食，这些接种体能够在产品之间传播,接种体可以落在产品体表,也能够落在昆虫造成的伤口内。这些昆虫的活动能力越强,对病害的传播作用就越大,传播距离也越远。昆虫传播在田间及管理粗放的贮藏设施中均可能发生。

3.2.1.4 土肥传播

土壤是植物病原物的重要越冬和越夏场所,很多为害植物根部的兼性寄生物能在土中长时间存活。带病的土壤能够黏附在花卉的根部、块茎或块根等表面而远距离传播到贮运设施中,也可黏附到农具或人的鞋靴上短距离传播。有些病原菌被混进农家肥中,如病秆或其他带病材料未充分腐熟,其中的病原物接种体可以存活,便随肥料的运输而传播。

3.2.1.5 人为传播

人为传播不像自然传播那样有一定的规律性,它是经常发生的,不受季节和地理因素的限制。园艺产品病害的人为传播主要包括采后商品化处理过程中人员不规范操作或不注意清洗消毒而造成的交叉污染,或人为将带菌的园艺产品或包装转移至非污染区域而造成远距离传播。

3.2.2 病程

病原菌通过一定的传播媒介与园艺产品接触,然后侵入寄主体内取得营养,建立寄生关系,并在寄主体内进一步扩展使寄主组织破坏或死亡,最后出现症状。这种接触、侵入、扩展和症状出现的过程称为侵染过程,简称病程(pathogenesis)。通常把侵染性病害的病程划分为接触期、侵入期、潜育期及发病期 4 个阶段。

3.2.2.1 接触期

接触期(contact period)是指从病原物与寄主接触开始向寄主部位生长和运动,并分化形成附着胞等侵染结构的一段时间。接触期间病原物处于寄主外的复杂环境中,受到物理、生化和生物因素的影响,它们必须克服各种对其不利的因素才能有效接触并进一步侵染,处于比较脆弱的阶段,这个时期决定着它能否成功侵入寄主,是防治病害的有利阶段。

为了成功侵染,真菌病原物孢子接触、黏附到寄主表面后,通常进行孢子萌发、芽管(菌丝)生长及附着胞等侵染结构的分化。在接触期间,病原物与寄主进行着一系列的识别活动,主要包括病原物对寄主表面物理信号的感知和响应。寄主表面物理信号包括表皮形态结构、表皮坚硬度及疏水性等。尤其由蜡质层形成的高疏水性寄主表皮可直接诱导稻瘟病菌(*Magnaporthe grisea*)、玉米黑粉菌(*Ustilago maydis*)、布氏白粉菌(*Blumeria graminis*)等病原物附着胞的形成,还能打破禾生炭疽菌(*Colletotrichum graminicola*)孢子的休眠并促进孢子黏附及萌发。表皮的疏水性也是灰葡萄孢分生孢子黏附的先决条件。同时梨果皮蜡质引起的疏水性变化对链格孢(*Alternaria alternata*)附着胞形成具有诱导作用。寄主表面化学信号包括表皮蜡质和角质的化学组分、寄主产生的乙烯等挥发性物质及分泌的酶等。表皮蜡质的部分化学组分作为识别的信号分子在寄主-病原物互作中具有重要作用。鳄梨果实表皮蜡质组分中 C24 和长链醇能刺激盘长孢状刺盘孢(*C. gloeosporioides*)分生孢子的萌发和附着胞的形成,而非寄主植物花椰菜、大白菜、菜豆叶片和甘薯块茎表皮蜡质却对该病原物附着胞的形成具有抑制作用。此外,鳄梨蜡质中的极性组分萜类和占蜡质成分 5% 的 C30~C32 脂肪醇还能促进附着胞的形成或孢子萌发,而其他大多数长链脂肪醇则对附着胞的形成产生抑制。麦类叶面蜡质中的醛类可诱导布氏白粉菌(*B. graminis*)的孢子萌发和侵染结构的分化,其中以 C26 醛诱导活性最强,其他醛类的诱导活性会随碳链的减少或增加而降低。但之前的一项研究发现，小麦叶表皮蜡质中的 C28 醛能显著诱导 *M. grisea* 附着胞的形成。角质单体也能诱导 *M. grisea* 孢子萌发和附着胞形成，促进小麦白粉病菌（*Erysiphe graminis*）附着胞及芽管的分化。同时角质单体还能诱导多种病原物角质酶基因的表达。另外，果实成熟过程中产生的乙烯能诱导盘长孢状刺盘孢（*C. gloeosporioides*）侵染结构的形成和灰葡萄孢分生孢子的萌发。

在接触期，病原物受环境条件影响较大，其中以湿度、温度的影响最大，病原物孢子萌发需要适宜的温度及湿度条件，如雨水、露水、植物表面的水膜或较高的相对湿度。湿度条件必须要持续足够长的时间使病原物侵入，病原物在水滴中的萌发最好。例如，小麦条形柄锈菌的夏孢子，在水滴中萌发率很高，而在饱和湿度中萌发率不过 10%，当湿度降到 99% 时，萌发率仅有 1% 左右。在接触期温度对病原物的影响也很大，它主要影响病原物的萌发和侵入速度。病原物孢子萌发都在一定的温度范围，最适温度一般在 20～25℃。不同菌物对温度的要求存在差异。在适宜的温度下，不仅孢子萌发速率增加，萌发所需的时间也较短。因此加强接触期的温湿度控制，能有效地控制病原物的侵染。

3.2.2.2　侵入期

从病原物侵入寄主开始，直到与寄主建立寄生关系为止的这一段时期，称为侵入期（infection period）。

（1）病原物侵入的时期及途径　有些病原物可在果蔬生长发育和成熟衰老的各个时期对产品进行侵染，而有些病原物只能在产品采收以后对产品进行侵染。因此病原物侵入寄主的时期分为采前侵染和采后侵染。各种病原物侵入寄主的途径也存在差异，真菌大都是以孢子萌发形成的芽管通过自然孔口或伤口侵入，有的真菌还具有通过果蔬表皮角质层直接侵入的能力。细菌主要通过自然孔口和伤口侵入。

1）潜伏侵染或采前侵染。潜伏侵染是引起果蔬采后病害的一个重要原因，由于难以预测和控制，对果蔬防腐构成了潜在的威胁。病原物在生长期间侵入寄主体内以后，由于寄主体内抗病性的存在而使侵入的病原物呈现潜伏状态，直到寄主成熟或采收以后体内抗病性减弱或消失，病原物才恢复活动，进而导致症状的出现。可以引起潜伏侵染的病原物主要包括盘长孢状刺盘孢、果生链核盘菌、可可毛色二孢菌、灰葡萄孢、链格孢和镰刀菌等多种真菌。

a. 潜伏侵染发生的时期和途径。病原物可在花期或果实发育期通过角质层直接侵入，也可通过气孔、皮孔、萼孔或甜瓜的网纹等自然孔口侵入，潜伏侵染最早可在花期发生。例如，灰葡萄孢可在柱头上迅速萌发，并经由花柱组织进入子房，形成对草莓和葡萄果实的早期侵染；定植于花柱的互隔交链孢可经萼心间组织进入心室，形成对苹果的早期侵染。互隔交链孢也可在花期侵染苹果、梨和甜瓜，该病原物最初可由梨初花期的萼片侵入，也可以通过盛花期和落花期的萼片、花瓣和花柱侵入，但以花瓣和花柱侵染率最高。互隔交链孢在梨果实发育期间均可侵入，以萼筒和萼室间的侵染率最高（图 3-1）（Li et al., 2007）。

大多潜伏侵染发生在果实的发育期。用盘长孢状刺盘孢孢子接种生长期间的鳄梨果实后 1 天便可萌发，芽管在果实表面的蜡质层中形成黑色的附着胞，在未成熟果实中该病原一直以附着胞的形式存在，当果实软化时附着胞上便长出侵染丝，并穿透角质层和表皮。随着果实的进一步软化，侵入的菌丝便在果皮组织和果肉中发展蔓延，开始形成黑斑，最终在黑斑上形成分生孢子盘。互隔交链孢可在发育期直接穿透柿果实角质层，侵入杏果实气孔、梨、芒果和哈密瓜果实皮孔及通过萼孔进入苹果心室，经过一定扩展后，最后以菌丝体形式潜伏。

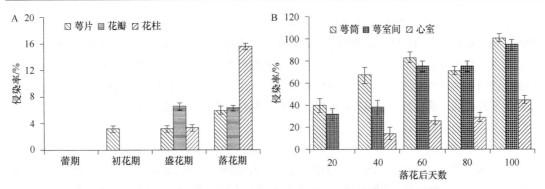

图 3-1　梨花期和果实发育时期各部位链格孢（*A. alternata*）的侵染率（Li et al.，2007）

b. 病原物潜伏的部位。除导致苹果心腐病的粉红单端孢等个别情况外，潜伏在果实体内的病原物大多分布于果皮或皮下组织中，果肉被侵染的概率不高。例如，潜伏在厚皮甜瓜中的交链孢和镰刀菌大多存在于表皮以下 1cm 左右的组织中。同样，侵染芒果的真菌病原体大量存活于 1mm 左右厚的表层组织，果肉基本无菌。病原物侵入后潜伏时所处的发育状态有很大的差异，在孢子萌发、芽管伸长、附着胞形成、侵染丝产生和菌丝适度扩展的各个阶段均可进行潜伏。

病原物在果实表面不同部位的潜伏率也明显不同，其中以果蒂处的带菌率最高。例如，番木瓜果蒂处的带菌率极显著地高于果实中部和顶部；芒果互隔交链孢带菌率在果蒂处最高，其次是果实中部，底部最少；柿果蒂处的互隔交链孢带菌率明显高于中部和顶部；红木莓果蒂处灰葡萄孢的带菌率要明显高于果实中部和顶部。然而，哈密瓜果实中部的带菌率却显著高于顶部和柄部。发育期间果实各部位受病原真菌侵染的程度可随果实的发育而变化，果实各部位出现潜伏侵染程度的差异性可能与发育期间果实表面的凝水和分布有关。

2）采后侵染。采后侵染（postharvest infection）是病原物通过采收及采后分级、包装、运输、贮藏、销售等过程对产品所造成的侵染。大多数病原物对园艺产品的侵染发生在采后，侵染的途径主要包括以下几点。

a. 产品表面的机械伤口。所有的病原物均可通过表面的机械伤口进入果蔬体内，有些病原物似乎只能通过机械伤口侵染，如青霉、根霉、地霉和细菌。园艺产品在采收、分级、包装、运输过程不可避免地会造成一些机械损伤。采收时剪切果柄带来的损伤是采后侵染的重要部位。例如，香蕉的冠腐病及菠萝的花梗腐，芒果、番木瓜、鳄梨、甜椒、洋梨及甜瓜的茎端腐等，全部是通过采收时造成的剪切伤口侵染引起的。过度挤压苹果和马铃薯块茎会造成表皮擦伤，会刺激皮孔和损伤部位潜伏病原物的生长。苹果擦伤可引起皮孔内的扩展青霉的发展，也可诱发皮孔内潜伏的盘长孢活动。一些具有采前侵入寄主能力的病原菌，如灰葡萄孢、互隔交链孢、镰刀菌、果生链核盘菌、盘长孢状刺盘孢等也可通过表面的机械损伤形成对果蔬的侵染。

b. 生理损伤的表面。贮藏期间不良环境因素引起的生理损伤，如冻害、冷害、高温伤害、高 CO_2 或缺氧伤害等，会破坏表皮结构，降低果蔬的抗病性。一些果蔬对低温敏感，形成的冷害斑会促进病原物的侵入。番茄、辣椒、甜瓜和冬瓜发生冷害后易出现由互隔交链孢引起的黑斑病；冻害后葡萄易发生灰霉病；高 CO_2 或缺氧伤害的苹果易发生青霉病。

c. 衰老的表皮。果蔬的衰老会造成表面蜡质、角质层发生变化，表面保护组织出现裂纹或气孔从而失去自我调控机能，致使某些病原菌乘虚而入，这些病原物包括青霉、交链孢、镰刀孢、根霉、地霉、根串珠霉等。在贮藏的后期由于组织衰老、抗性降低，产品受各类病原物侵染的概率便会显著提高。例如，甜瓜贮藏后期粉霉病和青霉病的发病率会明显增加；洋葱贮藏后期由镰刀菌引起的白霉病的发病率也会显著提高。

　　d. 采后处理和接触侵染。病原物孢子可通过空气循环在贮藏库和运输工具内传播；采后清洗、预冷、化学处理也是病原物传播的重要途径。例如，水冷会增加苹果贮藏期间的青霉病；二苯胺或乙氧基喹处理可抑制苹果虎皮病，但会促进贮藏期间青霉病的发生。青霉、根霉、地霉、毛霉和灰葡萄孢等真菌引起的病害，可由发病果实传向与其相接触的健康果实。这种现象在苹果、梨、柑橘等的青霉病，桃、杏、甜瓜的软腐病及葡萄、草莓、番茄、甜椒等的灰霉病中尤为明显。

　　（2）病原物侵入的过程

　　1）真菌的侵入过程。附着在寄主表面的孢子在适宜的条件下萌发产生芽管，然后芽管的顶端膨大而形成附着胞，接着附着胞产生较细的侵染丝或侵染钉，通过分泌胞外酶或机械力的作用穿透角质层进入表皮组织中，并形成树枝状的分枝结构。大部分采后病原菌会存在长达数月的潜伏侵染期，潜伏侵染的宿主主要为未成熟的果实。在这一过程中，侵染钉产生的分枝状结构侵入未成熟果实的表皮细胞中，形成肿胀的菌丝结构，并不再继续发展，直至果实成熟，进入腐生生长阶段。随着果实成熟进程的发展，潜伏侵染结构形成大量的腐生型菌丝，进入寄主细胞中，吸取寄主体内的养分，建立寄生关系（Prusky et al.，2013）（图 3-2）。从表皮角质层直接侵入的真菌一般会产生附着胞，而从伤口和自然孔口侵入的真菌也可以不形成附着器和侵染丝，直接以芽管侵入。

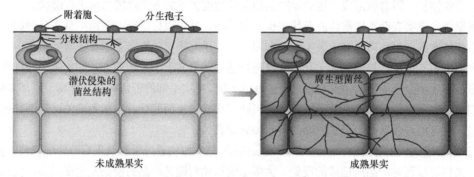

图 3-2　病原菌在果实上的定植模式图（Prusky et al.，2013）

　　2）细菌的侵入过程。引起采后病害的大多数细菌主要通过伤口或自然孔口侵入，病原物可通过直接落入的方式获取营养而繁殖发展，或靠泳动进入伤口或自然孔口。

　　（3）影响侵入期的环境条件　　病原物的侵入与环境中湿度和温度密切相关，其中以湿度的影响最大。大多数真菌孢子的萌发、细菌的繁殖和游动都需要在水滴里进行。果蔬表面的不同部位在不同时间内可以有雨水、露水等水分存在。一般来说，湿度高对病原物侵入有利，而使寄主抗侵入能力降低。在高湿度下，寄主愈伤组织形成缓慢，自然孔口开张度大，表面保护组织柔软，从而抵抗侵入的能力降低。通过伤口直接侵入的病原物外界湿度对其侵入的干扰影响不大。温度只是影响病原物的侵入速度，在一定的温度范围内，温度越高病原物的侵入速度也越快。各种病原物都具有其萌发和生长的最高、最适及最低的温度。离开最适温度愈远，萌发和生长所需的时间也愈长，超出最高和最低温度范围，便不能萌发和生长。一般情况下，外界环境温度基本可以满足病原物侵入的需要。除刺盘孢、根霉等少数病原物外，多数病原物均可在接近 0℃左右的低温条件下萌发生长，尤以青霉、交链孢和灰葡萄孢最为典型。

3.2.2.3　潜育期

　　潜育期（incubation period）是从病原物与寄主建立寄生关系开始，直到出现明显的症状为止的这一时期。潜育期是病原物和寄主博弈最激烈的时期，病原物要从寄主体内取得营养和水分，而寄主则要阻止病原物对其营养和水分的掠夺。

（1）潜育的时间 潜育期的长短受病菌致病力、寄主抗性和环境条件三方面的影响。不同病原物对同一寄主，同一种病原物对不同寄主及同一寄主的不同成熟阶段，潜育期的长短均存在差异。就采后病害而言，每种病害均有一定的潜育时间。通常是采前侵入的较长，采后侵入的较短。其中盘长孢状刺盘孢、互隔交链孢、灰葡萄孢和镰刀菌潜育期可达数月，而根霉、毛霉和青霉潜育期只有几小时或几天。

（2）潜育期间病原物与寄主的互作 在潜育期内，病原菌要从寄主获得更多的营养物质供其生长发育，病原物在生长和繁殖的同时也逐渐发挥其致病作用，迫使寄主的生理代谢功能发生改变。对寄主而言，其自身也并非完全处于被动的被破坏分解的状态，相反它会通过自身的防御结构，预存或诱导抗菌物质等对侵染的病原菌进行抵抗。病原物必须在克服寄主的防卫抵抗之后，才能够有效地获取所需的营养物质，以维持其在寄主体内生长发育的需要。所以，采后病害发生的程度取决于果蔬自身的抗病性强弱。如果抗病性强，虽然有病原物侵染，腐烂率也不高。采后环境条件，如温度、湿度、气体成分等，既可影响果蔬生理状态，也会影响病原物的生长发育。因此当环境条件促进果蔬组织衰老，有利于病原物的生长发育时，才会发生腐烂。由于潜育期间病原物与寄主关系复杂，关于病原物对寄主的破坏、感病后寄主的生理生化变化及寄主的防卫反应等多方面，本章将在随后几节中详细叙述。

（3）影响潜育期的环境条件 在潜育期中由于病原物已进入寄主，组织中含有大量的水分，完全可以满足病原物生长发育的需要。因此，外界湿度对潜育期的影响不大。相反，温度则是决定因素。由于病原物的生长和发育都有其最适宜的温度，温度过高或过低都会抑制其生长。在一定范围内，温度越高潜育期就越短，反之亦然。例如，葡枝根霉在 24℃下可在成熟桃内潜育 24h，10℃下则需 72h，当温度低于 7℃时潜育可被完全抑制；室温条件下，西兰花黑斑病链格孢（*Alternaria alternata*）的潜育期为 3～5 天，而在低温 0℃条件下，西兰花黑斑病的潜育期延长为 5～7 天。

寄主的营养状态也是影响潜育期长短的一个重要因素。对于采后病害而言，未成熟果实一般存在抑制病原菌的有毒物质或者可抑制病原菌水解酶的活性，从而抵抗病原菌侵害。成熟果实的生物成分也可能影响附着胞的形成和病原孢子的萌发，如未成熟番茄中含有大量番茄碱，绝大部分以配构体的形式存在，具有明显的抑菌作用，而随着果实成熟度增加，这种番茄碱含量减少，所以成熟的番茄果实可受灰葡萄孢（*Botrytis cinerea*）、辣椒炭疽菌（*Colletotrichum phomoides*）等病原菌侵染，而未成熟的青果则不能发生这些病害。

3.2.2.4 发病期

从寄主开始表现症状到真菌性病害病部表面产生孢子、细菌性病害病部表面有脓状物溢出的一段时期即为发病期。症状出现以后，病害还在不断发展，病斑不断扩大，病斑数不断增加，病部产生更多的繁殖体，寄主的抗性也越来越微弱。新产生的病原物的繁殖体可成为再次侵染的来源。发病期内病害的轻重及造成的损失大小，不仅与寄主抗性、病原物的致病力和环境条件的适合程度有关，而且还与人们采取的防治措施紧密联系。

3.3 园艺产品与病原微生物的相互作用

3.3.1 病原真菌与植物互作概述

在自然界中，病原菌的致病性和植物的抗病性是不断竞争的过程。植物在生长过程中会遭受外界各种生物及非生物因素的胁迫，其中生物因素是植物受到迫害的主要因素。生物因素主要包括细菌、病毒、真菌及线虫等。非生物因素多指自然界环境的变化，包括干旱、洪水、寒害和盐害等逆境因素。其中每年由病原菌给农作物造成的产量损失约占总损失的12%。病原菌可以通过多种方式对植物进行侵染，病原真菌在侵染过程中可借助自身的菌丝、吸器和附着胞等结构通过气孔、伤口或直接穿透植物表皮细胞进入植物细胞。一般病原细菌是通过气孔、水孔或者创伤等进入植物细胞，而病毒一般可直接通过工具、伤口或借助真菌或者细菌为寄主间接进入植物细胞进行侵染。在众多病害中，以真菌病原菌为主要病害，其对植物的侵害程度最为严重，也是目前防控的难题。为抵御这些自然界带来的危害，植物在不断进化过程中，自身已经形成完备的免疫防御系统，称为植物免疫系统。植物的抗病性和病原菌的致病性在二者的互作过程中，在不断地进行"竞赛"，当病原菌的侵染能力较强时，病原菌可以成功打破植物的防卫系统，以吸收植物细胞内的营养物质供自己生长繁殖，从而造成植物严重的病害；而病原菌不能侵染植物时，植物体内的免疫系统就会成功地抵抗或者逃避病原菌的侵染，因此，病原菌和植物二者是互相斗争和无休止共同进化的，最终会形成一种动态平衡。

"基因对基因"假说（gene-for gene hypothesis）是最早用来阐述植物与病原菌相互作用模式的研究，随着试验证据和研究的深入，目前，学术界广泛认可和接受的是 Jones 和 Dangl 在 2006 年提出的 zig-zag 模型（图 3-3）。zig-zag 模型将病原菌与寄主植物的互作以三种形式表现出来，分别为病原相关模式分子（pathogen-associated molecular pattern，PAMP）引起的免疫反应（PAMP-triggered immunity，PTI）、效应分子（effector）触发的感病反应（effector-triggered susceptibility，ETS）和效应分子激发的免疫反应（effector-triggered immunity，ETI）。

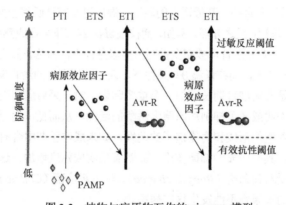

图 3-3　植物与病原物互作的 zig-zag 模型

PTI 是植物抵御病菌侵染的第一层防御系统，它是植物细胞膜表面的受体（pattern-recognition receptor，PRR）识别病程相关分子模式 PAMP，导致病原菌不能成功入侵寄主，而 PAMP 是一些高度保守的结构分子，包括一些细菌鞭毛蛋白、肽聚糖、脂多糖和延伸因子等，真菌则是一些几丁质、细胞壁成分多糖及卵菌中的葡聚糖。PTI 反应阻断病原菌的进一步定植，包括 PRR 的激酶结构域将信号传递到膜内诱导了丝裂原活化蛋白激酶（mitogen-activated protein kinase，MAPK）级联反应途径、将信号传递给 WRKY 转录因子，使转录因子被激活产生活性氧和积累胼胝质，并引起激素发生变化，导致质膜两侧的离子流发生变化，启动大量防卫基因的表达，并通过基因产物对次生代谢做出调节，产生气孔的关闭等现象。

病原菌在与寄主植物的不断斗争中会分泌效应蛋白至寄主植物细胞中干扰和破坏 PTI 反应，即是 ETS。当寄主植物不断进化形成能够识别病菌毒性蛋白的对应抗性受体时，免疫防卫反应会再次阻止病原菌的侵入。有些病原菌为了进一步侵染寄主植物从而吸收营养物质，能够产生效应分子抑制 PRR 对其 PAMP 识别，突破第一层 PTI 防御体系，病原菌产生的相应效应分子。R 蛋白（response protein）大都是由核酸结合区及亮氨酸重复序列组成的细胞内受体，能够激活 MAPK 级联反应，通过信号传导网络启动防卫基因的表达。通常寄主植物会通过牺牲病原菌侵染位点附近的寄主细胞从而限制病原物的定植和扩展，进而达到抑制病原菌生长的目的，即过敏反应（hypersensitive response，HR），这时可以避免寄主整株受到侵害。然而，病原菌的效应分子是不断变化的，为了躲避寄主植物 R 蛋白的识别，会迫使 ETI 变为 ETS，从而增强病原菌的致病力，导致寄主植物感病。

3.3.2　病原微生物的主要致病机制

采后病原菌对寄主果实的侵染涉及众多且复杂的致病机制，而且因病原菌和果实的种类不同，所采取的侵染手段也不尽相同。目前已探明的致病机制主要包括病原菌向寄主分泌有害的胞外酶和毒素、调控生长环境的 pH 和活性氧等。明确病原菌的致病机制对进一步提高果实对真菌的抗性具有十分重要的意义。

3.3.2.1　分泌胞外酶

寄主植物一般通过表皮角质层和细胞壁两道物理防线阻止病原菌的入侵。植物细胞壁的主要成分包括果胶质、纤维素、半纤维素、蛋白质和芳香族聚合物等。在病原菌与寄主植物的识别过程中，病原菌可针对不同的屏障组分，分泌相应的胞外降解酶降解寄主组织，加快病原菌的侵入和扩展速度。根据胞外酶的作用底物不同，将胞外酶分为角质酶、果胶酶、纤维素酶、半纤维素酶和其他酶类（如蛋白酶、淀粉酶和磷脂酶等）。

角质层位于植物表面的最外层，由蜡质覆盖的非溶性角质多聚体组成，是植物生长发育过程中应对生物与非生物胁迫的第一道屏障。角质酶是病原真菌直接穿透植物寄主表皮时用以突破角质层的关键酶，在病原菌侵染植物过程中发挥重要作用。角质酶是一种酯酶，分子质量为 $2.2 \times 10^4 \sim 2.6 \times 10^4$ Da，其结构包含一条肽链和一个二硫键。已有研究证实，多种病原真菌均可在胞外分泌角质酶，如炭疽菌、镰刀菌和灰葡萄孢等。不同病原菌其分泌的角质酶的氨基酸构成基本相同，几乎每种角质酶分子均各含一个甲硫氨酸、一个组氨酸和一个色氨酸。角质酶的活性中心是组氨酸的咪唑基和丝氨酸残基上的羟基、羧基组成的一种三分体结构。角质酶在 pH 9~10 的条件下最易催化水解果蔬表面的角质层，产生寡聚单体后被降解。吴媛媛等（2020）通过扫描电镜探究了灰葡萄孢（*Botrytis cinerea*）角质酶粗酶液对葡萄角质层的水解作用，研究发现喷洒失活角质酶粗酶液的葡萄角质层的结构非常致密且分布均匀，以鳞片形式存在，表皮角质层无明显降解。而未失活粗酶处理后，角质层出现明显降解，降解部分与正常部分出现分界线（图 3-4）。此外，经病原菌降解的寡聚单体又可以进到病原菌细胞内，进一步诱导病原细胞内角质酶基因的持续表达，产生更多的角质酶。因此，寄主表面的角质层被降解后更易受到病原菌的侵染。

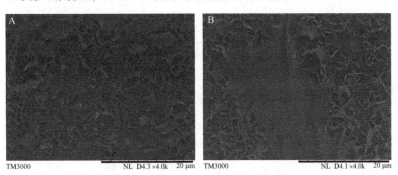

图 3-4　灰葡萄孢霉对葡萄角质层的影响（吴媛媛等，2020）

A. 对照组；B. 代表角质酶粗酶处理组

　　寄主细胞壁降解酶是重要的致病因子，大多数病原菌都能分泌各种细胞壁降解酶，降解植物细胞壁的各种多糖类组分，从而进一步破坏植物细胞壁及中胶层，最后导致植物组织溃散。目前已报道的病原真菌产生的细胞壁降解酶见表 3-5。果胶酶是作用于果胶质的一类酶的总称，主要功能是通过裂解或 β-消去作用切断果胶质中的糖苷键，使果胶质裂解为多聚半乳糖醛酸，进而在多聚半乳糖醛酸酶的作用下，降解为多聚半乳糖醛酸单体。寄主表型表现为组织细胞失去黏合，组织发生浸解，甚至原生质体死亡，引起果实软腐、叶斑和枯萎等病害症状。例如，在扩展青霉（*Penicillium expansum*）侵染期间，苹果果实细胞壁果胶发生了解聚，这种解聚行为增加了细胞壁的孔隙率，为病原菌的进一步侵染和定植提供了通道。从腐烂的石榴果实中分离鉴定了一株病原真菌多主棒孢霉（*Corynespora cassiicola*），发现其致病力与果胶酶的分泌有关。除果胶酶外，多聚半乳糖醛酸酶在蔓枯病菌（*Didymella bryoniae*）侵染瓜果实时发挥了毒力因子的作用。在进一步研究中，Liu 等（2017）将苹果黑曲霉病菌（*Aspergillus niger*）的外切多聚半乳糖醛酸酶合成关键基因 *pgxB* 通过同源重组进行了突变，发现突变株引起的果实腐烂症状较野生型明显减轻，病斑直径显著降低（图 3-5）。

表 3-5　病原真菌产生的细胞壁降解酶

酶的名称	种类
纤维素酶	内切 β-1,2-葡聚糖酶（羧甲基纤维素酶）
	外切 β-1,4-葡聚糖酶（葡聚糖纤维二糖水解酶）
	β-葡聚糖苷酶
果胶酶	内切果胶裂解酶
	外切果胶裂解酶（外切多聚半乳糖醛酸裂解酶）
	外切多聚半乳糖醛酸酶
	内切多聚半乳糖醛酸酶
	果胶甲酯酶
半纤维素酶	β-1,4-木聚糖酶
	β-木糖苷酶
	α-阿拉伯呋喃糖酶
	阿拉伯聚糖酶
	β-1,3-葡聚糖酶（昆布多糖酶）
	β-1,3-1,4-葡聚糖酶（混合键的葡聚糖酶）
	α-半乳糖苷酶
	β-半乳糖苷酶
	β-1,4-半乳糖苷酶
蛋白酶	类胰蛋白酶
	天冬氨酸蛋白酶
	丝氨酸蛋白酶
	金属蛋白酶
	半胱氨酸蛋白酶
磷脂酶	磷脂酶 D

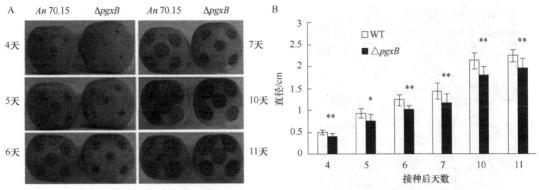

图 3-5　黑曲霉（*Aspergillus niger*）野生型（*An* 70.15）和 *pgxB* 突变株（Δ*pgxB*）
对苹果果实的致病力分析（Liu et al.，2017）

纤维素酶是一组水溶性胞外复合酶。纤维素酶指能够分解纤维素中的 β-1,4 糖苷键的一类酶的总称，主要包括 C_1（内切 β-1,2-葡聚糖酶）、Cx 酶（外切 β-1,4-葡聚糖纤维二糖水解酶）和 β-葡萄糖苷酶（又称为纤维二糖酶）。在致病过程中需要几种酶的相互配合，单一的某种酶均不能将天然纤维素降解为最终产物葡萄糖。纤维素酶对纤维素的降解大致分为三步：首先，在内切 β-1,2-葡聚糖酶的作用下，纤维素中所包含的完整葡聚糖链中的糖苷键随机裂解，暴露出非还原性末端；其次，外切 β-1,4-葡聚糖纤维二糖水解酶将暴露的葡聚糖非还原性末端水解为纤维二糖；最后，外切 β-1,4-葡聚糖纤维二糖水解酶将纤维二糖水解成葡萄糖。半纤维素是由几种不同种类的单糖所构成的细胞壁多糖类的总称。半纤维素酶是一组专一性降解半纤维素的复合酶，根据它们作用于聚合体中所释放出的单体类型，分别被称为木聚糖酶、半乳聚糖酶、葡聚糖酶、甘露聚糖酶等。蛋白酶用于分解植物细胞次生壁、中胶层和细胞膜中的蛋白质。淀粉酶和磷脂酶分别用于降解淀粉和脂类物质。

在病原真菌侵染果实的过程中，角质酶和果胶酶在侵染前期发挥作用，而纤维素酶和半纤维素酶在侵染后期发挥作用，即病原真菌发展到腐生阶段。目前已有诸多研究报道了纤维素酶和半纤维素酶参与果实的真菌腐烂进程。在病原真菌皱褶黑粉菌（*Talaromyces rugulosus* O1）侵染葡萄果实的过程中，外切 β-1,4-葡聚糖酶和葡萄糖苷酶的活性显著增加，同时编码葡萄糖苷酶的基因 *β-G* 的表达水平显著上调。研究人员通过果实损伤接种方式从 150 株链格孢（*Alternaria alternata*）中鉴定到 3 株苹果果实霉核病致病菌，发现其对果实的致病力与菌株分泌内切 β-1,4-葡聚糖酶的能力有关。Gajbhiye 等（2016）系统探究了石榴病原真菌（*Chaetomella raphigera*）分泌的细胞壁胞外降解酶与其致病性之间的关系。果胶酶、纤维素酶、木聚糖酶和蛋白酶在固体培养基中的相对活性为 0.55、0.48、0.41 和 0.15，而在致病过程中，石榴果实伤口处木聚糖酶的活性（25.1U/g）高于果胶酶（19.2U/g）和纤维素酶（1.5U/g），但未检测到蛋白酶的活性。这些酶与果实腐烂率之间的关系如图 3-6 所示。由此说明，果胶酶、纤维素酶、木聚糖酶参与了病原真菌毛霉菌（*C. raphigera*）对石榴果实的侵染过程。

3.3.2.2　分泌毒素

植物病原毒素是指由植物病原真菌产生，对寄主具有较强毒害作用，能够破坏寄主生理代谢及使寄主丧失生物活性功能的一类代谢产物。比较常见的是曲霉属和青霉属真菌产生的多种毒素，如青霉酸（penicillic acid）、展青霉素（patulin）、环匹阿尼酸（cyclopiazonic acid，CPA）、橘青霉素（citrinin）、赭曲霉毒素 A（ochratoxin A）和黄曲霉毒素 B_1（aflatoxin B_1）等。

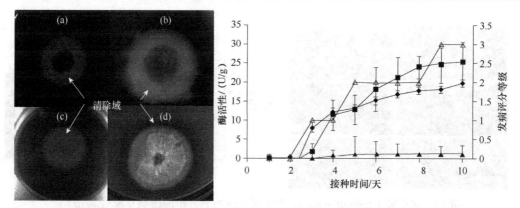

图3-6　石榴病原真菌分泌的果胶酶（a）、木聚糖酶（b）、纤维素酶（c）和蛋白酶（d）的胞外酶活性（左图）及果胶酶（◆）、木聚糖酶（■）、纤维素酶（△）和蛋白酶（▲）与石榴果实发病率的关系（右图）（Gajbhiye et al.，2016）

植物病原真菌产生的毒素种类繁多，根据毒素与寄主间的特异性互作关系，可将其分为寄主专化性毒素（host-specific toxin，HST）和非寄主专化性毒素（non-host-specific-toxin，NHST）。寄主专化性毒素也称为寄主选择性毒素，是由病原菌产生的一类对其寄主植物具有特异性生理活性和高度专化性作用位点的代谢物毒素。这类物质即使在很低浓度下就能引起寄主植物的特异性反应，不同寄主植物对产生该类毒素的病原菌的抗性或敏感性有明显差异，被认为是植物的致病因子。例如，链格孢属可产生多种寄主专化性毒素：苹果链格孢（*Alternaria mali*）侵染苹果果实时产生 AM 毒素；链格孢侵染草莓果实时产生 AF 毒素；链格孢侵染梨果实时产生 AK 毒素。非寄主专化性毒素也称非寄主选择性毒素，是由病原菌产生的一类对其寄主植物具有一定生理活性和非专化性作用位点的代谢物毒素。这类物质在一定浓度下能引起寄主植物的敏感性反应，这种反应也能区分寄主植物的抗病性差异，但这类毒素在植物病程中仅能加剧病情恶化和加重症状表现，所以仅具有病害的次生决定因子或称为毒力因子的作用。

大量研究表明，许多病原真菌毒素与果实采后真菌性病害密切相关。据报道，真菌毒素能够改变果实细胞膜的通透性，使细胞中的液泡破裂，破坏宿主的防御体系，引起宿主生理代谢功能紊乱，最终导致果实腐烂。链格孢能够侵染许多柑橘品种，产生褐斑病，其致病力主要依赖于寄主专化性 ACT 毒素的分泌，且毒素的产生受到转录因子 Ste12 的调控。Tannous 等（2020）从扩展青霉（*P. expansum*）基因组中敲除 *sntB* 后，发现其细胞内棒曲霉素和橘青霉素生物合成的能力降低，同时在果实伤口处棒曲霉素的水平下降。将病原菌接种于苹果果实伤口处，结果显示 *sntB* 突变株（Δ*sntB*）较野生型侵染力显著降低（图3-7）。随着基因测序技术的快速发展，真菌毒素生物合成的途径逐渐被解析。通过对扩展青霉（*P. expansum* T01）进行全基因组测序，成功鉴定了一个完整的棒曲霉素合成基因簇。该基因簇全长 41kb，由 15 个基因（*PatA*～*PatO*）组成。同时，通过全基因组测序的方法在灰黄青霉中也鉴定到了完整的棒曲霉素合成基因簇。对比发现，2 种青霉菌种棒曲霉素合成基因簇的基因组成和排列顺序相同。

3.3.2.3　调控生长环境的 pH

采后病原真菌在侵染果实的早期，会通过分泌酸碱类物质进行调节侵染位点周围的 pH，营造有利于侵染的微环境。刺盘孢属（*Colletotrichum*）真菌在鳄梨、苹果、草莓果实侵染部位产生氨，提高了微环境的 pH。青霉属（*Penicillium*）真菌可在柑橘和苹果侵染点分泌有机酸以降低伤口处的 pH。根据病原真菌对寄主 pH 调整的影响，病原真菌可分为两类：酸性病原菌和碱性病原菌。

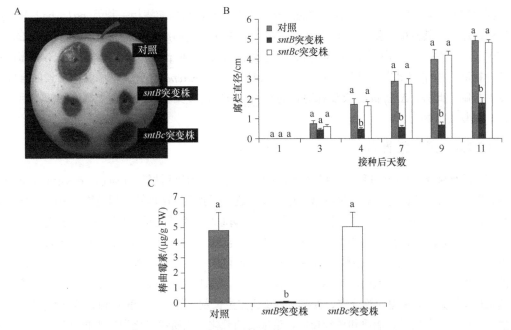

图 3-7　缺失基因 *sntB* 的扩展青霉对苹果果实的致病性及产生棒曲霉素的影响（Tannous et al.，2020）。

A. 苹果伤口处接种 106 孢子/mL 的扩展青霉孢子悬液并于 25℃黑暗处储存 5 天的状态；

B. 接种 3 种扩展青霉菌株的苹果腐烂直径大小；C. 产生的苹果棒曲霉素高效液相色谱分析结果

碱性病原菌能够分泌氨等碱性物质使侵染位点环境 pH 增加；酸性病原菌通过分泌柠檬酸、葡萄糖酸等有机酸使侵染位点环境 pH 降低（表 3-6）。侵染位点 pH 的改变能够使病原菌后续产生的降解酶和次级代谢产物在最适的 pH 下发挥作用，达到最佳的侵染效果。

表 3-6　病原真菌在调整寄主 pH 上的差异（Prusky and Yakoby，2003）

		寄主
碱性病原真菌	*Colletotrichum gloeosporioides*	鳄梨
	Colletotrichum acutatum	苹果，草莓
	Colletotrichum coccodes	番茄
	Alternaria alternata	甜瓜，番茄，樱桃，辣椒
	Penicillium digitatum	柑橘
	Penicillium italicum	柑橘
	Penicillium expansum	苹果
酸性病原真菌	*Botrytis cinerea*	番茄，苹果，南瓜，辣椒
	Geotrichum candidum	柑橘
	Sclerotinia sclerotiorum	寄主广泛

进一步研究发现，多种采后病原真菌可通过改变寄主微环境的 pH 影响其致病性。例如，将病原菌粉红单端孢菌（*Trichothecium roseum*）接种于苹果果实伤口处，发现果实病斑处的 pH 显著升高，由第 0 天的 3.54 升高至第 12 天的 4.84。随后，将 3 种不同 pH（3.0、5.0、7.0）的粉红单端孢菌孢子悬浮液接种于果实后，以 pH 7.0 接种的果实病斑直径最大，伤口处的果胶酶和纤维素酶活性最高，说明粉红单端孢菌属碱性病原菌，中性或偏碱环境可提高该菌损伤接种苹果果实病斑处的胞外酶活性，增强其致病性。死体营养型病原真菌核盘菌（*Sclerotinia sclerotiorum*）通

过分泌草酸使侵染环境酸化，促进了致病因子内切多聚半乳糖醛酸酶相关基因 *pg1*、*pg2* 和 *pg3* 的转录，加快了其侵染速度。PacC 是病原真菌炭黑曲霉（*Aspergillus carbonarius*）细胞内的 pH 调控因子，将该转录因子敲除后，Δ*AcpacC* 突变株在 pH 4.0 和 pH 7.0 的培养基中分泌的葡萄糖酸和柠檬酸的水平较野生型显著降低，同时在 pH 7.0 时，Δ*AcpacC* 突变株中赭曲霉素的合成完全受到抑制。此外，Δ*AcpacC* 突变株对葡萄和油桃果实的侵染力较野生型大幅度降低，回补突变后，恢复其致病力。

3.3.2.4　产生活性氧

在病原真菌-植物互作过程中，植物侵染位点会产生大量的活性氧（reactive oxygen species，ROS）用以抵御病原菌孢子对植物细胞的进一步渗透。而病原真菌能够利用植物产生的 ROS，甚至菌体自身产生 ROS，达到成功侵染植物的目的。病原真菌细胞内的 ROS 主要包括超氧阴离子（O_2^-）、过氧化氢（H_2O_2）、羟自由基（•OH）及单线态氧（$^1O_2$）等。病原真菌在其生长发育及与寄主互作中均会产生 ROS。菌体内 ROS 的产生、清除和氧化还原平衡与其自身的生长发育和致病性密切相关。在真菌细胞中，ROS 具有双重作用。低浓度的 ROS 可作为信号分子，广泛地参与细胞程序性死亡、胁迫应答反应、激素响应及调控生长发育等；高浓度的 ROS 可与细胞中的多种生物大分子如蛋白质、脂质和核酸反应，造成酶的钝化、脂质过氧化和核酸的突变，从而对细胞产生毒性。

在模式菌株灰葡萄孢（*Botrytis cinerea*）中，ROS 的产生有多种途径，主要来源于线粒体。近年来的研究发现，NADPH 氧化酶（Nox）是在多细胞真核生物中产生活性氧物质的主要酶系统，已被证实与致病性相关，目前以在病原真菌灰葡萄孢中研究最为深入。Nox 是一个多亚基的复合体，能够利用 NADPH 提供的电子将 O_2 还原为 O_2^-。催化亚基 NoxA 和 NoxB 与灰葡萄孢的致病性和菌核的形成有关，但调控模式不同，NoxA 主要调控菌株在果实伤口组织的定植，而 NoxB 调控菌株对果实的侵染。同时，NoxR 对灰葡萄孢的活性氧代谢调控起着关键作用。通过蛋白组的分析表明，NoxR 可能是通过调控下游蛋白 BcPGD 的功能来控制灰葡萄孢的生长发育和致病力。此外，位于细胞膜上的跨膜蛋白——水通道蛋白 BcAQP8 是病原菌胞外生成的 H_2O_2 进入细胞的主要通道，BcAQP8 缺失可降低灰葡萄孢细胞内 ROS 的水平和下游蛋白的表达，从而影响灰葡萄孢的生长、产孢能力和致病力。活性氧的产生和信号传递模式如图 3-8 所示。

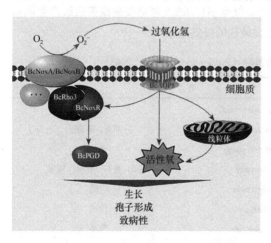

图 3-8　*Botrytis cinerea* 活性氧的产生及传递模型（Li et al.，2019）

真菌在穿透植物表面的过程中，能够形成不同的侵染结构，如附着胞和侵染垫等。其中，病原真菌侵染结构的形成与 ROS 的产生相关，成熟期的附着胞在很大程度上受到 ROS 的影响。用荧光染料对侵染洋葱表皮的灰葡萄孢进行染色，发现在附着胞形成的过程中，灰葡萄孢菌丝体的尖部积累了大量的 O_2^-。将 *pef1* 基因突变后，突变株Δ*pef1* 在附着胞形成时稻瘟病菌（*Magnaporthe oryzae*）菌丝体尖端的 ROS 减少，但诱导了寄主细胞内 ROS 的积累。为了进一步解析病原真菌灰葡萄孢的致病机制和相关功能基因，对番茄和灰葡萄孢互作情况下的灰葡萄孢进行了 RNA-Seq 分析，鉴定得到了一个新型的致病基因 *BcCGF1*（germination-associated factor 1）。将该基因敲除后，Δ*pef1* 突变株在侵染过程中形成附着胞的数量显著降低，形成的侵染垫结构严重滞后，且侵染结构中 ROS 的产生减少，菌株致病力减弱。

3.3.3 感病果蔬的生理生化变化

当植物受到病原菌侵染时，植物组织会迅速合成大量乙烯，乙烯的释放量增加，这种随病害发生而产生的乙烯被称为病害乙烯。至于病害乙烯产量增加是增强植物抗病性还是增加了对病原菌的敏感性，取决于植物和病原菌的相互作用。病原菌和植物种类不同，抗病表现也不同。研究表明，乙烯在植物病程发展中具有双重作用：一方面，病害乙烯可加速采后跃变型果实的成熟软化，有利于病原菌的侵染，促进采后病害的发生；另一方面，在植物-病原菌互作过程中，植物乙烯与水杨酸和茉莉酸信号通路存在一定的交叉作用，乙烯可调节采后果实对病原菌的抗性反应。采后乙烯利处理提高了葡萄果实对灰葡萄孢的抗性，同时伴随着可溶性固形物含量的增加、可滴定酸含量的降低、抗性相关基因的上调表达和内源乙烯生物合成相关基因的转录等。与之相反，褪黑素处理降低了采后苹果果实内源乙烯的产生水平，提高了 POD、CAT 和 SOD 的活性，降低了果实失重率，维持了果实采后品质。有趣的是，植物乙烯也能被侵染的病原菌所感知。盘长孢状刺盘孢（*Colletotrichum gloeosporioides*）将乙烯作为寄主果实成熟和抗病性变化的信号，激活病原菌孢子的萌发和侵染性活动（图 3-9）。乙烯能够促进盘长孢状刺盘孢（*C. gloeosporioides*）和芭蕉刺盘孢（*C. musae*）在侵染过程中孢子的萌发和附着胞的形成。类似地，乙烯促进了意大利青霉（*Penicillium italicum*）和奇异根串珠霉（*Thielaviopsis paradoxa*）孢子的萌发。然而，目前的研究多侧重于乙烯对植物果实的调节这一方面，对于病原菌如何感受乙烯的机理知之甚少。

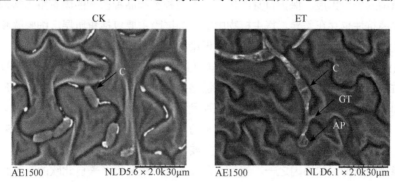

图 3-9　外源乙烯对病原菌盘长孢状刺盘孢在植物表面萌发的影响（扫描电镜图）（任丹丹和朱品宽，2020）

CK 为对照；ET 为施加 100ppm[①]乙烯处理；C、GT 和 AP 箭头指示分别为孢子、萌发管和附着胞

　　果实的硬度、可溶性固形物、可滴定酸、失重率和色泽等是衡量果实采后品质的重要指标。可溶性固形物（SSC）是指果实组织中可溶性的氨基酸、维生素、矿物质及糖类等物质的总称。可滴定酸（TA）代表着果实中游离有机酸的总称，TA 含量的高低对维持果实体内的糖酸比具有重要的作用。TA 可作为底物被果实的呼吸作用所消耗，导致采后果实 TA 含量下降。当果实受到病原真菌侵染时，呼吸代谢速率增加，导致果实水分蒸腾作用增强，失重率增加。水分蒸腾可加速果实细胞组织内膨压的下降，使细胞变形，进而使细胞内正常功能受损，影响正常生理代谢，加快了果实腐烂劣变的进程。李丽等（2017）探究了炭疽病菌侵染对采后香蕉果实贮藏品质的影响。结果表明，接种炭疽病菌的香蕉，果实的硬度迅速下降，贮藏 4 天后显著低于未接种炭疽病菌组，香蕉果皮叶绿素分解速率显著增加，加速了香蕉果实的褪青和转黄；炭疽病菌的接入促进了果实中可溶性固形物、可滴定酸、还原糖的升高，同时加快了果实的呼吸和感病速率。这说明

---

① 1ppm＝1mg/L

炭疽病菌的侵染加速了香蕉果实的成熟、软化、衰老及腐烂。1mmol/L 的 L-精氨酸处理维持了采后草莓果实的硬度、可溶性固形物含量和可滴定酸含量，采后品质的维持可能与 L-精氨酸抑制果实呼吸速率有关。

　　病原真菌在致病过程中，能够在果实伤口处分泌用以降解果实表皮角质层和细胞壁的酶类，如角质酶、多聚半乳糖醛酸酶、果胶甲酯酶、葡聚糖苷酶和各类蛋白酶等，进而导致果实组织的软化和溃烂，表现为果实硬度的下降。此外，病原真菌的侵染导致果实产生大量的病害乙烯。病害乙烯除能够诱导果实对入侵病原菌的抗性外，还能够催化果实的成熟和衰老，果实品质表现为可溶性固形物含量上升、硬度下降和可滴定酸含量下降等。对于跃变型果实而言，还可促进果实的转色，使果皮和果肉色泽加深。炭疽病菌侵染的荔枝果实，乙烯的释放量呈稍有下降、60h 后逐渐上升的趋势，而接种炭疽病菌的果实乙烯释放量在 36h 后就开始上升，以后对应时间的乙烯释放量均高于对照组。同时，接种炭疽病菌的荔枝果实呼吸速率显著增高、果皮活性氧产生速率和丙二醛（MDA）含量显著增加，参与果皮酚类物质代谢相关酶的活性大幅度升高，说明炭疽病菌的侵染可能是加速采后荔枝果实衰老、果皮褐变和果实腐烂的一个重要原因。

3.3.4　寄主的防卫反应

3.3.4.1　结构抗性

　　植物在与病原生物的长期互作、协同进化中逐渐形成一系列的防卫机制，寄主植物可运用自身的某些物理结构来抵御病原物的侵染。结构抗性是病原物入侵前植物最初的防御系统，它们可起到阻碍病原菌入侵、扩展、保护自身的作用。不同种类和品种植物的固有组织结构存在差异，因此其对病原菌抗性也存在差异。寄主植物中的结构屏障主要包括角质层、细胞壁和木质素等。

　　角质层主要由角质和蜡质构成。当病原菌侵染植物时，遇到的第一道屏障是寄主表皮角质和蜡质，角质的结构、厚度及表皮蜡质均会影响病原真菌对果实组织的渗透。采用有机溶剂将苹果、梨表面的蜡质去除后，增加了果实对病原真菌链格孢（A. alternata）的敏感性。在葡萄果实中，角质的厚度和蜡质的含量与其对灰葡萄孢的抗性呈正相关。同时，将梨果皮蜡质提取物作用于病原菌后发现，提取物能够显著地抑制链格孢孢子的萌发和菌丝的生长；通过 GC/MS 对梨果皮蜡质提取物进行化学组分测定，发现梨果皮蜡质主要由正构烷烃、长链脂肪酸和三萜类物质构成，这些组分可能是蜡质抑菌的原因之一。随后，研究人员系统分析了来自北欧的 9 种野生和栽培浆果的表面蜡质成分，其中蓝莓果实表面的蜡质含量最高，三萜类物质是蜡质的主要成分，含量高达 62%。此外，转录因子 MdMYB30 可通过调控角质层蜡质的生物合成进而增加了苹果对葡萄座腔菌（Botryosphaeria dothidea）的抗性。植物激素在提高果实疾病抗性方面已有大量的报道，其作用途径具有多样性。部分研究结果表明，抗性的增强与果皮蜡质的生物合成有关。例如，乙烯处理提高了脐橙的疾病抗性，其作用机理可能与诱导果皮蜡质的形成有关，这些蜡质可能会将气孔、裂缝或贮藏期间产生的缺少蜡质区域进行覆盖，从而对病原物的侵染形成更好的物理屏障。

　　除以上结构屏障外，植物表皮细胞外壁的厚度和硬度也是重要的抗性影响因子之一。当病原菌侵染植物时，侵染初期物质组织通常会分泌致密性物质使侵染点附近细胞壁加厚及促进细胞壁的木质化实现自身机构的加固，达到抵御病原菌的进一步侵染。这些致密性物质主要包括纤维素、半纤维素和 β-1,3-葡聚糖等成分。柑橘果实在受到指状青霉（P. digitatum）侵染时，寄主细胞的变化主要表现为侵染点周围细胞壁出现大量的纤维素沉积，细胞壁明显增厚。细胞壁的木质化对病原菌侵染后的扩展有一定的限制作用。木质化可抑制病原菌的侵染，并增强抗病原菌的酶溶解作用，同时也可以限制水和营养物由寄主向病原菌的扩散，从而阻止和延迟病原菌的生长和繁殖，并有利于启动其他抗性反应。

3.3.4.2　植保素

植保素是植物在生物诱导因子或非生物诱导因子的诱导作用下合成的小分子次生代谢物质，能抵抗或抑制入侵病原菌的扩展。植保素常定位于病原菌侵染点处组织中，其产生的速度和积累的量直接体现了植物抗病能力的强弱程度。抗病与感病的植株被病原物侵染后均可产生并积累植保素，但相对而言抗性植株中产生植保素的速率较快，且在感病初期就可达到累积高峰，迅速产生超敏反应，而感病植株植保素到达高峰时间需要几天，有时甚至还会出现累积不明显的现象。

自从 80 年前植保素的概念被提出后，大量的植保素从各种植物中被分离和鉴定出来。迄今为止，已发现并鉴定出 200 多种植保素，主要为多酚类、异黄酮类萜类、生物碱和脂肪酸类等。植保素在植物抵御病原菌，特别是腐生型病原菌的过程中起着非常重要的作用。葡萄果实中的植保素主要为白藜芦醇和白藜芦醇脱氢二聚体等类黄酮类，其主要通过苯丙烷类代谢途径进行合成。植物激素可诱导果实植保素的合成，从而提高果实的抗病性。茉莉酸甲酯通过调控信号分子 H_2O_2 和 NO 的水平将抗病信号传导并放大到整个葡萄果实，诱导了白藜芦醇及白藜芦醇脱氢二聚体合成关键酶——苯丙氨酸解氨酶（PAL）、肉桂酸-4-羟化酶（C4H）和对香豆酰-CoA 连接酶（4-CL）的活性，促进了植保素的合成，最终提高了葡萄果实的抗病性，降低了贮藏期间果实腐烂率。碳酸钠和碳酸氢钠处理提高了柑橘果实中东莨菪碱、香豆素和 7-羟基香豆素的含量，有助于增强柑橘抗病原真菌指状青霉（*P. digitatum*）的能力。也有研究发现，白藜芦醇和寡聚白藜芦醇二聚体还参与了 β-氨基丁酸对葡萄果实抗性的诱导作用。苯并噻唑诱导了葡萄果实对灰霉病的抗性，其作用机制可能与果实中二苯乙烯类植保素的积累有关。二苯乙烯作为一种植保素，广泛参与植物对病原菌的防御反应，能够被生物和非生物激发子所诱导。当葡萄果实受到炭黑曲霉（*Aspergillus carbonarius*）侵染时，果实中的反式白藜芦醇、白藜芦醇二聚体及其寡聚物水平显著增加，如Δ-香豆素、ε-香豆素 α-香豆素、γ-香豆素和两个白藜芦醇四聚体等，这些植保素的产生可能是果实对病原菌的防御反应之一。

3.3.4.3　活性氧

通常情况下，健康的植物体通过呼吸作用会不断产生 ROS，过多的 ROS 能够被机体的抗氧化酶系统及时清除，进而保持 ROS 产生-清除系统的平衡。然而，当植物体受到病原物侵染时，细胞内的 ROS 产生-清除系统的平衡被打破，机体开始大量产生和积累超氧离子（O_2^-）和过氧化氢（H_2O_2）等分子，这种现象称为活性氧爆发。与病原真菌类似，ROS 主要产生于线粒体，与质膜上的 NADPH 氧化酶的活性密切相关。

活性氧的产生与积累是植物应激反应的重要表现形式之一。近年来的研究表明，ROS 代谢与果蔬采后病害发生及抗病性诱导具有紧密联系。ROS 参与植物防御反应的作用机制包括以下三个方面：①对病原菌产生毒害作用，干扰病原菌的生长和繁殖，甚至直接杀死入侵的病原菌；②作为植物细胞内的信号分子参与细胞内信号的转导，直接或间接地改变转录因子的活性，从而诱导防卫基因的表达，促进病程相关蛋白质的合成；③参与植物细胞壁强化，如诱导寄主侵染点附近积累大量的木质素和胼胝质，还可参与细胞壁结构蛋白的氧化交联，产生不溶性的二聚体和四聚体并沉积于细胞壁中，从而加固细胞壁，增强植物抵抗病原物的机械屏障。例如，采后 ε-聚赖氨酸处理诱导了苹果果实对青霉病的抗性增加，与其对 ROS 代谢和抗氧化酶系统的调控有关。丁香精油处理刺激了柑橘果实中 H_2O_2 分子的快速积累，并提高了防御相关酶，如 β-1,3-葡聚糖酶、几丁质酶、苯丙氨酸转氨酶、过氧化物酶、多酚氧化酶和脂氧合酶的活性，进而诱导了果实对意大利青霉的抗性。硅酸钠通过调控 ROS（H_2O_2 和 O_2^-）的产生及线粒体的能量代谢诱导了甜瓜果实对粉红单端孢菌（*T. roseum*）的抗性。

然而，过量产生的 ROS 会对寄主细胞产生伤害，ROS 与寄主细胞中的蛋白质、脂类物质及核酸反应，造成膜质过氧化、膜损伤及酶钝化，导致细胞代谢紊乱，最终使寄主细胞死亡。植物体内完善的 ROS 清除系统，调节着寄主体内 ROS 平衡，从而维持细胞正常的氧化还原状态，减小其对寄主细胞的伤害。非酶系统（non-enzymatic system）和酶系统（enzymatic system）是植物体内两条重要的 ROS 清除体系。非酶促系统主要包括植物体内的抗坏血酸（ascorbic acid，AsA）、维生素 E、脯氨酸、β-胡萝卜素、醌类物质、多元醇、甜菜碱、小分子糖类等抗氧化物质，以及苯丙烷途径产生的酚醛、类黄酮（含羟基，向自由基提供氢和电子）、花青苷等。酶促系统是高等植物中抗氧化系统的第一道防线，包括超氧化物歧化酶（superoxide dismutase，SOD）、过氧化氢酶（catalase，CAT）、过氧化物酶（peroxidase，POD）及抗坏血酸-谷胱甘肽（ascorbate-glutathione，AsA-GSH）循环的关键酶。SOD 是高等植物中一类能够专一性地歧化 O_2^- 产生 H_2O_2 和 H_2O 的同工酶，可结合 Fe^{3+}、Cu^{2+}/Zn^{2+} 和 Mn^{3+} 三种不同的金属离子，而 CAT 和 POD 承担着清除 H_2O_2 的任务。

AsA-GSH 循环是植物体内普遍存在的 ROS 清除系统，谷胱甘肽还原酶（glutathione reductase，GR）、抗坏血酸过氧化物酶（ascorbic peroxidase，APX）、脱氢抗坏血酸还原酶（dehydroascorbate reductase，DHAR）、单脱氢抗坏血酸还原酶（monodehydroascorbate reductase，MDHAR）是 AsA-GSH 循环的关键酶。AsA 和还原型谷胱甘肽（reduced glutathione，GSH）分别经 DHAR 和 GR 催化产生，是防御细胞氧化应激的重要抗氧化物质。GSH 是螯合金属的三肽类物质，具有直接清除自由基的功效。MDHAR 以 NADPH 为电子受体，催化产生 AsA。ROS 清除过程中，GR 利用 NADPH 催化谷胱甘肽二硫化物（glutathione disulphide，GSSG）产生 GSH。最近的一项研究发现，抗坏血酸降低了甜瓜镰刀菌果腐病的腐烂程度，其作用机制可能与诱导果实组织中 O_2^- 和 H_2O_2 的积累和抗氧化酶 POD、CAT、SOD 活性的升高及抗坏血酸-谷胱甘肽（AsA-GSH）循环的激活有关。采后多胺处理提高了杏果实对链格孢的抗性，同时伴随着果实组织中 O_2^- 和 H_2O_2 水平的提高、NADPH 氧化酶、超氧化物歧化酶、过氧化氢酶、抗坏血酸过氧化物酶和谷胱甘肽还原酶活性的增加及相关基因的上调表达。一氧化氮通过激活葡萄果皮和果肉组织中超氧化物歧化酶、抗坏血酸氧化物酶、过氧化氢酶、过氧化物酶和谷胱甘肽还原酶的活性缓解了 ROS 的积累及质膜的过氧化损伤。

3.3.4.4　病程相关蛋白

病程相关蛋白（pathogenesis-related protein，PR）是指植物在受到病原物侵染或者激发子诱导后产生的一类蛋白质。1970 年 van Loon 首次在感染了烟草花叶病毒的烟草叶片中检测到一些与过敏反应相关的蛋白，此类蛋白与病原菌的侵染有关，命名为植物病程相关蛋白 PR。PR 在健康的植物中不表达或者表达量很低，当受到病原物或者其他刺激后，植物体能在短时间内生成大量的病程相关蛋白。大部分病程相关蛋白具有抗真菌活性，少部分病程相关蛋白具有抗细菌、病毒、线虫和昆虫的能力，他们在植物抵抗疾病过程中起着十分重要的作用。

病程相关蛋白在进化过程中相对稳定，同类型的病程相关蛋白不会因为寄主不同而存在较大的差异，相似度较高。目前，根据 PR 的序列分析、血清学和酶的相似度，将 PR 划分为 17 个家族，不同的家族根据被发现的顺序进行编号，编号相同的蛋白代表着同一个 PR 家族。植物 PR-1 蛋白富含甘氨酸，具有抗真菌的功能；PR-2 蛋白具有 β-1,3-葡聚糖酶活性，可以分解真菌细胞壁

中的 β-1,3-葡聚糖；PR-3、PR-4、PR-8 和 PR-11 蛋白具有几丁质酶活性，几丁质酶可以裂解真菌细胞壁的几丁质；类甜味蛋白 PR-5 与卵菌的活性有关；PR-6 具有蛋白酶抑制剂活性；PR-7 是一种可以促进微生物细胞壁裂解的内源蛋白酶；PR-9 是一种过氧化物酶；PR-10 是一类与核糖核酸酶同源的蛋白，有些成员还具有较弱的核糖核酸酶活性；PR-12（防御素）、PR-13（硫堇）和 PR-14（脂质转移蛋白）都具有广谱的抗真菌和抗细菌活性；PR-15 和 PR-16 存在于单子叶植物中，是草酸氧化酶和萌发素类草酸氧化酶，都具有超氧化物歧化酶活性；PR-17 蛋白具有锌-蛋白酶活性，但具体功能尚不明确。进一步研究发现，许多病程相关蛋白合成过程中带有 N 端信号肽，确定了蛋白可以转运至内质网之后分泌至质外体，进而在细胞外及细胞间富集。此外，根据 PR 等电点的差异性，可将其分为酸性蛋白和碱性蛋白。其中等电点小于 7 的属于酸性蛋白，主要分布在细胞间隙；等电点大于 7 的属于碱性蛋白，主要分布在液泡中。

病程相关蛋白普遍存在于各种植物中，并作为植物诱导系统性抗性反应中的特征反应，参与植物对病原菌的抗性响应。例如，采后对番茄果实实施加茉莉酸甲酯（MeJA）处理，能够显著提高果实中 *PR1*、*PR2a*、*PR2b* 和 *PR3b* 的基因表达和防御相关酶的活性，从而诱导果实产生对灰葡萄孢的抗性。此外，病原相关蛋白也广泛参与了拮抗菌株对果实采后疾病的抗性，例如，罗伦隐球酵母（*Cryptococcus laurentii*）能够诱导采后番茄果实产生对链格孢（*Alternaria alternata*）的抗性，其中 *PR5* 基因的表达水平最高。通过大肠杆菌表达系统对番茄果实 PR5 蛋白进行表达和纯化，体外和体内抑菌试验均显示出其对链格孢较强的抑制活性，结果暗示 PR5 在番茄的防御系统中发挥重要作用。拮抗酵母季也蒙毕赤酵母（*Pichia guilliermondii*）除了直接抑菌外，还诱导了桃果实中编码 *PR1*、β-1,3-葡聚糖酶（*PR2*）和几丁质酶（*PR3*）基因的上调表达，降低了桃果实青霉病和软腐病的发生和发展。β-1,3-葡聚糖酶和几丁质酶还参与了一氧化氮对甜瓜黑斑病抗性的诱导作用。采用转录组和蛋白组探究了生防制耶氏解脂酵母（*Yarrowia lipolytica*）诱导苹果果实的防御反应，结果表明该酵母通过刺激参与防御反应的几丁质酶、类甜蛋白和过氧化物酶的活性及基因转录水平诱导水杨酸和乙烯/茉莉酸信号通路介导的防御反应。在果实采后疾病抗性反应中，*PR* 基因的转录受到诸多转录因子的调控。例如，在水杨酸和水杨酸甲酯诱导香蕉果实对炭疽病菌芭蕉刺盘孢（*C. musae*）的抗性反应中，转录因子 *NAC5* 能够与转录因子 *WRKY1* 和 *WRKY2* 发生物理相互作用，该转录因子以复合体形式进而与 *PR* 基因的启动子区域相结合，激活了 *PR1*、*PR2*、*PR10c* 和 *CHIL1* 基因的转录活性。而且，水杨酸和茉莉酸共同处理提高了香蕉果实对炭疽病菌的抗性，且抗性与果实内 *PR1*、*PR2*、*CHIL1*、*PR10c*、*WRKY1* 和 *WRKY2* 基因的高表达有关。酵母单杂交分析显示转录因子 *WRKY1* 和 *WRKY2* 能够分别与这些 *PR* 基因的启动子区域相结合，进而调控 *PR* 的转录。

3.4　采后病害的控制措施

在目前的生产实践中，园艺产品采后病害控制主要还是依靠化学杀菌剂，其优点是经济、杀菌效果好、见效快。为了获得更好的收成，果农通常在采前和采后均使用化学杀菌剂以防止或减少采后病害的发生。但长期使用化学药剂易导致病原菌产生抗药性，从而降低化学药剂的防病效果，并且频繁和高浓度化学药剂的使用造成农药在园艺产品上的残留，严重威胁着人类的健康。因此，化学杀菌剂的安全使用已成为当今公众关注的焦点，研究新型、安全、高效的杀菌剂，利用生物方法、物理方法和化学方法结合的措施来替代传统的化学杀菌剂防治园艺产品采后病害，是人类面临的一项紧迫的任务。

3.4.1　化学杀菌剂

3.4.1.1　库房、环境消毒剂

库房及环境消毒是防止采后果蔬遭受微生物侵染的重要环节。常用库房及环境消毒剂主要有以下 5 种，其用量与用法如下。

（1）漂白粉　　漂白粉是传统消毒剂，主要杀菌成分是次氯酸。通常用 4%溶液，含有效氯0.3%～0.4%喷洒消毒。存久的漂白粉含氯浓度下降，用时要适当增加用量，消毒后封库 24～48h，然后开门通风。

（2）福尔马林　　福尔马林为 40%甲醛溶液，具强烈刺激味，易挥发，通常用 1%甲醛水溶液，每平方米喷洒 30mL，消毒后封库 24h，然后开门通风。福尔马林贮存不当，会产生三聚甲醛的白色沉淀使药效降低。少量沉淀时，可将原瓶药液在热水中加热溶解，大量沉淀时则须加等量碳酸钠溶液，放在暖处搁置 2～3 天，待沉淀溶解使用，由于此时药力减少，用量要加倍。

（3）高锰酸钾与甲醛混合液　　将高锰酸钾混入甲醛溶液可加速汽化，增加杀菌效果。每 100平方米用 0.5kg 福尔马林。通常各分几个等份，先将高锰酸钾放在碗内，然后加甲醛溶液或福尔马林，立刻产生浓度很大的气体，迅速封库 48～72h 后通风。

（4）二氧化硫　　仓库每立方米用硫黄 20～25g，放在盘内点燃后，硫黄生成二氧化硫杀菌。由于 SO_2 与水结合进一步生成亚硫酸，对金属设备易腐蚀，故消毒前要将库房内的金属设备暂时搬开。封库 48h 后通风。硫黄为黄色固体粉末，容易燃烧，应妥善保管。

（5）强氯精　　是一种氯化合物，使用方便，以 500～1000mg/L（10～20g/m^3）熏蒸效果最好，相当于 6800mg/L 漂白粉。

3.4.1.2　常用果蔬采后化学杀菌剂

化学杀菌剂是通过抑制或杀灭致病微生物，防止由其导致的腐败而达到保鲜的目的。果蔬采后致病微生物千差万别，而杀菌剂性能各有千秋。明确某种杀菌剂性质、进而对症用药、科学用药是保证果蔬采后病害控制效果的基础。果蔬保鲜中常用的杀菌剂及其性质如下。

（1）四硼酸钠（硼砂）溶液　　5%～8%的四硼酸钠温溶液（37.8～43.3℃）中短暂浸泡柑橘，可有效且持续地减少了由指状青霉（*Penicillium digitatum*）和意大利青霉（*Penicillium italicum*）引起的柑橘腐烂，并在一定程度上减少了由蒂腐色二孢（*Diplodia natalensis*）或柑橘拟茎点霉（*Phomopsis cirri*）引起的茎端腐烂。此外，有研究表明，4%的硼砂在 38℃下对指状青霉只有微弱的抑制效果，而在 43℃时 5min 则致死，硼砂残留量小于 8mg/kg，美国用 0.4%的硼砂处理绿熟番茄后 MA 贮藏 30 天，无腐烂，而对照（水处理）腐烂达 50%。

（2）氯、次氯酸、过氧化氯和氯胺　　0.2～5mg/L 的自由有效氯（free available chlorine，FAC）数分钟内能杀死果蔬表面和水中的细菌。100～200mg/L 的 FAC 可防治桃软腐病及褐腐病（桃可以忍耐 1000～2000mg/L 的 FAC）。500～1000mg/L 的 FAC 浸洗马铃薯、胡萝卜，可控制细菌性软腐病。当 100mg/L 的 FAC 在冰水中使用时，可以减少因细菌引起的蔬菜腐烂。2000～10 000mg/L的 FAC 可有效减少哈密瓜的霉变现象，且 FAC 在 pH 为 8～8.5 的溶液中最有效。

（3）硫化物（SO_2）　　为广谱性杀菌剂，但大多果蔬不能忍耐 SO_2 达到控制病害、腐烂的浓度，目前主要用于葡萄保鲜，美国加利福尼亚州从 1928 年起使用 SO_2 处理葡萄至今。

SO_2 和亚硫酸盐在有水条件下形成亚硫酸（H_2SO_3），其具有较强的杀菌作用。亚硫酸氢钠或焦亚硫酸钠加入 25%～30%干燥硅胶，装成小袋，亚硫酸氢钠按葡萄鲜重的 0.3%的剂量；或制成

两段 SO_2 发生纸,第一阶段 SO_2 发生纸,在葡萄包装后 1~2 天快速释放 SO_2,浓度达 70~100μL/L,杀死表面各种病原菌。3~7 天更换为第二阶段缓释 SO_2 纸,SO_2 浓度维持在 10μL/L 左右。当温度一定时,湿度对亚硫酸盐释放 SO_2 影响很大。贮藏后期包装箱吸水变潮,吸收、消耗 SO_2,使葡萄表面的 SO_2 有效浓度降低,因此,保鲜袋内宜加入吸湿板、湿度调节膜等,药片塑料包装优于纸质包装。

（4）脂肪胺（仲丁胺）　　　商品名洁腐净,脂肪族胺之一,2-氨基丁烷（简写 2-AB）。仲丁胺对青霉菌有强烈的抑制作用,而对根霉、链格孢、镰刀孢、灰霉葡萄孢、地霉均无作用。因此对柑橘青绿霉有效但易产生抗药性。用于苹果、梨、桃、香蕉、葡萄等防腐,优于联苯酚钠,但次于特克多与苯来特。采用洗、浸、喷及熏蒸的方法均可,一般洗果、浸果及喷果用量为 1%~2%,熏蒸用量 25~200mL/kg。浸果最佳条件:pH 9,水温度<45℃,处理时间>1min。

（5）酚类（邻苯酚、邻苯酚钠）　　　可用于防治柑橘青绿霉病、褐色蒂腐病、焦腐病,也可用于苹果、梨、桃、胡萝卜、番茄、辣椒等。1%邻苯酚钠+2% NaOH+1%六亚甲基四胺 $[(CH_2)_6N_4]$ 配合使用是世界上批准在柑橘上使用最多的方法。1%邻苯酚钠+1%仲丁胺,或与特克多配合使用效果更佳。复方邻苯酚钠（邻苯酚钠用量 0.3%）45g 加水（自来水）10kg,可处理柑橘 300kg。用邻苯酚浸润纸包裹,或邻苯酚乙酸酯+邻苯酚异丁酯浸纸包裹,可用于柑橘、番茄、葡萄、桃等。

（6）联苯　　　联苯（diphenyl）,化学式$(C_6H_5)_2$,白色结晶盐,熔点 71℃,溶于多种有机溶剂,饱和含量 10mg/L,易升华。防治对象:橘、橙、凤梨、桃、马铃薯,但对苹果、香蕉有损伤。对指状青霉、意大利青霉、蒂腐色二孢、柑橘拟茎点霉、曲霉、果生链核盘菌和根霉等真菌,具有显著效果,对细菌、酵母及青霉菌抗菌株效果较弱。英国 Tomokins 于 1935 年首次应用联苯浸纸包装橙,现将联苯溶于石蜡涂布于牛皮纸上,制成"联苯垫"放于箱底或顶,蒸汽杀菌,通常为 5cm×25cm 的纸上含 40~50mg 联苯。

（7）苯并咪唑及其衍生物　　　目前常用的苯并咪唑及其衍生物类的化学杀菌剂主要有苯来特、噻菌灵、多菌灵、甲基托布津和双胍盐等。其中,以苯来特、噻菌灵、多菌灵的使用最为广泛。

1）苯来特（Benlat）。又称苯菌灵,溶于丙酮等有机溶剂,不溶于水和乙醇,酸性介质中稳定,pH>8 时苯并咪唑环受到破坏,从而失去抗菌性,常见剂型为 50%苯来特可湿性粉剂。防治对象:各种果蔬,为广谱、高效低毒、内吸、低残留的杀菌剂。应用:喷雾、浸泡、拌种、毒土均可。采前用量:1500~2500 倍液 50%苯来特可湿性粉剂,采后苹果、梨用 250~500mg/L 浸果,桃用 100mg/L 46℃浸果 5min,能控制贮藏期腐烂。采后常用浓度为 600~1200mg/kg。

2）噻菌灵（Thiabendazole,TBZ）。又称噻苯（咪）唑,商品名称特克多（Tecto）、涕必灵、杀菌灵,难溶于水,低毒无刺激性,允许残留,它通过与真菌细胞的 β-微管蛋白结合影响纺锤体形成,继而抑制真菌增殖,可适用于果蔬保鲜,经 1000μg/mL 特克多处理的水蜜桃,低温 3℃下储藏 4~5 周仍可食用,好果率达 60%,效果显著,常温 25℃贮藏可延长果品货架期至 4 天左右,具有一定推广价值。常见剂型有 40%TBZ 悬浮剂（橘黄色）,45%TBZ 胶悬剂（乳白色）,10% TBZ,60%可湿性粉剂。防治对象:同苯来特。应用:1966 年意大利 Crivelli 首次报道用于防治柑橘青绿霉病,现为苯并咪唑类用量最广的一种。

噻菌灵是一种广谱、高效、低毒、低残留的内吸性杀菌剂,加工成烟剂后,用于防治温棚番茄灰霉病、早疫病、芹菜斑枯病、黄瓜霜霉病等,效果与 10%百菌清、10%速克灵烟剂相当。增产增值明显,使用安全,施药方便,省工省时。该烟剂还可用于黄桃、蒜苗冷贮保鲜,使发病率大大降低。其原理是利用噻菌灵具有在 250℃开始升华而不大分解的特点,加热使其升华,弥漫干空气之中,从而使其均匀散落在果蔬表面,达到杀菌防病、保鲜的效果。其发烟时间（每100g）

0.2～3min，燃烧温度（300±30）℃，自燃温度＞130℃，水分含量≤5%，强度试验（破碎率）≤2。经安全试验，在（50±5）℃放置 90 天不自燃，（80±1）℃，7 天不自燃。该烟剂不仅可挽回病害造成的经济损失，每亩①还可增产值 5%以上。以我国保护地 200 余万亩的 20%面积计算，即能增值 1.2 亿元，年用烟剂 400t 左右，工厂获利 120 万元，社会经济效益非常显著。

3）多菌灵（carbendazim）。又称苯并咪唑 44 号（简称 MBC）、棉萎灵、棉萎丹等。溶于无机酸，剂型：10%、25%、50%可湿性粉剂，50%超微粒可湿性粉剂，40%胶悬剂，30%复方多菌灵。防治对象：同苯来特。应用：50%可湿性粉剂 1000～2000 倍液＋防落素或 2,4-D 200～750mg/kg，浸洗柑橘 1min，防治率大于 80%，甜橙贮 150 天，好果率大于 90%。

（8）弱酸碱类　　刚成诚等（2012）等用浓度为 0.3g/L 的水杨酸溶液浸泡水蜜桃 15min，研究结果表明经 0.3g/L 的水杨酸处理的水蜜桃的可溶性糖含量和抑制呼吸强度等防腐保鲜指标值显著优于对照组；张小琴等（2016）利用 0.1%柠檬酸与 1.5%维生素 C 制备可食性膜，可有效维持其良好的理化指标，保持较高的感官品质并使货架期延长至 7 天。冯世宏等（2004）和李卉等（2014）研究表明：特克多是一种苯并咪唑类杀菌剂，低毒无刺激性，通过与真菌细胞的 β-微管蛋白结合影响纺锤体形成，继而抑制真菌增殖，可适用于果蔬保鲜，经 1000μg/mL 特克多处理的水蜜桃，低温 3℃下储藏 4～5 周仍可食用，好果率达 60%，效果显著，常温 25℃贮藏可延长果品货架期至 4 天左右，具有一定推广价值。除此之外，臭氧和次氯酸钙因其氧化性也可用于水蜜桃杀菌保鲜。王新颖等（2014）对水蜜桃采用上述溶液清洗使果实表面微生物数量比清洗前明显降低，细菌与真菌总数可减少 98.7%、98.4%，该技术可以有效杀灭致病微生物，减缓水蜜桃贮运中病害形成与蔓延。

（9）新型杀菌剂　　21 世纪，美国登记的柑橘采后杀菌剂增加了 3 种，分别是咯菌腈（flu-dioxonil，FLU）、嘧霉胺（pyrimethanil，PYR）和嘧菌酯（azoxystrobin，AZX）。这 3 种新型杀菌剂被美国环保局（EPA）认为具有"低风险"毒性，能避免化学杀菌剂的不足。FLU 属于苯基吡咯类杀菌剂，是假单胞菌（*Pseudomonas* spp.）的不同种产生的次生代谢物硝吡咯菌素的类似物。它的活性位点尚未十分清楚，已有研究发现 FLU 作用机制与干扰病原菌的渗透调节系统、生物氧化和生物合成等过程有关。经 FLU 处理后的霉菌，其孢子萌发、芽管伸长和菌丝延伸受到的显著抑制，同时可引起孢子结构损伤和芽管形态改变。PYR 属于嘧啶胺类杀菌剂，能干扰甲硫氨酸等一些氨基酸的生物合成，抑制果胶酶、纤维素酶和病菌侵染相关蛋白酶等水解酶的分泌。经 PYR 处理后的霉菌，芽管伸长和菌丝延伸受到的显著抑制，但其未能有效抑制霉菌孢子的萌发。此外，PYR 可通过改善植物营养状况，提高植物对病原侵染的防御能力。AZX 属于甲氧基丙烯酸酯类（QoI）杀菌剂，是基于天然抗菌产物 strobilurin A 合成的化合物。它主要作用于线粒体内膜上的复合体Ⅲ，与细胞色素 b 的 Qo 位点结合，抑制细胞色素 b 和 c1 间的电子传递，干扰能量形成而起到杀菌作用。经 AZX 处理后的霉菌，孢子萌发、芽管伸长和菌丝延伸均能被有效抑制。

这三种新型杀菌剂中，AZX 对霉菌孢子萌发抑制效果最佳。三者均能有效防治柑橘采后主要病害青霉病和绿霉病。病原接种与药剂处理的间隔时间（9～21h）对 PYR 的防病效果不影响，但 FLU 和 AZX 的防病效果随间隔时间的延长而发生减弱，这可能与 PYR 在植物组织中的渗透性强有关。对于老型杀菌剂引起的病原抗性问题，3 种新型杀菌剂均能防治抗苯并咪唑类的绿霉菌株系，且 PYR 对抗咪唑类杀菌剂的绿霉菌株系也有防治效果。在其他采后病害防治方面，FLU 能对色二孢菌属（*Diplodia*）引起的蒂腐病具有很好的防治效果。在果实乙烯脱绿前进行 250～1200mg/L 的 FLU 处理，能使蒂腐病的腐烂率减少 75.7%～88.6%。当 FLU 浓度为 500～1200mg/L

---

① 1 亩≈666.7m²

时，其防治蒂腐病的效果与浓度 1000mg/L 的噻菌灵（Thiabendazole，TBZ）或抑霉唑（Imazalil，IMZ）相当。对于酸腐病，有效杀菌剂至今仍是老型杀菌剂邻苯基苯酚钠（sodium *o*-phenylphenate，SOPP），3 种新型杀菌剂均很难防治该种病害。然而，由于安全和应用困难等因素，近些年 SOPP 使用已显著减少。总的来说，采后园艺产品杀菌剂的应用十分广泛，能有效地减少园艺产品的腐烂损失。

3.4.2　维持寄主抗性

维持寄主抗性是控制果蔬采后病害的重要手段，是一种广谱性、持久性、安全性的生理现象。维持寄主抗性是指通过各种手段，刺激寄主体内的免疫反应，提高寄主组织对病原物侵染的抵抗性。果蔬采后贮藏过程中，仍然进行呼吸作用等一系列细胞生命活动，对于外界的刺激，果蔬仍然能做出相应的响应。因此采用适当的方式处理采后果蔬，调控果蔬组织的代谢，提高对外界生物和非生物胁迫的抵抗力，对保持果蔬采后贮藏品质、延长贮藏期至关重要。

与化学杀菌剂相比，维持寄主抗性具有安全、对环境无污染等优点，是果蔬采后病害防治领域的新的研究方向和防治手段。维持寄主抗性的方式多样化，包括利用冷藏、气调等物理手段诱导寄主抗性，利用钙、生长调节剂等化学方式诱导寄主抗性等。不同处理方式对寄主抗性的诱导效果不同，机制也有区别。

3.4.2.1　冷藏诱导的寄主抗性

低温贮藏是果蔬采后保鲜的常用手段，目前，低温贮藏手段包括地窖、冷库、冷链运输。早在古代，人们就利用自然冷源对果蔬保鲜，到今天为止，我国已经发展了一些果蔬的冷藏保鲜方式，但是相比于国外发达国家，我国的冷藏保鲜技术还有待改进。低温保存果蔬，一方面能够抑制病原微生物生长，降低果蔬腐败率；另一方面，低温抑制果蔬酶活性，降低果实呼吸强度，推迟乙烯高峰的出现，从而延缓采后果实衰老进程。同时，在低温环境下，病原物的生长受到抑制，不利于对寄主的侵染。例如，冰点温度（−1.4℃）环境下贮藏的桑葚果实，保鲜时长可延长到 10～15 天。低温环境下的桑葚的呼吸作用被抑制，失水率减少，降低桑葚腐烂率。低温冷藏能够使桑葚果实中包括维生素 C、花色苷、总酚等物质的合成与代谢受到抑制，另外，低温贮藏还能够抑制桑葚果胶甲酯酶的活性，导致桑葚成熟被延迟，保持了果实颜色与风味。适用于不同果实的低温各不相同，尤其是热带水果对低温更加敏感，芒果贮藏的温度不低于 13℃，否则容易发生冷害现象。在芒果贮藏研究中，当 10℃贮藏'台农 1 号'芒果果实 30 天时，贮藏前期（0～15 天），果实前期发病率明显被抑制，后期发病率和病情指数会缓慢上升。整个低温贮藏期间，果实的 TA 和维生素 C 含量下降趋势减缓，果实品质和抗氧化能力维持得较好。然而，使用低温贮藏要筛选适合不同品种芒果的最佳温度条件，先将芒果贮藏在 12℃环境中 1 天，然后转入 5℃贮藏 25 天，能够有效抑制芒果冷害现象的发生，还能延缓软化、增加可溶性固形物含量和脯氨酸含量，维持果实高抗氧化能力，诱导 *MiCBF1* 表达。有关荔枝适宜的低温贮藏条件，不同研究报道的温度不同，总体是介于 0℃到 10℃。造成不同贮藏温度的原因是荔枝的品种、产地、采收成熟度、采收方式等的不同。3～5℃贮藏不同时间对荔枝果实随后在常温条件下贮藏性能的影响不同，研究表明，低温贮藏 10 天的'槐枝'荔枝果实在 25℃的贮藏品质比贮藏 20 天或者 30 天的好，且出现贮藏时间越长，后期贮藏品质越差的效果。与贮藏 20 天和 30 天相比，低温贮藏 10 天诱导了果实的能量代谢、提高了三磷酸腺苷（ATP）含量，抑制脂氧合酶（LOX）、脂肪酶（lipase）和磷脂酶 D（phospholipase D）活性，有效维持细胞膜的完整性。

3.4.2.2　气调诱导的寄主抗性

气调贮藏提高果实抗性的机制包括改变呼吸代谢、次级代谢、活性氧代谢等。'小台农芒'芒果在 $9.2\%O_2$ 结合 $5.1\%CO_2$ 的抑菌气调包装袋中贮藏 7 天后,有效抑制炭疽病发生、维持果实重量,并且保持了芒果的外观品质。低氧贮藏属于气调贮藏的一种方式,研究表明,$10\%O_2$ 和 $1\%CO_2$ 的低氧环境贮藏 'Shelly' 芒果 21 天,不仅延缓呼吸作用,而且保持果实重量、维持硬度、保持了果实的营养价值。

气调对不同品种葡萄果实酚类代谢的诱导机制不同。白色('Dominga' 和 'Superior Seedless')、黑色('Autumn Royal')和红色('Red Globe')葡萄在 $O_2:CO_2:N_2=1:1:3$ 的气体环境中贮藏三天后再转移到正常气体的环境中贮藏 25 天,'Dominga' 葡萄中白藜芦醇和白藜芦醇糖苷含量变化由基因家族中 *VviSTS6*、*VviSTS7* 和 *VviSTS46* 调控,'Red Globe' 葡萄中物质变化主要是由于正常气体环境下冷藏导致的,且调控的关键基因也是 *VviSTS6*、*VviSTS7* 和 *VviSTS46*,与前两种不同,在 'Superior Seedless' 和 'Autumn Royal' 葡萄中,气调贮藏并不影响 *VviSTSs* 基因家族的表达和相关物质的合成。该研究表明气调通过调控基因表达改变葡萄果实的酚类代谢。除了调节 O_2 和 CO_2 的含量,CO 也是气调保鲜的有用物质。$10\mu mol/L$ 的 CO 熏蒸增强了枣果实对链格孢菌(*Alternaria alternata*)侵染的抗性,这与其诱导枣果实的抗性相关酶(苯丙氨酸解氨酶、几丁质酶等)活性和促进抗逆物质和活性氧(信号分子)的积累有关。

3.4.2.3　钙诱导的寄主抗性

钙是存在于果蔬体内的天然物质,在调控植物生长发育、响应外界胁迫方面发挥重要作用。钙在植物体内发挥多重作用,包括充当第二信使、营养物质来源、组成细胞壁和细胞膜等细胞器成分、影响植物生理代谢(细胞壁代谢、活性氧代谢、花青素代谢)、改变果实风味成分等作用。正是因为钙的多重作用,使其在果蔬采后保鲜方面发挥重要作用,抑制软化、提高果实品质、提高抗病性,提高耐冷性能等,从而有利于延长贮藏期。$15g/L$ 氯化钙处理蓝莓果实可有效抑制其腐烂率。钙处理提高了蓝莓果实抗氧化能力,增强次级代谢水平,最终延缓衰老进程,延长果实贮藏期。采后 $CaCl_2$ 处理可提高采后青椒中的叶绿素、类胡萝卜素、可溶性固形物和可滴定酸的含量,并通过诱导体内酚类物质、类黄酮、抗坏血酸等抗氧化物质的积累增强青椒的抗氧化能力。还有研究发现,采后钙处理有助于缓解苹果果实的软化,与处理抑制果胶代谢相关酶(果胶裂解酶、β-半乳糖苷酶、α-L-阿拉伯呋喃糖酶)活性有关。

钙对果蔬的保鲜作用与其调节果蔬体内多种代谢相关。有机酸是果实体内的主要营养物质,采用 4% 氯化钙处理 'Cripps Pink' 苹果果实,可有效提高苹果酸途径和 γ-氨基丁酸途径的代谢,促进苹果酸、琥珀酸和草酸含量的积累,脯氨酸、丙氨酸、天冬氨酸和氨基丁酸的含量也被诱导增加。研究发现,钙处理诱导了苹果酸代谢途径中关键基因 *MdMDH1*、*MdMDH2*、*MdPEPC1* 和 *MdPEPC2* 的表达及 γ-氨基丁酸代谢途径中关键基因 *MdGAD1*、*MdGAD2*、*MdGABA-T1/2* 和 *MdSSADH* 的表达。苹果酸是果实中的天然有机酸,不仅为果实增添独特的风味,而且是果实体内其他物质代谢的中间物质,γ-氨基丁酸是非蛋白质氨基酸,存在于动植物和微生物体内,也可人工合成,具有抗氧化的功能,在植物抗冷、抗盐、抗氧胁迫,以及在调节植物生长发育方面具有重要作用,由此表明,钙处理对改善苹果果实风味、增强其抗逆性具有积极的作用。钙对于维持木薯采后品质具有重要的意义。$0.01mol/L\ CaCl_2$ 处理增加木薯体内 Ca^{2+} 含量,钙离子传感器相关基因被激活,并且钙处理增强木薯品质与其激活褪黑素合成相关基因 *MeTDC1*、*MeTDC2*、*MeT5H*、*MeASMT2*、*MeASMT3* 和 *MeSNAT* 的表达,诱导褪黑素积累有关。

3.4.2.4　生长调节剂诱导的寄主抗性

植物生长调节剂（plant growth regulator）是一大类具有与植物体内激素功能相似，人工合成的化学物质，在调节植物生长发育、增强抗逆性方面发挥重要作用，是农业领域增产保产的重要化学物质。近年来，随着市场对生鲜农产品需求的增加，植物生长调节剂的需求也逐渐增多，目前应用于水果上的生长调节剂有 20 多种，除 5 种天然的植物激素（脱落酸、生长素类、赤霉素类、细胞分裂素类、乙烯类）外，还有油菜素内酯、乙烯利、萘乙酸、吲哚乙酸等合成类调节剂。

水杨酸是植物体内存在的天然的小分子酚类物质，也可通过外源合成。病原物胁迫下，水杨酸对紫楠等植物具有保护作用。病原物侵染果蔬组织的时候，水杨酸在侵染部位的含量增加，诱导局部抗性，还能充当信号分子的作用，并进一步激起系统抗性，提高酚类物质和病程相关蛋白含量。研究发现，外源施用水杨酸有助于提高葡萄果实、蓝莓、樱桃等多种水果的抗病性。0.5mmol/L 的水杨酸能够减少蓝莓果实腐烂率，并有效维持果实品质指标，如抗氧化物质的含量、可溶性固形物含量，水杨酸诱导蓝莓果实抗病性与其提高苯丙烷代谢途径相关。1.0～4.0mmol/L 浓度范围内的水杨酸直接处理灰葡萄孢后，对发病无明显抑制效果，但是水杨酸处理葡萄叶片，能够通过诱导抗氧化代谢提高其对病菌的抵抗力，并且抗病性具有品种间差异。

茉莉酸甲酯（methylejasmonate，MeJA）属于茉莉酸类植物激素，是植物体内的天然激素物质，在植物生长发育和抗逆性方面发挥重要作用。0.1mmol/L 的茉莉酸甲酯处理减少葡萄座腔菌（*Botryosphaeria dothidea*）侵染猕猴桃果实的病斑直径，与其诱导果实超氧化物歧化酶、过氧化物酶、几丁质酶、β-1,3-葡聚糖酶活性及其基因表达有关，此外，处理还降低了膜脂过氧化程度、促进酚类物质积累。1μmol/L 茉莉酸甲酯熏蒸桃果实，通过激活其抗性相关酶活性来降低果实青霉病（*Penicillium expansum*）、灰霉病（*Botrytis cinerea*）、根霉病（*Rhizopus stolonifer*）的发病程度。

甲基环丙烯（1-methylcyclopropene，1-MCP）是乙烯受体抑制剂，抑制乙烯与受体的结合和信号的传导，减少果蔬组织对乙烯的敏感性，从而延缓果蔬的成熟与衰老。早在 2002 年，1-MCP 已被证明是一种安全无毒的果蔬保鲜剂。研究表明，5μL/L 的 1-MCP 能够激活黄柏炭疽菌（*Colletotrichum gloeosporioides*）孢子活性氧产生，破坏孢子细胞结构，从而减少该病菌对芒果果实的侵染，降低病斑直径和腐烂率。该研究还表明，1-MCP 对病原菌有直接抑制作用。1-MCP 与其他物质结合使用对寄主的诱导作用更强，与臭氧结合使用处理桃果实，有效抑制果实腐败，降低呼吸作用和乙烯产生量，降低果实脂质过氧化程度，保持果实较好的外观品质。与低温（0℃）结合保鲜中华猕猴桃果实，与单独 1-MCP 相比，可延长 5 周时间的保质期，1-MCP 处理降低了呼吸强度，延缓乙烯高峰的出现。

3.4.2.5　生物方式诱导的寄主抗性

拮抗微生物保鲜采后果蔬是极具安全性、可持续、有前景的保鲜方式。近年来，随着人们对微生物组学研究的不断加深，利用有益微生物提高食品和农产品价值的研究和应用也越来越多。拮抗微生物保鲜果蔬的机制很多，诱导寄主抗性是其中非常重要的一个方面。当微生物定植于果蔬表面或者存在于果蔬内部时，其分泌的代谢产物会影响寄主的代谢途径，对这些分泌物的深入研究有助于挖掘更多诱导抗性的物质。生物方式诱导寄主抗性是指通过拮抗微生物或者其产生的物质诱导寄主对病原菌的抵抗力。

拮抗菌诱导寄主抗性的机制集中在活性氧代谢途径、次级代谢途径、病程相关蛋白积累、激素信号转导途径的改变等。已有很多研究表明拮抗菌处理可诱导果实伤口处的活性氧代谢相关酶，过氧化物酶、过氧化氢酶、抗坏血酸过氧化物酶等都被拮抗菌诱导，抗坏血酸等抗氧化物质的含量也被诱导积累，从而减少活性氧对寄主组织的伤害，提高抗病能力；拮抗菌对寄主次级代谢途径的影响表现在诱导了寄主的苯丙氨酸解氨酶、多酚氧化酶、几丁质酶等的活性，并且提高相关基因表达，促进抗性相关物质总酚、类黄酮的积累，最近的研究表明，拮抗菌诱导果实伤口处活性氧代谢和次级代谢与促进伤口愈合有关；拮抗菌诱导病程相关蛋白基因表达及蛋白含量的积累也是其诱导寄主抗病性的一种机制，转录组测序结果发现，拮抗菌膜醭毕赤酵母（*Pichia membranifaciens*）提高桃果实抗病性的机制与其诱导果实乙烯、茉莉酸等信号转导途径有关。随着高通量测序技术的不断完善，拮抗菌诱导寄主抗性的代谢的机制将被进一步揭示。有关更多拮抗菌诱导寄主抗病的机制将在后面的章节详细叙述。

3.4.3　果蔬采后病害的物理控制

果蔬组织脆嫩，在采收、包装、贮藏运输过程中，易遭受机械损伤，而病原菌可通过伤口侵染果蔬，导致其产生病害，并迅速腐烂。为了防止采后病害的发生，一般遵循三种基本方法：预防感染，消除初期或潜伏感染以及防止病原体在宿主组织中扩散。预冷、短波紫外线、热处理、低温等离子体、脉冲强光、电磁场、辐射等物理方法处理可有效防止果蔬采后病害的发生。

3.4.3.1　预冷技术

果蔬预冷是利用低温处理方法，将采后蔬菜的温度迅速降到工艺要求温度的过程。预冷技术可以有效抑制果蔬的呼吸作用，延长保鲜周期，对保持品质及延缓成熟衰老进程有着重要作用。经过预冷的果蔬进入冷库或冷藏车，制冷量消耗低，有利于保鲜环境的调控，也可降低贮运能耗。

果蔬预冷按照预冷机理可分为热传导传热预冷和蒸发相变传热预冷两类。热传导传热预冷常用的传热介质有水和空气，相应的预冷方法有冷水预冷、冰水预冷、冷库预冷和压差预冷。蒸发相变传热预冷技术主要方法是真空预冷。

预冷技术已经成功应用于苹果、草莓、蓝莓等多种果蔬。预冷对快速除去果蔬田间热、延长果蔬保鲜周期有重要作用。在进行果蔬预冷处理时，应根据果蔬类型选择合适的预冷技术与设备，保证预冷效果。另外，还需对预冷技术与设备开展深入研究，预冷技术未来重要研究方向为：改进各种预冷装置的关键部件、降低能耗，研究开发基于新能源的预冷装置；开发参数可调、能满足不同果蔬预冷需求的便携式预冷设备；在线检测预冷相关参数，基于参数对预冷过程进行精准控制，避免预冷不彻底或过预冷，提高预冷效率与效果；研发预冷与后续冷链贮运接口；制定果蔬预冷标准，规范预冷操作。

3.4.3.2　低温贮藏

低温贮藏是在一个适当的冷库（绝缘材料建筑）中，借助机械冷凝系统的作用，使库内的温度降到果蔬贮藏所要求的实际温度，降低水果的呼吸代谢、病原菌的发病率和果实的腐烂率，阻止组织衰老，以延长果蔬贮藏期限的处理方法。低温贮藏是现代化水果贮藏的主要形式之一，这种贮藏方式不受自然条件限制，可在气温较高的季节全年进行贮藏，以保证果品的长期供应。低温贮藏技术已经应用到多种果蔬，如木瓜、阳桃、枇杷等。但低温贮藏需要制冷设备，在广大的发展中国家，已有的冷藏设备往往不能满足大多数水果的需要。另外，在低温贮藏中，也要注意冷害和冻害，发生冷害和冻害的果蔬会丧失商品及食用价值。因此，在低温贮藏中，要根据不同水果的特性，严格控制温度，以免发生冷害和冻害。有些致病霉菌比较耐低温，在冷藏情况下仍能够在水果上生长，并造成水果腐烂。有些水果，特别是热带亚热带水果不能在低温下贮藏（低温下贮藏冷害严重），只能在亚低温下贮藏，此时致病霉菌繁殖仍然较快，水果在贮藏期的腐烂比较严重。

3.4.3.3　气调保鲜技术

气调（controlled atmosphere，CA）贮藏技术通过对环境温度、氧气浓度、二氧化碳浓度的合理配比及调控，可以在维持果蔬正常生理活动的前提下，最大限度地抑制果蔬的呼吸作用，延缓其组织代谢，实现果蔬长期保鲜贮藏，实现市场反季节销售。气调贮藏技术可能是 20 世纪果蔬业引入的最成功的技术。气调保鲜方式具有保鲜品质好、贮藏时间长、工作能耗较低等多方面的优点，可以延长果蔬贮藏时间 5～10 倍，还能保鲜一些因低温冷害不宜冷藏保鲜的热带、亚热带果蔬品种。

在 CA 贮藏中，贮藏室内的气体成分是不断监测和调整的，以保持在完全接近公差范围内的最佳浓度。因为 CA 贮藏成本很高，所以更适合长期储存的果蔬，如苹果、猕猴桃和梨。然而，我国气调保鲜技术的应用发展尚处在初级阶段。主要原因归结为，气调保鲜技术装备是跨学科、多技术的运用与结合，我国气调保鲜在综合技术能力的运用方面还不够成熟；投资相对较大，气调保鲜库的造价高于冷藏库的造价，而我国大多气调库又是国外引进或在主要设备引进基础上做配套改装，价格更高；管理粗放造成运行成本较高；气调贮藏有一定的局限性，一些果蔬对低氧和高二氧化碳敏感，不适合气调贮藏。

3.4.3.4　短波紫外线照射

短波紫外线（short-wave ultraviolet light，UV-C）是太阳光线的一种，波长为 100～280nm，是一种无化学污染的果蔬采后病害防控方法，具有简便、安全、经济等特点。UV-C 能够穿透微生物细胞膜，直接破坏 DNA 结构，使细胞遗传物质活性丧失，导致微生物失去繁殖能力或者死亡，另外，UV-C 能间接诱导果蔬产生对病原体的抗性机制而起到抗菌作用。

UV-C 照射源采用普通低压汞蒸汽紫外线放电杀菌灯（通用电气公司产品 G30T8），灯管直径长 2.5cm，输出功率 30W，电流强度 0.36A。将样品置于紫外灯下方约 10cm 处，用数字辐射计测得此距离的紫外线强度，再根据不同照射强度和不同处理时间，确定试验样品所需的照射剂量。不同果蔬所用照射剂量不同，同一种果蔬也应根据其成熟度、大小不同而有所差异。

UV-C 照射已成功应用在葡萄、柑橘、亚热带水果（如荔枝、龙眼和红毛丹）、芒果、番茄、南瓜等果蔬采后病害的控制。UV-C 照射可对采后果蔬贮藏生理和品质进行调控。例如，采用 UV-C 在 4℃下处理西兰花，处理 21 天后，与对照组相比，UV-C 处理延迟了贮藏期间西兰花的泛黄和叶绿素降解，经处理的西兰花显示出较低的电解质渗漏和呼吸活动。经过 $3.0kJ/m^2$ UV-C 处理的桃果，其 SOD、CAT、维生素 C、POD 的活性远高于对照果实，延缓了桃果的衰老。据报道，照射剂量大小与产品腐烂率之间没有线性关系。例如，葡萄经过 $3.0kJ/m^2$ UV-C 照射 24h 后，再人工接种指状青霉，7 天后发病率仅为 13%，而经 $1.6kJ/m^2$ 和 $16kJ/m^2$ 照射相同时间后接种指状青霉，其发病率分别为 60% 和 55%。另外，与其他防腐方法结合使用后，可提高其控制效果。

据国内外研究报道，UV-C 具有控制采后储藏期果蔬的病菌侵染，提升其生理品质，诱导抗性，延缓衰老等作用，从而减少采后病害的发生，但与化学杀菌剂相比，其对果蔬采后病害的控制效率相对较低，因此，要提高其控制效率，需要与其他方法结合使用。

3.4.3.5　热处理

热处理是以适宜温度（一般在35~50℃）处理采后果蔬，以杀死或抑制病原菌的活动，改变水果对寒冷胁迫的反应并在贮藏期间保持采后果蔬的质量，从而达到延长采后果蔬的货架期。热处理在果蔬上的应用至今已有70多年的历史，大致经历了起始期（20世纪20年代至50年代初）、停滞期（20世纪50年代中至20世纪70年代初）、复兴期（20世纪70年代中至今）三个时期。随着人们对化学杀菌剂残留和环境问题的日益重视，采后热处理又成为果蔬贮藏保鲜的研究热点。热处理是国内外广泛研究的一种物理保鲜技术，是一种无毒、无农药残留的物理处理方法，在采后果蔬保鲜领域具有较好的应用前景。

（1）热处理的方法　　目前国内外用于采后果蔬热处理的方法有：热水浸泡、热蒸汽、热水冲刷、干热空气、强力湿热空气、热灰掩埋、红外辐射、微波辐射等，但实际常用的热处理方法一般是热水处理、热蒸汽处理和热空气处理。热水浸渍处理是最简单易行的热处理方式。热水处理即采用热水浸泡或喷淋处理果蔬。例如，热水处理柑橘后，与未经处理的柑橘相比，在储藏期间，其对柑橘的柔软度没有影响，而且能够增加柑橘中醛类和单萜类物质的增加，抑制指状青霉和意大利青霉的孢子萌发，延长柑橘的保藏期。热蒸汽处理是在采后果蔬未进入流通之前，利用40~50℃的饱和水蒸气处理以杀灭果蔬表面或体内的病原菌，应注意的是，需要根据水果的热敏性调整升温速度及处理时间，以避免热伤害。

（2）热处理控制采后病害的作用机理　　热处理能够诱导果蔬的抗冷性，减轻果实低温贮藏期冷害，适用于那些低温敏感，易遭受冷害的果蔬，如芒果、菠萝、柑橘类、番木瓜、番茄等。采后番茄先在36℃、38℃或40℃下保持3天，然后在2℃下保持3周后，不会出现冷害，然而采后番茄立即放入2℃冷库中，则会产生冷害。研究结果表明，在贮存前进行加热处理，可抑制热应激乙烯的产生，抑制了蛋白质的合成，并且使热激蛋白质积累。热处理可以直接降低病原物的活力或将其杀死，其作用机制主要表现在：使蛋白质变性类脂释放、激素破坏、降低组织透气性、促进贮存养分释放、积累有害代谢产物等方面。接种前热水冲洗（59℃，15s）采后西瓜与未处理的西瓜相比，其总菌落形成单位（CFU）显著下降。除此以外，热处理还能诱导采后果蔬的抗性防御反应，如诱导产生抗菌物（如木质素类似物、多酚类物质、类黄酮等）、积累相关蛋白（如几丁质酶、热激蛋白）、提高相关抗性酶活［如SOD、CAT、POD、多酚氧化酶（PPO）］等。

（3）热处理在采后病害中的应用　　果蔬采后的短时热处理，作为一种控制采后病害的非化学手段已使用很多年，并取得了良好的控制效果。将柑橘、柚、橙、甜瓜、番木瓜、苹果、荔枝用38~60℃的水浸泡20s~64min，可抑制生物体外的孢子萌发。值得注意的是，热处理技术可以改善果蔬品质、减少果蔬贮运期间的腐烂、延长货架期等，但任何一种热处理方法单独使用都很难取得令人满意的保鲜效果，如热处理不当会造成果蔬的失水、变色、损伤及处理后的果蔬易受病原菌的再次侵染等问题。因此，目前热处理总是同其他的保鲜技术相结合使用，例如，与化学物质结合使用即热化学处理，将热水加杀菌剂或热处理后再使用杀菌剂处理，这不仅可以减少用药量、缩短时间，还可以降低热水处理的温度，避免产生热伤害，具有很好的协同效果。许多研究报道，在防治桃、李、柠檬、柑橘、葡萄柚、橙、梨等果实的采后腐烂中，含有杀菌剂的热水处理比单独热水或单独杀菌剂效果更好。另外热与辐射处理结合使用，可以降低控制病原物的辐射剂量，提高控制效果，减少损伤，例如控制芒果炭疽病、油桃褐腐病。

热处理作为替代化学杀菌剂的控制果蔬采后病害的方法，具有安全、无农药残留及简便等优点，同其他保鲜技术结合使用将是一个比较有前景的保鲜技术，但由于果蔬种类不同，甚至同一种类果蔬的不同品种对热敏感性都有差异，另外大规模商业化热处理中仍存在处理时间长、操作成本高等问题。因此，今后不仅要加强改善热处理方法的研究，而且应寻找影响热处理效果的关键因素，探索其机理，以期获得最佳的处理效果。

3.4.3.6　其他物理杀菌技术

除上述介绍的物理杀菌技术外，其他物理控制技术，如电离辐射、高压电场、脉冲强光、磁场杀菌和等离子杀菌技术等，在果蔬采后病害控制和果实品质维持方面发挥了重要作用。

3.4.4　化学措施

目前控制果蔬采后病害的方法主要分为三大类，分别为化学法、物理法和生物法。化学法在采后病害防治方面已有很长的发展历史，按照作用可以分为两类，一是内吸附性杀菌剂，此类杀菌剂杀菌效果显著，但具有一定的毒性，需谨慎使用，常见的有甲基托布津、多菌灵等苯并咪唑类，在前文已有介绍；二是非内吸附性杀菌剂，这种杀菌剂一般是通过熏蒸的手段实现，主要杀灭果实表面的微生物，应用广泛的有乙酸、外源水杨酸、乙醛、乙醇和石灰等。非内吸附性杀菌剂不易被植物吸收，同时也不易使病原菌产生耐药性，成本低廉，可以有效延缓果蔬的后熟与衰老，防治病害。

3.4.4.1　乙酸

乙酸是一种存在于许多果蔬中的代谢中间产物，其对生物及环境友好，且成本低，易挥发，残留少，已被证实是一种天然安全的抗菌剂。研究表明，乙酸不仅具有降低果蔬呼吸强度的作用，还可以降低环境的 pH 来抑制表面微生物的生长，同时未解离的乙酸能穿透微生物细胞发挥其毒性作用，杀死病原菌的孢子以达到保鲜的效果。例如，用 50℃热乙酸溶液处理苹果致病菌扩展青霉，可以显著减少孢子数量、降低果实发病率。此外，乙酸还被报道具有控制由指状青霉、灰霉、褐腐病菌和匍枝根霉等引起的果实采后病害的作用。

熏蒸技术主要是在密闭空间内利用熏蒸剂通过气态形式扩散与果蔬作用，调控果蔬抗氧化相关酶的活性、抑制细菌生长从而发挥防腐保鲜作用。这种技术不与果蔬直接接触，对果实和人体毒害作用较小并且操作简单，被认为是一种新型保鲜方法。近年来已有许多国内外学者对果蔬熏蒸技术进行了研究。乙酸熏蒸生物优点包括，它是一种广泛分布的天然化合物，在杀死真菌孢子所需的低水平下，残留危害较小。此外，它成本较低，通常可以在相对较低的浓度下使用，熏蒸对果实外观、品质没有不良影响。乙酸熏蒸可有效地延长了樱桃、葡萄和小玉米等的果蔬采后贮藏期，提升了果蔬的采后品质。另外，乙酸可直接抑制病害微生物生长，并且对果蔬品质没有不良影响，在果蔬保鲜中具有广阔的应用前景。

3.4.4.2　水杨酸

水杨酸（salicylic acid，SA）是一种内源性植物生长调节剂，可以在植物体内产生多种代谢和生理反应，从而影响植物的生长发育。有研究表明，SA 是一种天然安全的酚类化合物，在控制果蔬采后损失方面具有很大的潜力，其通常喷洒在果蔬表面，或溶解于蒸馏水后对果蔬进行浸泡处理。

SA 处理可以降低果实中转化酶和还原糖含量，同时抑制乙烯的生物合成来延缓果实的成熟。实验证明 SA 在培养的梨、苹果、胡萝卜细胞悬浮培养和一些水果中可抑制乙烯的产生。SA 还可以通过调节膜脂代谢来抑制采后病害的发生，抑制细胞壁分解速率和膜降解酶活性，如多半乳糖醛酸酶（polygalacturonase，PG）、磷脂酶 D（phospholipase D，PLD）、脂氧合酶（lipoxygenase，LOX）、纤维素酶（cellulase）和果胶甲酯酶（pectin methylesterase，PME），维持果实硬度并保持果实采后品质。

有研究表明，在易感病果蔬上施用外源的 SA，可以增强对病原菌的抗性。SA 是植物信号转导途径中的主要成分，可以激活水果对生物或非生物胁迫的防御反应，在植物抗病性中发挥着重要作用。SA 或 SA 的合成类似物乙酰水杨酸（acetyl salicylic acid，ASA）外源应用可诱导 PR（发病机制相关）基因的表达，并对多种病原菌产生抗性，其中许多 PR-基因编码具有抗菌活性的蛋白质，如几丁质酶、β-1,3-葡聚糖酶和过氧化物酶（POD）。SA 与上述酶的相互作用导致细胞内高浓度的 H_2O_2 积累，通过激活防御酶和 PR 蛋白，诱导果实对病原体产生抗性，SA 还可能促进强致病菌感染引起的活性氧爆发（oxidative burst，OB）过程中 H_2O_2 的积累。与 OB 相关的活性氧增加可能通过多种机制促进抗性，包括直接杀死入侵的病原体或激活细胞壁交联和木质化，从而加固细胞壁，将病原体限制在感染部位。

一些研究表明，SA 对病原菌也有直接的抗真菌作用，浓度为 2mmol/L 的 SA 对褐腐病菌具有直接的真菌毒性，并显著抑制了病菌的菌丝生长和孢子萌发。SA 还能有效地提高拮抗酵母的生物防治效果。研究表明，利用植物激素可提高拮抗微生物的生防效果和防御相关酶活性。例如，膜醭毕赤酵母和 SA 单独或结合对柑橘青霉的控制效果，结果表明膜醭毕赤酵母（1×10^8 孢子/ mL）与 SA（10μg/mL）结合，无论是接种还是浸渍处理，对霉菌的控制都比单独使用酵母或 SA 有效，并且 SA（10μg/mL）对离体培养的膜醭毕赤酵母生长无明显影响，但对果实伤口处的酵母菌数量略有增加，膜醭毕赤酵母加 SA 有效地增强了苯丙氨酸解氨酶、过氧化物酶、多酚氧化酶、几丁质酶和 β-1,3-葡聚糖酶的活性，促进了酚类化合物的合成，降低了果实的自然腐烂率。还有胶红酵母（*Rhodotorula mucilaginosa*）和 SA（100μg/mL）结合控制采后由根霉引起的草莓根霉病，可以诱导草莓作用于真菌细胞壁的相关防御酶，包括 POD 和 β-1,3-葡聚糖酶等酶活性的增加。

SA 在控制果蔬采后损失方面显示出很大的潜力，主要是通过减少果实乙烯的产生、抑制细胞壁降解酶活性和维持作物硬度来降低成熟和衰老速率，通过诱导果实抗病性、直接抑菌作用来控制果蔬病害的发生。由于 SA 能有效地提高其他采后处理（如生物防治剂）的效果，因此将 SA 与其他采后处理方式结合使用可能会在控制采后损失方面取得更好的效果。SA 可作为果蔬采后技术中化学品的适当替代品，以确保食品安全。

3.4.4.3　乙醛

乙醛和乙醇是水果无氧呼吸的两种产物，它们在果实成熟过程中积累，有助于形成水果香气。植物糖酵解途径产生的丙酮酸在丙酮酸脱羧酶的作用下转化为乙醛，而乙醛则进一步被乙醇脱氢酶还原成乙醇。在正常情况下，果实体内乙醇和乙醛含量很低，但在厌氧条件下乙醛和乙醇则大量合成。乙醛和乙醇积累过多时会对果实造成伤害。然而有研究表明，适当的乙醛和乙醇处理，能延缓果蔬成熟、衰老进程，改善果蔬品质，减少果蔬腐烂，减轻果蔬生理病害，从而延长货架期寿命。

果实在成熟过程中会释放乙烯，而乙醛可以抑制乙烯的产生。研究报道，外源乙醛熏蒸可抑制芒果、鳄梨、香蕉等水果的乙烯释放量，延缓果实的软化及成熟衰老。主要机理为乙醛能够直接抑制 1-氨基环丙烷-1-羧酸（ACC）氧化酶活性或抑制酶的增加，从而为延缓果实成熟提供了可能的机制。乙醛不仅能影响果蔬乙烯的产生，还具有杀菌和杀虫的特性。一些研究人员已经证明了乙醛能够抑制各种作物采后腐烂的发生，通过乙醛处理可以显著减少草莓、覆盆子和葡萄上的灰霉病和根霉病，以及由扩展青霉引起的苹果上青霉病害。

乙醛的杀菌作用可能是直接的，其能够破坏腐烂真菌的孢子和菌丝体的收缩，从而达到完全抑制孢子萌发和菌丝生长的目的，同时对细菌细胞也有杀菌作用；也可能是通过合成抗真菌物质来增强果实的抗病性。据报道，在橙中，乙醛是甲戊酸的前体（乙酰辅酶 A），它是所有其他单萜类的前体。施用乙醛或用一氧化二氮或二氧化碳进行厌氧处理 24h，可提高柠檬烯含量，保护橘子免受真菌腐蚀。

3.4.4.4　乙醇

乙醇是果蔬天然产物的次生代谢物，在果蔬采后保鲜中应用比乙醛较为广泛一些，主要通过乙醇熏蒸和乙醇溶液处理产品。利用乙醇易挥发的特点对果蔬进行熏蒸处理，可抑制乙烯的合成、呼吸速率等，有效延缓果蔬的衰老，减缓果蔬的腐烂，提高商品价值。此前，已经研究表明，采后乙醇的施用可以降低东方甜瓜内的乙烯浓度，延缓其衰老，并提高其挥发性香气化合物的含量，特别是乙基酯。同时，外源乙醇还可通过抑制乙烯的生物合成、提高抗氧化酶活性和降低呼吸强度等方式延长了西兰花、杏鲍菇、猕猴桃和切片山药的货架期。乙醇蒸气的效率受乙醇浓度的影响，其杀菌作用与使用浓度呈正相关（通常有效浓度在 30%～70%），因而使用高浓度乙醇进行果蔬保鲜的成本较高，而且高浓度的乙醇可能导致果实褐变，破坏果实细胞结构，对其产生一定程度的毒害作用。

3.4.4.5　石灰

除了对果蔬进行采后的预处理达到控制病害的效果，我们还可以从采前这一源头着手，通过改善果蔬生长的微环境，维持果蔬植株及果实的微生态，使其在采后储藏运输过程中保持较好的抗病性。而在植物的生长发育过程中，良好的土壤环境是十分重要的一个因素。现阶段，由于土壤连作以及雨水酸化的因素，土壤 pH 不断降低。土壤酸化会导致土壤阳离子如 Ca^{2+}、Mg^{2+} 等流失，而微量元素如铁、铜、铝等浓度增大，微量元素过高会对植物造成毒害作用。一般情况下，土壤中的微生物丰度高时，病原菌就很难滋生。土壤酸化对微生物有很大的影响，多数有益微生物适合生长在中性环境下，较低的 pH 限制了其活性，从而导致土壤微生物种类降低，不能起到对植物的保护作用。

用石灰改良土壤是一种传统而有效的酸性土壤改良措施，石灰中含有的碱性物质可以中和土壤中的氢离子浓度，改善土壤环境；石灰富含的 Ca、Mg 等元素，可以弥补由于土壤酸化流失的元素含量，提高土壤养分有效性；Ca^{2+} 的强絮凝作用可以中和金属离子对植物的毒害作用；石灰还可以有效改善土壤微生物环境，提高土壤微生物 C、N 量、呼吸速率和代谢熵（qCO_2），进一步提高作物的产量和品质。例如，将氧化钙施加到土壤里，发现氧化钙不仅能改善土壤的酸化情况，还能有效防控西瓜枯萎病，防治机理可能是提高土壤的 pH 从而改变了土壤微环境，不利于病原菌侵染；施加的钙离子抑制了病原菌菌丝的生长及孢子的萌发。研究人员通过 15 年的田间实验研究证明，石灰的施用显著提高了许多作物的产量。在试验期间，大麦的最高产量提高了 4.67倍，绿豆为 2.24 倍，小麦为 57.3%，芝麻为 53.4%，蚕豆为 52.8%，马铃薯为 44.1%，油菜籽为35.1%，棉花为 32.1%，玉米为 28.4%，西瓜为 18.5%，豇豆为 11.0%，大豆为 8.8%。石灰还可与其他物质结合使用，提高防治效率。

3.4.5　生物防治措施

生物防治主要利用生物物种的相互关系，依据微生物生态学理论知识，采用优势微生物抑制另外一种微生物的方法。比病原菌竞争营养能力强的，具有拮抗作用等的优势微生物可以作为生防制剂，主要包括细菌、霉菌和酵母等拮抗微生物。

细菌是被最早发现具有降低果蔬霉变速度的拮抗微生物。有研究结果表明，在一定浓度梯度范围内，枯草芽孢杆菌（*Bacillus subtilis*）菌悬液（1×10^8细胞/mL）处理桃果实后，果实完全不被美澳型核果链核盘菌（*Monilinia fructicola*）侵染，这个成功案例引起了人们对生物防治研究的兴趣。接着越来越多的细菌被发现并应用到果蔬采后病害控制领域，如成团泛菌（*Pantoea agglomerans*）、丁香假单胞菌（*Pseudomonas syringae*）、解淀粉芽孢杆菌（*Bacillus amylolique-faciens*）、链霉菌（*Streptomyces* spp.）等。

一些霉菌在控制果蔬采后病害方面也发挥了良好的作用。朱阳等（2006）选用轮枝霉菌作为出发菌种，用微生物固态发酵方法，制备出含有霉菌孢子活体的农作物生物防治剂。具有选择性、专一性地杀灭目标病虫害，对人、动物和生态系统其他动植物没有伤害，有利于环境和生态保护且使用原料来源丰富，工艺简单，产品保质期长，具有较好的应用价值。木霉菌可以降低番茄、黄瓜、芸豆、草莓、葡萄等果蔬上灰霉病的发病率。

研究者们结合植物病理学相关知识进一步对细菌和酵母菌控制病原菌生长的机理进行研究。结果发现拮抗细菌能产生对人体健康不利的物质——抗菌素；拮抗霉菌因筛选水平、发酵水平、制剂水平并未达到相应高度，导致产品出现菌株退化严重、有效活菌数不够、货架期短等问题；拮抗酵母既不会产生抗菌素且具有拮抗效果好、繁殖速度快、抗逆能力强、安全性高、遗传稳定、抑菌谱较广以及可以和化学杀菌剂共同使用等优点而成为近些年来水果采后生物防治研究的热点。表 3-7 列举了部分已被筛选鉴定出来并被应用于果蔬采后病害控制的拮抗酵母菌。虽然拮抗酵母在实验室被广泛使用来控制各种果实的采后病害，但其中只有少数如：浅白隐球酵母（*Cryptococcus albidus*（Saito）Skinner）、喜橄榄假丝酵母（*Candida oleophila* strain 1-182）、沼泽红酵母（*Rhodotorula paludigenum*）等通过各国专利注册审核并投入商业化生产。随着科学技术的发展，越来越多的生物制剂实现了商业化生产，目前已经商业化的典型拮抗微生物如表 3-8 所示。

表 3-7 有效控制水果采后病害的拮抗酵母

水果	拮抗酵母	病害及病原菌
苹果	*Sporidiobolus pararoseus* Y16	青霉病，*Penicillium expansum*
	Yarrowia lipolytica	青霉病，*Penicillium expansum*
	Yarrowia lipolytica	灰霉病，*Botrytis cinerea*
	Pichia caribbica	青霉病，*Penicillium expansum*
	Cryptococcus podzolicus	青霉病，*Penicillium expansum*
	Pichia fermentans 726	褐腐病，*Monilinia laxa*
	Metschnikowia	灰霉病，*Botrytis cinerea*
柑橘	*Candida famata*	绿霉病，*Penicillium digitatum*
	Rhodosporidium paludigenum	绿霉病，*Penicillium digitatum*
	Yarrowia lipolytica	绿霉病，*Penicillium digitatum*
	Yarrowia lipolytica	青霉病，*Penicillium italicum*
梨	*Cryptococcus laurentii*	灰霉病，*Botrytis cinerea*
	Meyerozyma guilliermondii	青霉病，*Penicillium expansum*
	Wickerhamomyces anomalus	青霉病，*Penicillium expansum*
	Meyerozyma guilliermondii	青霉病，*Penicillium expansum*

续表

水果	拮抗酵母	病害及病原菌
葡萄	*Pichia membranifaciens*	灰霉病，*Botrytis cinerea*
	Sporidiobolus pararoseus Y16	黑霉病，*Aspergillus niger*
	Yarrowia lipolytica	青霉病，*Penicillium rubens*
	Aureobasidium pullulans	灰霉病，*Botrytis cinerea*
桃子	*Metschnikowia pilcherrima*	褐腐病，*Monilinia laxa*
	Pichia caribbica	软腐病，*Rhizopus stolonifer*
	Pichia membranifaciens Y4	软腐病，*Rhizopus stolonifer*

表 3-8　针对采后病原菌的商业化生物防治产品

拮抗微生物	产品名称	病原菌	水果	国家和地区
Aureobasidium pullulan	Boniprotect	*Penicillium*，*Botrytis*，*Monilinia*	仁果类水果	欧盟（采前）
Bacillus subtilis	Avogreen	*Cercospora*，*Colletotrichum*	鳄梨	南非（采前）
Candida oleophila	Nexy	*Botrytis*，*Penicillium*	仁果类水果	比利时，欧盟
Candida oleophila	Aspire	*Botrytis*，*Penicillium*	柑橘类水果，仁果类水果	美国
Candida sake	Candifruit	*Penicillium*，*Botrytis*，*Rhizopus*	仁果类水果	西班牙
Cryptococcus albidus	Yield plus	*Botrytis*，*Penicillium*，*Mucor*	仁果类水果	南非
Metschnikowia fructicola	Shemer	*Botrytis*，*Penicillium*，*Rhizopus*，*Aspergillus*	葡萄，草莓，红薯	荷兰
Pantoea agglomerans	Pantovital	*Penicillium*，*Botrytis*，*Monilinia*	柑橘类水果，仁果类水果	西班牙
Pseudomonas syringae	Biosave	*Penicillium*，*Botrytis*，*Mucor*	仁果类水果，柑橘类水果，樱桃，马铃薯，红薯	美国
Trichoderma harzianum	Trichodex	*Botrytis cinerea*，*Powdery mildew*	葡萄，番茄，黄瓜，芸豆，草莓	以色列（采前）
Trichoderma harzianum *Trichoderma virens*	Rootshield	*Pythium* spp.，*Rhizoctonia* spp.，*Fusarium* spp.，*Phytophthora* spp.	生菜等叶菜类	美国（采前）

3.4.5.1　拮抗微生物的使用方法

拮抗微生物的使用方法主要有喷洒和浸泡两种。喷洒多为将拮抗微生物制备成液体制剂，对果蔬进行喷洒从而对病害进行控制。生物制剂有效微生物群（effective microorganisms，EM）可以用来防治作物病虫害和果蕊保鲜，喷洒 EM 制剂可使番茄的花叶病发病率降低 40%。采前喷施拮抗酵母能减少草莓果实的失重率、延缓硬度和维生素 C 含量下降，但对可溶性固形物、可滴定酸和颜色没有显著影响。浸泡也是将拮抗微生物常见的使用方法，和喷洒类似，主要也是将拮抗微生物制备成液体制剂，然后将果蔬在含拮抗微生物的液体制剂中浸泡一定时间，以此来控制果蔬采后腐烂的发生。

3.4.5.2　拮抗酵母控制水果采后病害的作用机理

生物防治水果采后病害的效果，涉及寄主、病原菌和拮抗菌三个方面，并且拮抗菌发挥防治效果往往需要多重机制共同作用，涉及生理和分子层面，包括病原菌和拮抗菌相互作用以及寄主、病原菌、拮抗菌三者之间的作用。根据当前研究结果表明，拮抗酵母控制水果采后病害主要有以下 5 种作用方式：①产生抑菌物质：拮抗酵母产生的抑菌物质包括挥发性和非挥发性两种，挥发性抑菌物质主要是一些醇类、酸类和酯类物质，通过直接抑制病原菌孢子萌发和菌丝延伸来降低病原菌的致病力。②与病原菌竞争营养物质与空间：营养与空间的竞争是拮抗酵母控制果蔬采后病害的重要作用方式。病原菌借助果实表皮气孔入侵机体或依赖孢子附着于果蔬表面。拮抗酵母有比病原菌更好的环境适应性和营养竞争能力，能在短时间内消耗宿主伤口处和自然通道上（表皮上的气孔）的营养，大量繁殖并占据空间位点，使病原菌得不到生长所必需的营养与空间，可以竞争性抑制病原菌的生长，从而抑制水果病害的发生。③吸附寄生于病原菌：霉菌的细胞壁主要由几丁质、蛋白质和葡聚糖构成，拮抗酵母可以产生葡聚糖酶、几丁质酶等来破坏病原菌的细胞壁。产生这些破坏细胞壁的酶可能是拮抗菌寄生在病原菌上的重要机制。④形成生物膜：生物膜的形成被认为是拮抗酵母防治水果采后病害的新机理之一。当特定的酵母拮抗菌株在特定的介质（寄主/病原菌）表面达到一定的种群密度时，就可能会形成生物膜。有些微生物群落能产生由水、多糖、脂质、蛋白质等物质组成的胞外聚合物，该物质的形成可以增强拮抗酵母的黏附性，可以使拮抗酵母能稳定定植在寄主表面或伤口上，提升与病原菌竞争营养与空间的能力，并且阻断孢子萌发信号的传递，显著提高拮抗酵母的生防效率。⑤诱导寄主产生抗病性，主要通过以下 4 种方式实现：①提高病程相关蛋白的表达。毕赤酵母能够诱导梨果多酚氧化酶（PPO）、过氧化物酶（POD）、GLU 等抗性相关蛋白的表达，在培养时间内，处理组的酶活性总体上高于对照组酶活性。这些病程相关蛋白的表达，提高了抗性相关酶活性，从而抑制病原菌生长，提高果实的抗病性。②增加抗性相关物质的积累。抗性相关物质的积累可以增强寄主的抗病性。研究发现，在经过生物（如拮抗酵母诱导）或者非生物因素的诱导后，植物体内信号分子传导被激活，进而诱导合成抗逆性物质，例如酚类物质、植物激素、黄酮类和花青素等。③稳定细胞结构。有研究表明，宿主可以依靠自己的天然形态屏障抵抗病原菌的侵染，如积累木质素或愈伤葡聚糖，增厚细胞壁以抵抗病原菌的侵染。植物细胞膜在维持细胞稳态和机体正常代谢中起重要作用。在受到病原菌侵染时，细胞膜的完整性被破坏，膜内物质泄漏。④调节活性氧的代谢。病原菌侵染水果后，活性氧（reactive oxygen species，ROS）累积，机体内代谢紊乱，导致细胞活性下降。ROS 在植物体内是一把"双刃剑"，一方面，机体受到生物或非生物刺激后，细胞膜内会形成吞噬细胞通过 ROS 杀死外来物质；另一方面，过量的 ROS 会毒害植物的细胞膜组织，使机体功能紊乱。NADPH 氧化酶即呼吸爆发氧化酶同源蛋白（RBOH）的累积能够产生 ROS，ROS 的累积会引起氧化信号的转导，从而杀死病菌。研究表明植物体内的 ROS 累积会激发 ROS 清除系统，如 APX、CAT、POD 等，使 ROS 产生与 ROS 清除达到动态平衡。

3.4.5.3　生物防治目前面临的问题和未来的发展方向

随着人们对绿色无公害的食品需求的提升，运用生物制剂代替化学杀菌剂成了发展的必然趋势。目前已经有越来越多的化学杀菌剂被禁止应用在果蔬上，生物制剂则可以用来填补这些化学杀菌剂的空缺。就目前形势来看，生物制剂的使用量和应用范围在不断增加，显示出良好的应用前景。尽管不少酵母菌的拮抗效果良好，但市场上只有少量的以拮抗酵母菌为基础的生防产品：如 Shemer™，Candifruit™和 Boni-Protect™。并且，拮抗微生物对病原菌的控制效力仍然低于化学杀菌剂。随着研究理论的不断深入，科学技术的日趋完善，相信在不久的将来，生物制剂必将克服上述问题，实现大规模商业化生产，取代化学试剂，从而给人类提供更安全的食品、更美好的环境。

第4章 园艺产品冷链物流技术与装备

4.1 制冷原理及冷链技术装备

4.1.1 制冷原理与制冷方法

人们常说的"冷"和"热"具有相对意义，即是相对某一参考温度是高于其温度还是低于其温度。对于多数园艺产品的采后贮藏物流过程，通常所需温度为 5~7℃，因此当温度低于 5℃时，称为冷，此时相应的园艺产品容易产生冷害；而当温度高于 7℃时，称为热，此时容易导致相应的园艺产品失水严重和高温腐损。所谓制冷，就是需要降温的物体（空间）通过热交换从低于其温度的物体或空间中吸收冷量，并将热量转移到周围环境的过程。根据制冷的温度可以将制冷分为高温制冷（>0℃）、中温制冷（−20~0℃）、低温制冷（−60~−20℃）和超低温制冷剂（<−60℃）。

根据制冷过程是否需要压缩机，可以将制冷方法分为压缩制冷和非压缩制冷两大类。常见的非压缩制冷方法有水蒸发制冷、喷射制冷、热电制冷、热管制冷、吸收式制冷和吸附式制冷等；常见的压缩制冷方法包括涡流管制冷、气体膨胀制冷、蒸汽压缩循环制冷等。此外，还有磁制冷、声制冷、化学制冷等制冷方法被应用于一些对制冷温度与精度有特殊要求的场景。

本章主要介绍常用于园艺产品冷链物流的制冷方法，包括水蒸发制冷、热管制冷、吸收式制冷、吸附式制冷、蒸汽压缩循环制冷等。

4.1.1.1 水蒸发制冷

如图 4-1 所示，由于空气的干球温度与湿球温度的差异，当空气流经蒸发湿帘（因高分子材料与空间交联技术而成，具有高吸水、高耐水、抗霉变、使用寿命长、蒸发比表面大、自然吸水、扩散速度快，效能持久等优点）时，水快速蒸发，使得 A 点空气等焓降温达到湿球温度 B 点，从而达到空气降温的目的。

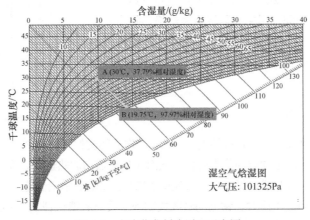

图 4-1 水冷蒸发制冷原理示意图

依据冷却的空气是否直接作用到被冷却物体，可分为水蒸发间接制冷和水蒸发直接制冷。如

图 4-2A 所示，水蒸发间接制冷是先将被冷却的空气经由换热器冷却载冷剂，然后经载冷剂间接冷却被冷物体；而水蒸发直接制冷是用被冷却的空气直接冷却被冷物体，如图 4-2B 所示。虽然水蒸发制冷具有上述众多优点，但空气的温度、相对湿度对制冷温度影响较大，因此其一般被用于大型公共建筑和工厂（如机场、车站、化纤厂等）；但在北方干燥地区，也可以采用水蒸发制冷用于需求温度较高园艺产品的冷链过程。

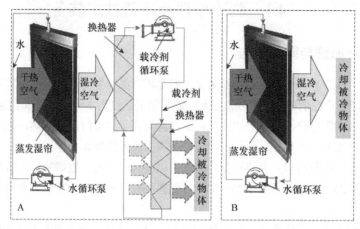

图 4-2　水蒸发间接制冷（A）与水蒸发直接制冷（B）示意图

4.1.1.2　热管制冷

热管制冷技术由美国 LosAlamos 国家实验室的 G. M. Grover 于 1963 年发明。它充分利用了热传导原理与制冷剂的快速热传递性质，通过热管将发热物体的热量迅速传递到热源外，其工作原理如图 4-3 所示。在热管内，吸热段液态制冷剂吸收被冷却物体的热量，蒸发为气态，形成制冷。制冷剂汽化后，体积变大，在自然对流作用下，经中间管道上升到热管放热段。放热段气态制冷剂吸收外界的冷量，将热量释放，再次形成液态的制冷剂，并在重力的作用下，经两侧的毛细管或吸液芯回流到吸热段。为防止吸热段和放热段的热交换影响制冷效果，中间采用绝热隔层将两端绝热隔离。传统热管多用于航天、军工等领域。随着热管技术和蓄冷技术的发展，现代热管结合蓄冷材料逐渐应用到园艺产品冷藏物流领域。

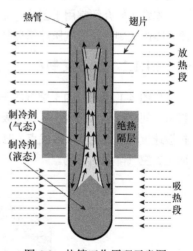

图 4-3　热管工作原理示意图

4.1.1.3　吸收式制冷

吸收式制冷是利用某些具有特殊性质的工质（工作流体类似于制冷剂），通过一种物质对另一种物质的吸收和释放，产生物质的状态变化，从而伴随吸热和放热过程。吸收式制冷装置由发生器、冷凝器、蒸发器、吸收器、循环泵、节流阀等部件组成。工作介质包括低沸点的制冷剂和高沸点的吸收剂，二者组成工质对。常见的吸收式制冷工质对有溴化锂-水、水-氨等。前者由于制冷温度不低，因此多用于空调领域；后者氨的沸点较低，可制取较低温度，用于园艺产品的冷链物流。由于吸收式制冷在解吸过程采取热驱动，因此是一种热制冷方式，其具体的原理示意图如图 4-4 所示。制冷剂经节流阀降压，在蒸发器内吸收被冷却物体的热量变为蒸汽实现制冷，然后浓溶液（针对吸收剂）快速吸收制冷剂蒸汽后变为稀溶液。稀溶液经循环泵输到发生器内，在发生器内经过加热，并由于制冷剂与吸收剂的沸点相差较大，制冷剂被快速蒸发，然后在冷凝器内冷凝成液体进入下一循环，而蒸发后的稀溶液浓缩成浓溶液后经管道回流到吸收器内，从而实现连续的制冷循环。

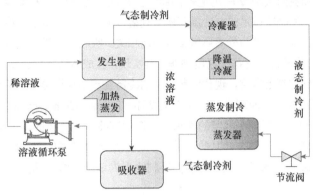

图 4-4　吸收式制冷原理图

4.1.1.4　吸附式制冷

吸附式制冷也是一种热制冷方法。按吸附机理可分为物理吸附式制冷和化学吸附式制冷。考虑到园艺产品的安全性，一般建议采用物理吸附式制冷。

对不同制冷剂气体应选择合适的固体吸附剂。吸附剂的吸附能力随吸附剂温度的改变而不同，进而通过周期性地冷却和加热吸附剂，实现交替吸附和解吸。解吸时，释放出制冷剂气体，并使其冷凝为液体；吸附时，制冷剂液体蒸发，产生制冷作用，其具体的作用原理如图 4-5 所示。初始吸附器内吸附剂对制冷剂的吸附能力很强，储液罐内的制冷剂经节流阀减压后，由于吸附作用力，蒸发器内的压强很低，从而使得制冷剂在蒸发器内蒸发制冷。为防止制冷剂蒸汽回流，在蒸发器与吸附器之间采用单向阀 V1 控制。当吸附器内吸附的制冷剂达到饱和时，其吸附能力降低，无法形成有效的低压，从而停止制冷。此时利用外界热源，将吸附器加热，改变吸附剂的吸附能力，使得吸附器内的制冷剂与吸附剂分离，蒸发成气体形成解附（脱附）。解附后的制冷剂蒸汽经单向阀 V2 在冷凝器内冷凝成液体然后回流到储液罐内，形成制冷剂的吸附制冷与加热解附循环。为了连续制冷，需要两台甚至更多的吸附器，通过吸附器加热/冷却运行来实现。

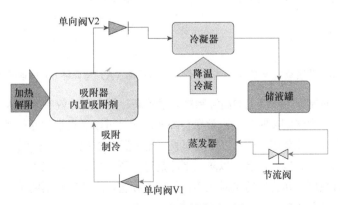

图 4-5　物理吸附式制冷原理图

4.1.1.5　蒸汽压缩循环制冷

上述4种制冷技术，从原理上看前两种（水蒸发制冷和热管制冷）属于无动力或微动力制冷，即在制冷过程中无须消耗动力或只消耗少量动力，因此制冷效率高，但是受到外界环境的影响较大；后两种（吸收式制冷和吸附式制冷）虽然受外界环境影响小，但制冷过程需要消耗大量热量，制冷效率低。此外，上述4种制冷技术的制冷温度还受到诸多限制，如水蒸发制冷效果对空气中的相对湿度非常敏感，而热管制冷温度与外界环境温度密切相关。吸收式和吸附式制冷受到材料限制，制取0℃以下，特别是制取冷冻和速冻的温度则非常难实现，且成本较高。因此，从经济性、时效性、稳定性和温湿度的精确控制上考虑，现代园艺产品的冷链物流多采用蒸汽压缩循环制冷技术。

蒸汽压缩循环制冷的基本原理是基于逆卡诺循环（inverse Carnot cycle）和焦耳-汤姆孙效应（Joule-Thomson effect）。依据制冷温度的需求及选取的制冷剂，所需的压缩级数不同，一般级数越多可制取的温度越低。对于园艺产品的冷链物流，除少部分需要低温制冷冷冻外，大部分只需要高温和中温制冷，因此所选择的蒸汽压缩循环制冷多为单级蒸汽压缩循环制冷和两级复叠式蒸汽压缩循环制冷。

（1）单级蒸汽压缩循环制冷　　单级蒸汽压缩循环制冷的工作原理图如图4-6A所示，对应的循环p-h原理图如图4-6B所示。制冷剂在1点为低温气态，经压缩机等熵压缩后成为高温高压气态（或超临界态）2（2′）点，2（2′）点的制冷剂经冷凝器，由外界介质对其进行等压冷却，变为高压中温液态3（3′）点，3（3′）点经过膨胀装置等焓膨胀（焦耳-汤姆孙效应）后变为低温液态4点，液态制冷剂在蒸发器内，吸收被冷却物体的热量，实现制冷；自身吸热后经由气液两相区，最后变为低温气态1点，从而形成制冷剂的热力学循环。如果制冷剂经过等熵压缩进入超临界区域，这时制冷剂从2′点进入3′点时，跨过临界点，我们称此蒸汽压缩循环制冷为跨临界循环制冷；否则，制冷剂经过等熵压缩仍在气态区，制冷剂从2点进入3点，其整个循环过程制冷剂都位于临界点以下，这时我们称此蒸汽压缩循环制冷为亚临界循环制冷。

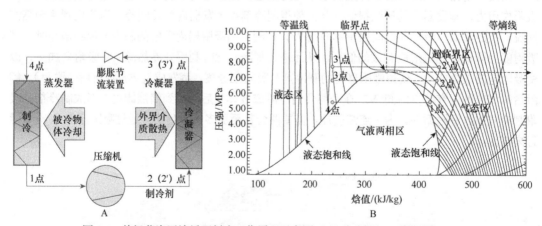

图4-6　单级蒸汽压缩循环制冷工作原理示意图（A）与循环p-h原理图（B）

单级压缩循环对制取0℃以上的高温制冷效率较高，最高制冷效率可以达到5以上；但随着制冷温度的降低，在中温制冷时其制冷效率会降低，此时可以通过增加回热器提高其制冷效率。回热器不仅可以提高制冷效率，还可以降低膨胀节流装置前2（2′）点处制冷剂的温度，使得膨胀节流后获得更低的制冷温度；而且可以防止制冷剂进入压缩机前（4点处）存在部分液态，提高制冷剂在4点的过热度，防止制冷剂对压缩机的液击损害。增加回热器的单级蒸汽压缩循环制冷工作原理的示意图见图4-7。

（2）两级复叠式蒸汽压缩循环制冷　　由于受到制冷剂热物理性质及压缩机压比的限制，单级蒸汽压缩循环制冷在中温（温度较低时）、低温和超低温制冷过程中其制冷效率会大幅降低，甚至难以实现。因此，为高效地实现中温、低温甚至超低温制冷，一般采用两级甚至多级复叠式蒸汽压缩循环制冷。在园艺产品冷链物流过程中，一般要求的制冷温度都大于−30℃，因此两级复叠式蒸汽压缩循环就可以满足要求，所以这里主要讲述两级复叠式蒸汽压缩循环制冷（简称复叠式制冷）原理。

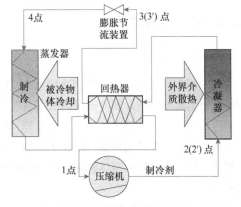

图 4-7　增加回热器的蒸汽压缩循环工作原理示意图

复叠式制冷是将高温侧蒸汽压缩循环和低温侧蒸汽压缩循环通过中间冷却器（也称为蒸发冷凝器）复合得到。由于两侧工作参数不同，为提高复叠式制冷的制冷效率，两侧可以采取不同的制冷剂。例如，在低温侧采用氨作为制冷剂，在高温侧采用 CO_2 作为制冷剂；在低温侧采用 CO_2 作为制冷剂，在高温侧采用 R134a 作为制冷剂等。

复叠式制冷的工作原理示意图如图 4-8A 所示，对应的两级 p-h 图如图 4-8B 和图 4-8C。由此可见，对于复叠式制冷，每级的蒸汽压缩循环制冷与单级的蒸汽压缩循环制冷工作原理类似，只是中间冷却器既充当了低温侧的冷凝器，也充当了高温侧的蒸发器，然后通过对中间冷却器内两级制冷剂温度、压强的优化设计，可以大幅提升对中温、低温和超低温制冷的制冷效率。

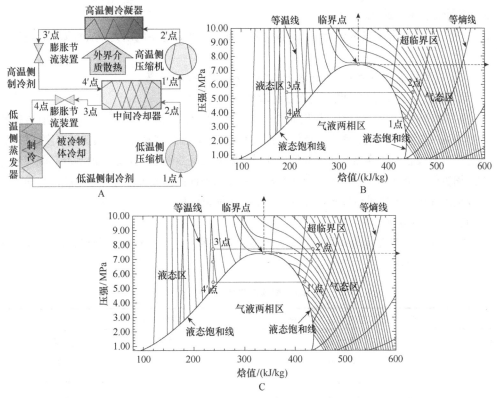

图 4-8　复叠式蒸汽压缩循环工作原理示意图（A）、低温侧循环 p-h 原理图（B）及高温侧循环 p-h 原理图（C）

4.1.2　制冷剂与载冷剂

4.1.2.1　制冷剂

（1）制冷剂的要求　　在制冷装置中实现制冷过程的工作介质称为制冷剂或制冷工质。一般制冷剂都为流体物质。制冷剂通过改变自己的热力学状态与外界发生能量交换：在蒸发过程中吸收被冷却物体（水、盐水、空气、食品等）的热量从而实现制冷，在冷凝过程中经过与水或空气等外界物质的冷却放出热量。根据不同的制冷要求，我们需要选取合适的制冷剂。虽然制冷的种类繁多，但并不是任何流体都适合作为制冷剂，因此我们需要对制冷剂的性质、种类做一些基本的要求。

1）热力学方面的要求。

a. 在标准大气压下制冷剂蒸发温度低，便于在低温下蒸发吸热。

b. 常温下冷凝压强不宜过高，以减少制冷设备的承受压力，也减少制冷剂的泄漏。

c. 单位容积制冷量大，减少制冷设备的尺寸。

d. 制冷剂的临界参数适中，便于用一般的空气、水等进行冷凝。同时凝固温度低，便于获得较低的蒸发温度。

e. 绝热指数尽可能低，有利于提升压缩机的压缩效率，降低压缩机的排气温度，且对压缩机的润滑有好处。

f. 液体比热容小，减少膨胀节流过程的损失。

g. 放热系数要高，这样有利于减少蒸发制冷、冷凝放热过程中的传热面积。

2）物理化学性质要求。

a. 制冷剂的黏度和密度尽可能小，这样可减少制冷剂在管道中的阻力，从而降低管道压损带来的泵耗。

b. 化学性质稳定，不会在制冷循环过程中分解、燃烧、爆炸等。

c. 无腐蚀性，不会对与其匹配的设备制造材料产生腐蚀。

d. 润滑油在制冷剂的溶解性。根据润滑油在制冷剂中的溶解性，可分为有限溶油制冷剂和无限溶油制冷剂。润滑油在有限溶油制冷剂中的溶解度较小，因此容易分离，其蒸发温度比较稳定；但是容易在制冷设备中的换热器内表面形成油膜，降低其换热性能。无限溶油制冷剂能将润滑油带入到压缩机的各个部件，为压缩机的润滑提供良好的条件；但如果油分离不彻底，会导致蒸发器中制冷量的减少，严重时会导致回油过少，引起压缩机停机。

3）其他方面的要求。

a. 安全性：制冷剂尽可能不燃、不爆、无毒、无刺激、对人体无害。制冷剂的毒性级别分为6级，毒性标准见表 4-1。

表 4-1　制冷剂毒性分级标准

级别	制冷剂蒸汽在空气中的体积百分比/%	作用时间/min	产生结果
1	0.5~1.0	5	致死
2	0.5~1.0	60	致死
3	2.0~2.5	60	开始死亡或成重症
4	2.0~2.5	120	产生危害作用
5	20	120	不产生危害作用
6	20	120 以上	不产生危害作用

根据目前最新标准《制冷剂编号方法和安全性分类》（GB/T 7778—2017），并基于制冷剂的毒性和可燃性安全原则，可把制冷剂分为 8 个安全分类（A1、A2、A2L、A3、B1、B2、B2L、B3），如图 4-9 矩阵所示，其中 A1 最安全，B3 最危险。

b．环保性：评价制冷的环保性指标主要有消耗臭氧潜能值（ozone depletion potential，ODP）和全球变暖潜能值（global warming potential，GWP），两者的取值越小越环保。

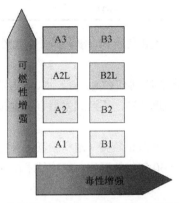

图 4-9　基于制冷剂的毒性和可燃性安全原则分类

常见制冷剂的 ODP 和 GWP 见表 4-2。

表 4-2　常见制冷剂的 ODP 和 GWP 取值表

制冷剂		ODP	GWP
HCFC	R22	0.055	1700
HFC	R134A	0	1300
	R404A	0	3850
	R407C	0	1370
	R410A	0	1370
	R507A	0	3900
天然流体	R717	0	<1
	R290	0	3
	R600a	0	3
	R744	0	1

注：CFC-11 的 ODP 定义为 1；R744 的 GWP 定义为 1。

c．经济方面：价格便宜，容易购买。

上述要求是对制冷剂选择的一个参考。完全满足上述要求的制冷剂是不存在的。因此，在设计选择制冷剂时，应根据实际情况，满足主要要求即可选用。

（2）制冷剂的分类及命名规则

1）制冷剂的分类。制冷剂按照制冷温度分为高温制冷剂、中温制冷剂、低温制冷剂和超低温制冷剂，如表 4-3 所示。在园艺产品冷链物流中需求温度一般在 5～7℃，对高温制冷剂的需求较多；特殊园艺产品若冷冻−18～0℃，需要选择中温制冷剂；对于速冻产品需要−30℃甚至更低，则要选择低温制冷剂；对一些园艺产品的细胞、组织进行冷冻需要−80～−60℃甚至更低温度，则需要选择超低温制冷剂。

表 4-3　制冷剂分类表（按制冷温度分类）

名称	温度范围	常见制冷剂举例
高温制冷剂	>0℃	二氧化碳、水、氨、氟利昂 11 等
中温制冷剂	−20～0℃	二氧化碳、氨、氟利昂 22 等
低温制冷剂	−60～−20℃	二氧化碳、氨、氟利昂 502 等
超低温制冷剂	<−60℃	甲烷、乙烷、氮气等

制冷剂按照化学组成可以分为无机化合物、氟利昂（卤代烃）、碳氢化合物（烃类）和混合制冷剂 4 类。

a. 无机化合物。无机化合物的制冷剂有 CO_2、氨、水、SO_2 等。目前，CO_2 由于特殊的热物理性质及环保、安全性和其宽制冷温度范围，逐渐成为最有前途的制冷剂之一；氨也是目前常见的一种制冷剂。

b. 氟利昂（卤代烃）。氟利昂是饱和烃类（饱和碳氢化合物）的卤族衍生物的总称，其种类繁多。正是由于氟利昂在 20 世纪 30 年代的诞生，制冷技术得到蓬勃发展。但是由于其对臭氧层的破坏及对全球变暖的副作用，逐渐被其他更加环保、高效的制冷剂替代，其化学式为 $C_mH_nF_xCl_yBr_z$，如氟利昂 22、氟利昂 11 等。

c. 碳氢化合物（烃类）。碳氢化合物又称烃类制冷剂，主要包含烷烃类制冷剂（如甲烷、乙烷）、烯烃类制冷剂（如乙烯、丙烯等）。从经济上看烃类制冷剂价格低、凝固温度低，适合于制冷；但其易燃、易爆等缺点，使其在过去冷链物流中的使用受到限制。近年来，随着材料、制造工艺的提升，也逐渐应用于需要低温、超低温等的冷链物流领域。

d. 混合制冷剂。混合制冷剂也称为多元混合溶液，是由两种或两种以上的制冷剂按照比例溶解而合成的制冷剂，可分为非共沸溶液和共沸溶液。非共沸溶液是指在固定压强下蒸发和冷凝时，各制冷剂的蒸发温度及冷凝温度都相差较大的混合溶液；而共沸溶液则相反，在固定压强下蒸发和冷凝时，各制冷剂的蒸发温度和冷凝温度则相差较小。常见的非共沸制冷剂有 R410A、R407C 等。常见的共沸制冷剂有 R500、R502 等。

2）制冷剂的命名规则。

a. 无机化合物的命名规则。以 R7+分子量的形式命名，当分子量相同时，在分子量后面加 a、b 等进行区分。例如，CO_2 分子量为 44，所以该制冷剂也称为 R744；类似氨称为 R717，水称为 R718，一氧化二氮分子量为 44 与 CO_2 相同，所以称为 R744a。

b. 氟利昂（卤代烃）的命名规则：氟利昂的分子式为 $C_mH_nF_xCl_yBr_z$，满足 $n+x+y+z=2m+2$，其命名为 R（$m-1$）（$n+1$）（x）B（z）；当 $m=1$ 时，（$m-1$）可省略；如果 $z=0$，B（z）也可省略；对于同分异构体，在后面添加 a、b、……进行区分。例如，二氟一氯甲烷（$CHClF_2$），通常称为氟利昂 22，也称为 R22；二氟二氯甲烷（CCl_2F_2），称为 R12；四氟乙烷分子（$C_2H_2F_4$）称为 R134a 等。

c. 碳氢化合物的命名规则如下。

饱和碳氢化合物，除了丁烷例外写成 R600，其他也按照氟利昂的编号规则书写；此外，同分异构物在代号后面加一个字母"a"，如异丁烷为 R600a，甲烷（CH_4）称为 R50，乙烷（C_2H_6）称为 R170。

非饱和碳氢化合物和它们的卤族元素衍生物，在 R 后面先写一个"1"，然后写上按氟利昂编号规则的数字，如乙烯（C_2H_4）称为 R1150，丙烯（C_3H_6）R1270。

d. 混合制冷剂的命名规则如下。

共沸制冷剂在命名规则规定 R 后的第一个数字为 5,其后的两位数字按共沸制冷剂发现的先后次序编号。例如,R500=R152a/R12(26.2%/73.8%),R508A=R23/R116(39%/61%),这说明 R500 是第一个发现的共沸制冷剂,R502 为第三个发现的共沸制冷剂。如果共沸制冷剂的组分相同,但百分比不同,则在命名后加 A、B、C 进行区分,如 R508B=R23/R116(46%/54%)。

非共沸制冷剂规定 R 后第一个数字为 4,其后二位数字按其发现的先后次序编号,如 R404A=R125/R143a/R134a(44%/52%/4%),R407C=R32/R125/R134a(23%/25%/52%)。如果非共沸制冷剂的组分相同,但百分比不同,则在命名后加 A、B、C 进行区分,如 R407A=R32/R125/R134a(20%/40%/40%)。

(3)制冷剂的存放注意事项　　制冷剂大都存放在特殊的钢瓶中,存放时应该注意以下几点。

1)存放在钢瓶中的制冷剂压强一般都在 MPa 级,因此存放制冷剂的钢瓶必须经过耐压测试。

2)不同制冷剂对钢瓶的腐蚀性不同,且存放压强也不同,因此不同的制冷剂应采用专用钢瓶,并标注名称,不要混用。

3)贮藏制冷剂的地方不得露天或在阳光下暴晒,安放地点不得靠近火焰或高温地方,并远离人群。

4)运输过程应严防钢瓶相互碰撞,以免引起爆炸。

5)制冷剂使用完后,应立即关闭钢瓶的控制阀门,以免漏入空气或水蒸气,导致制冷剂纯度降低。

(4)制冷剂的替代问题　　我国签署了《蒙特利尔议定书》《京都议定书》《巴黎协定》等国际性条约,表明了我国政府在全球气候变暖、防止臭氧层破坏等环保方面的决心。根据对大气臭氧层的破坏程度,常将 R 分别用 CFC、HCFC、HFC、HC 命名代替。其中 CFC(氯氟化碳),含氯、不含氢、公害物,严重破坏臭氧层,禁用;HCFC(氢氯氟化碳),含氯、含氢,低公害物质属于过渡性物质;HFC(氢氟化碳),不含氯,无公害,可作为替代物;HC(碳氢化合物),不含氯、不含氟、无公害,可作为替代物。因此,现在制冷剂的选择更注重于在 HFC、HC 以及天然流体(主要在无机化合物)中选择。例如,CO_2、氨、乙烷、丙烷、R600a 等将逐渐取代氟利昂类制冷剂,并广泛地应用到冷链物流领域。

4.1.2.2　载冷剂

载冷剂是被冷却系统(物体或空间)的热量传递给制冷剂的中间冷却介质,也称为冷媒或二次制冷剂,一般用于具有间接冷却的制冷系统中。常见的载冷剂有空气、水、盐水、CO_2、乙二醇等。高温制冷系统常用空气、水、盐水作为载冷剂。中低温系统常采用盐水、乙二醇水溶液、CO_2、空气等作为载冷剂。超低温制冷系只有采取凝固点比较低的介质,例如氮气、甲烷、氢气等作为载冷剂。

(1)载冷剂选择的基本要求　　选择载冷剂时应尽可能满足以下基本要求。

1)工作温度范围和压强范围内不凝固。

2)比热容要大。这样载冷剂的载冷能力就大,从而减少载冷剂的循环流量以及管道尺寸、循环泵耗。

3)密度小、黏度小。这样可以减少载冷剂循环过程中的压损。

4)导热系数高、传热性能好,以减少换热器的换热面积和尺寸。

5)无毒、不燃、不爆、对金属无腐损、化学性能稳定,以增加使用的安全性和稳定性。

6)经济实惠,容易购买或获得。

（2）常用的载冷剂

1）空气。空气作为载冷剂的优点是易取得，不需要复杂设备。缺点是比热容非常小，所以在冷链物流领域中，一般只有利用空气直接接触被冷却的物体时才采用它。常见的冷藏库及压差预冷设备中就采用空气作为载冷剂。

2）水。水是最优异的载冷剂之一，具有比热容大、无毒、不燃、不爆、化学性能稳定等特点。在自然界中很难找到比热容大于水的流体。缺点是其凝固点在0℃，所以只能作为0℃以上温度的载冷剂使用。

3）盐水。当水与盐混合形成盐水后其凝固点一般都低于0℃，因此可以作为制冷温度低于0℃的载冷剂。配制盐水常用的盐有氯化钠（NaCl）、氯化钙（CaCl$_2$）、氯化镁（MgCl$_2$）等。盐水的凝固点与盐水溶液中的含盐量密切相关。表4-4为氯化钙和氯化钠盐水溶液浓度、凝固点与密度对应表。一般而言，随着盐水浓度的增加，其凝固点会出现先降低后增加的现象。

表4-4　氯化钙和氯化钠盐水溶液浓度、凝固点与密度对应表

氯化钙溶液			氯化钠溶液		
浓度（质量%）	凝固点/℃	15℃时的密度/（kg/m³）	浓度（质量%）	凝固点/℃	15℃时的密度/（kg/m³）
9.4	−5.2	1080	1.5	−0.9	1101
14.7	−10.2	1130	7.0	−4.4	1105
18.9	−15.7	1170	13.6	−9.8	1100
20.9	−19.2	1190	14.9	−11.0	1110
23.8	−25.7	1220	16.2	−12.2	1120
25.7	−31.2	1240	17.5	−13.6	1130
27.5	−38.6	1260	18.8	−15.6	1140
28.5	−43.6	1270	21.2	−18.2	1160
29.4	−50.1	1280	22.4	−21.2	1175
29.9	−55	1286	23.7	−17.4	1180

选用盐水作为载冷剂需要注意以下几个问题。

a. 要合理选取盐水的浓度。随着浓度的增加，其密度是越来越大，但是其比热容会减小，黏度会增加，因此会增加载冷剂循环时的输送泵耗和腐蚀性。所以一般选取盐水作为载冷剂的时候，其凝固点比制冷剂的蒸发温度低5℃左右即可。

b. 盐水的腐蚀性。盐水溶液随着盐的浓度增加其对金属的腐蚀性也随之增加，特别在盐水循环过程中混入空气会加速金属的腐蚀。因此，在盐水作为载冷剂时最好采用闭式循环，减少与空气的接触；同时在盐水中加入一定量的防腐剂，降低盐水的腐蚀性。例如，在1m³氯化钠溶液中加入3.2kg的重铬酸钠和0.89kg的氢氧化钠，使得盐水具有弱碱性，从而达到防腐蚀的作用。

c. 盐水的吸水性。盐水具有吸水性，在开式系统中很容易吸收空气中的水分，使盐水溶液的浓度降低，从而改变原有的凝固点，所以在开式系统中需要定期监测盐水的浓度，及时补充盐量，以保持要求的浓度。

4）有机物载冷剂。在一些不允许有腐蚀性载冷剂的应用场合，可以采用醇、醛、醚类等有机物质的水溶液作为载冷剂，常见的如乙二醇、乙醇（酒精）、丙二醇等水溶液。

乙二醇、丙二醇水溶液是比较常见的有机溶液载冷剂，两者特性相似，凝固点温度可达到−60℃左右，都是无色、无味、无电解，且比热容大。乙二醇水溶液略有腐蚀、略有毒；丙二醇溶液则无毒、无腐蚀，可与园艺产品接触而不致污染，是良好的载冷剂。此外，乙醇的凝固点温

度可达到−114.3℃，因此乙醇的水溶液也是良好的载冷剂。表 4-5 给出了上述三种有机水溶液的溶液浓度、凝固点与密度对应表，可供参考。

表 4-5　乙二醇、丙二醇和乙醇的溶液浓度、凝固点与密度对应表

乙二醇溶液			丙二醇溶液			乙醇溶液		
浓度 (体积%)	凝固点 /℃	20℃时的密度/ (kg/m³)	浓度 (体积%)	凝固点 /℃	20℃时的密度/ (kg/m³)	浓度 (体积%)	凝固点 /℃	20℃时的密度/ (kg/m³)
10	−3.3	1013.3	9	−3.1	1008.1	3.1	−1	993.1
20	−8.9	1029.7	19	−6.9	1019.0	8.5	−3	986.2
30	−15.8	1045.2	30	−12.9	1028.4	17	−6.1	976.5
40	−23.2	1059.7	41	−22.1	1032.3	23.1	−9.4	970.1
50	−33.5	1073.4	50	−33.5	1042.9	27	−12.2	965.5
60	−51.1	1079.5	60	−51.1	1048.3	36.1	−18.9	954.0
66.3	−68	1087.1	70		1052.4	40.5	−23.6	946.4
80	−48	1095.8	80		1053.1	63.6	−41	882.5
90	−34	1108.2	90		1051.1	78.3	−51.3	862.5
100	−13.1	1113.1	100		1038.1	100	−114.3	789.0

5）液态 CO_2。液态 CO_2 作为载冷剂，具有密度适中、黏性小、比容热大等优点。例如，在 2.3MPa 下，其温度为−15℃，比热容为 1.39kJ/kg，密度为 1007.3kg/m³，关键是其蒸发潜热可以达到 270kJ/kg，远大于纯液体溶液的载冷能力（水的比热容为 4.168kJ/kg，1kg 水温升 1℃才 4.168kJ），而且 CO_2 作为一种气调气体对园艺产品无害。但其缺点是载冷剂在使用过程中系统的压强比常规的载冷剂系统高出 20 余倍，属于高压设备，需要特殊设计。关于 CO_2 的热物理参数可采用 REFPROP 软件计算查询得到。

在园艺产品的冷链物流过程中采用载冷剂相比直接采用制冷剂更能精准地控制温度精度，大大提升园艺产品在冷链物流过程中的品质。

4.1.3　制冷机

制冷机可分为蒸汽制冷机、电子制冷机和空气制冷机。蒸汽制冷机又分为蒸汽压缩式制冷机、蒸汽喷射式制冷机、蒸汽吸收式制冷机。电子制冷机由于效率低下，仅在冷量需求极小的领域应用。空气制冷机主要应用于航空领域。综合各类制冷机的组成特点、效率和适用场合等因素，应用于园艺产品冷链物流领域的制冷机主要是蒸汽压缩式制冷机。

最基本的蒸汽压缩式制冷机由压缩机、冷凝器、节流阀、蒸发器四大部件，通过管路连接起来形成的一个密闭循环系统。制冷剂在这个密闭的循环系统内传递热量。蒸汽压缩式制冷机的制冷循环工艺流程如图 4-10 所示。

从蒸发器中出来的低温低压的制冷剂气体被压缩机吸入，通过消耗机械能或者电能被压缩成高压过热的制冷剂气体进入冷凝器；在冷凝器里将热量传递给水或者空气冷凝成高压制冷剂液体，从冷凝器里出来的高压制冷剂液体经过节流阀节流降压变成低压制冷剂液体进入蒸发器，低压制冷剂液体在蒸发器里吸收被冷却空间和被冷却物体的热量后，蒸发成低压制冷

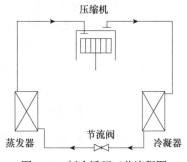

图 4-10　制冷循环工艺流程图

剂气体，被压缩机吸入，如此不断地连续循环从而达到连续制冷的目的。需要指出的是，制冷技术领域所讲"蒸发"实际上是沸腾，是一个饱和状态。饱和状态最典型的特征就是温度与压力是一一对应的。制冷机在制冷循环过程中，制冷剂在冷凝器、蒸发器里所处的状态都是饱和状态，其他科学技术领域里的"蒸发"并非指沸腾，是一个非饱和状态。蒸发的概念在制冷技术领域与其他科学技术领域里有着本质的区别。

由此可见，压缩机是蒸汽压缩式制冷机的心脏，是制冷机的制冷剂循环的唯一动力。它所用的是吸入低压制冷剂气体，通过消耗能量压缩成高压制冷剂气体。制冷机在工作过程中，正是压缩机的连续不断地从蒸发器中吸入低压制冷剂气体，从而维持了蒸发器的低压状态，给蒸发器中的制冷剂液体连续不断地吸收被冷却物体和被冷却空间的热量蒸发成低压制冷剂气体提供了保障，从而保证了制冷机能够连续不断地移走需要冷却的物体和空间的热量，实现制冷的目的；同样也是因为压缩机将低压制冷剂气体压缩成高压制冷剂气体，才能够使进入冷凝器的制冷剂气体在常温条件下冷凝成高压制冷剂液体。

4.1.3.1　压缩机

制冷机中所使用的压缩机可分为容积型和速度型两大类。速度型压缩机主要是指离心式压缩机，是通过高速旋转叶轮的离心力提高气体的速度，在扩散器和涡旋室将速度能转换成压力能量，提高排出气体的压力。容积型压缩机是通过改变压缩机内部容积提高排出气体的压力。活塞式压缩机、螺杆式压缩机、涡旋式压缩机、转子式压缩机、滑片式压缩机都属于容积型压缩机。

离心式压缩机具有许多显著特点，如排气量大、振动小、连续压缩等，这是容积型压缩机所不能比拟的。在离心式单机制冷量较大，压缩级数比较少的离心式压缩机不适合低温工况或中小型冷量需求时使用。但由于离心式压缩机可以实现一机多种蒸发温度，且压缩级数越多，能耗越低，因此，不可否认的一点是多级压缩式离心机的开发，对于我国园艺产品冷链物流领域的区域化发展，降低制冷机的能耗有着非常重要的意义。

螺杆式压缩机单机制冷量相对较大，适合于制冷量需求较大、负荷相对稳定、工况范围比较窄的场合使用。螺杆式压缩机易损件少，对湿冲程反应不敏感，但是湿冲程同样会导致压缩机迅速失油。此外，部分负荷长期运行受到限制，对于半封闭螺杆式压缩机尽可能避免海上航行船舶，非要使用的话必须安装辅助油槽，以免船舶摇摆引起压缩机供油不正常。

活塞式压缩机具有工艺成熟、维修方便、使用极限范围宽广等优点，适合于冷链领域各种装备。缺陷是需要经常维修，频繁更换吸排气阀片、弹簧、活塞环的易损件。新的压缩机通常运转8000～10000h维修一次，维修后的压缩机运转5000h左右就应该维修，否则会导致压缩机制冷量严重衰减。此外，活塞式压缩机须严禁产生湿冲程。

涡旋式压缩机与转子式压缩机都是单机制冷量很小的压缩机，通常用于小型高温冷藏库和预冷间使用。但由于使用极限范围较窄，不适合冷链物流中的低温冷藏库使用。大多数涡旋式压缩机和转子式压缩机对搬运和运行过程中的倾斜角度有严格的要求，因此对于海上摇摆使用这两款压缩机时，应特别注意这一点。

就压缩机的效率来说，当工况一定时，容积式压缩机的性能系数差别不大，选择的时候需特别关注压缩机的运行极限和允许使用的制冷剂。超极限运行、没有运行极限及厂家不推荐使用的制冷剂的压缩机，应避免选用，否则使用寿命难以得到保障。

4.1.3.2　冷凝器与蒸发器

制冷机中的冷凝器和蒸发器都是一种间壁式换热设备。所不同的是冷凝器是制冷剂气体释放热量变成制冷剂液体的设备，因此称为冷凝器。蒸发器则是制冷剂液体吸收热量变成制冷剂气体的设备，因此成为蒸发器。就结构形式来说，冷凝器与蒸发器并没有严格的区别，只是由于用途不同而在名称上有差别。

冷凝温度每提高一度，压缩机单位制冷量耗电量将增加 2.5%～3%。因此，除小型高温冷藏库外，不建议采用风冷冷凝器。蒸发温度每降低一度，压缩机单位制冷量耗电量将增加 1.8%～2.5%，因此选择蒸发器应尽可能避免库内换热温差过大：对于预冷间、高温冷藏库、低温冷藏库推荐换热温差 5～7℃；对于冻结间，由于冻结货物的质量与冻结速度有着密切的关系，换热温差可以在 15℃以上。此外，人们往往关注的是初投资费用和使用费用，园艺产品的失重往往被忽略，这是非常错误的。事实上，这种选择方式的结果是失重给用户导致的损失至少大于冷藏库的年耗电量的费用。为此，对于低温库，尤其是非真空包装情况下慎用冷风机；即使是高温库，也需要尽可能优化气流组织，在降低风速的同时做好加湿，确保库内相对湿度，以降低失重发生。

4.1.3.3　节流阀

节流阀的主要作用就是节流降压，在制冷机中它将冷凝器出来的高压制冷剂液体节流变成低压制冷剂液体。

节流阀的种类有很多：毛细管通常用于微型制冷机中，热力膨胀阀主要应用在冷藏库的制冷机中，外平衡热力膨胀阀、电子膨胀阀主要应用于预冷和速冻使用的制冷机中，液泵供液系统的制冷机通常采用浮球式节流阀，浮球式节流阀根据液位变化进行流量控制，起到节流降压和控制液位的双重作用。所有冷链物流所使用的制冷机均应安装手动节流阀作为旁通备用，即当自动节流阀出现故障时，可以通过操作手动节流阀投入工作。

4.2　气调原理及技术

4.2.1　气调技术概况

气调贮藏是指在一定的封闭体系内，通过调整和控制园艺产品采后贮藏物流环境的气体成分和比例及环境的温度和湿度来延长产品贮藏寿命和货架期的一种技术。在一定的封闭体系内，通过各种调节方式得到不同于正常大气组成的调节气体，以此来抑制产品本身引起产品劣变的生理生化过程或抑制产品的微生物活动。

气调主要以调节空气中的 O_2 和 CO_2 为主，因为一方面引起园艺产品品质下降的自身生理生化过程和微生物作用过程，多数与 O_2 和 CO_2 有关；另一方面，许多园艺产品的呼吸过程要释放 CO_2，而 CO_2 又对许多引起园艺产品变质的微生物有抑制作用。气调贮藏技术的核心是使空气组分中的 CO_2 浓度上升，而氧气的浓度下降，配合适当的低温条件，来延长园艺产品的寿命。

4.2.2　自发气调

自发气调，又称薄膜包装，即采用薄膜小包装来贮藏生鲜果蔬，并利用塑料薄膜包装中果蔬产品的呼吸作用与薄膜透气性之间的平衡，在包装内形成一种高浓度 CO_2 和低浓度 O_2 的微环境，由此抑制果蔬产品的代谢，达到延长其贮藏期的技术，是进行园艺产品采后贮藏、运输或货架销售的一种经济、简便、有效的保鲜方法。自发气调选用的薄膜材料通常包括低密度聚乙烯（LDPE）、中密度聚乙烯（MDPE）、高密度聚乙烯（HDPE）和聚丙烯（PP）；也有一些新型复合材料被研发,比如在这些材料中添加能够阻止或减少果蔬成熟的乙烯合成抑制剂、乙烯作用抑制剂、乙烯吸附剂等化学或生物学产品。另外也有采用纳米级的包装材料。无论是上述何种包装,其基本的原理都是利用薄膜袋内的某种或某几种混合气体(主要是 O_2、CO_2 等)对果蔬的呼吸作用产生抑制,从而降低其生命过程中营养物质的代谢来延长其生鲜状态并尽可能保持其优良品质。

　　不同果蔬对袋内气体浓度的要求存在差异。对于绝大多数的生鲜果蔬产品而言,主要是维持低 O_2 和高浓度 CO_2 的微环境;但对有些品种的生鲜果蔬而言,过低 O_2 和过高 CO_2 浓度都是不利的。过低的氧气浓度会导致部分果蔬进行无氧呼吸(发酵)而产生乙醇;过高浓度的 CO_2 会使部分果蔬发生 CO_2 毒害。因此,对特定的果蔬产品,其所需的气体微环境是不完全一致的。如何营造符合特定果蔬产品适宜的包装环境是薄膜小包装材料有效使用的关键。众多的研究表明,薄膜小包装袋内气体浓度的有效控制取决于包装薄膜材料本身的特性和袋内所包装的果蔬产品的生物学特性。前者主要表现在薄膜材料本身对气体(主要是 O_2 和 CO_2 等)的通透性(薄膜的透气性);后者主要表现在果蔬的呼吸特性(主要是耗氧量和 CO_2 的释放量)。由于薄膜包装袋内的气体浓度直接受薄膜材料透气性和果蔬呼吸强度的影响,因此这是进行有效薄膜包装果蔬实践的首要前提条件。

　　薄膜的透气性是包装材料性能的一个重要指标。准确测定果蔬包装用薄膜的透气性是果蔬包装研究的一个重要领域。目前市售的果蔬包装用薄膜,一般只提供厚度,而没有透气性的数据。即使提供的透气性数据也是采用化学工业领域的方法测定的,如《塑料薄膜和薄片气体透过性试验方法　压差法》(GB/T 1038—2000)的压差法和美国材料试验协会标准(ASTM D1434—1982)的 DOW CELL 法。压差法和 DOW CELL 法都是在一定温度下,使被测薄膜试样两侧保证一定的气体压差,通过测量低压侧的气体压力变化来计算薄膜的透气性。在用上述方法测定薄膜的透气性时,高压侧的气体必须是单一气体,但这样测出的单一气体的透气性,与薄膜包装条件下混合气体交叉渗透时的透气性是否一致,仍不清楚。而且该方法只能测定低相对湿度下薄膜的透气性(其中 DOW CELL 法测定的湿度条件为 0)。近年来,虽然在薄膜透气性测定方法和测定精度上有很大的改进和提高,但这些方法的测试条件与实际的薄膜包装条件仍然相差甚远。这种现状增加了自发气调包装设计的难度,直接限制了薄膜包装技术在果蔬贮藏上的应用。传统薄膜透气分子数和呼吸强度的测定方法在实际的自发气调薄膜包装设计中存在缺陷。在此基础上,张长峰等提出了更接近气调包装条件下薄膜透气分子数及对应环境条件下果蔬呼吸强度测定的新方法。新的测算方法是先假设一系列薄膜透气系数值,并逐一代入气调包装数学模型中,然后计算出相应时刻的气体浓度值,并将该计算值与包装中气体浓度实测值比较;当两者差的平方和最小值时,对应的薄膜透气系数假设值即为测算值。结果表明,新方法测定的透气系数能客观地反映气调包装条件下薄膜的透气系数。

　　果蔬的呼吸强度是进行薄膜包装设计的另一个重要参数。对于许多果蔬产品,现有的呼吸强度数据往往是在空气中或者某一气调条件下测得的,用这些数据来进行自发气调包装(modified atmosphere packaging, MAP)设计,必然会引起不小的偏差。在生产实践中缺乏可靠的依据引起设计失误,导致在 MAP 系统中缺氧或 CO_2 浓度过高,从而引起果蔬伤害并造成很大损失的事例屡见不鲜。在通常情况下,当用到薄膜包装贮藏的数学模型或图表分析具体的果蔬贮藏问题时,一般将果蔬的呼吸强度作常数处理,这是可行的。但在进行 MAP 设计时,果蔬呼吸强度取值的准确性,将直接影响 MAP 系统气体组成的合理性。张长峰等(2006)根据果蔬呼吸作用与薄膜透气特性的相互关系,建立了果蔬薄膜包装数学模型,在此基础上运用参数估算法测算出番茄呼吸速率值。新方法克服了传统密闭法的缺点,适用于包括非平衡状态的整个贮藏阶段,因而更能客观地反映果蔬呼吸速率的真实值。另外，根据已建立的果蔬自发气调包装数学模型，通过仿真模拟出不同温度条件下袋内气体浓度和体积变化的情况，可为实际果蔬自发气调包装设计和系统内气体控制提供依据。

4.2.3　人工气调

人工气调系统主要有 4 种类型：以 Carrier 的 EverFRESH 系统为代表的制氮气调系统；以 Thermo King 的 AMAF＋系统为代表的自身气调系统；以 TranFRESH 的 Tectrol CA 系统、华南农业大学液氮充注气调为代表的充注气调系统和以 PurFRESH 公司的 PurFRESH 系统为代表的制臭氧气调系统。

4.2.3.1　制氮气调系统

制氮气调系统一般采用中空纤维膜分离器制氮，利用空气中不同气体成分在膜分离器中的不同渗透速度来分离气体。O_2、CO_2 和 H_2O 的渗透速度较快（又称"快气"），从富氧出口流出；而 N_2 的渗透速度较慢（又称"慢气"），从富氮出口流出。以 EverFRESH 系统为例，空气经无油压缩机压缩过滤后，进入膜分离器分离出 N_2。N_2 的纯度和流量由 N_2 纯度控制阀控制，可获得三种不同纯度和流量的 N_2，包括大流量、低纯度 N_2（$15\%O_2$，$85\%N_2$）、中流量、中纯度 N_2（$5\%O_2$，$95\%N_2$）和低流量、高纯度 N_2（$0.5\%O_2$，$99.5\%N_2$）。为快速提高箱内 CO_2 的含量，设有 CO_2 储气瓶，可直接向箱内注入 CO_2 气体，制氮气调系统如图 4-11 所示。制氮气调系统初期投入成本大，工作稳定，能根据环境气调成分的变化实时调节；但降氧速度较慢，经试验，在 40ft① 气调冷藏集装箱内装有香蕉，香蕉的呼吸速率为 10mg/（kg·h），制氮机向集装箱内输送 95%纯度的 N_2，N_2 的流量为 1.6m³/h，若集装箱的漏气量为 1.2%V/h，则集装箱内的 O_2 含量从 20.8%降低到 5%约需要 70h。气调运输较适宜长途运输，特别是海运。因此，国外气调运输大多采用集装箱进行远距离运输。

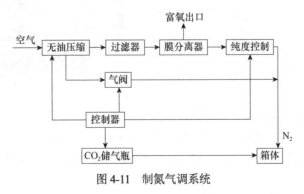

图 4-11　制氮气调系统

4.2.3.2　自身气调系统

AMAF＋（advanced fresh air exchange management）系统是 Thermo King 公司研发的一款自身气调系统。该系统内无制氮机，也不向箱体内注入预混气体，而是利用果蔬类产品吸收 O_2，释放 CO_2，使箱内 O_2 浓度降低，CO_2 浓度升高。利用传感器采集箱内 O_2 和 CO_2 的浓度，同时配以电动通风器，调节新鲜空气的通风率，使 O_2 和 CO_2 达到所需的浓度。该系统成本低，但气调保鲜效果不如制氮气调系统等气调形式，且对果蔬储存环境密封性要求高。

---

① 1ft＝3.048×10⁻¹m

4.2.3.3　充注气调系统

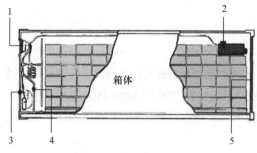

图 4-12　充注气调系统

1. 控制器　2. CO_2 洗涤器　3. 通讯口
4. 注入口　5. 后门密封帘

充注气调系统是通过向箱内充入预先配好的 CO_2 和 N_2 的混合气体以对果蔬进行气调保鲜。在装满货物后，用预先配好的 CO_2 和 N_2 的混合气体冲洗箱内，以此来迅速降低 O_2、提高 CO_2 的浓度，获得果蔬保鲜所需的气体环境。系统组成如图 4-12 所示。

在运输过程中，依靠气体成分监控装置，在 O_2 浓度低于预定值时通入新风，而在 CO_2 浓度高于预定值时启动 CO_2 洗涤器，降低 CO_2 浓度。为维持系统的低氧环境，系统对箱体的气密性要求较高，以防气体泄漏，外界空气进入。为了防止气体从箱门处泄漏，可以将一层塑料帘靠磁力吸附在箱门内侧，或将双扇门改为特制的单扇门等。该类系统可以快速达到果蔬气调所需的环境要求，初期投入少；但因为对果蔬保鲜环境密封性要求高，长期运行成本高于制氮气调系统。

为降低充注气调系统的运行成本，华南农业大学设计了液氮充注气调系统，该系统采用液氮充注的方式，直接将液氮充入保鲜箱体，液氮蒸发成 N_2，从而降低 O_2 浓度，实现气调保鲜。同时，液氮具有丰富的冷量，可以降低制冷机组的负荷。

图 4-13 为华南农业大学自主研发的果蔬气调保鲜运输车，可智能调控箱内的温度、相对湿度、O_2 浓度、CO_2 浓度等参数，延长果蔬保鲜周期，保障果蔬品质。研发该产品的"果蔬气调保鲜运输关键技术与装备"项目经广东省科学技术厅组织鉴定，其成果整体达国际先进水平，其中在基于压差原理的运输箱体结构、基于温度优先的液氮充注气调机制、气调保鲜环境综合调控系统等方面居国际领先水平。

液氮充注气调技术是国内外较为先进的果蔬贮藏保鲜和贮运技术，具有效率高、成本低等优点。但是液氮自身温度较低，为了防止液氮在气调过程中对果蔬产生低温冷害，必须采用汽化器对液氮进行汽化。

图 4-13　华南农业大学研发的果蔬气调保鲜运输车

图 4-14 为华南农业大学设计的液氮充注气调装置结构示意图，其相对于制氮机气调有气调速度快、成本低、冷能利用等优点。

4.2.3.4　制臭氧气调系统

制臭氧气调系统是一种主动的气体管理系统。该系统通过臭氧生成器将 O_2 制成臭氧进行果蔬保鲜。一方面，臭氧可以杀菌，起到果蔬消毒的作用；另一方面，臭氧还可以将果蔬释放出的乙烯氧化为水和 CO_2，减少果蔬病变腐烂，抑制果蔬呼吸作用，延长果蔬储存寿命，具体过程如图 4-15 所示。该系统对高敏感度果蔬的长途运输更有效，其气调保鲜效果优于充注气调系统。

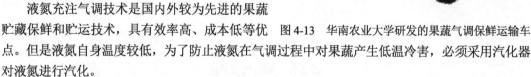

4.2.4　硅窗气调

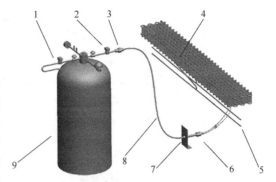

　　自发气调包装的核心在于果蔬吸入 O_2 和呼出 CO_2 的速率与包装薄膜的气体渗透速率达到最佳平衡浓度。当达到最佳平衡浓度后，果蔬可保持最低的呼吸速率，且不发生厌氧呼吸。这一平衡对所对应的 CO_2 浓度也不会过高，因此不会导致果蔬受到生理损伤。这一最佳平衡浓度，受不同种类的果蔬呼吸速率与包装材料的气体渗透速率共同影响。

图 4-14　液氮充注气调装置结构示意图

1. 增压电磁阀；2. 出液电磁阀；3. 限流阀；
4. 汽化盘管；5. 出气横管；6. 分流管；
7. 汽化盘管接头；8. 连接软管；9. 液氮罐

　　果蔬的呼吸速率越高，包装材料的气体渗透速率也应相应提高，方能保持最佳的平衡浓度。就当前的塑料原膜来说，其气体渗透速率大多无法与果蔬的呼吸速率相一致，因此可另外采用辅助手段增加其成品包装的气体渗透速率，如制成微孔气调包装或硅窗气调包装来协调包装的气体渗透速率与果蔬的呼吸速率。硅窗气调包装是利用热合法或黏结法将一定面积的硅胶膜嵌入原包装材料制得的包装。比如，先用柔韧的聚乙烯薄膜制成包装袋，袋上嵌一个涂有硅酮弹性体（聚二甲基硅氧烷）织物的气窗（硅窗），并密封地贴在聚乙烯薄膜袋上，袋上有一个平衡内外压力的标准小孔。硅橡胶是一种有机硅高分子化合物，对 O_2、CO_2、C_2H_4 等不同气体具有良好的选择性透气性能，对 CO_2 的透气性比聚乙烯薄膜高 200 多倍，对 CO_2、O_2、N_2 的透气性的比值约为 12∶2∶1。

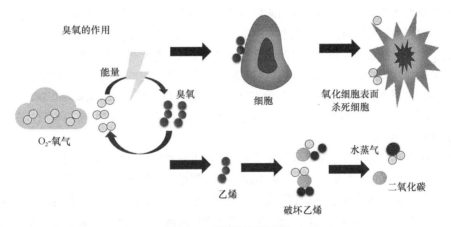

图 4-15　臭氧保鲜示意图

　　与微孔气调包装透气原理相区别的是，硅窗气调包装形式是利用膜两侧气体压差推动气体分子吸附、溶解、扩散至膜另一侧的气体渗透原理实现的。果蔬被密封在硅窗气调包装内，由于持续的呼吸作用，O_2 被不断消耗含量降低，CO_2 含量逐渐累加升高，这一过程造成包装内外侧 O_2 和 CO_2 分压的不同；然后依靠硅胶膜高透气性使包装内大量的 CO_2 渗透到外界，同时少量的 O_2 不断的补充至包装内部，以维持果蔬呼吸作用的 O_2 最低限度。

　　图 4-16 列举出了多种商业用的硅窗包装袋。AC20、AC50 和 AC500 三种袋型分别可以贮藏 20kg、50kg 和 500kg 的苹果和梨。包装袋上的扩散窗就是硅窗，包装袋上可以设置用于平衡内外压力的小调节孔（如 AC20 型袋只需要像扣针大小的简单小孔即可），但它在扩散交换中不起作用。

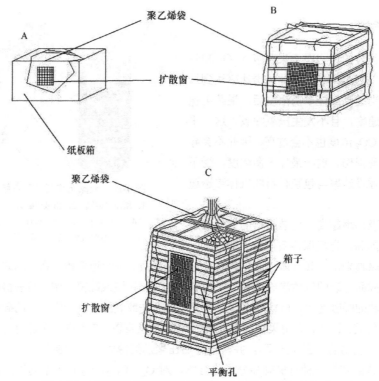

图 4-16　多种商业用的硅窗包装袋（侯东明和江亿，1992）

A. 放在纸板箱里的 AC20 型袋子；B. AC50 型袋子；C. 放在地板（集装箱底板）上的 AC500 型袋子

　　不使用聚合物薄膜来作各种包装物或包装容器，而用聚合物薄膜来作隔膜，然后其带有的由硅酮弹性体材料的扩散壁通常用来调节密封室（冷库）的气体，就构成了称为扩散交换器的扩散装置。为了减小交换器面积和缩小扩散装置的尺寸，必须选择一种最易于气体及芳香化合物渗透的薄膜，硅酮弹性体纤维是一种理想的衬料。用硅酮弹性体纤维制作的扩散交换装置由一系列口袋（或称为扩散原件）组成，这些口袋涂有硅酮弹性体纤维。每一个长方形（2.5m×0.675m），内表面为 3m²，并且绝对不可有孔隙，哪怕是细小的孔隙也不行。这些原件垂直放置在铅制的框架中，元件与元件平行。

　　一般有两种不同的安装方法来分别安装两种显然不同类型的交换装置。第一种安装方法是将装置安装在冷库外（称为外交换器）（图 4-17A）：用两根管道与冷库连接，鼓风机鼓动贮藏产品的室内空气，在装置各原件之间做闭路循环。第二种方法是将装置安装在冷库内部（称为内交换器）（图 4-17B）：用与其相适应的管道，使空气经交换器做开路循环。为避免水珠在扩散原件内壁凝结，流通的空气要预先冷却，并且适当地使它干燥。通过给冷库内该扩散器接上相当长的管道，即可很容易地使空气冷却。

　　实际应用中，产品贮藏在密封室内，并因产品呼吸而使室内空气中原有的 CO_2 逐渐增加，O_2 逐渐减少；然后在一个短时期之后，要开动交换器启用相当数量的扩散原件抽出适量的空气。该交换器在以后的工作期间都在运行。气体（贮藏的气体或外面的空气）在装置内的循环，使空气透过硅酮弹性体薄膜进行交换（即渗透过程）。

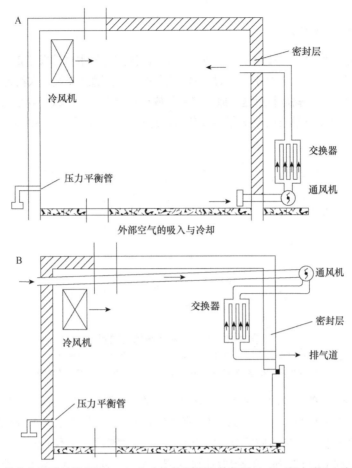

图 4-17 外交换器膜扩散装置（A）与内交换器膜扩散装置（B）（侯东明和江亿，1992）

4.3 园艺产品采后贮藏设施

4.3.1 预冷设施

果蔬的成熟期一般在夏秋两季，环境温度相对较高，采摘的果蔬温度也较高且自身携带有大量的田间热，在新陈代谢和呼吸作用旺盛的同时，释放的呼吸热又会导致果蔬温度持续升高；而较高的温度又促进呼吸作用，甚至使果蔬失水腐烂而失去食用价值。预冷处理可以迅速除去田间热，降低呼吸热，减缓园艺产品的呼吸强度，减少微生物的侵袭，防止园艺产品腐烂，最大限度地保持园艺产品的新鲜品质。因此，多数园艺产品的快速冷却，是运输、贮藏或加工以前必不可少的环节。预冷的作用已被国内外同行普遍认可，是冷链物流的首要环节，解决的是园艺产品最先一公里的问题。有数据表明，草莓采后在 30℃下流通，其商品寿命不到 8h；青花菜采后在 30℃下流通，其商品寿命不到 8h；蓝莓采后在 30℃下流通，商品寿命不到 5h。需要注意的是，果蔬进行冷链物流前必须先预冷处理，且必须在产地园艺产品采收后立即实施。

预冷通常包括真空预冷、冷水预冷、冷库预冷、压差预冷等方式。不同预冷方式的处理装备（设施）存在差异。目前常用的包括真空预冷设施、水预冷设施、预冷库和压差预冷库。预冷设施的选择要考虑果蔬种类特性、采收季节、处理量、运行成本等因素。

4.3.1.1　真空预冷设施

（1）**真空预冷的原理**　　真空预冷是利用降低水的沸点，靠水分蒸发带走产品热量的冷却方法。一个大气压时水的沸点是 100℃。气压下降时水的沸点会随之降低，大约为 610Pa 时，水的沸点变成 0℃。真空预冷就是利用这一原理将果蔬放在密闭容器内，改变容器内的气压。在低压下果蔬蒸发旺盛，靠水分蒸发带走大量蒸发热从而进行冷却，真空预冷系统的结构图如图 4-18 所示。

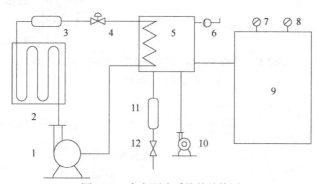

图 4-18　真空预冷系统的结构图

1. 压缩机；2. 冷凝器；3. 过滤器；4. 膨胀阀；5. 补水器；6. 空气阀；7. 压力表；
8. 温度表；9. 真空预冷箱；10. 真空泵；11. 集水器；12. 放水阀

影响真空预冷效率的主要因素包括：园艺产品种类、环境真空度、园艺产品初始温度、园艺产品含水率、园艺产品包装等。真空冷却时，真空室的压力大多维持在 613～666Pa。为了减少干耗，园艺产品在进行真空预冷前应采取一定的加湿措施。真空预冷有优点和缺点，优点是：冷却速度快，且整个过程是均匀冷却，即冷却从组织内部到外表面同时进行，这也是真空预冷独有的特点。缺点是：真空预冷设备造价非常高；预冷库不能作为储藏库，并且需要配套果蔬恒温贮藏库。只适用于比表面积大的叶菜类蔬菜，不适宜比表面积较小的果菜类和根菜类蔬菜及多数果实冷却。

（2）**真空预冷的类型**　　真空预冷的类型按机组运行的方式可分为间歇式真空预冷、连续式真空预冷和喷雾式真空预冷。

1）间歇式真空预冷。间歇式真空预冷方式一般采用一个真空槽、一组真空泵、一套制冷机和一组搬运装置进行真空预冷操作，如图 4-19 所示。在这种方式下，需要预冷的产品装入真空槽冷却后搬出，再进行包装后冷藏。下一次冷却按上述方法运行一次循环操作，属于间歇式操作。优点：设备简单、易于操作、无污染，特别适合小型企业采用。缺点：搬运强度大，设备利用率低。

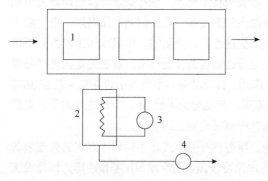

图 4-19　预冷方式示意图

1. 真空槽；2. 捕水器；3. 制冷机；4. 真空泵

2）连续式真空预冷。连续式真空预冷方式一般采用两个真空槽、一组真空泵、一组制冷机和两组搬运装置进行交替预冷操作，如图 4-20 所示。连续式真空预冷是目前广泛采用的真空预冷方式，适合于大型企业的连续处理。优点：①设备可连续运转，从而提高预冷能力和工作效率，产量可提高一倍或更多；②可有效控制水分蒸发且预冷均匀；③连续性处理有利于实现自动控制，降低搬运强度；④可以实现一体化组装，在工厂内调试完毕，便于运输。缺点：设备相对复杂，操作要求高。

　　3）喷雾式真空预冷。喷雾式真空预冷是在
常规真空预冷设备的基础上加装喷雾装置，在园
艺产品表面形成水膜，使表面水分较少的产品在
预冷过程中减少损耗，同时可有效缩短预冷时间。

　　喷雾式真空预冷方式与常规真空预冷方式比
较，有以下优点：①适用范围广，对于大多数园
艺产品均可使用；②表面自由水分的蒸发，使其
干耗小；③预冷速度快。缺点：①设备复杂，操
作维护量大；②对水质要求高。采用循环水时，
水泵前必须装过滤网，防止杂质阻塞喷嘴。

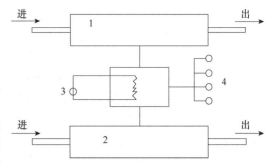

图 4-20　连续式真空预冷方式示意图
1. 真空槽；2. 捕水器；3. 制冷机；4. 真空泵

　　（3）真空预冷设备　　国内生产真空预冷设备的厂商很多，真空预冷设备从结构上分主要有
车载式、单槽可移式、单槽整体式、双槽连续式、两端连续式等几种。这几种形式的真空预冷设
备适用于不同的场合，如单槽可移式处理量较小，适用于单体农户的个体生产；双槽连续式为了
保护连续生产，适合于大户农场生产。真空预冷设备由于价格高，目前还没有广泛应用。建议优
先发展移动式的真空预冷装置以提高装置的利用率，收回成本。

4.3.1.2　水预冷设施

　　（1）水预冷原理　　水预冷是指以冷却水作为冷媒，将装箱的果蔬浸泡在流动的冷水中或采
用冷水喷淋，使果蔬等园艺产品降温的一种预冷方法。冷却水有低温水（一般为 0～3℃）和自来
水两种。为提高冷却效果，可以用制冷水或加冰的低温水处理。冷却水降温速度快、成本低，但
要防止冷却水对园艺产品的污染。适用于根菜类，小果类蔬菜和荔枝、樱桃等水果。优点：水作
为冷却介质传热性好、设备简单、干耗小、冷却速度快（预冷时间一般在 20～60min），兼具清洗
功能，设备价格低。缺点：①循环水易污染，需要进行杀菌处理；②更换产品时，必须重新制备
冷水；③容易残留水，滋生微生物，污染食品。

　　（2）水预冷的主要方式　　根据水温不同分为冰水预冷与冷水预冷。冷水预冷指采用经冷却
后达到 5℃以下的冷水进行预冷，包括浸渍式、喷淋式、喷雾式等。冰水预冷指采用块状冰、碎
冰、片状冰、糊状冰、流态冰等与产品直接接触冷却。

　　（3）水预冷设备　　根据预冷果蔬和冷却媒介的接触方式不同，可以将水预冷设备分成 4 类：
浸泡式水预冷装置、喷淋式水预冷装置、喷雾式水预冷装置和组合式水预冷装置。

　　1）浸泡式水预冷装置。浸泡式水预冷装置分为简易式、间歇式和连续式三种，简述如下。

　　a. 简易式：多采用水池或金属槽结构，预冷时将园艺产品直接置入注满冷水的池或槽中，然
后开启水泵，使冷水循环，最终达到预冷目的。产品的装入与搬出均采用人工操作，因而劳动强
度大，且耗冷量高，耗水量大，不易清洗。

　　b. 间歇式：有机械升降机构，园艺产品连同防水包装箱一起分批装入冷水池中，并根据不同
规格确定适宜的浸泡时间。待产品达到预冷温度时，机械升降机构将产品从冷水中托出，然后分
装冷藏或直接装冷藏车。间歇式水预冷装置的特点是预冷能力大，一次装货可达十多吨，适用于
大型加工厂比较经济。

　　c. 连续式：有机械传送机构，园艺产品连同防水包装箱或散装连续装入传送机构进入冷水槽
中（图 4-21）。为了防止物料因浮力浮出水面，传送机构装有以同一速度运行的上下履带，将物
料夹在中间。

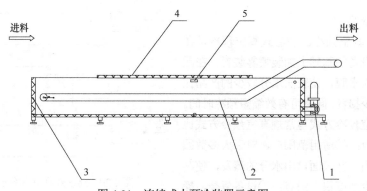

图 4-21　连续式水预冷装置示意图
1. 循环水泵；2. 履带；3. 冷水槽；4. 保温盖；5. 限位器

2）喷淋式水预冷装置。喷淋式水预冷装置由维护结构、传送结构、喷水结构、水泵、冷水制备结构、制冷机组等组成（图 4-22）。操作时首先将冷水槽注满水，开启制冷机组；当冷水槽中的水温度降至 0～5℃时，启动传送带入料，同时开启水泵喷水；喷淋后的水再用水泵抽回冷水槽循环使用。通过调整传送带的运行速度，预冷物冷却至适宜温度，预冷过程结束。

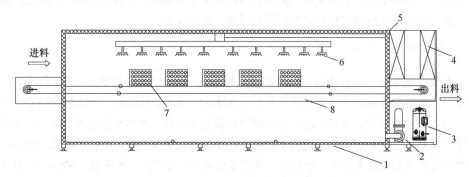

图 4-22　喷淋式水预冷装置示意图
1. 保温层；2. 水泵；3. 压缩机；4. 冷凝器；5. 盘管蒸发器；6. 喷淋装置；7. 物料；8. 履带

冷水循环使用时需要定期更换，防止污染，必要时应进行冷水杀菌处理。更换产品时必须重新制备冷水。由于其水量、流速可调，适用于果蔬预冷。优点：①水的热容量大，冷却速度快；②通过上下喷嘴喷水，预冷均匀；③装置便于一体化组装，结构紧凑，操作方便。缺点：适用范围有限，部分果蔬不宜淋水；淋水不均会产生果蔬"热斑点"现象；为保证喷淋装置正常工作，喷淋冷水一次性使用，不节能也不节水。

3）喷雾式水预冷装置。喷雾式水预冷装置与喷淋式水预冷装置的结构基本相似，不同之处是喷嘴结构不同，适用品种不同。

喷雾式水预冷装置的喷嘴直径为 0.3～1.2mm，喷水量为 0.17～0.4m³/min，喷嘴喷出的水为雾状。由于喷嘴直径较小，因而要求循环冷水特别洁净，不得含有杂质或果蔬碎渣，以避免堵塞喷嘴。为此，水泵吸入口前必须加粗、中、细三道过滤网，过滤网的设计应保证容易拆卸，以便及时清除污物。

喷雾式水预冷特别适用于叶菜类预冷，目的是防止高速水流损伤嫩叶。与喷淋式相比，其优点是：①耗水量小，喷雾面积大，预冷速度快；②装置体积小，占地面积少；③装机功率低小，耗能低；④一体化组装，整机出厂，便于安装调试。

4）组合式水预冷装置。组合式水预冷装置集浸泡、喷淋、喷雾和冰水预冷于一体，具有结构紧凑、功能齐全、使用范围广、预冷能力强、预冷速度快、预冷均匀等特点。

5）流态冰式预冷设备。通过专用制冷机组使得水中携带的大量冰晶形成流态冰，并与园艺产品接触换热实现预冷的目的。相比于水预冷，流态冰单位体积携带的冷量大，可充分利用融化产生的相变潜热，预冷速度快。

目前常用的制取流态冰的方法是过冷法。利用水被冷却时温度降低至凝固点以下短时间内不结冰的特点，对水的温度和流态施加控制，并在特定的过冷解除装置中消除过冷状态，冰晶即可连续不断的生成。过冷却器是实现过冷水动态制冰的关键部件，其实质是一个特殊设计的换热器（图 4-23）。

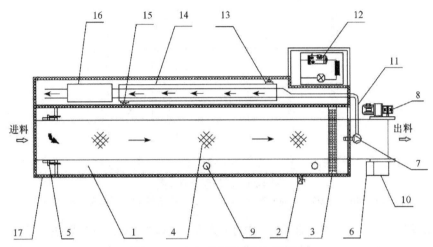

图 4-23　流态冰式预冷设备原理图

1. 流态冰槽；2. 放水阀；3. 过滤装置；4. 传送带；5. 张紧装置；6. 变频控制器；7. 循环水泵；8. 减速电动机；9. 温度传感器；10. 显示屏；11. 循环管路；12. 冷凝机组；13. 制冷剂进口；14. 过冷器；15. 制冷剂出口；16. 解冷器；17. 维护结构

4.3.1.3　预冷库

冷库预冷是利用冷库内的冷风机使空气流动于园艺产品包装箱之间，以实现产品在冷空气的作用下冷却。冷库预冷是最普遍的预冷方式，预冷装置比较简单，但应保证冷风机有足够的风量和风压。同时，产品在循环风流场内的水分蒸发量很大，必要时需要给产品洒水，以保持产品表面湿度。

预冷库不同于常规的冷藏库。预冷库主要采用强制循环冷风进行冷却，而冷藏库主要是通过自然对流换热进行缓慢降温。预冷库制冷系统的制冷能力是冷藏库的 5～10 倍。例如，预冷库具有在 2～10h 内将 25～30℃的果蔬冷却到 3～5℃的制冷能力。冷藏库提供的是维持预冷后果蔬温度和抵消库体传入热负荷等所需的制冷能力。优点：投资较少，操作方便。缺点：冷却时间依然偏长，且容易产生不均匀现象，背风面也易出现死角。适合对象：适合于多种品种，不同种类还可以混合冷却。因此，预冷库在保证制冷能力的前提下，对预冷库内的气流组织设计尤为重要。

4.3.1.4　压差预冷库

（1）压差预冷原理　　压差预冷是在冷库预冷的基础上发展起来的，是为了弥补冷藏库预冷速度慢、冷却不均匀等方面的不足。压差预冷是通过对两侧带有通风孔的包装箱进行特殊码垛，利用差压风机在包装箱两侧造成的压力差，使冷空气强制从包装箱内部通过，直接与箱内果蔬接触的强制对流换热冷却方式。压差预冷原理如图 4-24 所示。优点：①比强制通风预冷速度快，冷却时间通常为冷库预冷的 1/4；②产品冷却比较均匀，无死角现象；③隧道式差压通风预冷通常在差压室安装传送装置，产品的输送可以自动完成，在一定时间内可以进行大批量的产品预冷。缺点：①初投资比强制通风预冷略高，需要加设差压风机等设备，但低于真空预冷；②有些产品品种可能会出现一些枯萎现象，需要安装加湿装置增加空气的相对湿度。适合对象：几乎适合所有的园艺产品，尤其适用于块状果蔬等其他预冷方式不适合的对象。

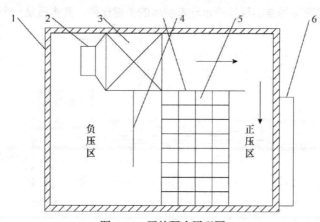

图 4-24　压差预冷原理图

1. 围护结构；2. 风机；3. 蒸发器；4. 隔风板；5. 带孔容器（装有冷却物）；6. 冷藏门

（2）压差预冷方式　　按气流流动方向可分为直流式和绕流式；按容器的摆放形式可分为直列式和 U 字形式；按吹风方式可分为直吹式、侧吹式、上吹式和下吹式。但无论哪种方式都必须保证全部冷空气通过产品的填充层。

在实际操作中，还有一种垂直送风压差预冷方式。在这种方法中，冷风不是通过水平方向进入包装箱，而是从包装箱的开口方向垂直进入。这种方式可以减少压力损失，加快预冷速度，但操作存在一定难度。

（3）压差预冷设备　　压差预冷设备主要由维护结构、压差系统、制冷系统、机械进出货系统、预冷物容器及自动控制系统组成。其中压差系统和制冷系统最为重要。按照冷却方式及各用途不同，可分为以下几种形式。

1）单元式压差预冷设备。通过压差预冷装置形成一个良好的压差循环，并利用冷库的冷源进行降温（图 4-25）。采收后的园艺产品以一托的形式装好，放入单元式预冷箱的冷库；将货物送至单元式预冷箱前，直接以一托为单元，分别推入；开启单元式预冷箱，设定好温度，并拉下快捷封闭装置进行压差预冷。预冷过程中，智能调节压力生成装置，通过调节压差大小使得冷风强制通过包装箱，进行快速预冷。当预冷温度达到要求时处理自动停止。此时直接将货物拉出至旁边的加工处理车间进行商品化处理。整个过程都在低温下进行，预冷速度快且预冷均匀。

2）移动式压差预冷设备。移动式压差预冷设备由围护结构、压差系统、制冷系统、机械进出货系统及自动控制系统等一体化组成，可以在冷库中移动使用，具有结构简单、灵活性强、操作维修简便、价格低廉等特点。图 4-26 展示了某一种移动式压差预冷装置示意图，表 4-6 为标准冷链物流下果蔬最佳预冷终温建议表。

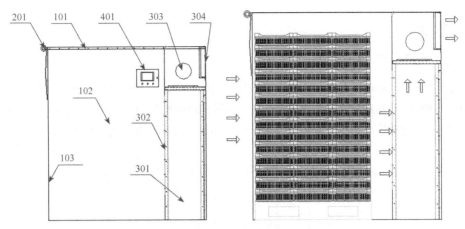

图 4-25　单元式压差预冷设备示意图

左图：101. 标准单元式箱体；102. 货物放置区；103. 密封条；201. 卷帘装置；301. 静压箱；302. 多孔板；303. 压力生成装置；304. 格栅出口；401. 自动控制系统。右图：预冷过程中气流方向

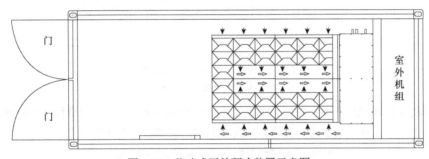

图 4-26　移动式压差预冷装置示意图

表 4-6　标准冷链物流下果蔬最佳预冷终温建议表

种类	预冷终温/℃	种类	预冷终温/℃
苹果	3～5	胡萝卜	3～5
梨	3～5	红萝卜	3～5
桃子	3～6	白萝卜	3～5
橙	3～5	大蒜	1～3
樱桃	2～5	姜	15～17
冬枣	1～4	蒜薹	2～5
杏	3～5	甜玉米	3～5
蓝莓	3～5	甘蓝	3～5
龙眼	3～5	马铃薯	5～7
草莓	2～4	南瓜	10～13
葡萄	2～5	甜菜头	3～5
甜瓜	9～11	芹菜	3～5
西瓜	15～17	芒果	15～17
猕猴桃	10～12	荔枝	10～12
香蕉	14～16		

4.3.2　通风库

4.3.2.1　通风库的原理和类型

通风库是可适当通风换气降温，并具有较好保温隔热措施的贮藏设施，一般位于自然冷源充沛的地区。传统的自然通风库如图 4-27 所示，主要是依靠檐窗、天窗、门、侧旁气孔通风换气。通风库的缺点一般有换风量小、降温速度慢、库体隔热层薄、库温昼夜波动大等。

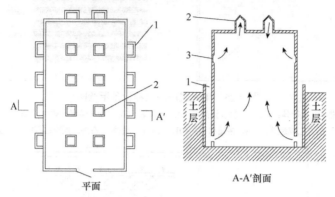

图 4-27　传统的自然通风库示意图
1. 气孔；2. 天窗；3. 檐窗

通风库的工作原理是在库外温度、湿度及风速适宜的条件下，利用间歇性自然通风改善库内热环境和空气质量，排除果实的呼吸热，降低 CO_2 和乙烯等有害气体的浓度，保持适宜的贮藏环境，同时也可以本身的热工性能来实现低温时保温和高温时隔热的目的。

通风库的类型、规模各异。按库体位于地平线的上下位置，划分为地上式、半地下式、全地下式等 3 种。地上式通风降温快，但保温性差，应有良好的隔热结构，适宜冬季较暖及地下水位较高的地区使用；全地下式保温好，但通风差，入库初期降温慢，多数在严寒地区采用；半地下式通风库的性能介于上述二者之间，多在冬季较温暖或地下水位较高的地区采用。通风库根据屋顶形状可分为拱形屋面、平顶屋面、坡屋面等 3 种。按空气流动为自然对流还是风机强制对流可分为自然通风库和强制通风库。

4.3.2.2　改良式通风库

（1）设计与建造　　自然通风库为永久性贮藏设施。因此，设计时应注重实用性，即利用率高、贮藏效果好、管理方便、造价低、美观、符合民情。某改良半地下通风库如图 4-28 所示。

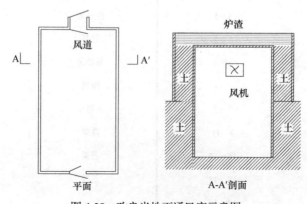

图 4-28　改良半地下通风库示意图

其设计规范包括以下几点。

1）地势：在地下水位允许的情况下，采用地下或半地下式建筑；并且库地面深至地下 4～4.5m 时，不仅造价低，而且蓄冷隔热效果好。

2）走向：库体南北走向，北或东开门，以减少高温季节出入库时热空气的进入及太阳辐射。

3）保温：地面裸露部分（包括库顶）增设一定厚度的保温层，其隔热热阻＞1.52，一般以膨胀珍珠岩为典型经济隔热材料，即导热系数与价格乘积最小。有条件的地区建造夹套库，标准夹套库为主体库的四周、上下均与周围土层有通风道，或形象地说大库中悬浮小库；或建造改良式夹套库，即主体库的四周、下部有通风道，如图 4-29 所示。

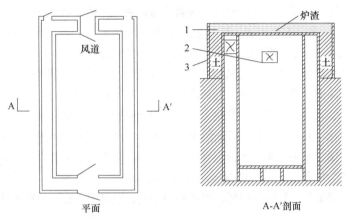

图 4-29　改良式夹套库（旁、侧、底）示意图

4）通风：安装轴流排风机（扇）强制通风。通常以门进风，在门相对的隔壁距地 2/3 高处设排风机。全地下库可另设风道，但最小截面一般为 0.8～1.0m²。

5）几何尺寸：库内较佳的长宽比为 3∶1，小型库高度宜为 3.5～4.5m，以利于通风和提高利用率。

（2）**建造考虑因素与关键技术**　　建造改良通风库的基本原则应该是因地制宜，就地取材，节能（能充分利用自然冷源），简述如下。

1）地上部分保温层厚及保温材料应用。据中国农业科学院果树研究所宋壮兴（1986）研究分析，计算公式为

$$F = \lambda \left[\frac{1}{K} - \left(\frac{1}{\alpha} + \frac{f_1}{\lambda_1} + \frac{f_2}{\lambda_2} + \cdots + \frac{f_n}{\lambda_n} + \frac{1}{\alpha_2} \right) \right]$$

式中，f 为隔热层材料总厚度（m）；λ 为所采用防热材料的导热系数 [kcal/（m²·h·℃）]；f_1、f_2、…、f_n 为各层建筑材料的厚度（m）；λ_1、λ_2、…、λ_n 为各层建筑材料的导热系数[kcal/m²·h·℃]；α_1、α_2 分别为墙或屋面的外表面、内表面的放热系数 [kcal/（m²·h·℃）]；K 为围护结构的传热系数 [kcal/（m²·h·℃）]。

墙体、库顶均可以采用膨胀珍珠岩、稻壳、麦糠为保温层，或墙体培土保温蓄冷。若以土为保温层，则达到 1.52 热阻的土层厚约 1m。库顶根据土壤传热理论计算出 9 月份最高气温传入土层深度为 1.62m，因此覆土须＞1.8m。

2）通风量及通风系统。通风量、通风方式及通风系统决定通风库温度及降温速度。通风量太小降温有困难；通风量过大，库内温差大，冬季易产生冻害，并且风速太大对园艺产品保鲜不利。研究表明，我国北方地区单位时间内通风量的经验最佳值为库容积的 15～20 倍，最小不

低于 10 倍。若用优化方法计算，采用大烟（风）囱通风时，最小直径为 1.63m，最大高度为 6m；采用风机通风时，通风方式有排风、鼓风、卧式送风，以轴流式排风效果最佳，降温速度最快，通常温度滞后仅半小时。

通风系统按风流程划分有直通式、走廊式、夹套式、分道式、接力式等。直通式用于普通单体库；走廊式用于"非"字形库群，或大库小贮藏室；夹套式和分道式既可用于单体库，又适用于库群，特点是秋季能有效地切断地热，有利于库体快速降温，整体通风效果好，库温均匀。冬季利用分道（盖板、调节门关闭）通风，既避免保鲜产品遭受冻害，又可进一步冷却周围土层和维护结构温度，达到充分蓄冷的目的，实现冬季通风蓄冷与贮藏产品同期进行。有条件时还可以在夹套、分道内贮冰，延缓春季库温回升。夹套式通风系统性能分析结果表明，夹道式通风库库温降到 5℃的时间较对照（自然通风）提前 28 天，维持库温 5℃的最后期限为 4 月 15 日，对照为 3 月 16 日，差 31 天。接力式通风主要用于库群狭长通道及人防工程。

（3）通风库（窖）的应用　　通风库（窖）是我国北方最常见、使用历史最长的果蔬贮藏场所，也是其他农产品的主要贮藏设施。通风库商业性长期贮藏且效益好的农产品主要是水果、蔬菜及其他农产品。北方过去习惯用于贮藏大白菜，但近年来因效益低、销量少而贮量剧减。通风库（窖）的优点包括：具有一定的温度、湿度调节能力，改良后的通风库辅以相应的保鲜袋、防腐保鲜剂，用于柑橘、苹果、梨、大白菜等果蔬的保鲜，其保鲜效果可以达到或超过普通商业冷库的效果，但库房与设备投资可节省 60%，节能（电）90%。缺点包括：易受外界气候影响，只能保鲜一般大宗耐藏果蔬，经济效益低，周年利用率低。通风库（窖）应用简述如下。

1）准备工作。

a. 库房及设施消毒处理。通常用医用来苏尔（40%福尔马林 1∶1000）喷洒或用硫黄熏蒸处理。硫黄用锯末等助燃物品点燃，用量 10～15g/m³。洒完药剂及硫黄点燃后密封库房 2～3 天。消毒期间原则上人不得进入库内，特别是熏硫对人的呼吸道有较强的刺激和腐蚀作用。库房消毒后，启动风扇通风 1～2 天后方可使用。

b. 做好设施维修检查和贮藏用物品准备，如保鲜袋、保鲜剂及地面托盘，棉门帘等。

c. 利用夜间低温通风实现库房降温。

d. 对于没有使用保鲜袋贮藏果蔬的库房，应采取挂帘冷水喷淋方式增湿。此法也可以在果蔬入贮后定期使用。

2）果实处理与贮藏。果实无伤时采收、分级、装箱（筐）。果实贮藏期间不宜倒箱选果，也不宜倒垛。箱与箱之间摆放要留有足够缝距，一般箱与墙之间留一横拳距离，箱与箱之间留一纵拳距离，以利散热和通风降温。

3）温度管理。温度是通风库管理的核心要素，改良式通风库均有强制通风设施。北方苹果贮藏库在温度高于−1℃时，只要库外气温低于库内温度，就立即启动排风扇通风，引入冷空气降低库温。在 9 月下旬平均温度为 16.4℃的辽西地区，库温 10 月初<15℃，10 月中旬<10℃；11 月中旬可达 0℃。对于库温降至 0℃的时间，改良库比普通库提前 25 天，维持 0℃库温的时间长达 110～120 天。

贮藏中期温度管理。北方苹果注意冻害并重视土层和围护结构蓄冷，气温低于−8℃时可间歇通风，或改排风方式为送风，或白天通风。夹套库、分道式通风库利用通风系统优势加强蓄冷。南方柑橘库通风注意冷害，同时加强土层和围护结构蓄冷，还要注意湿度调节。

贮藏后期库房管理。重点是保温降温，白天注意挂好棉门帘，关闭门窗（通气孔），严格保冷，防止库内外空气交流，冷量失不再来，库房作业尽可能安排在气候偏低的早、晚进行。同时还要抓机遇，有寒流时（气候低于库温），立即启动风扇通风降温。

有条件的地区可辅以简易机械制冷。柑橘自然通风库在四川 3 月份以后库温回升快，果实腐烂率增加；辅以小型机械制冷降温，可减少贮藏后期腐烂，防止水肿病。

4）贮藏效果。分别以北方苹果和南方柑橘为例，在辽西地区，应用改良通风库贮藏元帅苹果 8 个月，好果率＞97%，果肉硬度为 7kg/cm^2，贮藏效果优于普通冷藏。在浙江黄岩，改良通风库贮藏温州蜜柑 3 个月，好果率＞93%；辅以机械制冷贮藏锦橙 180 天，比改良通风库延长 40～60 天，腐烂率减少 30%～60%。

4.3.3　土窑洞贮藏库

4.3.3.1　土窑洞的简介

窑洞贮藏技术是中国西北地区的古老贮藏方式之一，窑洞是我国西北黄土高原地区特有的建筑。由于该地区土层深厚、黏实、降雨量小，建造土窑洞具有得天独厚的优势。以窑洞进行贮藏的话贮藏成本较低，是该地区农户的首要选择。土窑洞分为烟筒空气自然对流的自然通风窑洞和加轴流风机的强制通风窑洞。

4.3.3.2　土窑洞的原理及特点

（1）设计及建造　　土窑洞建造有掏挖式和开挖式 2 种。前者土层深厚，达几十米，甚至更厚；后者仅几米。窑的几何尺寸通常为 3m 高×3m 宽×（30～60）m 长。筒窑由窑门、窑身和通气孔组成。子母窑以母窑作通道，子窑呈"非"字形或"梳"字形排列。土窑洞的结构如图 4-30 所示。

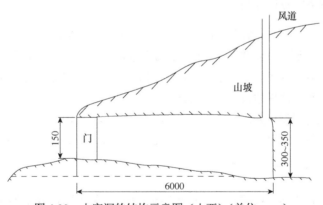

图 4-30　土窑洞的结构示意图（山西）（单位：cm）

（2）影响因素与关键技术　　土窑洞窑门宜向北，窑门设两道：第一道为宽 1.2m，高 2.0m 的木门，内挂门帘；第二道为木栅门，两门相距 3～4m，比降 15°，以利蓄冷气保温。窑身整体倾斜，越向内越低。在窑尽头向上凿挖烟筒状通气孔，如果窑身土厚度不够，则可以加轴流风机排风或增加大烟筒。建立通风体系是改良土窑洞的关键技术。土窑洞通风体系包括窑门、窑身和通气孔。土窑洞通风的原理是当外界空气温度低于通气孔内空气温度时，通气孔内空气密度大于外界空气密度，形成通气孔内外空气压力差，通气孔内空气外滋（流），形成气流，将窑内热空气排出，并从门引入外界冷空气。在园艺产品不受冻害的前提下，通风量越大越好。通过理论推导及实际测定，通风量与窑内外温差、通气孔高度、通气孔最小截面积有关；一般气孔下方直径为 1.0m，上方直径为 0.8m，地面砖砌"烟筒"3m 左右，气孔"烟筒"地面处有开关门（窗），在气孔的底部（窑地面）挖一个直径 1.2m，深 1.0m 的冷气坑。计算公式为

$$G = 3F\sqrt{[1-273/(273+\Delta t)]H \times 360}$$

式中，G 为通风量（m^3），F 为通气孔最小截面积（m^2），Δt 为窑内外温差（℃），H 为通气孔高度（m）。

（3）土窑洞的应用　　土窑洞多用于贮藏保鲜苹果。经过多年使用和管理的土窑洞，冬季放风蓄冷，夏季隔热保冷，窑洞内年平均温度比当地外界年平均温度低 2℃，窑内 0℃ 左右温度可维持 110 天。

1）管理操作。果实保鲜处理方式同通风库贮藏。有的窑洞果实装入 PVC 袋后不装箱，直接码垛放 1m 高，待出售时再装箱，每袋装果量为 10～15kg，袋宽度 500mm 的效果很好，可获得与气调贮藏相同的效果。

2）温度管理。前期注意通风，夜间当气温低于窑温时打开窑门，白天及时关严窑门。冬季加强土层蓄冷，平窑冬季通风时要防止冻害，子母窑（改良窑）通风与贮藏利用可同时进行，能有效地避免通风冻害。后期要加强保温和寒流夜间通风。

3）优点。有一定的温度、湿度调节能力；深厚土层冬季可以通风蓄冷，以利于缓冲秋季果蔬的田间热；再辅以相应的保鲜袋、防腐保鲜剂，保鲜效果可以达到或超过普通商业冷库的效果；前期设备投入低，有较好的经济效益。

4）缺点。只局限于在黄土高原地区应用，且只能用于保鲜苹果、梨、大白菜等耐贮果蔬，经济效益偏低。

4.3.4　机械冷藏库

4.3.4.1　机械冷藏库的简介

机械冷藏库是一类在具有良好保温性、气密性、隔热性的冷库的基础上，辅以机械制冷的方法来控制其温度，以达到延长园艺产品采后贮藏期的设施，已被广泛应用于贮藏各种水果、蔬菜及其他农产品。随着我国人民生活水平的提高，人们对果蔬、水产等产品的要求将越来越高，这势必会导致冷链的发展，冷库建设则尤为重要。

机械冷藏库按使用温度可分为高温库/保鲜库（0℃ 左右）和低温库/冻藏库（低于 -18℃），一般用于果蔬冷藏的机械冷藏库为高温库；按库体建造方式可分为土建式冷库和装配式冷库。

4.3.4.2　机械冷藏库的原理及特点

机械冷藏库主要由库体和机械制冷系统两大部分组成，另外还有温湿度控制系统、融霜控制系统等一系列辅助系统。

土建式冷库结构由支撑系统、保温系统和防潮系统组成，地坪可采用冷库底板或混凝土地面加保温层两种做法。支撑系统是指围护结构（墙体等）和承重结构（柱、梁、楼板等建筑构件）；保温系统是指在库体六面采取隔热处理，一般方法是采取设置隔热层，以维持冷藏库内温度的恒定。常用的隔热材料有膨胀珍珠岩、稻草、软木、聚氯乙烯泡沫（PVC）、聚苯乙烯泡沫（EPS）、硬质聚氨酯（PU）等。防潮系统使用防止潮气侵蚀或腐朽的隔热材料，避免隔热材料受潮后导热系数增大，隔热效果下降。常用的防潮材料有塑料薄膜、金属箔片、沥青、油毡等。建设地点应选在地势稍高、具备通水通电条件和交通较为便利的场所，并建设轻钢结构屋面或搭建风雨棚，可避免风吹雨淋或阳光直射，以保护冷库设施和节约能源。

按冷库结构和保温形式可分为内保温外结构和内结构外保温（图 4-31）。内保温外结构是指建筑主体结构位于保温层的外侧；内结构外保温是指建筑物的主体结构位于保温层的内侧。目前我国传统冷库的形式是内保温形式，而在北美，外保温形式占据了绝大多数的冷库份额。相比传统的内保温冷库，外保温冷库有以下优势：①初始投资可以减少，大约可以减少 5% 的投资；②外保温冷库在建筑屋顶施工，对施工人员来说既安全又方便；③外保温层的制冷管道都在屋面铺设，便于检修，就算发生泄漏也直接对室外，安全性更高。

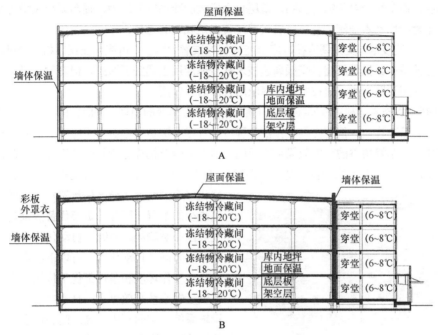

图 4-31　机械冷藏库内保温外结构（A）及内结构外保温（B）

　　机械冷藏库库体主要由库体模块、末端模块及标准配件等组成，库体加工制造周期可控，现场拼装即可完成。采用现行国家及行业标准在工厂标准化、模块化生产，可最大限度避免现场施工多工种、多专业交叉作业引起的窝工及质量问题。其优点有：①制冷设备、制冷系统、冷库载体等预留数字化处理接口，可通过增加智能化设备实现信息化展示，利用互联网可实现实时监控，提升运营效率；②工艺先进，不存在传统冷库难以避免的冻融循环对库体的致命破坏，且空仓时无须运行保冷，库体使用寿命不低于 30 年，制冷系统性能优；③可根据市场需求逐步增加库体模块，调整规模和功能，实现冻结物冷藏、冷却物冷藏、速冻、快速预冷、低温环境加工等功能，满足不同需求。

　　目前，机械制冷系统主要以蒸汽压缩式制冷为主，主要部件包括压缩机、冷凝器、节流装置、蒸发器。在制冷系统上我国的技术已经非常成熟。目前主要考虑节能、安全、环保、自动信息化等因素来对系统进行优化。

4.3.4.3　机械冷藏库的现状和发展趋势

（1）节能环保

1）土建式冷库是传统的冷库方式。这类冷库占据目前国内冷库很大的市场，具有代表性的有杭州冷冻食品交易市场冷库、上海大宛冷库等。随着人工成本的提高，土建式冷库的成本越来越高，利用率低，单位造价高，土建多层货架库的单托综合造价远高于单层装配式冷库，所以装配式冷库将成为主流。

2）利用环保的制冷工质。发达国家的一些新建冷库中，氨-CO_2 制冷系统已有不少应用，但国内只有个别建设。相对于传统氨制冷系统，氨-CO_2制冷系统具有环保、节能、安全可靠的优点。氨-CO_2制冷系统的初始投资虽然会比传统氨制冷系统高10%～15%，但后期运营费用会降低5%～10%。

3）冷风机代替排管。目前，国内冷库多数采用的供冷方式是排管供冷，但通常情况下会导致厚厚的霜层，而落霜会对货物有影响，霜层也会增大制冷系统的压力，提高系统风险等级。在发达国家，排管冷库基本被淘汰。冷风机代替排管也是我国的趋势。

4）变频调速技术。变频调速在冷库节能应用领域潜力巨大，可应用在压缩机、冷风机、冷库大门等设备改造中。虽然压缩机变频调速技术在冷库应用上遇到了瓶颈，但变频风机控制大门开启等技术的应用说明变频调速技术在冷库应用方面前景广阔。

5）削峰填谷技术。利用冷库在谷电时蓄冷，谷峰时释冷的原理。同时，削峰填谷过程中可以冷冻货物作为蓄冷物质，但前提是要保证在释冷过程中冷冻货物不会有不能接受的质量损失。有研究结果显示，削峰填谷的节能效果是可观的，但关键是要把冷冻货物的品质安全放在首位。

（2）信息化　从人力到机械是一个必然的过程，包括冷库。人工搬运和管理已经不能适应现代冷库的运营要求，如货架已成为现代冷库不可缺少的配置。因此，货架代替散堆是未来冷库发展的必然趋势。同时，自动化冷库是今后的必然发展方向。自动化冷库有以下特点：库内无人操作，工作环境和条件都优于传统冷库；机器人车辆运输系统高效可靠；具有自动化贮存、检索运输系统；空间利用率高；商品信息可以通过计算机获取和管理；可以避免人工搬运造成的损伤和人为造成的分发错误等为不可控问题；减少能耗，山东高速西海岸智慧物流产业园冷库见图4-32。

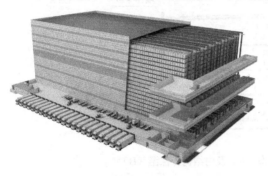

图4-32　山东高速西海岸智慧物流产业园冷库

4.3.5　立体仓库

立体仓库是一种用于高层立体货架储存货物，并用计算机控制管理和采用专门的仓储设备进行存取作业的仓库（图4-33）。立体仓库作为仓储物流自动化的主要形式，已经成为现代物流配送中心规划建设的重要内容。

与传统仓库相比，立体仓库的优越性是多方面的：①可提高空间利用率，实现大容量储藏；②降低了建设成本，并能节省人力；③形成先进的物流系统，提高企业生产管理水平和物流自动化水平；④提高进出库效率和准确性。

4.4　园艺产品运输

运输方式是人和货物实现空间位移的主要手段。随着人们生活节奏加快和消费者对于园艺产品新鲜度的要求越来越高，亟需发展可以在运输中保持园艺产品新鲜度的技术，由此推动了园艺产品运输技术与装备的发展。

根据运输工具移动所借助的媒介不同，可以将运输方

图4-33　大型立体仓库

式分为三大类：陆路（公路、铁路和管道）、水路（航运）和航空。每一种运输方式都具有各自的要求和特性，适应并服务于特定的货物和旅客运输的要求。世界各地对于各种运输方式的利用存在明显的差异。近年来出现了多式联运使各种运输方式优势互补，有效促进了各运输方式紧密融入园艺产品的运输和配送活动中。

以冷冻冷藏为主的冷链运输是指将易腐、易变质食品用冷冻冷藏运输设备在低温下从一个地方完好地运输到另一个地方。冷冻冷藏运输应满足以下条件：①运输载体上应具有良好的保冷（制冷或冷源）、通风及必要的保热设备；②箱体应具有良好的隔热性能，使用时要避免箱体结构的损坏；③载体内部空间必须有温度检测和控制设备，可根据园艺产品种类或环境变化进行温度调节；④环境控制设备所占空间尽量小。

4.4.1　公路运输

公路运输又称道路运输，是指利用一定的运载工具通过公路实现旅客或货物的空间位移。公路运输由运载工具、公路和场站组成。由于运载工具主要有汽车、拖拉机、畜力车、人力车等，因此公路运输的概念有广义和狭义之分。从广义上来说，包括了上述的各种运载工具；从狭义上来说，公路运输即汽车运输。

4.4.1.1　公路运输的特点

公路运输是构成陆上运输的两个基本运输方式之一，在整个运输领域中占有重要地位。据中国物流与采购联合会冷链物流专业委员会统计，从冷链运输方式来看，2018 年我国超过 70% 的货运量由公路运输完成，而在冷链物流领域更是有接近 90% 的货运量是由公路冷链运输完成，其次为 8% 由船运完成，1% 由航空完成，1% 由铁路完成。随着"公转铁"改革的深化实施，未来铁路冷链运输市场份额会逐渐增大，但目前公路冷链运输无疑是冷链运输市场的核心主导方式。公路运输具有以下特点。

1）机动灵活、简捷方便。在短途货物集散运转上，它比铁路、航空运输具有更大的优越性，尤其是在实现"门到门"的运输中，其重要性更为显著。

2）是衔接空运、铁路运输、海运不可缺少的运输方式。空运、铁路运输、海运在不同程度上都要依赖公路运输来完成最终两端的运输任务。例如，铁路车站、水运港口码头和航空机场的货物集疏运输都离不开公路运输。

3）适宜于点多、面广、零星、季节性强的货物运输，不适宜装载重件、大件货物。

4）交通事故较频繁，易造成货损货差事故。

5）汽车投资少，但运输成本费用较水运和铁路运输高。需要注意的是，园艺产品等农产品的公路运输享受国家"绿色通道"政策。

4.4.1.2　公路运输工具和设备

汽车是公路运输的基本运输工具，由车身、动力装置和底盘三部分组成。按用途可以分为普通载货汽车和专用载货汽车两大类。冷藏保温车和集装箱卡车（container truck）属于专用载货汽车。20 世纪 60 年代以来，随着集装箱运输的迅速发展，各国相继研制成专门运输集装箱的汽车。集装箱汽车装载部位的尺寸按标准集装箱尺寸确定，并在相应于集装箱底部四角的位置上设有固定集装箱的扭锁装置。

集装箱汽车通常采用汽车-列车的组合形式，包括半挂式、全挂式、双挂式等，其中以半挂式汽车居多。组成集装箱汽车的半挂车有平板式和骨架式两种。平板式半挂车的装载部位是平板货台，可用于装运集装箱，也可用于装运普通长大件货物，车辆的使用效率较高。骨架式半挂车的装载部位是无货台的底盘骨架，集装箱装到车上并由扭锁装置固定以后，也成为半挂车的强度构件。骨架式半挂车只能专门装运集装箱，具有自重小、结构简单、维修方便等优点。按结构形式，集装箱半挂车又分为直架式和鹅颈式两种，前者适于装运平底结构的集装箱，后者是专门装运凹槽型底部结构的集装箱，可降低装载高度。

4.4.2　铁路运输

铁路运输是利用铁路线、铁路机车等设备将旅客、货物从一个车站运到另一个车站的运输方式。国际铁路货物联运，简称国际联运，是指使用一份统一的国际联运票据，无须发货人与收货人参加，而由铁路部门负责办理两个或两个以上国家铁路全程运送的货物运输。

4.4.2.1　铁路运输的特点

同公路运输比较，铁路物流在运价、环保上有优势，但在时效性、灵活性等方面的竞争力较弱。过往我国铁路运输发展速度缓慢，市场份额较小。但在一系列国家政策的积极引导下，在长距离冷链运输需求的扩张下，2018 年我国铁路冷链物流得到快速发展。多地政府、各地铁路局、中铁特货等联合开通了 20 多条国内铁路冷链运输线，极大地丰富了冷链运输选择，铁路冷链货运量达到了 160 万吨，同比增长 45.5%，增幅明显。随着我国高速铁路进入快速发展阶段，高铁货运冷链班列物流作为一种大运量、全方位、安全高效、能耗低、环境影响小的运输方式，也迎来了新的发展机遇。铁路运输具有以下特点。

1）准确性和连续性强，几乎不受气候的影响，可以不分昼夜地进行定期的、有规律的、准确的运输。

2）速度较快，比海上运输要快得多。

3）运输量大，大于航空运输和公路运输。

4）运输成本低，尤其与航空运输和公路运输相比。

5）安全可靠，风险比其他运输方式小。

6）初期投资大，需要铺设轨道、建造桥梁和隧道等。

4.4.2.2　铁路冷链物流技术装备

（1）中字头企业在铁路冷链装备方面齐发力　　当前，我国铁路货运主要由中国铁路总公司旗下的中铁集装箱运输有限责任公司、中铁特货运输有限责任公司、中铁快运股份有限公司 3 家专业的运输公司承担。

中铁快运冷链运输主要利用冷藏运输技术和自主研发的冷链专用箱为客户提供在一定温度范围内（2～8℃）、小批量、多批次、集装化的冷藏快运服务。中铁快运的冷链快递服务项目首次采用小型周转箱解决了小批量、多批次、零散货物的冷链运输问题；首次将蓄冷式小型集装单元组合应用于巧克力等高档食品的远距离运输；开创了全国网络型物流企业开办地区以上城市的冷链快递业务的先河，实现了"门到门"的冷链快递配送服务。

2018 年中国中车发布了时速超过 250km 的货运动车，对当前国内快递和货运市场格局产生了重大影响，以此技术和设备为主干的一系列技术设备研发应用，快速推动形成了我国铁路货运网路，建立起了以铁路为骨干的综合运输服务平台。

中集集团开发了新的系列冷藏箱，在无人值守的情况下可连续运转 20 天，箱内温度可以恒定在−25℃～25℃的任意温度，同时还开发了蓄能箱、花卉箱等多种应用于"一带一路"的铁路长途冷链专用设备。

中铁特货与中国中车研制出由 BX1K 型集装箱专用平车和 B23 型机械保温车组成的冷藏集装箱运输车组,可应用于冷链海铁联运新模式。其核心优势是随车配备动力制冷设备,极大地提高了编组的柔性、发货的时效性。冷藏箱自带制冷动力,解决了海运冷藏箱在国内无铁路运输的历史,标志着我国铁路冷藏箱技术应用与国际接轨。

中铁铁龙在冷藏箱加入了智能化和物联网业务内容,通过互联网、通用分组无线业务(general packet radio service,GPRS)、传感器实现冷藏箱货物全流程透明可追溯。中铁铁洋作为中国铁路冷藏箱跨境运输的唯一市场主体,与汉欧国际物流公司一起对铁路冷藏箱进行深入研发,使运输沿途掌控力、突发情况解决能力达到长途冷链规定的要求。

(2)高铁冷链货车正突破技术和装载器具难点

1)车底技术方案。高铁冷链货车,既应符合高铁线路的各类技术指标,也要确保其运行速度。高铁冷链货车必须使用动车组,目前我国开行的动车组有 CRH1、CRH2、CRH3、CRH5、CRH380A、CRH380AL、CRH380B、CRH380BL、CRH380C、CRH380D、CRH6 等,还没有定型的高铁货运动车组运行。改进的货运动车组有以下两种方案供选择。

a. 改进车底方案。以 CRH3 系列客运动车组为基础,根据货运品质的特性,对其底座、设施、车门等进行相应改造,8 节车厢编组为一列,改造后全列载荷可达 70～100 吨,造价约 1.7 亿元/列。

b. 专用车底方案。使用唐山车辆厂正在研发的高铁货运动车组。改货运动车组采用 8 节车厢编组,全车定额载重 120 吨,头车载重约 11 吨,中间车辆载重 19～20 吨。整车约可装载 138 个集器。车辆设有供装卸货的两种制式大门,一种为 2.3m×3.7m(高×宽),一种为 2.4m×2.9m(高×宽)。

2)装载器具及装载方案。适合高铁货运要求的装载器具主要有箱式托盘、笼式托盘、小型集装器,这三种装载器具特点不同,适用于不同的装载作业条件。

a. 箱式托盘装载方案。箱式托盘是四面有侧板的托盘,是在平托盘基础上发展起来的,多用于装载一些不易包装或形状不规则的散件或散装货物。从材料上分为塑料箱式托盘和金属箱式托盘。箱式托盘防护能力强,可防止塌垛和货损,托盘的下部可叉装,上部可吊装,可使用托盘搬运车、叉车、起重机等作业,并可进行码垛。一般情况下,码垛时可相互堆叠四层。箱式托盘具有容量大、可多层堆放、装卸方便的特点,符合高速铁路快捷货物运输的要求,尤其适合使用叉车进行机械化装卸作业。CRH3 型动车中间车辆可装载 120 个箱式托盘,头车可装载 108 个箱式托盘,8 节编组,共可装载 936 个箱式托盘。

b. 笼式托盘装载方案。笼式托盘也叫集装笼,是箱式托盘下部装有小型轮子的托盘。轮式托盘具有很强的搬运性,多用于一般杂货的运输,并且可利用轮子做短距离移动,在运输过程中可以兼做作业车辆。笼式托盘容量大、装卸方便的特点符合高速铁路快捷货物运输的要求,不仅适合使用叉车进行机械化装卸作业,同时也适合进行快速人工装卸作业。

笼式托盘体积较大,适合装载大件的快捷货物,其由于带轮,一方面虽然方便了人工装卸作业的进行,另一方面却在运输过程中因不能固定自身位置而不能保障货物的安全,因此,有必要在轮子上设置刹车部件。具体开展运时,笼式托盘由于属于特种托盘,没有通用的尺寸标准,为方便装卸作业的开展,需要对货物的具体尺寸和特点设计专门尺寸的笼式托盘。设计时,结合 CRH3 动车组数据,笼式托盘必须满足车门的具体数据要求,即笼式托盘的长和宽必须有一项小于 2.2m,而高度必须小于 2.05m。

c. 小型集装器装载方案。小型集装箱由于其较大的容量适用于装载大批量的货物,适用于高速铁路货物运输市场成型后的大规模运输及与公路、水运、航空运输开展多式联运的需求。目前铁路总公司已经开发了一种小型集装器，尺寸为 1.35m 长×1.15m 宽×1.9m 高，载荷重量约为 1000kg，可实现与航空运输间的灵活转运，单个集装器的价格为 1.35 万～2.1 万元。

4.4.3　水路运输

水路运输是以船舶为主要运输工具，以港口或港站为运输基地，以海洋、河流、湖泊等水域为运输活动范围的一种运输方式。水运是世界许多国家最重要的运输方式之一。

4.4.3.1　水路运输的特点

水路运输与其他运输方式相比，具有如下特点。

1）水路运输运载能力大、成本低、能耗少、投资省，是一些国家国内和国际运输的重要方式之一。修筑 1km 铁路或公路约占地 $3hm^2$，而水路运输利用海洋或天然河道，占地很少。在我国的货运总量中，水运所占的比例仅次于铁路和公路。

2）受自然条件的限制与影响大，即受海洋与河流的地理分布及其地质、地貌、水文与气象等条件和因素的明显制约与影响，水运航线无法在广大陆地上任意延伸，所以水运要与铁路、公路和管道运输配合，并实行联运。

3）开发利用涉及面较广，如天然河流涉及通航、灌溉、防洪排涝、水力发电、水产养殖及生产与生活用水的来源等；海岸带与海湾涉及建港、农业围垦、海产养殖、临海工业和海洋捕捞等。

4.4.3.2　水路运输工具与装备

冷藏货舱要具有良好的隔热结构和气密性，在结构上应适应货物装卸及堆码要求，一般配备运行可靠的制冷装置与设备；同时要求具有足够的制冷量，制冷系统要有良好的自动控制性能。此外，还要为冷藏货物提供一定的温湿度和通风换气条件。冷藏货舱的冷却方式分为直接冷却和间接冷却。

冷藏船（refrigerated ship）是将货物处于冷藏状态下进行载运的专用船舶。其货舱为冷藏舱，并有若干个舱室。每个舱室都是一个独立、封闭的装货空间，舱门、舱壁均气密，并用隔热材料使相邻舱室可以装运不同温度的货物。冷藏船上一般安装有氨制冷或氟利昂制冷装置，制冷温度一般为−25～15℃。冷藏船的吨位较小，通常为数百吨到几千吨。

船用制冷设备与陆用制冷设备的要求存在不同：一是制冷设备应具有较高的耐压、抗湿、抗振性及耐冲击性；二是要具有一定的抗倾性能；三是船用制冷设备的用材应有较好的抗腐蚀性能；四是船用制冷设备的安装、连接应具有更高的气密性及运行可靠性。

4.4.4　航空运输

航空运输同其他运输相比，是比较年轻的运输行业。国际航空货物运输虽然起步较晚，但发展极为迅速，这与航空运输所具备的许多特点是分不开的。

4.4.4.1　航空运输的特点

1）运送速度快。现代喷气运输机时速一般在 1450km 左右，协和式飞机时速可达 2173km。航空线路不受地面条件限制，一般可在两点间直线飞行，航程比地面短得多，而且运程越远，快速的特点就越显著。

2）安全准确。航空运输管理制度比较完善，航空法规的建制几乎随航空技术的发展同步进行。所以，货物运输的破损率低，被盗窃机会少，可保证运输质量，如使用空运集装箱，则更为安全。

3）手续简便。航空运输为了体现其快捷便利的特点，为托运人提供了简便的托运手续，也可以由货运代理人上门取货，并为其办理一切手续；并可以通过货运代理人送货上门，实现"门到门"的运输服务，大大地方便了托运人和收货人。

4）节省包装、保险、利息和储存等费用。由于航空速度快，商品在途时间短，周期快，存货可相对减少，资金可迅速收回，从而大大节省贷款利息的费用。加上航空货物运输中货损、货差率低，货物包装可以相对简化，从而降低包装费用和保险费用。

5）运价较高、载量有限、易受天气影响。与其他运输方式，特别是海运相比，航空运输的不利之处也很明显。由于技术要求高、运输成本大等，运价相对较高。例如，从中国到美国西海岸，空运运价至少是海运运价的 10 倍。同时，由于飞机本身载重、容积的限制，其货运量相对海运来说要少得多。例如，目前最常见的大型货机 B747-200F 型载货 100 吨左右，相比海运船舶几万吨、十几万吨的载重要小得多。此外，航空运输遇到大雨、大雾、大风等恶劣天气，航班就不能得到有效保证，可能导致货期的延误和货物损失。

4.4.4.2　航空运输工具和设备

集装器的产生是在宽体飞机出现以后。为提高大批量货物的运载量，人们认识到把小件货物集装成大件货物（像集装板、集装箱等）是非常必要的。这些集装器可看作飞机结构中可移动的部件，使装卸更加简便。装运集装器的飞机，其舱位应有固定集装器的设备用于把集装器固定于飞机上。这时，集装器就成为飞机的一部分，所以对飞机集装器的大小有严格规定。集装器按种类分为集装板、集装棚和集装箱。

1）集装板（pallet）和网套（net）。集装板是具有标准尺寸的，四边带有索轨或网带卡锁眼，是带有中间夹层的硬铝合金制成的平板，以便货物在其上码放；网套是用来把货物固定在集装板上的，网套靠专门的卡锁装置来固定。

2）集装棚（iglool）。集装棚分为结构式和非结构式两种。非结构式集装棚的前面敞开、无底，由玻璃纤维、金属及其他适合的材料制成坚硬的外壳，这个外壳与飞机的集装板和网套一起使用。结构式集装棚的外壳与集装板固定为一体，不需要网套固定货物。

3）集装箱。集装箱类似于结构集装棚，它又分为空陆联运集装箱、主货舱集装箱和下货舱集装箱。空陆联运集装箱只能装于全货机或客机的主货舱，分为 20ft 或 40ft，高和宽为 8ft，主要用于陆空、海空联运。主货舱集装箱只能装于全货机或客机的主货舱，高度为 163cm 以上。下货舱集装箱只能用于宽体飞机的下货舱。

4.4.5　多式联运

20 世纪 60 年代以来，人们采取各种办法想将上述提到的运输方式联合起来，即利用多式联运，即在一次运输过程中使用两种以上的不同运输方式完成起讫点间的运输作业，将分离的运输系统进行整合。需要注意的是，多式联运（intermodalism）不是简单的联合运输（combined transport）。后者指在全程运输链中使用了多种运输方式，如公路、水路、铁路和航空等，而前者专指在运输方式转换过程中，将货物始终保持在相同的运载单元内进行的运输活动，从而可以消除多余的装卸搬运工作，明显提升运输效率和降低运输成本。在铁路兴起初期，木箱就开始被使用。而金属集装箱的研发应用，才出现了真正意义上的多式联运。

4.4.5.1　我国多式联运的现状

我国综合交通运输体系的建设为推动多式联运发展带来了良好的机遇。当前,多式联运已经成为现代物流业发展的关键环节。2019 年,中共中央、国务院印发《交通强国建设纲要》,提出构建现代化综合交通体系,形成"全球 123 快货物流圈"、高效经济货物多式联运的发展目标。目前,国内对于多式联运智能集成技术与装备开发的研究稍落后于国外。

国外关于多式联运的技术已经相对成熟。美国高度重视多式联运系统建设,大力发展关于多式联运中转站的建设。欧盟地区,特别是德国和荷兰,推进低碳多式联运发展模式,致力于港口的数字化和物联网的开发。新加坡则是结合自身地理位置的优势,创建了功能齐全的综合性货运站处理和管理系统,计划将自身打造成国际多式联运枢纽站之一。通过近几年对物流通道的加速建设,国内制约多式联运的瓶颈逐渐被打破,部分已经有了研究成果。虽然多式联运智能集成技术与装备开发是目前国内外交通运输业的研究前沿和热点,但在我国仍存在诸多问题,如运载单元标准化水平低、多方式协同效率低、安全防控能力差、集成服务不足、信息平台建设滞后等。因此,研究多式联运智能集成技术与装备开发,实现我国物流行业多式联运的充分发展,对我国综合交通运输和智能交通的安全、便捷、高效、绿色、经济、可持续发展有着至关重要的作用。

4.4.5.2　未来我国多式联运的研究与开发

针对现在联运衔接不畅、运行效率偏低、安全防控弱等现实问题,开展以"畅通、高效、安全、智能"为目标,解决多式联运智能集成技术与装备开发方面的关键科学问题和关键技术问题的行动,研发智能集成技术与装备,构建异构运输网络协同运行理论和评估方法,形成畅通安全高效多式联运的规范体系,对提升我国多式联运智能集成技术与装备开发水平,推动我国多式联运向一体化、网络化、标准化、信息化、智能化方向发展具有突出的科学价值、经济效益和战略价值。在我国多式联运领域,应注重以下科学研究与技术开发工作。

（1）构建多式联运畅通安全高效综合交通运输体系　　构建涵盖发展战略、体制机制、基础设施设备、服务水平、法规标准、智能信息化、应急保障、效率效益评价等系统的多式联运体系框架;提出以集成调度管理系统平台为中心的多式联运解决方案;研究多式联运异构组网与多种运输模式匹配性,完善支撑资源互联互通、货物高效运输运载的多式联运规则、标准和规范体系。

1）解决多式联运衔接不畅通、运行效率低、安全防控弱、集成服务差、标准不统一等难题,建立涵盖多式联运功能影响因素的评价体系。

2）基于铁水、公铁、公水、空陆等多种运输模式的智能信息化系统网络特点,研究多式联运异构组网与多种运输模式匹配性,构建多式联运异构组网的智能调度管理集成系统方案。

3）在现有综合交通运输标准化委员会制度框架下,研究符合我国国情的多式联运规则、标准和规范体系,涵盖基础标准、运输服务标准、信息化标准、管理标准、运载单元标准、场站设施设备标准、分类货物运输技术要求标准等。

（2）研发多式联运货物识别、状态监测和安全保障技术及智能运载单元成套设备　　针对纵向转运不协同、干支换装衔接不协调、接卸储运作业与运能资源不匹配及各运输模式信息孤岛难题,开展多式联运装备运输模式自适应、资源匹配和信息监测方法研究,提出具有普适性的货物识别、定位及状态实时监测技术及智能运载单元成套设备设计方法,探索适用于多样化多式联运智能运载单元设备的安全保障技术,为多式联运装备智能集成及畅通高效运行提供技术支撑。

1）开展多式联运装备运输模式自适应、资源匹配和信息监测方法研究，保障多式联运运输线路纵向转运协同、干支换装衔接协调、接卸储运作业与运能资源匹配及信息互通互联。

2）开展多式联运货物识别、定位及状态实时监测技术研究，实现基于移动互联终端的多样化、可视化状态监控。

3）开展多式联运货物与运载工具高精度定位及安全保障技术研究，解决货物多式联运运输系统环境极端变化、长途运输与枢纽站场转运的宏微观多尺度环境下存在的监测与控制盲区等关键问题。

4）开展集装器、集装袋、集装笼和集装箱等适配多式联运多种运输模式的多样系列化运载单元设备及集运单元智能化和集群化控制技术研究，满足集装货物、大宗物资和危化品、冷链、整车等特种货品多业态需求。

（3）研发多式联运条件下装运、接驳、转运、仓储成套技术及装备　开展枢纽场站多式联运自动化接卸转运装备和多式联运与枢纽仓储的供需协同调度优化及智能仓储管控与优化决策支持技术研究。

1）开展不同载运工具间货物高效装运、接驳、转运技术及装备研制，满足公—铁—水—空多运输模式和高效率、高安全作业要求。

2）研究智能化接卸转运技术、无人化连续传输技术、精准化监测定位技术，构建公—铁—水—空等多种运输方式协调统一的接卸转运系统，形成枢纽场站多式联运自动化接卸转运成套技术及装备，解决枢纽场站多式联运多种模式衔接不顺畅、运输工艺布局不流畅、转运接驳装备不协调、接卸定位精度低、装运作业能力小等难题。

3）基于供需协同的枢纽仓储智能化技术及系统研究，实现基于供需协同的枢纽仓储智能化，提高枢纽仓储的仓储效率，解决枢纽仓储与多式联运通而不畅的问题。

4.4.6　集装箱多式联运

集装箱多式联运是指全程仅使用国际通用标准集装箱或国内铁路标准集装箱作为运载单元，将不同运输方式有机组合在一起，实现集装箱在两种及以上运输方式之间的无缝接续和快速转运，构成从起点到终点的连续性一体化货物运输组织体系。集装箱多式联运是当代高端物流运输组织形式。

4.4.6.1　集装箱多式联运的特点和优势

1）具有标准化程度高、中转装卸作业快、货物安全性好、综合物流成本低、绿色环保、"门到门"运输等优势特点，可以显著改善全社会物流业供给体系的服务质量。

2）协作专业化、运输组织化程度高。集装箱多式联运有机组合不同运输方式，采用一次托运、一次付费、一单到底的联合运输组织形式，通过发挥各种运输方式的专业化优势，选择最佳综合运输路线，实现集约化规模化运输，能够明显提高物流运输的效率和效益。

3）具有快速转换运输方式，可加快货物周转速度。集装箱多式联运在不同运输方式之间转换时，只需对集装箱直接更换运载工具，不对货物本身进行操作，方便从一种运输工具换装到另一种运输工具，从而大大简化并减少装卸作业。集装箱装卸使用机械设备替代人力，机械化快速换装一般只需要几分钟，可以节约大量劳动力并提高装卸和中转效率，明显加快货物与运输工具的周转速度。

4）可减少货损货差，提高货运质量。集装箱是一个坚固密封的箱体，使用专业设备装卸和运输，基本不受恶劣气候影响，箱体破损率低，不易损坏箱内货物。货物装箱并铅封开始运输后，即使经过多次中转换装，只有在达到终点时才打开集装箱卸货。因此在集装箱多式联运过程中，可有效减少货物被盗、潮湿、污损等引起的货损货差，确保货物完好，保证货运质量，提高货物运输的安全性。

5）简化货物包装，部分替代仓储。各种杂货物为避免在运输途中受到损坏，一般需要使用具有足够强度的包装材料。集装箱具有坚固、密封、可长期反复使用等特点，其本身就是一种安全性较高的包装容器。集装箱多式联运无须搬动倒装箱内货物，许多件杂货物能够简化包装，从而大量节约包装材料降低包装成本。集装箱可以露天存放或堆码层叠摆放，在一定条件下替代仓库存放货物，相应降低货物存储成本。

6）可减少营运费用，降低物流总成本。集装箱多式联运为客户提供综合性运输成本最优方案，货物交由集装箱多式联运经营人之后，客户即可获得全程货运服务，不必与不同运输主体分别签署运输协议，通过简化运输手续降低交易成本；在更换集装箱运输方式过程中，通过缩短装卸等待时间，减少货物在途停留时间，降低运输时间成本；使用集装箱可简化货物包装和部分替代仓库，降低货物的包装和存储成本；通过全程一体化运作，可降低运输保险等各种相关费用。另外，集装箱多式联运是绿色环保运输模式，有利于减少单位运量的温室气体排放。

7）推动标准化体系建设，促进冷链物流信息化发展。运输标准化是物流信息化的基础。集装箱的生产制造有国际标准、国内标准、地区标准、公司标准等4个体系，相应在全球或地区范围内，对集装箱多式联运的作业流程、作业方法、作业条件等形成了共同遵守的操作标准和规范。每个在运行的国际标准集装箱都具有唯一编码标识，有利于在互联网环境下充分利用现代信息技术手段，在不同运输方式之间实现货运信息的互联互通，方便实行标准化单证、票据和物流全程"一单制"。

4.4.6.2　集装箱多式联运的制约因素

集装箱多式联运通常受到货运量规模、配套基础设施、装备技术水平、组织化程度和政府监管法规等因素制约，现简述如下。

1）经济发展水平比较低，工农业产业化落后，社会商品流通量少，缺乏充足而稳定的适箱货源，达不到开展集装箱多式联运所需要的市场货运量规模。

2）交通业与物流业发展水平比较低，没有形成多种运输方式的基础设施网络优势，枢纽和节点城市多式联运设施建设不完善，不具备集装箱多式联运所需要的配套基础设施条件。

3）多种运输方式的装备技术水平比较低，开展集装箱多式联运所需要的运输、装卸、中转等装备标准不统一，难以形成不同运输方式的有机组合优势。

4）集装箱多式联运的组织管理水平比较低，多种运输方式之间不衔接不配套，不能很好发挥集装箱多式联运综合性一体化优越性，导致集装箱多式联运的运行效率和效益得不到充分发挥。

5）政府监管法规滞后，多式联运市场发育不完善，不同企业主体的管理制度、单证流程及信息系统不衔接，阻碍集装箱多式联运的开展。

4.4.6.3　集装箱介绍

集装箱是指具有一定强度、刚度和规格，专供周转使用的大型装货容器。国家标准《物流术语》（GB/T 18354－2021）对集装箱作了具体要求：具有足够的强度和刚度，可长期反复使用；适于一种或多种运输方式运送，途中转运时，箱内货物不需换装；具有快速装卸和搬运的装置，特别便于从一种运输方式转移到另一种运输方式；便于货物装满和卸空；具有1立方米及以上的容积。集装箱术语定义不包括车辆和一般包装。

国际标准化组织 ISO/TC104 技术委员会制定和修改了集装箱国际标准。各国也参照国际标准并结合具体情况制定了本国的集装箱标准。我国现行国家标准《系列 1 集装箱　分类、尺寸和额定质量》(GB/T 1413—2008),规定了集装箱各种型号的外部尺寸、极限偏差及额定重量。按照所装货物的用途分类,集装箱分为干货集装箱、散货集装箱、液体集装箱、冷藏集装箱及特种专用集装箱等不同种类。

国际标准集装箱单位(twenty-feet equivalent unit,TEU)是计算集装箱箱数的换算单位,通常以 20ft 国际标准集装箱作为一个计算单位。40ft 国际标准集装箱作为两个计算单位。自然箱(实物箱)也作为一种统计单位,即不论集装箱规格尺寸大小,均作为一个集装箱统计。20ft 是集装箱的标准尺寸,其外部尺寸最高是 8ft6in①,内部尺寸高度小于 8ft,40ft 的集装箱也较为常见。集装箱的长度是一致的,但高度不尽相同。标准规定在水平面上铸造的、内部尺寸高和宽都是 8ft的集装箱为标准集装箱。高度为 8ft6in 和 9ft 的集装箱被定为高箱。高箱的主销位置有一个平缓的台阶,下面有一个凹槽称为“鹅颈口”。

近年来,集装箱运输已成为国际贸易中最重要的运输方式,我国集装箱吞吐量增长率一直保持在 30%左右。

保温集装箱(insulated container)是一种所有箱壁都用热导率低的材料隔热,用以运输需要冷藏和保温的货物的集装箱,一般包括冷藏集装箱、隔热集装箱和通风集装箱三种类型。

1)冷藏集装箱(reefer container,RF)是指装载冷藏货并附有冷冻机的集装箱。在运输过程中,启动冷冻机使货物保持在所要求的指定温度。国家农产品现代物流工程技术研究中心创新团队开发的移动式高精度贮运一体化集装箱(图 4-34),集成了品控包装技术、物联网技术、检验检测技术。冷藏集装箱的缺点包括:投资大,制造费用是普通箱的几倍;在冷藏货源不平衡的航线上,常常需要运去/运回空箱;船上用于装载冷藏集装箱的箱位有限;同普通箱比较,冷藏集装箱的营运费用较高,除应支付修理、洗涤费用外,每次装箱前应检验冷冻装置,并定期为这些装置大修而支付不少费用。

图 4-34　移动式高精度贮运一体化集装箱

2)隔热集装箱(insulated produce container)是一种防止箱内温度上升,使货物保持鲜度,主要用于装运水果、蔬菜等货物的集装箱。通常用干冰制冷,保温时间约 72h。

3)通风集装箱(ventilated container)是一种为装运不需要冷冻,且具有互相作用的水果蔬菜

---

① 1in=2.54cm

类货物，而在端壁上开有通风口的集装箱。这种集装箱通常以设有通风孔的冷藏集装箱代用。

4.4.7　冷链运输模拟平台

为了改进运输技术和设备，在进行室内模拟试验时，也必须充分了解运输中各种环境条件。其中，振动是园艺产品运输时应考虑的重要机械力。

从包装工程角度，研发具有减振功能的包装材料和科学的容器堆放方式是非常必要的，它不但与包装材料有关，也涉及运输装置、道路状况、产品在运输装置内的具体位置等因素。在这方面的研究领域，最常用的一种方法是利用振动试验台在实验室内模拟各种道路运输状况，在实验室内完成包装材料、包装方式、损伤程度等研究内容。需要注意的是，这种方法需要预知车辆在道路上的真实振动频谱，否则模拟振动试验失去意义。另一种方法是真实的道路试验，在运输过程中检测各种指标。图 4-35 是由国家农产品现代物流工程技术研究中心团队研发的具有温度控制系统的模拟振动试验装置，利用该装置可以模拟长途运输的真实环境，研究在不同温度条件下产品振动损伤问题。

图 4-35　具有温度控制系统的模拟振动试验装置

4.5　装卸搬运装备

装卸搬运是在同一地域范围内（如仓库、车站、码头等）改变物资的存放状态和空间位置的活动总称。"装卸"是指以垂直位移为主的实物运动形式，"搬运"是指以水平位移为主的实物运动形式，装卸搬运是伴生性、衔接性的活动，具有作业量大、货物信息在作业地点的聚集性强、方式复杂多变、作业波动性大、存在安全隐患等特点。在实际操作中，装卸与搬运是密不可分的。装卸搬运按作业对象可以分为单件作业、逐件作业、集装作业、散装作业等，按连续性可以分为连续装卸和间歇装卸。

正确的货物装载操作是保证冷链有效运输和减少园艺产品遭受机械损伤的关键。装货时货物与厢体内壁应留有一定空隙，货物下方最好垫有托盘，以保证车厢内空气流通，不影响回风。货物要加以固定，以免发生滑动对厢体造成损害。对于需要冷链运输的货物，装载前还需要进行预冷、除霜等操作。冷链货物装载最好在关机状态下进行，如果在制冷机开机的状态下装载货物，冷热空气的交换会使车厢内壁形成水珠，车厢内温度发生浮动，导致货物的温度发生改变，影响货物品质。同时，在冷链货物装货前，集装箱内使用的垫木和其他衬垫材料也要预冷，并保证其清洁，以免污染货物，不要使用纸、板等易堵塞通风管口的材料做衬垫。严禁将已降低鲜度或已变质发臭的货物装进箱内，影响其他正常货物。

装卸搬运设备是装卸搬运作业的重要组成，其形式多样。按用途可分为起重设备、连续运输设备、装卸搬运车辆、专用装卸搬运设备；按作业方向可分为水平方向、垂直方向和混合方向；按动力可分为电动式和内燃式；按传动类型可分为电传动装卸搬运设备、机械传动装卸搬运设备和液压传动装卸搬运设备；按被装卸物资的特点可分为包装成件货物的装卸搬运设备、长大笨重货物的装卸搬运设备、散装货物的装卸搬运设备、集装箱货物装卸搬运设备等。装卸搬运设备可以提高装卸效率，节约劳动力，降低劳动强度，改善劳动条件；缩短作业时间，加速车辆周转；提高装卸质量，保证货物的完整和运输安全；降低装卸搬运作业成本；充分利用货位，加速货位周转，减少货物堆码占用的场地面积。

4.5.1　起重设备

起重设备是一种循环、间歇运动的机械，用来垂直升降货物或兼作货物的水平移动，以满足货物的装卸等作业要求。起重机为固定设备，以装卸为主要功能，不用于搬运，作业间歇重复且需要的空间高度较大。起重机主要有两种类型：①门式或桥式起重机。门式起重机和桥式起重机是长大笨重货物的主要装卸机械，也是库内箱、件装物资装卸设备之一。②悬臂式起重机。悬臂式起重机主要利用臂架的边幅（俯仰）绕垂直轴线回转配合升降货物，动作灵活，满足装卸要求，其形式有固定式、移动式和浮式。

4.5.2　物料输送设备

物料输送是装卸搬运的主要组成部分。从国内外大量自动化立体仓库物流配送中心、大型货场来看，其设备大部分都是连续输送机组成的搬运系统。整个搬运系统均由中央计算机控制，大量货物或物料的进出库、装卸、分类、分拣、识别、计量等工作均由输送机系统完成。输送机具有自重轻、外形尺寸小、成本低、驱动功率小等优点，且由于其运动速度较高并稳定，可获得较高的生产率。输送机在输送货物时线路固定，动作单一，便于实现自动控制。

输送机的主要类型有：①带式输送机。输送带根据摩擦传动的原理而运动，是仓库广泛使用的装卸搬运机械。带式输送机主要用于在水平或坡度不大的倾斜方向上连续输送散粒货物或重量较轻的成件大宗货物。②辊道式输送机。输送机由一系列以一定间距排列的辊子组成。可以很好地与生产过程和装卸搬运系统衔接配置，易于组成流水线作业，可运送托盘货物或大型成件货物。③螺旋输送机。输送机利用带有螺旋叶片螺旋轴的旋转使物料产生沿螺旋面的相对运动，物料受到料槽或输送管臂的摩擦力作用不与螺旋一起旋转，从而将物料推移向前来实现物料的输送。④重力式输送机。输送机利用物料本身的重量产生的动力，在倾斜的输送机上由上往下滑动。为了控制重力式输送机上货物的速度，大倾角的输送机会装有制动滚子。⑤垂直升降输送机。输送机通过卷扬机或液压装置驱动其升降平台连续搬运单件或大型托盘货物。

4.5.3　工业搬运车辆

工业搬运车辆是指用于企业内部对成件货物进行装卸、堆垛、牵引或堆顶及短距离运输的各种轮式搬运车辆。由于工业搬运车辆可安装各种可拆换的工作属具，因此能机动灵活地适应多变的物料搬运作业环境，满足各种短距离物料搬运作业的要求。

叉车又称铲车，以货叉作为主要的取货装置，是物流领域中应用最广泛的工业搬运车辆。叉车具有机械化程度高、机动灵活性好、可以"一机多用"、有利于开展托盘成组运输和集装箱运输、成本低等优点。叉车可按其动力装置不同，分为内燃叉车和电瓶叉车；按其结构和用途不同，分为平衡重式、插腿式、前移式、侧面式、跨车及其他特种叉车等。

高位叉车一般指门架工作高度在 10m 以上的叉车（图 4-36），

图 4-36　高位叉车

主要包括前移式叉车、高位拣选叉车、低位驾驶三向堆垛叉车、高位驾驶三向堆垛叉车等多种形式。其中常见的前移式叉车、窄巷道堆垛叉车可配备高位作业用的门架，可用于室内的高位立体仓库和港口的搬运作业。

4.5.4　堆垛机

堆垛机是在立体仓库中最重要的起重运输设备，其主要用途是在立体仓库的通道内进行水平往复直线运动、垂直升降、货叉左右伸缩叉取等协调动作，将位于巷道的货物存入货格，或者将货格中的货物取出，运送到巷道口，实现存储单元货物的自动入出库。堆垛机具备工作效率高、仓库利用率高、自动化程度高、设备稳定性好等优点。

堆垛机一般由下横梁、货叉机构、立柱、上横梁、运行机构、起升机构和电气控制系统等组成，根据立柱数量可分为单立柱堆垛机和双立柱堆垛机两种，如图 4-37 所示。通过与仓库管理系统（warehouse management system，WMS）、仓库控制系统（warehouse control system，WCS）控制其运行，从而来实现货物的自动化出/入库作业流程。堆垛机与立体货架的通信可采用电缆连接，也可以采用红外通信方式，以提高其抗干扰能力。

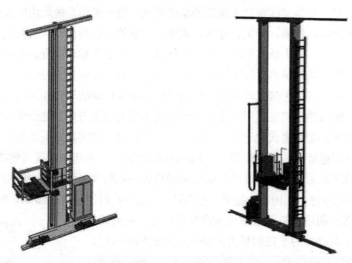

图 4-37　单立柱堆垛机（左）和双立柱堆垛机（右）

按照用途不同，堆垛机可分为巷道堆垛机和桥式堆垛机。巷道堆垛机沿货架仓库巷道内的轨道运行，适用于各种高度的高层货架仓库；采用货叉伸缩机构，使货叉可以伸缩，缩小巷道宽度，提高仓库的利用率。桥式堆垛机用于高层货架仓库存取作业，同时也适于货架堆垛。桥式堆垛机与巷道堆垛机相比，其机动性强，能同时服务若干巷道，但堆垛高度低，占用巷道宽度大，生产率低。与叉车相比，其堆垛高度高，占用巷道宽度小，但灵活性不足，无法出仓作业。此外，桥式堆垛机能用于高架储存，也能实现无货架堆垛，并能跨越货架，适合重物、长大件货物的高堆垛，但需要仓库顶棚与货架间有较大净空，以保证桥架顺利通行。

4.6　冷链节能技术

低碳物流是物流作业环节和物流管理全过程的低碳化，其内涵体现为绿色加高效。节能是实现低碳物流的关键手段。冷链物流的节能旨在通过科学的管理使能源得到充分的利用，并减少因为制冷浪费和效率低下导致的对环境的危害。能源消耗是碳排放的主要来源。据埃森哲物流和运输业行业研究报告显示：在各行业中，运输业的碳排放位居第五，占总量的 13.1%。物流作为人类活动的重要组成部分，每年的碳排放量是 2800 万亿吨，占人类所有活动产生 CO_2 量的 5.5%，占整个产品生命周期排放量的 5%～15%。温度、湿度和 O_2 含量等因素对货物贮藏环境的影响，使冷链比一般物流系统更加复杂，其运作过程始终伴随着能源的消耗。设备陈旧、制冷技术落后、管理不到位、空驶率高、满载率低和重复作业等问题使得我国冷链物流能源浪费严重，运行能耗居高不下。

　　冷链物流节能主要通过设备节能和管理节能两方面实现。在冷链物流企业中，制冷设备的能耗占比大，其经济性能严重影响企业的运行成本。选择节能型压缩机，尽可能降低冷凝温度，尽可能提高蒸发温度，在制冷系统中采用更多的节能技术，采用自动控制系统，是冷链物流企业的必需选择。①采取经济合理的保温措施。从田间预冷、低温冷藏、冷链运输到冷柜销售，园艺产品与外界之间都存在热交换。因此冷藏设备应采取优质的保温材料和经济合理的保温层厚度。②采用经济合理的冷藏温度标准。冷链运行中冷藏温度越低，能耗越大。而不同的园艺产品则需要不同的冷藏温度，这需要经过专业的计算和实验数据获得。③空气冷却器融霜控制。为了节能，冷风机的融霜应当做到全自动控制。④冷库门控制。冷库门要随开即关。自动控制是最好的选择。如蜗杆电动门专设 PLC（可编程逻辑控制器）控制。⑤库房照明控制。当冷库门关闭一定时间后，如果照明灯还亮着，即自动关闭照明，但要避免误关灯。⑥库房温度和蒸发温度调节。在某一运行状态下，如果蒸发温度能以库房热负荷及制冷系统制冷量为参数进行调节，则既能达到节能的目的，还能使能量调节更为合理。⑦冷间相对湿度调节。对于高相对湿度要求的冷间，要尽量降低制冷剂与库房之间的温差；对于低相对湿度要求的冷间，要尽量减少带入冷间的室外热湿负荷。⑧供液方式调节。根据不同制冷对象采用不同供液方式，加强相应自控程序研究，从而达到节能的目的。⑨蒸发器双流量调节。根据蒸发器热负荷的变化情况，设置小负荷供液、回气电磁阀和大负荷供液、回气电磁（主）阀，由此根据实际负荷的变化而作相应的调节，有利于冷间蒸发器的节能运行。⑩能量综合利用技术。在制冷系统中采用热回收技术、冷回收技术、制冷剂回收技术和冷冻机油再生技术等，可以达到节能降耗、节约运行成本的目的。

　　实现冷链物流过程节能的管理措施主要有：①管理并合理使用制冷设备。冷链系统中的制冷设备耗能最大，因此其节能非常关键。可采取的措施包括按时放出系统中的油和不凝性气体、按时保养和维修等。②减少冷量释放及需要新增制冷的操作，如减少冲霜次数、减少冷间开门次数、尽可能集中进出货物等。③聘用专业冷链管理人员，并加大培训，提高冷库配置人员的职业素养，减少由于操作有误或节能意识不强而产生的能源浪费。④实行冷链运行全过程的有效监控。加快冷链的信息化建设，加速冷藏车的更新换代，建立冷链物流中心，引入北斗卫星定位系统、射频识别技术（RFID）冷链温度管理系统、仓库管理系统等。⑤制定并严格执行冷链标准法规。要尽快制定与国际接轨的冷链物流指导准则与相关标准，包括整个冷链物流节点的相关标准和良好操作规范。

第5章　园艺产品采后包装

5.1　园艺产品采后包装概述

5.1.1　包装的定义

依据《包装术语　第 1 部分：基础》（GB/T 4122.1—2008），包装的定义为：为在流通过程中保护产品，方便储运，促进销售，按一定技术方法而采用的容器、材料及辅助物等的总体名称。也指为了达到上述目的而采用容器、材料和辅助物的过程中施加一定方法等的操作活动。

国际食品法典委员会将食品包装的功能归为三个方面：保持食品品质和价值、便于储运销售、吸引消费者。因此，可以将包装的基本功能确定为以下 4 个：盛装（containment）、保护（protection）、便利（convenience）和提供信息（communication）。

本章主要介绍果品和蔬菜等供人类食用的园艺产品的包装。该类包装的定义和功能可以参照食品包装，在包装设计时应考虑上述定义和功能。

5.1.2　园艺产品包装要求

园艺产品的包装与食品科学、植物学、包装技术、环境科学、市场营销等多个学科相关，涉及化学、生物、物理和艺术美学等基础科学。包装的设计和应用要从产品和包装材料两方面综合考虑。果蔬等园艺产品包装方案的设计，首先要根据被包装产品的本身要求进行，从减少产品贮运销过程中的损耗、保证产品的质量安全角度去考虑。

（1）减轻/防止产品机械伤害　　机械伤害会导致园艺产品褐变、微生物侵染等问题。包装应能够减轻或者防止园艺产品在贮运销过程遭受的机械伤害。

（2）保持适宜的环境条件　　包装需为产品提供一个相对安全的贮藏环境。因此，在选择包装材料和包装结构时，需要重点考虑以下因素。

1）温度，果蔬等园艺产品通过包装材料与包装上的通气孔与外界环境接触，进行温度交换，使内部温度不至于显著升高。增强包装内产品与环境温度一致的措施如下：①增加外包装通气孔大小，有 5%侧面或底部面积的通气孔。瓦楞箱包装就可满足这样的热交换要求，并且不会使包装的机械强度下降过多。少量的大孔径的通气孔比数量多而孔径小的通气孔热交换效果要好。侧面的通气孔距边缘 5cm 时的通气效果良好。②内包装排列方式合适，可减少由此而引起的通气孔堵塞。另外，对于保温性能良好的包装材料则没有通气孔，如用聚苯乙烯泡沫塑料箱等，主要是为了防止外界热空气进入已制冷或加有冷源的包装内。

2）湿度，包装要能够防止产品贮运销过程中失水。使用纸箱、塑料筐、木箱或竹筐等包装时，需要内衬塑料袋或湿润的草纸，以保持包装内环境较高的湿度，减缓失水。

3）气体，合适的内包装能利用产品自身的呼吸作用，在包装内形成高浓度 CO_2、低浓度 O_2 的自发气调环境，达到气调效果，同时排出包装内产生的乙烯、乙醛等不良气体。

（3）良好的贮运流通适应性　　在园艺产品采收、采后贮藏、运输和销售过程中，包装过程及包装后的产品应可实现相应操作的简单化，如便于成型、密封、机械化操作、印刷、码垛、搬运等。

（4）其他要求　　所有接触食用园艺产品的包装材料必须卫生安全，不能产生对人有害的物质并迁移入产品，也不能与产品成分发生反应；成本合理，环境友好，避免过度包装及包装材料对环境的污染。应该符合国内外关于包装的标准和法规及食品卫生和安全相关法律法规，保证安全，促进贸易。

5.1.3　园艺产品包装种类

按包装的功能和用途，果蔬等园艺产品包装可以分为销售包装和运输包装。销售包装：将产品进行包装后，以单个或者多个单位进行直接销售，如纸盒、手提纸箱、泡沫塑料托盘、网袋、伸缩薄膜、藤篮等，也称为商品包装。运输包装：将用于销售且包装好的产品装入箱、袋、盒、桶等较大的容器中，经捆扎成件后便于装卸搬运。运输包装表面要有明显的标识，防止运输过程中的不当搬运造成产品损失。

根据包装的层次，果蔬等园艺产品包装可分为内包装和外包装。内包装主要有衬垫、铺垫、浅盘、包装膜、包装纸及塑料小盒等。外包装包括筐、袋、木箱、瓦楞纸箱、塑料箱等。内包装主要具有以下功能：防止机械损伤、防失水、达到气调效果、方便零售。外包装主要作用为使果蔬产品防震、防挤压、防碰撞、利于流通运输、产品宣传等。根据包装材料，果蔬等园艺产品包装可以分为纸包装、塑料包装、木质包装、复合材料包装等。按照包装容器形状可以分为盒、盘、袋、兜等。按照包装容器的使用次数还可分为一次性包装、可重复利用包装。

5.1.4　园艺产品包装材料

随着商品经济的发展及流通渠道和范围的扩大，果蔬等园艺产品包装的标准化问题显得愈来愈重要。目前我国已经制定了适合我国的《新鲜水果、蔬菜包装和冷链运输通用操作规程》（GB/T 33129—2016），在促进我国果蔬包装、运输的标准化方面起到了推动作用。果蔬等园艺产品常用的包装容器、材料及适用范围见表 5-1。

表 5-1　新鲜果蔬常用的包装容器、材料及适用范围（GB/T 33129—2016）

种类	材料	适用范围
塑料箱	高密度聚乙烯	适用于任何水果、蔬菜
纸箱	瓦楞纸板	适用于任何水果、经过修整的蔬菜
纸袋	具有一定强度的纸张	装果量通常不超过 2kg
纸盒	具有一定强度的纸张	适用于易受机械伤的水果
板条箱	木板条	适用于任何水果、果菜类蔬菜
筐	竹子、荆条	适用于任何水果、蔬菜
网袋	天然纤维或合成纤维	适用于不易受机械损伤的含水量少的果蔬
塑料托盘与塑料膜组成的包装	聚乙烯等	适用于蒸发失水率高的水果，装果量通常不超过 1kg
泡沫塑料箱	聚苯乙烯	附加值较高、对温度比较敏感、易损伤的水果和蔬菜
加固竹筐	筐体竹皮、筐盖木板	任何蔬菜

5.1.5　园艺产品包装技术

果蔬等园艺产品的包装技术应依据产品质量变化规律和采后贮藏与物流要求，实现并满足其产品包装的目的和要求，主要包括：包装操作相关的工艺措施、监测控制手段及质量保证等技术措施。

1）基本包装技术。果蔬等园艺产品基本包装技术是形成产品独立包装件的技术，主要包括从采收到装箱的包装技术与方法等。园艺产品基本包装技术涉及包装场建设、包装工具、包装机械设备、包装箱贴标、封箱捆扎、堆码等。

2）专用包装技术。为了实现产品质量安全提升、保鲜期延长及对环境友好等目的，在基本包装技术的基础上逐渐形成了果蔬等园艺产品包装的专用技术，如自发气调（MA）包装、真空包装、活性包装、智能包装、可食性包装、可降解包装等。

5.2　园艺产品自发气调（MA）保鲜包装

本节主要阐述果蔬的自发气调保鲜包装。果蔬的自发气调包装（modified atmosphere packaging，MA 包装）是指将果蔬密封在具有特定透气性能的塑料薄膜（或带有硅窗的薄膜）中，利用果蔬自身的呼吸作用和塑料薄膜的透气性能，在一定的温度条件下，自行调节密闭环境中的 O_2 和 CO_2 的含量，使其符合气调贮藏的要求，从而达到延长果蔬贮藏期，保持果蔬品质的目的（图 5-1）。

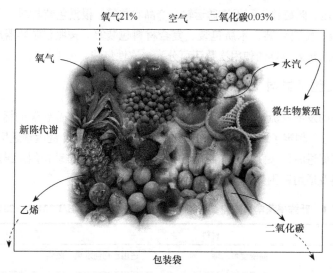

图 5-1　果蔬 MA 包装模式图

保鲜包装由于具有许多优点，近年来被广泛用于果蔬的贮藏保鲜。例如，香蕉在运输中，先将蕉梳装入放有薄膜袋的纸箱中，再将薄膜袋口扎紧，还可以在袋中加入乙烯吸收剂以去除果体释放的乙烯，这样即使在非低温条件下，也能安全贮运 15～20 天。西兰花利用薄膜袋单球包装，结合低温贮藏，可使产品保持鲜度 60～70 天。

5.2.1　MA 包装的功能

1）防失水。MA 包装可以使蒸发的水分保持在包装内部，从而具有保湿作用，能有效防止果蔬水分蒸发，为果蔬创造一个相对高湿度环境（95%左右）。在 0℃温度下，采用薄膜包装气调贮藏苹果，6 个月的失水量约为 0.1%，而未加薄膜包装的失水率为 3%～4%。需注意的是，如果包装材料透湿性太差，造成包装内部过湿状态，则又易于使果蔬腐败。因此，包装材料也要有一定的透湿性，以使包装内环境湿度维持在适宜状态。

2）气调。MA 包装所具有的气调效果是其保鲜的基础。利用果蔬呼吸及薄膜的透气性，果蔬 MA 包装内能够建立一个低 O_2、高 CO_2 的气调环境，从而可以有效地抑制果蔬的衰老。薄膜包装袋内气体变化模式如图 5-2 所示。

3）抑制乙烯。使用功能性包装材料或在包装中加入乙烯脱除保鲜剂，可有效去除贮藏过程中果蔬产生的乙烯，抑制果蔬后熟，达到保鲜目的。

4）防腐。MA 包装可以方便简单地结合保鲜剂，从而有效地防止果蔬的腐烂。例如，葡萄的 MA 包装结合 "CT 系列" 葡萄专用保鲜剂处理，可有效延长葡萄保鲜期。另外，我国已生产出了加入抗菌剂、脱氧剂、脱臭剂等的塑料薄膜袋，可达到抗菌防腐效果。

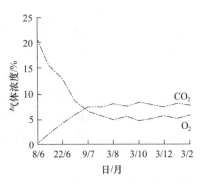

图 5-2　MA 袋内气体成分变化示意图
（周志才等，1997）

5.2.2　MA 包装的制造

（1）自发 MA 包装　　当包装内果蔬的呼吸特性与包装薄膜的透气性相适应时，通过果蔬的呼吸作用在密闭包装内即可建立一个适宜的气体环境。利用此法建立自发气调包装时，要避免果蔬呼吸活动可能造成的低 O_2 或高 CO_2 引起生理伤害的情况。自发 MA 包装主要适用于水果蔬菜产品的长期贮藏。生产中主要应用的果蔬有葡萄、蒜薹、樱桃、苹果、辣椒、香蕉等。

（2）充气式的 MA 包装　　通过对包装袋抽气并充入所需要的气体，可在较短时间内在包装袋内建立合适的气体环境。此种方法建立的自发气调包装可能增加额外的费用，但它能够快速建立起所需的气体环境，从而使果蔬的贮藏保鲜效果明显增强。

例如，将切碎的生菜装进 0.12mm 厚的塑料袋中，然后抽至一定的真空度后，注入 3%～5% 的 O_2 和 4%～6% 的 CO_2 混合气体，最后密封，即可有效延长生菜的保鲜期。另外，在一些货盘中，将整个货盘的产品（以草莓为例）用 0.12mm 厚的聚乙烯袋罩住，并在货盘下部用宽胶带将塑料薄膜缠绕固定；将封罩内抽部分真空，再通过小孔导入 15% 的 CO_2，也可以有效延长货架期。

5.2.3　MA 包装薄膜的选择要求

5.2.3.1　薄膜的透气性能

MA 保鲜的核心是使包装内的气体浓度符合产品的要求，因此选择 MA 包装薄膜时首先要考虑 CO_2 和 O_2 的透气率及二者的透气比。因为自发气调包装内气体含量的典型变化规律是 O_2 由 21% 降至 2%～5%，CO_2 可能由 0.05% 增加到 16%～19%。所以，为了防止包装袋内形成缺 O_2 及高 CO_2 状态，选择包装薄膜时要求其对 O_2 及 CO_2 的透过率要大，且通常薄膜的 CO_2 透过率要比 O_2 透过率大 3～5 倍。

部分果蔬保鲜适宜气体条件及不同透气性薄膜 MA 包装内的 O_2 和 CO_2 浓度组合见图 5-3 和图 5-4。相关数据可以为新鲜果蔬的 MA 保鲜包装要求和设计提供基本指导。图中方格为不同果蔬保鲜适宜的 O_2 和 CO_2 气体浓度范围，方格越小，该果蔬 MA 包装内的气体浓度要求越严格。当果蔬 MA 包装内气体浓度达到平衡稳态时，包装内 O_2 和 CO_2 相互依赖，O_2 和 CO_2 浓度组合位于图 5-3、图 5-4 中直线上，直线的斜率由 CO_2 和 O_2 透气系数比（β）决定，O_2 和 CO_2 浓度具体大小受包装内果蔬呼吸强度（温度等）、重量直接影响。图中 A～B 线为采用 CO_2、O_2 透气系数比（β）约等于 5.0 的包装膜［如低密度聚乙烯（LDPE）、聚偏二氯乙烯（PVDC）薄膜］的果蔬

MA 包装内稳态 O_2 和 CO_2 浓度点的组合。与 A~B 线相交的方格的果蔬适合这类薄膜,但 PVDC 透气性较低,仅适于低呼吸强度的果蔬。空气中 CO_2 和 O_2 透气系数比 (β) 大约为 0.8,采用不透气薄膜上打些小孔的 MA 包装(打孔包装)可以产生图中 A~C 线上的气体浓度,包装内 O_2 进入速率基本接近 CO_2 透出速率。除浆果和无花果外,蔬菜和大多数水果的方格(适宜气体浓度范围)没有落到此线上,这条线及以上的气体组合适于部分浆果类包装要求。A~B 和 A~C 线的 CO_2-O_2 气体环境可以通过使用兼具微孔和透气的薄膜包装实现。A~B 线以下部分的气体浓度环境主要适于对 CO_2 敏感的果蔬,需要使用 CO_2 透气性较高的包装材料。

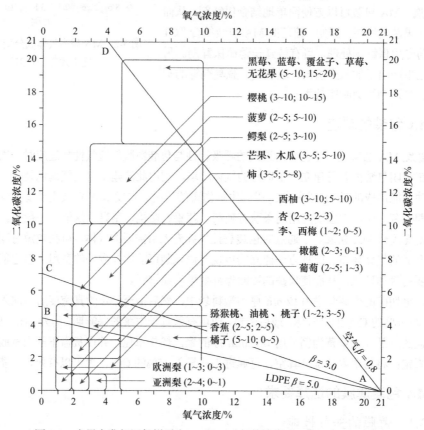

图 5-3　水果自发气调保鲜适宜 O_2 和 CO_2 气体浓度(Robertson,2012)

5.2.3.2　薄膜的透水性能

为了防止自发气调包装内结露,要求所选用的薄膜具有一定的水蒸气透过能力或者具有防湿层。为了提高包装塑料薄膜的透气性和透水性,防止无孔膜包装贮藏时常会出现的 O_2 过低、CO_2 过高及袋内湿度太高而造成的危害,可使用在表面分布大量肉眼看不清的激光微孔及直径为 5~10mm 若干孔洞的薄膜包装产品,孔径大小因产品种类和贮藏温度而定。

(1)常用 MA 包装薄膜及性能参数　　目前,生产中应用于果蔬自发气调包装的薄膜主要有聚乙烯和聚氯乙烯。聚偏二氯乙烯、聚酯等以透气率低的特点,也开始应用于呼吸速率特别低的园艺产品。常用塑料薄膜的透气率和透水率见表 5-2。

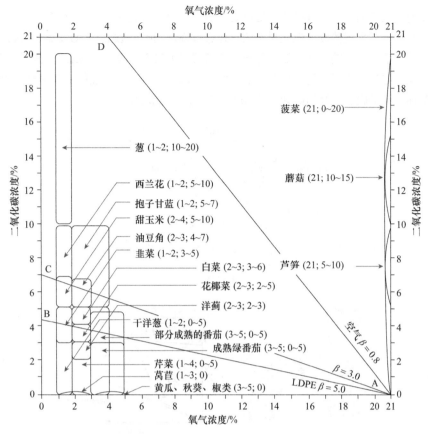

图 5-4　蔬菜自发气调保鲜适宜 O_2 和 CO_2 气体浓度（Robertson，2012）

表 5-2　常用塑料薄膜的透气率和透水率

塑料薄膜种类	透气率/[mL/（m²·h·MPa）]			透水率/[g/（m²·h）]
	CO_2	O_2	N_2	
低密度聚乙烯（LDPE）	14800～17000	3800～4700	1000～1330	0.40～0.80
高密度聚乙烯（HDPE）	4240～6360	1170～1750	330～500	0.02～0.02
聚氯乙烯（PVC）	2120～8480	1170～4650	670～2660	0.35～2.00
聚丙烯（PP）	5300～7400	1460～2340	—	0.06
聚对苯二甲酸乙二醇酯	42	23	—	—
聚乙烯醇（PVA）	21	9	—	0.30～1.80
聚偏二氯乙烯（PVDC）	21	9	3	0.10～0.30

　　在实际应用中，MA 包装主要采用 PE、PP、PVC 保鲜膜。PE 是应用最多的果蔬保鲜膜，具有价格便宜、透明度高等特点；PP 具有透明度高、色泽好、韧度强等特点，在果蔬销售期间的应用日益增多，但由于透气性低，需要在包装袋上打孔；PVC 极性高，具有柔韧性好、低温下柔软、不易破损、透湿性能好、不易结露等优点，但价格较高，主要用于一些长期贮藏的果蔬和销售时的收缩包装，在我国蒜薹的长期贮藏中应用甚广。由于果蔬保鲜涉及果蔬的品质、环境条件、保鲜薄膜的应用条件与效果，功能保鲜膜的使用效果需要经过实践检验后方可大规模推广应用。

　　（2）新型保鲜膜——可呼吸薄膜的研究　　可呼吸薄膜指的是能够根据环境温度波动而改变透气性，从而防止对于产品品质有不良影响的温度、昆虫和微生物、水分、风味等的变化。对于高呼吸强度的园艺产品来说，直接的益处就是减少无氧呼吸引起的 O_2 过低和 CO_2 过高。近年来，有研究采用两种方式来调控复合包装材料的气体透过性，一种是通过加入 O_2 脱除材料和具有高纵横比纳米材料等活性材料的打孔方法；另一种是利用亲水聚乙二醇、N-丙烯酸烷基酯、聚 N-异丙基丙烯酰胺和石蜡等相变材料的非打孔方法。图 5-5 展示了具可呼吸性能的薄膜材料透气过程。目前，可随环境调节膜透气性的鲜切果蔬 MA 包装已经开始应用。

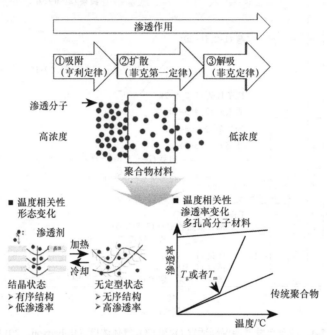

图 5-5　气体分子透过聚合材料的扩散过程（Kim and Seo，2018）

5.2.4　MA 包装的理论模型

5.2.4.1　MA 包装概念模型

MA 包装概念模型是 MA 包装向质和量两个方面发展的重要支撑。MA 包装概念模型涉及宏量级（货盘包装）—中量级（中间包装）—微量级（包装产品）等多个尺度，涉及学科已从物理学及工程学逐渐转到生物学、生理学和微生物学等方面。

宏量级 MA 包装（图 5-6）主要用于其在不同级、体系、冷却和通风类型情况下，有关热量和质量传递及边界层与不同流型影响的研究，以了解货盘和叠放包装的贮藏环境变化。在这个等级下，强制气流和湍流流动是传送热量、水分、气体及挥发物进出包装的主要手段。我国的塑料大帐（可加设硅窗）贮藏也属于此类宏量级 MA 包装的范畴。

中量级 MA 包装（图 5-7）是通常意义上的园艺产品 MA 包装。强调的重点转为因浓度和热量梯度而产生自然对流和扩散过程。园艺产品产生的热量直接或通过包装中的气体传导到包装材料，最后传

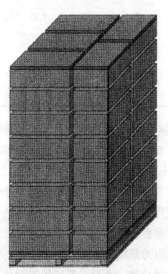

图 5-6　宏量级 MA 包装示意图（崔建云等，2006）

导到围绕包装的空气中。通过半透性包装材料，水蒸气、呼吸气体、乙烯和其他挥发物质在包装内外以扩散形式相互交换。这种包装薄膜既可以是选择性的半透膜，也可以是有孔的全透膜。包装内部的稳态气体条件，是由以扩散形式进出的气体及产品消耗与生成的气体共同作用的结果，而这两类气体自身又受到包装内气体成分的影响。包装内气体达到稳定状态后才开始呈现出气调的价值，因此该过程所需的时间非常重要。达到稳定状态的动力学取决于气体交换率和扩散率，还取决于包装产品量的相对包装尺寸。如果包装内无效空间较大，则达到稳定状态所需的时间就会较长。在极端的情况下，达到稳定状态所需要的时间可能比包装产品的货架期还要长。温度是影响稳定状态形成速度的主要因素，也是影响稳定状态时气体自身构成水平的重要因素。

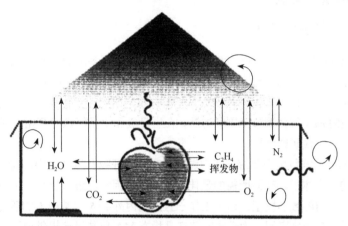

图 5-7　中量级 MA 包装示意图（崔建云等，2006）

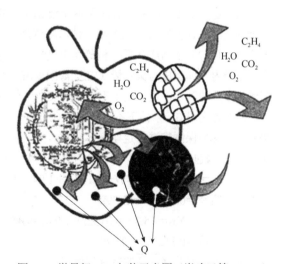

此外，园艺产品的失水会带来包装上凝集冷凝水的风险，质量会因为温度的波动而变差。冷凝水的出现为导致产品变质的微生物生长创造了有利的条件，而且随着水在包装薄膜上凝聚，整个包装内的浸透压降低。

基于产品微量级 MA 包装（图 5-8），主要是关于产品内部和外部环境间气体交换形成的 O_2 和 CO_2 分压差产生的扩散驱动力。

5.2.4.2　MA 包装数学模型

随着 MA 研究与应用的不断深入，很多研究人员用数学模型来设计和描述 MA 包装。其核心作用是通过设计产品重量、包装膜的厚度和透气性等相关参数得到适合的果蔬贮藏条件，避免包装内产生不利的、有害气体浓度。

图 5-8　微量级 MA 包装示意图（崔建云等，2006）

目前，研究主要以中量级的数学模型为主，即把产品的呼吸速率（动态时需要根据米氏方程考虑动力学变化过程）、包装薄膜的透气性参数与包装内外气体成分之间的相互关系用数学模型表示出来，从而可以从理论的角度来设计果蔬的 MA 包装。根据费克-亨利定律，由在 MA 条件下果蔬呼吸过程达到稳定状态时进入包装内的 O_2 被呼吸消耗的速度等于呼吸排出的 CO_2 逸散到包装外的速度的理论，所建立起来的理论模型的数学表达式为

$$RW=PA（P_1-P_2）/X$$

式中，R 为果蔬的呼吸强度；W 为包装内果蔬的重量；P 为包装薄膜在贮存温度条件下的气体透气率（O_2 或 CO_2）；X 为包装薄膜的厚度；A 为包装薄膜的表面积；P_1-P_2 为包装薄膜两侧气体的分压差。

利用此理论模型，根据果蔬的呼吸代谢规律及果蔬贮运中所需的最佳气体浓度，可以计算出包装材料及预测包装内的气体成分。此外，由模型可知，随着薄膜面积的增加、薄膜的变薄和浓度差的增大，气体的渗入（或渗出）会更加迅速；而薄膜的透气性主要取决于所使用的材料。

5.2.5　MA 保鲜研究案例

5.2.5.1　MA 包装设计研究

MA 包装的设计研究始于 20 世纪 80 年代。发达国家早期多从 MA 小包装设计与应用开始。在我国，清华大学江亿院士和烟台大学侯东明教授则于 1989 年，在我国苹果 MA 大帐贮藏实践及 MA 塑料大帐降氧过程的基础上，基于气体平衡关系，研究计算了大帐、小包装、固定硅窗大帐、可变硅窗大帐的 MA 气体调节范围和方法，在宏量级和中量级水平开拓并提升了我国 MA 包装设计及调节的理论实践研究水平。

设计有效的 MA 保鲜包装需要综合考虑温度、产品的呼吸及渗透阻力、包装薄膜的透气性及表面积、包装内的自由体积、产品所需的最佳气体浓度等因素，进而建立一个能够综合考虑各影响因素而且可广泛适用的数学模型。该项工作一直是国内外 MA 包装技术的研究热点和关键点。代表性工作（可以作为经典案例，为新鲜园艺产品稳态 MA 包装设计提供理论基础和指南）举例如下：

（1）基于多元回归分析的蒜薹不开袋 MA 包装设计与应用　　我国的蒜薹贮藏主要采用定期开袋调气的 MA 塑料薄膜袋贮藏，技术环节繁杂，工人需要在低温下长时间工作。烟台大学的周志才等（1997）依据产品呼吸和薄膜透气性在一定条件下达到平衡的原理，采用多元回归分析，建立了袋内气体组成与聚乙烯（PE）薄膜厚度、面积和贮藏量的数学模型，避免了呼吸强度和薄膜透气参数的测定，设计出了不需要开袋调气的蒜薹 MA 包装并进行了效果验证。

研究首先对 0℃ 条件下不同厚度 D（0.020～0.045mm）、面积 A（0.48～1.50m^2）、包装量 W（2～20kg）的蒜薹保鲜袋进行定期气体测定；当气体基本稳定后，取其平均值，利用回归分析，得到 D、A、W 与包装内 CO_2 和 O_2 百分含量的回归方程：

$$Y_{CO_2}=5.35+0.00967D-0.168A+1.94W+7.27\times10^{-4}A^2+0.0255D\cdot W-0.0117A\cdot W$$

标准偏差=0.678，r=0.999

$$Y_{O_2}=15.3-0.0132D^2+0.0189W^2+7.76\times10^{-3}D\cdot A-0.0989D\cdot W$$

标准偏差=0.312，r=0.970

进一步根据蒜薹贮藏的适宜气体组成（3%～5%O_2 和 5%～8%CO_2），利用上述回归方程设计出 4 种不同包装量的不开袋 MA 贮藏保鲜袋规格（长、宽、高）。将 4 种保鲜袋应用于生产，并在贮藏期间进行气体检测，发现不需要开袋调气，蒜薹包装内也可以维持合理的气体组成，免去了繁杂的定期开袋关节。

（2）基于费克-亨利定律的猕猴桃 MA 包装设计与应用　　为了考虑 MA 包装内压力变化，并分析动态环境温度、产品呼吸和膜透气性的影响，Talasila 等（1995）基于费克-亨利定律建立了一个设计果蔬稳态 MA 的程序，并以猕猴桃为例进行了设计计算。

1）稳态方程建立过程。首先基于 Talasila 曾经建立的恒温下非稳态模型，建立了稳态方程：

$$\frac{AP_{M_A}}{22.414E}(P_{A_2}-P_{A_1})=R_AW \tag{5-1}$$

$$\frac{AP_{M_B}}{22.414E}(P_{B_1}-P_{B_2})=R_BW \tag{5-2}$$

$$P_{C_1}=P_{C_2} \tag{5-3}$$

由方程（5-1）和（5-2）得：

$$\frac{P_{M_B}}{P_{M_A}}=\frac{R_B}{R_A}\cdot\frac{P_{A_2}-P_{A_1}}{P_{B_1}-P_{B_2}} \tag{5-4}$$

在确定稳态包装内的总气压和气体浓度条件下，可以得到 O_2 和 CO_2 的分压 P_{A_1}、P_{B_1}：

$$P_{A_1}=P_1\cdot\left(v_{A_1}\Big/V_1\right) \tag{5-5}$$

$$P_{B_1}=P_1\cdot\left(v_{B_1}\Big/V_1\right) \tag{5-6}$$

大气中 O_2 和 CO_2 的分压分别为 0.21 和 0，可得包装内总压力 P_1：

$$P_1=0.79\left(\frac{1}{1-v_{A_1}\Big/V_1-v_{B_1}\Big/V_1}\right) \tag{5-7}$$

当目标是筛选包装膜时，首先应该考虑选择接近计算所得透气比的包装膜。其次，需要考虑透气率，不同包装膜在不同温度下的透气性参数可以通过测试获得。一旦选择好需要的包装膜后，需要利用上述方程（5-1）和（5-2）计算出膜面积和特定产品重量比（A/W）。方程（5-1）给出包装内适宜 O_2 浓度所需的膜面积，方程（5-2）给出适宜 CO_2 浓度所需的膜面积。通常情况下，两个面积比较接近，但不完全相同。除非能开发出由方程（5-4）计算出的精确透气比的商业用包装膜，为避免包装内出现对果蔬有害的过低 O_2 浓度和过高 CO_2 浓度，通常选择较大的膜面积。

当确定包装膜、计算出膜面积后，稳态下包装内的气体浓度可以通过方程（5-1）和（5-2）得到。目前很难生产出精确符合所有设计需要的包装膜。因此，计算的浓度可能与所需要的最佳浓度有所差异。假设产品呼吸速率稳定，不随时间变化时，包装内任意时间的气体分压分别为

$$P_{A_1}(t)=P_{A_1}(t=t_{ss})-\left[P_{A_1}(t=t_{ss})-P_{A_1}(t=0)\right]\cdot\exp\left(\frac{-AP_{M_A}GT_1}{22.414EV_1}t\right) \tag{5-8}$$

$$P_{B_1}(t)=P_{B_1}(t=t_{ss})-\left[P_{B_1}(t=t_{ss})-P_{B_1}(t=0)\right]\cdot\exp\left(\frac{-AP_{M_B}GT_1}{22.414EV_1}t\right) \tag{5-9}$$

$$P_{C_1}(t)=P_{C_1}(t=t_{ss})-\left[P_{C_1}(t=t_{ss})-P_{C_1}(t=0)\right]\cdot\exp\left(\frac{-AP_{M_C}GT_1}{22.414EV_1}t\right) \tag{5-10}$$

式（5-1）至（5-10）中，A 为包装膜面积，m^2；E 为膜厚，m；G 为通用气体常数，$m^3\cdot atm/(kmol\cdot K)$；$P_{A_1}$ 为包装内 O_2 分压，atm；P_{A_2} 为包装外 O_2 分压，atm；P_{B_1} 为包装内 CO_2 分压，atm；P_{B_2} 为包装外 CO_2 分压，atm；P_{C_1} 为包装内 N_2 分压，atm；P_{C_2} 为包装外 N_2 分压，atm；P_{M_A} 为包装膜 O_2 透过率，$m^3/(m^2\cdot atm\cdot s)$（标况）；$P_{M_B}$ 为包装膜 CO_2 透过率，$m^3/(m^2\cdot atm\cdot s)$（标况）；$R_A$ 为产品 O_2 消耗率，$kmol/(kg\cdot s)$；R_B 为产品 CO_2 产生率，$kmol/(kg\cdot s)$；t 为时间，s；t_{ss} 为达到稳态的时间，s；T_1 为包装内温度，T；V_1 为包装内自由空间体积，m^3；v_{A_1}/V_1 为包装内 O_2 体积浓度，

m^3/m^3；v_{B_1}/V_1 为包装内 CO_2 体积浓度，m^3/m^3；W 为包装内产品重量，kg。

这 3 个稳定态时的气体分压是通过方程（5-1）～（5-3）求得的。由方程（5-10）和方程（5-3）可知，当初始袋内 N_2 和袋外 N_2 分压相等时，不论包装膜的 N_2 透气率大小，袋内和袋外的 N_2 一直相等。基于方程（5-8）和方程（5-9），可以确定包装内 O_2 和 CO_2 气体分压到达任意特定值的时间。如果包装内产品的呼吸率随时间而变化，需用一个数值程序来计算任意时间的分压以达到特定的 O_2 和 CO_2 分压。

2）猕猴桃 MA 包装设计。为了验证上述涉及程序，用 5℃下 4 个猕猴桃（360g）的稳态 MA 包装进行实验。

猕猴桃的适宜气体浓度为 1%～2%O_2，3%～5%CO_2，因此选择 2%O_2 和 4%CO_2 作为稳态浓度。参考研究文献，设定猕猴桃的呼吸商（RQ）为 1，5℃下呼吸强度为 $3.79×10^{-11}$kmol/（kg·s）。计算包装内总压力、气体分压和包装膜的透气比为

$$P_1 = 0.79 × \left(\frac{1}{1-0.02-0.04} \right) = 0.84atm \tag{5-11}$$

$$P_{A_1} = 0.02 × 0.84 = 0.0168atm \tag{5-12}$$

$$P_{B_1} = 0.04 × 0.84 = 0.0336atm \tag{5-13}$$

$$\frac{P_{M_B}}{P_{M_A}} = \frac{0.21-0.0168}{0.0336} = 5.75 \tag{5-14}$$

从现有包装膜中选择适宜透气比的 0.015mm PVC 膜：5℃下 $P_{M_A} = 9.49×10^{-13}$ m^3/（m^2·atm·s）（标况），$P_{M_B} = 56.8×10^{-13}m^3$/（$m^2$·atm·s）（标况）。由方程（5-1）和方程（5-2）可以计算出面积与重量比为 0.0695m^2/kg 和 0.0668m^2/kg，选择较大值 0.0695。可知，360g 猕猴桃所需的膜面积为 0.025m^2，设定长度和宽度相等，分别为 0.158m，作为顶部包装。根据猕猴桃的尺寸及包装体积最小化原则（可以最快达到稳态），设定包装高度为 0.04mm，设定猕猴桃密度为 1000kg/m^3，可以计算出包装内的空间自由体积。

$$V_1 = 0.158 × 0.158 × 0.04 - \frac{0.36}{1000} = 6.3856×10^{-4}m^3$$

利用方程（5-1）和方程（5-2）可以计算出包装内稳态 O_2 和 CO_2 气体浓度如下：

$$P_{A_1} = 0.21 - \frac{22.414×3.79×10^{-11}×0.36×15×10^{-6}}{0.158×0.158×9.49×10^{-13}} = 0.0164atm$$

$$P_{B_1} = 0 + \frac{22.414×3.79×10^{-11}×0.36×15×10^{-6}}{0.158×0.158×5.68×10^{-12}} = 0.03235atm$$

稳态时，包装内和包装外 N_2 均为 0.79，将 N_2、O_2 和 CO_2 分压相加，即得到稳态时包装内的总压力：

$$P_1 = 0.0164 + 0.03235 + 0.79 = 0.83875atm$$

利用方程（5-5）和方程（5-6）可计算出稳态时包装内的 O_2 和 CO_2 浓度：

$$\frac{v_{A_1}}{V_1} = \frac{P_{A_1}}{P_1} = 0.0196(1.96\%)$$

$$\frac{v_{B_1}}{V_1} = \frac{P_{B_1}}{P_1} = 0.0386(3.86\%)$$

总结出包装的设计参数如下。

产品：猕猴桃；个数：4 个；产品重量：0.36kg；包装膜：0.015mm PVC（某公司生产）；膜

面积：0.158m×0.158m≈0.025m²；包装尺寸：0.158m×0.158m×0.04m；包装内自由空间体积：6.3856×10⁻⁴m³；稳态时气体浓度：1.96%O_2和3.86%CO_2。

基于方程（5-8）和方程（5-9），可得达到稳态 O_2 和 CO_2 气体浓度±10%所需要的时间为：t_A＝22 天，t_B＝2 天；并且可以计算出所设计猕猴桃包装内任意时间时的 O_2 和 CO_2 浓度，制成曲线后发现符合包装内气体变化规律。

由于影响 MA 包装内气体浓度的因素很多，实践设计时要考虑初始充气浓度、包装内总气压、温度变化、产品呼吸强度和膜透气性的偏差等因素，防止出现气体伤害。

5.2.5.2　红富士苹果 MA 保鲜包装研究

实践中需根据不同温度、不同包装量、不同种类包装薄膜条件下，贮藏保鲜过程中的包装内气体浓度变化规律及产品品质变化来确定适宜的园艺产品 MA 保鲜包装。

为了研究不同包装方式对白灵菇低温贮藏过程中品质的影响，伍新龄等（2015）在微孔膜和不同厚度聚乙烯膜包装下，对鲜食大豆在冷藏（0.0±0.2）℃期间包装内气体环境及大豆生理与品质进行了对比。结果表明与微孔膜相比，PE 膜包装对鲜食大豆具有更好的自发气调保鲜效果，O_2 体积分数平衡值为 16%～17.5%，CO_2 体积分数平衡值为 4.3%～5.8%（图 5-9），PE 膜包装能够更有效地抑制呼吸作用，延缓腐烂进程，降低质量损失率，抑制叶绿素的降解，保持鲜食大豆的水分和色泽。采用 0.03mm 和 0.05mm PE 膜包装的鲜食大豆无腐烂保鲜期达 50 天，鲜食大豆腐烂率比微孔膜包装降低 11%。

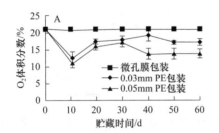 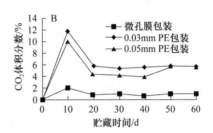

图 5-9　鲜食大豆贮藏过程中不同材料包装袋内 O_2（A）、CO_2（B）体积分数的变化（伍新龄等，2015）

5.3　园艺产品物流运输包装

5.3.1　园艺产品采后机械伤害

机械损伤是指园艺产品在采收、分级、包装、运输和贮藏过程中遇到的挤压、碰撞、刺扎等损伤。园艺产品在生产和运输过程中都会受到不同程度的机械损伤（图 5-10），较为严重的机械损伤一般发生在采后处理阶段。我国每年生产的园艺产品从田间到消费者手中，中间损失率高达 25%～30%。机械损伤是引起园艺产品采后损耗的主要因素。受到损伤之后，园艺产品的呼吸强度增强，从而导致贮藏寿命大幅度缩短，加速园艺产品的后熟和衰老。机械损伤会加速乙烯形成，提高呼吸强度，诱导异常代谢发生。受到机械伤害后，园艺产品的多酚氧化酶活力增强，使得园艺产品组织容易发生褐变（图 5-11）。另外，机械伤害很容易成为微生物侵入的窗口，导致侵染性病害。园艺产品损伤的实质是细胞壁破坏、细胞间结合力丧失以及细胞液流失导致的细胞缩水。在园艺产品的采收、分级、包装、运输和贮藏过程中，要极力避免园艺产品受到机械损伤。

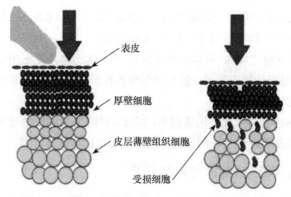

图 5-10　园艺产品的损伤机制（Eissa et al.，2013）

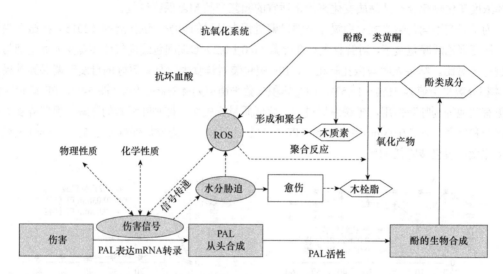

图 5-11　在植物组织受到机械损伤后，植物细胞内部所诱导的机制及活性氧（ROS）和抗氧化剂的作用
（Reyes et al.，2007）

5.3.1.1　机械损伤的分类

机械损伤主要包括以下几种类型。

（1）静压损伤　　静压损伤主要发生在堆放贮藏过程中。成堆的园艺产品处于自然静止状态，某层的园艺产品受到其上各层园艺产品重力的作用；随着时间持续而出现静压损伤，损伤部位大多发生在接触区域。园艺产品的静压损伤多表现为园艺产品受到挤压而产生的形变。通常使用外表层的黏弹性静载实验进行静压损伤的研究，研究压力大小、贮藏时间对静压损伤的影响程度，用接触面积或直径的变化来描述损伤规律，从而可用静载作用时间来描述其损伤程度。园艺产品在贮藏、运输过程中，由于重叠堆放，底层的园艺产品会受到其上各层园艺产品的压缩载荷作用，因此需要对堆叠高度进行控制，避免单个园艺产品所受压力高于其损伤压力。静压损伤相关方面的研究主要集中在对堆叠园艺产品中压力分布情况的研究。大多数研究损伤机理的实验采用的是准静态压缩法。有研究利用封闭式的球形细胞和更复杂的多面体细胞模型，结合薄膜理论推导细胞变形与外力之间的关系。

（2）振动损伤　　园艺产品在运输过程中的机械损伤主要是动载作用引起的碰撞损伤和振动低应力造成的疲劳损伤。国内外对园艺产品振动损伤特性的研究方法主要基于稳态振动和随机振动两种类型。稳态振动实验主要用于分析园艺产品振动损伤特性。园艺产品实际运输过程中主要是随机振动。因此，模拟实际运输情况的研究具有更高的工程实用价值。运输振动所造成的机械损伤已经在多种园艺产品中展开了研究。研究已经发现，同一振动频率，振动强度越大，园艺产品的呼吸速率越大，从而加速果肉软化，影响园艺产品品质。随机振动导致的园艺产品机械损伤与运输过程中运输车辆的加速度之间存在相关性，因此振动强度一般用振动频率与其加速度功率谱密度（PSD）之间的关系图表示。模拟运输实验结果发现，振动损伤程度还和园艺产品在车厢内的位置有关，并且不同种类和品种的园艺产品最大损伤程度发生的位置也不同。实际应用中常采用瓦楞纸板衬垫、隔挡及网罩等包装材料减轻振动损伤。

（3）冲击损伤　　园艺产品的冲击损伤主要表现在园艺产品受到的碰撞和跌落冲击。冲击会对园艺产品造成损伤是由于作用在园艺产品上的冲击力超过了园艺产品自身的强度。通常是园艺产品从高处跌落或园艺产品间相互碰撞、受外界敲击等作用产生的冲击。碰撞和跌落的损伤程度随园艺产品跌落高度、碰撞能量、碰撞次数、碰撞或跌落时园艺产品的表面特性、成熟度和大小的不同而不同。研究园艺产品的碰撞和跌落损伤时，一般通过撞击实验或是跌落实验，并分析碰撞过程中损伤体积与吸收能量、最大加速度、衬垫厚度、碰撞时间等因素的关系，建立相关模型并分析模型中各参数与损伤特性的关系。著名的苹果损伤能量原理认为苹果的损伤体积与其所吸收的能量成正比，吸收的能量造成了机械损伤，因此可以通过损伤体积与碰撞能量（或吸收能量）的比率来确定园艺产品的损伤程度。

5.3.1.2　机械损伤研究案例

研究园艺产品的机械损伤尤其是采后机械损伤对于减少园艺产品采后损耗意义重大，可以为制定质量检验标准和设计贮运包装或容器提供合理依据。以下是一些研究案例。

案例 1：果实内部褐变及硬度变化与品种和是否受到机械损伤有关。

Moggia 等（2017）在 *Frontiers in Plant Science* 期刊上发表了题为 "Firmness at harvest impacts postharvest fruit softening and internal browning development in mechanically damaged and non-damaged highbush blueberries (*Vaccinium corymbosum* L.)" 的研究文章。该团队连续两年就年度季节、采摘后初始硬度及机械损伤对 'Duke' 和 'Brigitta' 两个品种蓝莓在随后贮藏发生的硬度和内部褐变程度（IB）变化进行研究。该研究将每个年份手工采摘蓝莓根据硬度分为软果（≤1.60N）、中果（1.61～1.80N）和硬果（1.81～2.00N），对一半果实进行跌落处理（从 32cm 掉落到 30cm×30cm×6.4mm 的硬塑料表面有机玻璃上）；将所有果实在冷藏（0℃，85%～88%相对湿度）条件下保存，分别检测 7 天、14 天、21 天、28 天和 35 天后的硬度和内部褐变。结果显示，在贮藏过程中，果实的硬度（图 5-12）和内部褐变程度（图 5-13）都有显著的改变，且与蓝莓的采收年份、品种和是否受到机械冲击均有一定的关联性；就硬度而言，相比于 'Brigitta'，'Duke' 品种的果实总体表现出较低的硬度保持时间；机械损伤在一定程度上加重了两品种浆果贮藏期间的软化率，且对 'Brigitta' 的影响更大；就内部褐变程度而言，贮藏后的浆果 IB 值均高于收获时，尤其是软果，'Duke' 品种在 21 天贮藏期内仍可以保持较低的 IB 值，'Brigitta' 品种在贮藏期间总体的褐变程度变化小于 'Duke' 品种，可保持较好的品质，但内部褐变程度受机械损伤影响较大。

园艺产品机械损伤程度受成熟度、温度等因素影响。斯坦陵布什大学农业科学院 Hussein 等（2020）在 *Horticultural Plant Journal* 发表了题为 "Harvest and postharvest factors affecting bruise damage of fresh fruits" 的评论文章。该文讨论了影响新鲜水果采收和采后处理期间擦伤的因素。研究表明，新鲜水果易受擦伤，这是采收和采后处理各阶段（图 5-14）常见的机械损伤类型。在手工采摘或机器收割时过大的压力和在采摘、运输和包装车间操作产生的一系列冲击都会造成擦伤。水果的成熟度、催熟处理温度、人员和设备、采收时间（白天或季节）和采摘后的时间间隔等都可以影响新鲜水果擦伤的程度。擦伤的敏感性一部分取决于这些因素如何改变产品的生理和生化特性，另一部分还取决于环境条件，如温度、湿度和其他几种采后处理方式。因此，通过选用专业的人员和合适的收割设备对减少擦伤的发生和严重程度至关重要。此外，谨慎选择采后处理和其他处理可以提高生鲜产品对擦伤的抵抗性（图 5-15）。

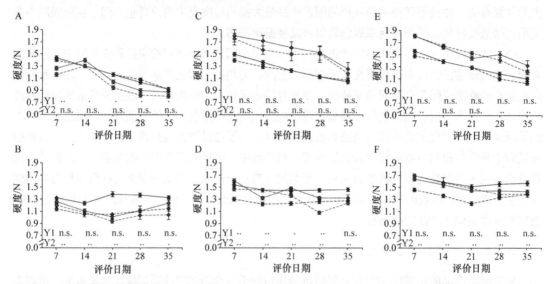

图 5-12　根据采摘时的硬度分离，'Duke'（A、C、E）和'Brigitta'（B、D、F）冷藏贮藏时硬度（N）的
变化（Moggia et al.，2017）

软果（＜1.60N；A、B）、中果（1.61～1.80N；C、D）和硬果（1.81～2.00N；E、F）。对 2011/2012 年和 2012/2013 年（分别为 Y₁、Y₂；蓝线和红线）期间掉落（32cm，虚线）和非掉落（0cm，实线）的果实上进行了评估。n.s.（不显著），*P＜0.05，**P＜0.01

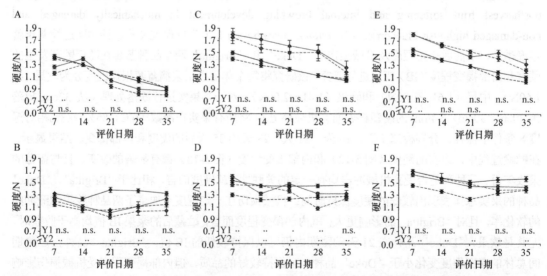

图 5-13　'Duke'（A、C、E）和'Brigitta'（B、D、F）冷藏期间的内部褐变变化（Moggia et al.，2017）
软果（＜1.60N；A、B）、中果（1.61～1.80N；C、D）和硬果（1.81～2.00N；E、F）。对 2011/2012 年和 2012/2013 年（分别为 Y1、Y2；蓝线和红线）期间掉落（32cm，虚线）和非掉落（0cm，实线）的果实进行了评估。n.s.代表不显著，*P＜0.05，**P＜0.01

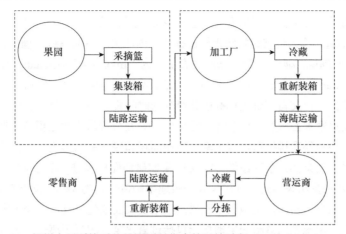

图 5-14　新鲜水果采摘后从果园到零售店的运输过程（Hussein et al.，2020）

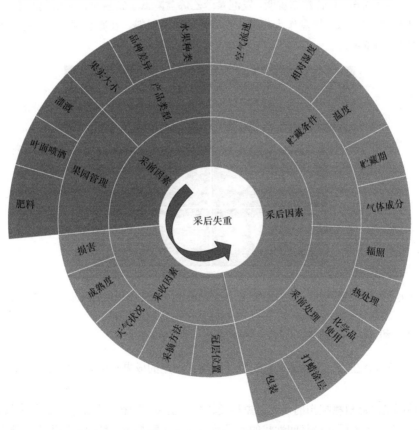

图 5-15　影响新鲜农产品采后水分流失的采前、采收和采后因素（Lufu et al.，2020）

运输中的振动因素影响机械损伤程度。澳大利亚研究委员会创新园艺产品工业转型中心 Fernando 等（2018）在 *Packaging Technology and Science* 发表了题为 "Measurement and evaluation of the effect of vibration on fruits in transit—review" 的评论文章。该文定义和讨论了振动的关键因素、其对水果品质的影响及可能的解决水果品质下降的改进方法。研究表明，振动频率、堆放位置、运输工具、道路状况、车速、振动持续时间、包装类型和方式等都能影响振动引起的机械损伤效果。在许多采后供应链中，机械振动是导致产品损害的一个主要原因。不同内包装方法和包装类型对机械损伤的影响研究较少。通过强化模拟方法可更准确地表征振动和冲击引起的机械损伤及其再现，将有助于优化损伤预防机制，进一步提高采后供应链中运输水果的质量。

　　发泡聚苯乙烯适合作为包装材料防止机械损伤。浙江大学生物系统工程与食品科学学院 Xia 等（2020）在 *Acta Physiologiae Plantarum* 发表了题为"Impact of packaging materials on bruise damage in kiwifruit during free drop test"的研究文章。不当的包装类型和材料是猕猴桃采后处理中擦碰损伤的主要原因，该文旨在确定猕猴桃分级分选时收集箱的合适材料。该研究采用木盒、高密度聚乙烯盒、发泡聚苯乙烯盒三种包装（图 5-16A），在分级流水线上模拟猕猴桃坠落，研究包装对分级流水线上模拟猕猴桃摔落后减重率、碰伤面积和碰伤率的影响。三种处理中，发泡聚苯乙烯盒组中表面受损的果实减重率最低（4.6%），果实碰伤面积和碰伤率分别比木盒组低 47.1% 和 36.2%。发泡聚苯乙烯盒组果实的乙烯产量和呼吸速率峰值分别为 32.6% 和 28.9%（图 5-16B）。与木盒和高密度聚乙烯盒组相比，发泡聚苯乙烯盒组果实表面软化减慢，减少了电解液泄漏和丙二醛累积。此外，发泡聚苯乙烯盒组的生理指标包括过氧化氢、超氧阴离子和抗氧化酶活性等，都表现出较低的碰擦损伤。综合数据说明，发泡聚苯乙烯盒降低了猕猴桃摔落引起的不良生理变化。这些结果表明，发泡聚苯乙烯盒作为分级线收集盒的包装材料，在减少损伤和保持猕猴桃品质方面具有潜在的应用价值。

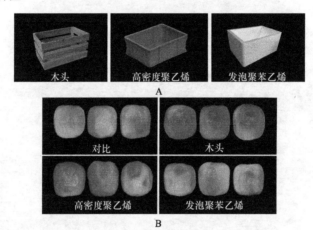

图 5-16　三种类型的猕猴桃收集箱（A）与猕猴桃在对应收集箱内贮藏 10 天后的内部外观（B）（Xia et al., 2020）

5.3.1.3　机械损伤研究待解决的问题

　　目前国内外学者在这方面做了一些研究并取得了一定的成果与进展，但也存在着许多尚未研究的问题。

　　1）目前园艺产品机械损伤的研究对象种类较少，主要集中在一些抵抗冲击能力较强的产品，比如苹果等。由于不同园艺产品间性状的差异性，某个实验得出的结论只适用于所研究的具体园艺产品，无法得到一般性结论。因此需要加大园艺产品的研究范围，针对大量易产生机械损伤的浆果类水果的振动特性和包装优化的研究力度需要增加。

　　2）园艺产品在实际运输过程中的机械损伤情况十分复杂，不仅有静止时重力压力的作用，还有各种形式的运动载荷的作用。而目前大多数研究只是针对其中具体某种外力作用形式进行研究，得到的结论与实际情况之间存在一定差距，需要深入研究不同形式作用力间的相互关系，考察多种载荷形式影响下的园艺产品机械损伤情况。

　　3）宏观上的机械损伤情况和微观细胞组织间的关系密切，有必要研究损伤信号传导和响应的调控，从而深入研究机械损伤的机制，揭示园艺产品机械损伤的本质因素。损伤预估和评价往往因为评价标准不同而无法在不同园艺产品间进行相关类比，因此很有必要建立一个统一的损失预测和评价系统。

5.3.2　园艺产品运输包装

园艺产品的包装是用适当的材料或容器保护园艺产品在贮藏、运输和零售过程中的状态和价值。园艺产品经过包装，可以减少因运输过程中的互相摩擦、碰撞、挤压而造成的损失，还可以减少病害感染和水分损失，提供自发气调条件，保持产品清洁卫生，防止产品丢失等。但是，包装，特别是常规包装，只能维持而不能改进品质。而且，包装也不能代替冷藏等保鲜措施，要和适宜的贮藏运输等物流条件相配合才能发挥最好的保鲜效果。

5.3.2.1　运输包装分类及使用

运输包装需要根据园艺产品性质、运输距离、贮藏时间和销售情况等来选择。比如，板栗、核桃、萝卜等比较耐压的可以用麻袋、草袋、蒲包等包装；水果等容易破损、擦伤的种类及长途运输时，应选择篓、箱等坚固的容器；出口产品应按规定选用包装容器。包装容器应该专用，要求大小一致，整洁干燥、牢固美观、无污染、无异味、内壁无尖突、无虫蛀及霉变现象，需要具备一定的防潮能力和透气能力，维持一定的湿度和气体交换能力，应具有保护产品不受损伤，并能支撑其他的堆叠容器重量的作用。纸箱要求没有受潮离层现象；包装袋尽可能使用无污染易降解的塑料袋，最好选用质量轻、成本低、取材方便、易于回收的包装材料。包装外还应注明商标、品名、等级、重量、产地、特定标志及包装日期等必要信息。

包装容器的种类很多，目前市销的包装产品可以分为内包装和外包装两种。外包装包括柳条、荆条、竹篾或铁丝编成的筐，用木板、木条、胶合板、纤维板制成的箱及用麻、草等织成的袋等。近年来，瓦楞纸、塑料板等制成的包装种类日益增多，如瓦楞纸板箱、钙塑瓦楞纸板箱、防老钙塑箱、塑料周转箱、泡沫塑料箱、塑料杯、塑料盒等。很多塑料薄膜袋兼具包装和气调的作用。

不同外包装材料各有其优缺点。筐篓等价格经济，但规格不统一，不适合大规模运输，而且内部结构容易造成园艺产品机械损伤。木箱规格统一，质地坚固，能反复使用，但质量较重，内部不加工修饰也容易造成机械损伤。国外常用条板箱、胶合板箱、散装箱和托盘箱等运输叶菜和易伤水果。条板的空隙可以根据需要调节。与同等容积运输箱相比，散装木箱成本低，装卸方便，节省手工劳动。塑料箱轻便防潮，规格统一，但造价高。

纸箱重量轻，能够折叠平放，利于运输，且外部可供宣传印刷，但易损坏，易吸潮。运输过程中，常采用内部分格、加衬垫或用两层外壳套箱、外部涂蜡等方法增加纸箱的强度和防水性。当园艺产品运输到终点市场的包装厂之后，这些园艺产品会再进行商业化处理，重新换成销售包装进行零售。目前的纸箱几乎都是瓦楞纸制作而成的。瓦楞纸板是在波浪形纸板的一侧或两侧，用黏合剂黏合平板纸制作而成的。根据平板纸与瓦楞纸芯的组合不同，可分为多种类型。常用的有单面、双面及双层瓦楞纸板三种。单面纸板多用作箱内的缓冲材料，对园艺产品进行分隔。双面及双层瓦楞纸板是制造纸箱的主要材料，纸箱的形式和规格需要根据容量、堆垛方式和自身产品的特点及经营者的经济状况进行合理选择。

确定了外包装之后还需要进一步选择内包装材料。内包装可以更好地防止产品受振荡、碰撞、摩擦等物理作用。内包装的形式有在底部加衬垫、浅盘杯、薄垫片或改进小包装材料等；同时在果实空隙间可以加锯屑、刨花、纸条等填充物，避免相互碰撞、挤压；使用格板或托盘效果会更好。在园艺产品上方加入衬垫物，之后封箱，并捆扎结实。高价位的水果经过包装前处理之后，通常需要逐个用纸或塑料薄膜包裹严实后装箱。包裹纸应该质地坚韧，大小合适。也可以使用塑料薄膜制作成大小合适的袋子，每一袋装一个或定量的几个果实。聚合物材料的内包装具有一定的防失水、调节小范围气体成分浓度的作用，如聚乙烯薄膜袋可以有效地减少蒸腾失水，防止产品萎蔫。结合打孔，能够在单果包装内形成小范围气调环境，有利于产品的保鲜。

目前，食品的充气包装发展迅速，充气保鲜包装（也称气调包装）通过改变食品包装中的气体环境，抑制园艺产品呼吸，消除和减少产品的损害因素。与直接在空气中包装食品相比，保鲜时间可以延长 2～4 倍。

5.3.2.2 运输包装研究案例

通风孔参数影响抗压强度。斯坦陵布什大学工程学院 Fadiji 等（2016）在 *Biosystems Engineering* 发表了题为 "Compression strength of ventilated corrugated paperboard packages：Numerical modelling，experimental validation and effects of vent geometric design" 的研究文章。该文建立了能够有效预测两种常用的通风瓦楞纸板包装 MK4 和 MK6 的抗压强度的有限元分析模型（图 5-17），并研究了通风孔几何参数对抗压强度的影响。实验结果表明，通风孔几何参数影响包装的屈曲程度，在同等条件下，MK6 的屈曲载荷更高。该研究利用已验证的模型研究了通风孔几何参数，如通风孔高度、形状、方向、数量和面积对包装强度的影响。研究建立了有效的有限元分析模型来预测两种常用的通风瓦楞纸板的抗压强度。与 MK6 相比，MK4 有更大的长高比和通风面积。有限元分析结果和实验结果十分吻合，MK4 和 MK6 的差异分别为 4.7% 和 8.2%。

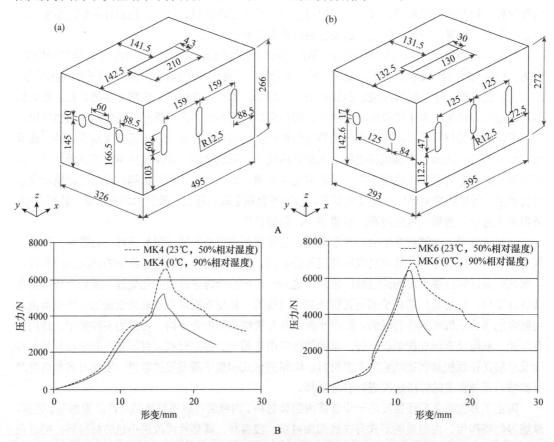

图 5-17 封装的几何形状和尺寸（mm）（Fadiji et al.，2016）

A.（a）MK4、(b) MK6；B. 两种包装设计在不同环境条件下的典型力-变形曲线；不同环境条件下包装的最大抗压强度与减重/增重的关系，在标准条件下，包装在调节后失去水分，导致包装重量减轻；C. 而在冷藏条件下，包装在调节后吸收水分，导致包装重量增加

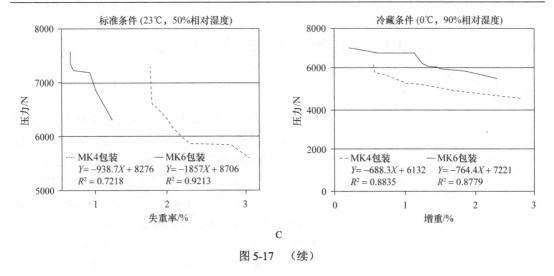

C

图 5-17　（续）

在标准和冷藏条件下，MK6 比 MK4 具有更高的抗压强度，差值分别为 11% 和 17%。低温条件（0℃，90% 相对湿度）下，MK6 和 MK4 包装的抗压强度分别比标准条件（23℃，50% 相对湿度）低 11% 和 16%。当排气面积从 2% 增加到 7% 时，MK4 和 MK6 的屈曲载荷分别下降了 8% 和 12%。MK4 和 MK6 包装的通风孔高度与屈曲载荷呈线性相关，R^2 分别为 0.8215 和 0.9717。结果表明，通风孔数量、方向和形状对包装的屈曲程度有影响。矩形通风孔能够更好地保持包装的强度。同等条件下，MK6 的屈曲载荷更高。研究还提出对于通风瓦楞纸板包装在运输新鲜农产品的物流系统中的使用，需要在农产品的均匀冷却和包装的机械完整性之间保持平衡。

纳米复合相变材料利于维持包装内低温。中国上海海事大学冷藏技术研究所 Xu 等（2018）在 *International Journal of Energy Research* 发表了题为 "Experimental study on cold storage box with nanocomposite phase change material and vacuum insulation panel" 的研究文章。该研究制备了一种含有聚丙烯酸钠、多壁碳纳米管和水的储热材料，可将其填充到聚乙烯冷库板内，并置于真空保温箱中。为了保持水果、蔬菜等园艺产品在冷链运输中的品质，温度维持在 −5～8℃ 比较适宜；而制备的聚丙烯酸钠体系复合纳米材料经济效益高，相变温度为 −0.037℃，潜热为 335.4J/g。1% 聚丙烯酸钠和水复合材料的导热系数为 0.757W/（m·K），加入 0.1% 多壁碳纳米管后，导热系数提高了 19.17%，达到 0.9021W/（m·K）。

多层软包装材料适用于高压环境。美国俄亥俄州立大学食品安全工程实验室 Ayvaz 等（2012）在 *LWT-Food Science and Technology* 发表了题为 "Influence of selected packaging materials on some quality aspects of pressureassisted thermally processed carrots during storage" 的研究文章。研究了包装阻隔性能和储存条件对压力辅助热处理（PATP）胡萝卜品质的影响。该文章评价三种包装材料（尼龙/聚乙烯醇/乙烯、尼龙/乙烯、聚对苯二甲酸乙二酯/聚乙烯）的理化特性，并将其应用于胡萝卜保鲜贮藏，观察经过 600MPa/110℃/10min 处理加工，25℃、37℃ 贮藏保存后葫芦卜的品质变化。研究表明，三种包装材料的水蒸气透过率相似，但是相比而言，尼龙/乙烯材料具有较高的 O_2 透过率。结果还发现，PATP 导致了胡萝卜样品中胡萝卜素降解和颜色的变化，包装材料的阻隔性能（尤其是 O_2 透过率）及储存温度和时间也影响样品的颜色和 β-胡萝卜素含量。PTAP 处理的聚对苯二甲酸乙二酯/聚乙烯包装材料的机械阻力急剧增加，导致了这种包装材料对样品颜色和β-胡萝卜素含量发生不利的变化。阻隔性能较差的尼龙/乙烯也无法较好地保持胡萝卜样品的品质。尼龙/聚乙烯醇/乙烯包装材料在 PATP 处理后和随后的贮藏中，最好地保持了样品的颜色和 β-胡萝卜素的含量。

5.4 园艺产品包装前沿技术进展

5.4.1 园艺产品活性包装

图 5-18 先进包装体系（Yam et al.，2005）

为了保证园艺产品及食品安全，使消费者不误食变质产品（食品），科学家研究出一些先进的包装系统，包括以延长食品保鲜期的包装技术、指示食品是否变质的新型包装技术，这些技术统称"活性包装技术"与"智能包装技术"（图 5-18）。2011 年，活性与智能包装工业协会（Active & Intelligent Packaging Industry Association，AIPIA）在荷兰成立，在智能标签、货架延长、防伪技术、温湿度控制等相关领域建立包装交流平台。该协会在德国、日本、美国、英国、瑞士、中国等国家进行活性包装等顶尖包装科技工作，以有效推动活性与智能包装的全球化发展。

随着国民经济的不断发展和人民生活质量的不断提高，人们对新鲜园艺产品的需求量越来越大，对产品的品质、安全及外观要求也越来越高。园艺产品暴露在空气中极易发生微生物侵染、失水皱缩、品质劣变等一系列问题，使活性抗菌包装成为研究热点。

5.4.1.1 活性包装的定义

活性包装（active packaging），又称 AP 包装，是指在包装材料中或者包装袋内加入各种活性成分，通过改变包装环境以改善食品安全性和感官特性，并延长保质期的一种包装体系。活性包装技术，是通过调节改善包装材料与包装体内部的气体环境而延长货架期或改善食品安全与感官品质的包装技术。

5.4.1.2 活性包装的功能

活性包装的主要功能包括：通过改善包装环境条件，实现对生理作用（新鲜果蔬的呼吸作用）、化学变化（脂肪的氧化）、物理变化（干性食品的吸湿）、微生物活动（由微生物引起的腐败）的调控。常见的有湿度控制、O_2 控制、CO_2 控制、微生物控制。

5.4.1.3 活性包装的分类

活性包装按作用方式分为三种类型（表 5-3）。

1）吸收型（净化剂）：通过吸收方式除去包装内的 O_2、CO_2、乙烯、过量水分、腐败气体产物等。

2）释放型：通过将包装置于食品内部顶隙或食品表面，实现实时、主动地释放某些组分，如 CO_2、抗氧化剂和防腐剂等。

3）固载型：将活性物质以离子键和共价键的形式固定在包装基材的表面，通过改变表面特性来调节活性物质的释放。

其他如自热系统、自冷系统类型等。

表 5-3　活性包装系统举例

活性包装系统	机制	应用
脱氧剂	铁、金属/酸、金属（如铂）催化剂、抗坏血酸盐/金属盐、酶	面包、蛋糕、米饭、饼干、比萨、意大利面、奶酪、腌肉和鱼类、咖啡、零食、干制品、饮料
CO_2 清除剂/释放剂	氧化铁/氢氧化钙、碳酸铁/金属卤化物、氧化钙/活性炭、抗坏血酸盐/碳酸氢钠	咖啡、鲜肉和鱼、坚果和其他零食、海绵蛋糕
乙烯清除剂	活性高锰酸钾、活性炭、活性黏土/沸石	水果和蔬菜
缓释防腐剂	有机酸、银沸石、香料和草本提取物、丁基羟基茴香醚（BHA）/二丁基羟基甲苯（BHT）抗氧化剂、维生素 E 抗氧化剂	水果和蔬菜、谷类、肉类、鱼类、面包、奶酪、零食
乙醇释放剂	微囊化乙醇	比萨、蛋糕、面包、饼干、鱼类
吸湿剂	聚（乙酸乙烯）、活性黏土和矿物、硅胶	鱼类、肉类、家禽、零食、谷物、干制品、三明治、水果、蔬菜
气味/臭味吸收剂	乙酰化三醋酸纤维素、柠檬酸、亚铁盐/抗坏血酸盐、活性炭/黏土/沸石	果汁、油炸零食、鱼类、谷类、水果、乳制品、家禽

5.4.1.4　活性包装的形式

1）小包装袋：将活性物质用特制的小袋包装，再同产品一起置于包装中发挥缓释作用，这种方式需另制特制小包，使用方便，但有被误食的危险。

2）薄膜、标签：将活性物质直接通过共混、填充、接枝或涂覆等方式融入包装材料的体系中（薄膜、标签等），再通过缓释起作用。

5.4.1.5　园艺产品活性包装的研究应用进展

活性包装种类和形式较多，应用于水果、蔬菜及花卉等园艺类产品的包装主要有抗菌活性包装、O_2 去除包装（脱氧剂）、乙烯脱除包装/乙烯脱除剂、CO_2 释放剂和异味清除包装等。

（1）抗菌活性包装　　抗菌活性包装是活性包装的一种，主要以天然大分子物质为载体，添加一定的抗菌剂而具有抑制或杀灭微生物能力。相比于直接向食品中添加抗菌剂，使用抗菌活性包装的食品更加安全卫生，对人体更加健康。抗菌活性包装由于可以在一定程度上提高防腐保鲜性能，是目前国际食品包装的研究热点。

根据抗菌剂来源及种类不同，抗菌活性包装又可分为天然抗菌包装、无机抗菌包装、有机抗菌包装及石墨烯、稀土新型抗菌材料等。①天然抗菌包装，抗菌活性成分主要来源于动、植物体内不同部位的化学组分及微生物及其衍生物，并通过提取、分离、纯化制备的抗菌材料。其中，动物类提取物与人体的相容性较好，植物类提取物来源广泛、毒性低。但是，天然抗菌材料提取成本较高，提取物的化学稳定性较差。②无机抗菌包装中主要添加具有抗菌功能的金属离子、金属氧化物及金属有机骨架化合物等。含金属离子的抗菌包装是通过强静电吸附作用或离子交换法将金属离子合成到无机载体（如蒙脱土、二氧化硅等）上制备而成。光催化型抗菌包装则是利用金属氧化物（如氧化锌、二氧化钛等）光照条件下可以生产带有强氧化性物质以达到抗菌效果。③有机抗菌包装的活性成分主要有多酚类、有机酸等，杀菌效果显著，但是受热易分解，不稳定。④除此以外，随着抗菌材料研究的逐步深入，新型抗菌材料不断涌现，如稀土抗菌材料、石墨烯抗菌材料等，能够在一定程度上弥补传统抗菌材料的不足，应用前景更加广阔。不同抗菌包装的抗菌剂、抗菌机理及优缺点见表 5-4。

表 5-4 不同抗菌包装的抗菌剂、抗菌机理及优缺点

类别	天然抗菌包装	无机抗菌包装	有机抗菌包装
抗菌剂	植物精油、壳聚糖、抗菌肽（nisin）等	金属离子（Ag^+、Cu^{2+}、Zn^{2+}）、金属氧化物（二氧化钛、二氧化硅）、纳米金属材料等	季铵盐类、多酚类、有机酸、吡啶类等
抗菌机理	微生物的拮抗作用，细胞渗透性的改变，杀菌物质缓慢释放	接触杀菌，金属离子溶出杀菌，活性氧杀菌	通过静电吸附作用杀菌，与巯基结合破坏蛋白合成，协同杀菌
优点	绿色、安全，广谱抗菌，良好的生物相容性	化学性质稳定，抗菌效果持久性好，使用安全	抗菌效果强，价格便宜
缺点	提取工艺复杂，抗菌效果持续时间较短	光催化抗菌材料要在光照条件下才有抗菌效果，部分抗菌材料成本高	有较强的毒性，过度使用易产生耐药；受热易分解

抗菌薄膜，是将抗菌剂、抗氧化剂等活性物质加入薄膜基材中，通过薄膜成型技术制得具有抗菌、抗氧化等功能的包装材料。其由于可以在一定程度上提高防腐保鲜性能，是目前国际食品包装的研究热点。

Stroescu 等（2013）将香草醛、聚乙烯醇和细菌纤维素共混制得薄膜，使用伪一级模型、菲克扩散定律研究了香草醛的释放机理，研究结果显示，该共混薄膜通过控制聚乙烯醇和细菌纤维素的共混比例能实现对香草醛的控制释放。Kanatt 等（2012）在壳聚糖/聚乙烯醇复合膜中掺入薄荷提取物或者石榴皮提取物，通过控制环境温度，可以实现对活性物质释放速率的控制。Lian 等（2016）在聚乙烯醇/壳聚糖复合膜的制备过程中借助高静水压（HHP）处理向包装基材中加入纳米 TiO_2，通过控制 HHP 的处理压力，实现对 TiO_2 释放速率的控制。Mathew 等（2019）以姜根提取物为还原剂，在 PVA 基质中采用溶剂浇铸法制备了聚乙烯醇/纳米银复合薄膜抗菌食品包装材料，具有显著的抗紫外线和遮光性能，并对食源性病原体鼠伤寒沙门氏菌和金黄色葡萄球菌具有很强的抗菌活性。Rhim 等（2020）将氧化锌和姜黄素同时添加到羧甲基纤维素薄膜中，可以改善薄膜物理性能，并增强抗菌和抗氧化性能，有潜力作为一种活性食品包装应用于防止光氧化，保证食品安全，延长包装食品的保质期。

案例：将木薯淀粉、柠檬酸加入薄膜基材中制备抗菌、抗氧化薄膜。Leal 等（2019）在 *Applied Polymer Science* 期刊上发表了题为 "Development and application starch films: PBAT with additives for evaluating the shelf life of Tommy Atkins mango in the fresh-cut state" 的研究文章。作者研究了木薯淀粉和 PBAT（聚己二酸/对苯二甲酸丁二酯）柔性膜的配方，成分有甘油、椰子纳米纤维素、木薯淀粉和柠檬酸，并验证了该材料在鲜切芒果贮藏中的有效性，制备了 8 种柔性薄膜的配方。随着聚合物基质掺入比例的增大，不同配方的抗拉强度从 1.90MPa（E4）增加到 6.65MPa（E3c），应变力从 206.31%（E1c）增大到 278.41%（E8）。其中，E7（40g 木薯淀粉、60g PBAT、20g 甘油、0.55g 椰子纳米纤维素、1g 柠檬酸）具有良好的机械性能和阻隔性能，能够在一定程度上抑制褐变，降低水分损失，可以使鲜切芒果贮藏期维持 14 天。研究表明该复合膜可以被认为是最低限度处理芒果的一种可行的替代包装品。

国外对抗菌包装的研究起步较中国要早，其技术也相对比较成熟，并已开始成功的商业化应用。2011 年，针对欧洲爆发豆芽菜携带大肠杆菌导致食物中毒事件，西班牙 Derprosa 公司研发推出了共挤生产的抗菌流延薄膜作为蔬菜包装材料以阻止病菌的传播，这类抗菌薄膜产品开始逐步在欧美市场得到应用。

我国对抗菌薄膜方面的研究相对较晚，但随着信息技术、包装技术、材料技术、环保技术相互交融，活性包装技术创新速度有所加快。据统计，2008～2018 年活性包装相关发明专利申请数

量逐年攀升，主要集中在活性物质的释放规律、环境影响因素、加工处理方法等。沈海民等（2014）利用 β-环糊精对抗菌剂进行包埋，与抗菌活性物质形成特殊的包络物，将其包埋固载在基材中，制备固载型薄膜。邓靖等（2014）将丁香精油/β-CD 包合物作为活性成分直接加入 PVA 基材中，流延制备得到具有抗霉菌性能的活性包装膜，活性包装膜可以达到 0 级抗霉菌标准。

除抗菌薄膜外，抗菌垫片、抗菌纸类的抗菌包装方面研究也较多，并应用于果蔬。美国纸包装制品公司（PPI）是一家专门制造生鲜食品用塑料托盘上放置的吸收性垫片的大型制造公司。PPI 公司的吸收性垫片原来是用来捕集包装中生鲜食品流出的滴水或冷凝水的。现在，该公司最新设计的垫片能够释放出挥发成分，具有优良的抗菌媒体，使垫片材料纤维素或者超高吸收性的聚合物材料具有抗菌功能。

（2）O_2 去除包装（脱氧剂）　　脱氧剂包括无机脱氧剂和有机脱氧剂，其中无机脱氧剂有铁系脱氧剂、亚硫酸盐系脱氧剂、加氢催化剂型脱氧剂等，有机脱氧剂有抗坏血酸类、儿茶酚类、葡萄糖氧化酶和维生素 E 类等。铁粉脱氧剂通常以纸塑包装的小包装袋形式出现在食品包装中，可以将包装内顶空中的氧浓度降低至 0.01%，还具有原料来源广、加工成本低、O_2 去除效果好、安全性高等优点，被广泛用于各种类型的除氧包装中。

具有 O_2 吸收功能的包装薄膜的研究及应用也逐渐增多。Shin 等（2009）研究了一种由三层膜复合而成的除氧包装膜，中间层是添加了除氧剂的聚丙烯膜，最内层和最外层都是聚丙烯膜，实验结果表明这种复合薄膜能够有效延长加工食品的贮藏期。Carmen 等（2009）研究了一种复合型吸氧包装薄膜材料，其除氧剂薄膜层由铁系脱氧剂层压而成，在水蒸气激活的条件下即可发挥吸氧作用。Granda-Restrepo 等（2009）研究了一种加入有机除氧剂的多层复合膜，该薄膜由添加了二氧化钛的高密度聚乙烯膜、乙烯醇聚合膜和含有丁基羟基苯甲醚、丁基羟基甲苯及 α-生育酚的低密度聚乙烯膜组成。该包装材料用于全脂奶粉的包装时，可有效保护奶粉中的维生素 A。采用乙烷基纤维素膜（感光染料均匀分布在膜中）和一个位于透明包装顶部空间的单氧接收器对产品进行包装，当光照射在薄膜上时感光染料被激活，包装内部的 O_2 变为单态氧，其与单态氧接收器接触发生反应，从而起到降低 O_2 含量的作用。EMCO 公司的脱氧技术能将 O_2 转化为臭氧，在降低产品氧化程度的同时，还可以防止食物发霉、变色。Cherpinski 等（2019）通过对聚乙烯醇中纤维素纳米晶与钯纳米颗粒复合除氧膜的研究，开发了新型纳米复合材料，包括嵌入乙烯-乙烯醇共聚物（EVOH）中的纤维素纳米晶和 Pd 纳米颗粒。纳米纤维素不仅是 $PdCl_2$ 的还原剂，而且是 Pd 纳米粒子在 EVOH 膜上分散的载体，提高了 EVOH 的物理性能，是纳米复合材料中的关键组分。Pd 纳米粒子与氧反应，作为氧清除剂。纤维素纳米晶也被选择性地氧化，羧基的增加有利于 Pd 纳米颗粒的更好分布，从而提高氧吸收。

（3）乙烯脱除包装/乙烯脱除剂　　乙烯脱除包装主要通过脱除包装内果蔬成熟过程中产生的乙烯气体，降低果蔬呼吸速率，延缓果蔬衰老，延长果蔬货架期。高锰酸钾是常见的脱除乙烯的活性物质，研究报道较多。

案例：基于 $KMnO_4$ 的乙烯脱除技术有助于延缓鲜杏的成熟和衰老过程。Álvarez-Hernández 等（2020）在 *Postharvest Biology and Technology* 上发表了题为 "Postharvest quality retention of apricots by using a novel sepiolite-loaded potassium permanganate ethylene scavenger" 的研究文章。该文旨在探究开发的一种新型海泡石吸附高锰酸钾乙烯脱除剂对杏的保鲜效果。研究表明在 2℃或 15℃的空气条件下，通过去除气调包装内的乙烯，可以更长时间地保持杏的品质，且新开发的海泡石负载高锰酸钾乙烯脱除剂比商业上使用的沸石负载的 $KMnO_4$ 乙烯脱除剂提供了更有利的包装内气体环境，且用量只需要一半。该研究首先以海泡石为载体，研发制备了一种新的高锰酸钾基乙烯清除剂，然后在 2℃和 15℃的空气包装条件下，结合气调包装，通过对包装内的气体成分、理化性状［重量损失、果实硬度、果皮颜色、pH、可滴定酸度（TA）、可溶性固形物含量（SSC）及 SSC/TA、真菌发生率和感官分析］进行监测，来评估这种新的乙烯脱除剂对杏品质的影响，并与当前商业上使用的乙烯脱除剂进行对比，设立不添加乙烯脱除剂的 MAP 包装为对照组。在 2℃时，两种清除剂都能在 MAP 包装内达到不可检测的乙烯浓度，乙烯浓度在实验开始时都会增加，在第 3 天达到最大值，然后下降，从第 8 天开始一直到贮存结束，乙烯浓度几乎保持稳定；但使用开发的乙烯脱除剂比商用的乙烯脱除剂少 50%的量就可以获得相同的效果。不含乙烯脱除剂的环境下，15℃贮藏的杏子表现出 pH 小幅上升和较低的真菌发生率。而新开发的乙烯脱除剂抑制了 15℃贮藏果实的可溶性固形物（SSC）降低，在贮藏期间保持较高的感官品质，保质期达 14 天；在 2℃下抑制真菌生长，保持良好品质达 36 天。综合数据可知，新开发的海泡石负载高锰酸钾乙烯脱除剂可以保持杏的鲜度，延长采后贮藏期，且只需商用的乙烯脱除剂用量的一半就可以达到同样的保鲜效果。但这种脱除剂的生产成本仍有待研究，而且由于内部褐变和软化，在其他温度下长期贮存可能存在局限性。该研究主要强调载体在研发 KMnO₄ 乙烯脱除剂以用于新鲜农产品包装系统中的重要性。

生产中将高锰酸钾、沸石、方石英等多孔介质混合，制备乙烯脱除剂，采用对乙烯具有高透过性的材料包装制成小袋，应用于呼吸跃变型果蔬物流、贮藏过程中。日本 Rengo 公司研发的 Green Pack R 是一种含高锰酸钾和硅石的小袋，硅石可以吸收乙烯，高锰酸钾将乙烯氧化成乙醇和乙酸盐。Bailen 等（2007）的研究表明，在活性炭中添加质量分数为 1%的钯粉末，对乙烯具有良好的吸附效果。Terry 等（2007）研究了一种以金属钯为原料制成的乙烯吸附剂，其性能优良，在温度为 20℃，相对湿度接近 100%时，其乙烯吸附容量达 4162μL/g。

将乙烯去除剂加入薄膜中，制成具有乙烯吸附功能的薄膜，用此薄膜对果蔬进行包装，可以达到去除乙烯的作用。奥地利 EIA Warenhandels 公司利用沸石生产的 Profresh 品牌添加剂，可直接用于普通聚乙烯薄膜的生产，无须采用多层复合薄膜也可获得良好的保鲜效果，并已获得美国 FDA 和德国官方颁发的食品认证。Maneerat 等（2008）发明了一种加速包装内乙烯降解的活性膜，将质量分数为 10%的二氧化钛悬浮液涂在聚丙烯薄膜包装袋的内侧并风干，分布在包装内侧的二氧化钛纳米颗粒具有很强的吸附作用，可以加速乙烯降解。

（4）CO₂ 释放剂和异味清除包装　　CO₂ 释放剂和异味清除包装在加工食品及肉类产品中应用较多，在园艺产品保鲜中应用报道较少。

5.4.2　园艺产品智能包装

5.4.2.1　智能包装的定义及功能

根据 Actipak 项目（全称"对活性与智能化包装的安全性、有效性、经济环境影响和消费者接受程度的评估"）的定义，智能包装是一种能够自动检测、传感、记录和溯源食品在流通环节内外界环境变化，并通过复印、印刷或粘贴于包装上的标签以视觉上可感知的物理变化来告知和警告消费者食品安全信息的新技术。

5.4.2.2　智能包装的功能

智能包装技术是集合了多元知识基础的新兴技术分支。它在以提供有关食品质量、安全和产品在运输和储存过程中的历史信息，在满足保护产品、方便储运、促进销售等基本功能的同时增加了检测、传感、记录、跟踪和通信等功能，实现了对包装食品的感知和监测。智能包装技术的出现使商品及其包装对于人类更具有亲和力，使商务信息的人机交互式沟通更为简捷。智能型包装在保护消费者权益与人身安全、保护市场正常秩序、方便商务电子化、开发新颖的产品消费形式方面将起到重要的作用，具有极广阔的发展前景。

5.4.2.3　分类及应用

按照工作原理，智能包装可分为功能材料型智能包装、信息型智能包装及功能结构型智能包装等三大类型。

（1）功能材料型智能包装　功能材料型智能包装是指通过应用新研发的有特定功能的智能包装材料，将包装的功能改善或增加，如可以检测温度、湿度、光照强度、气体种类、目标微生物、物理冲击大小等，将其用于制作食品、药品和化妆品等包装，以达到检测新鲜度、追踪、溯源、防伪、实时监测及增加产品与消费者的互动等目的。常见的有指示剂和传感器两大类。

1）指示剂。关于指示剂的研究主要集中于气体指示剂、时间-温度指示剂（TTIS）及热变色油墨等方面。

气体指示剂研究主要集中在对果蔬成熟度、肉类、鱼类及冷冻食品的质量实时检测等方面。Choi 等（2018）开发了一种基于酪蛋白酸钠（NaCas）和果胶反应的 CO_2 指示剂，将其用于泡菜的包装中。经测定，泡菜的 pH、可滴定酸度、乳酸菌和 CO_2 含量的变化与指示剂的可见参数变化之间有很强的相关性，因此可用于检测泡菜贮藏过程中的质量参数与成熟度参数。Niponsak 等（2016）以淀粉为原料，通过添加天然聚合物壳聚糖、柠檬酸、羧甲基纤维素和牛皮纤维制备了新型挥发性复合指示膜比色淀粉基膜（CSBF）。CSBF 在硫化物和乙醇混合香气的存在下会发生可见的颜色变化，且总色差与硫化物和乙醇的混合浓度有关。将 CSBF 置于榴莲包装中，通过颜色转变，表明鲜切榴莲的成熟阶段。因此，比色淀粉基膜可作为气体指示剂实时监测榴莲的成熟度。

案例：奥克兰植物与食物研究所研发了一种可以通过包装材料上的颜色变化显示水果成熟度的智能标签，它的工作原理是水果在成熟的过程中会产生特殊的香气，标签里的化学成分与这些香气化合物反应，导致标签发生颜色变化。最初标签是红色的，随着水果的成熟逐渐变成橙色，最后变成黄色，目前这种指示剂在梨上已经开始应用。

气体指示剂不需要用仪器进行分析，可以用视觉上的变化直接提供产品质量信息，成本效益高、准确、快速、可靠且不对产品造成伤害，是智能包装中最具实际应用前景的类型。

时间-温度指示剂（TTI）可以对商品整个货架期中的一些关键参数进行监控和记录，通过时间温度积累效应指示食品的温度变化历程和剩余货架信息（图 5-19）。时间-温度指示剂智能标签也是目前智能包装中应用较为广泛的技术之一，国外在 20 世纪 60 年代就已经进行了研究并开始商业化应用，到 20 世纪 70 年代，美国政府就要求在某些特殊的产品上必须应用 TTI。目前，瑞典 Vitsab 公司、美国 3M 公司和 Lifelines Technology 公司、法国 Cryolog 公司等相继研究并开发了 TTI，并已得到商业化应用。

案例：Choi 等（2020）以自修复、热塑性聚氨酯（TPU）为原料，采用静电纺丝技术制备 TPU 纳米纤维垫，用于冷链供应的自响应式时间-温度指示剂（TTI），其原理是不透明的纳米纤维垫会随时间延长或者在特定温度以上会逐渐变得不可逆透明（图 5-20）。依据此原理开发的冷冻食品传感器（FFS）和冷藏食品传感器（CFS）可用于监控冷冻（−20℃）和低温冷藏（2℃）温度的连续性，即在−20℃和 2℃下冷藏时不透明，但在室温下逐渐变得透明，显示出隐藏的警告标志"！"。这种 TTI 标签具有高度的可弯曲性、可扩展性和防震性，用户可以自由地根据自己所需的形状通过切割、弯曲和拉伸定制 TTI，应用于贮藏及物流过程中的温度监测。

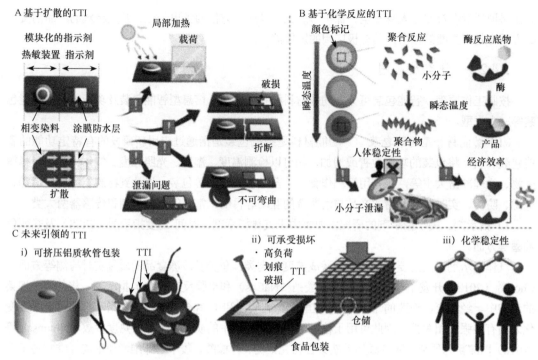

图 5-19　时间-温度指示剂（TTI）原理示意图和发展需求（Choi et al.，2020）

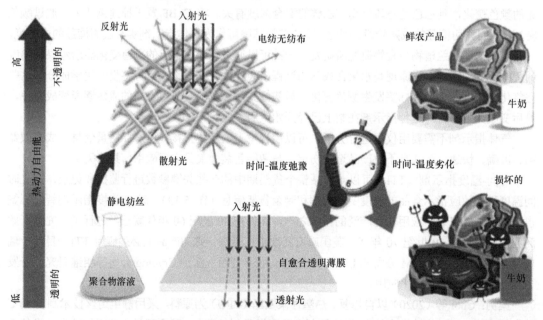

图 5-20　创新型 TTI 示意图（Choi et al.，2020）

2）传感器。目前研究主要集中于化学传感器、生物传感器、印刷电子、光学信号等方面。其中，生物传感器一直保持着较高的热度，约占相关研究文献总数的 67%，光学信号次之。相对于耗时长、过程烦琐成本高的传统检测方法，生物传感器具有方便快捷、特异性强、灵敏度高、响应快、可用于复杂体系等特点。但目前对于生物传感器的研究，主要集中在对肉类、医药等的实时监测及军事医学等方面。传感器在园艺产品品质监测方面的研究报道较少。

（2）信息型智能包装　　信息型智能包装是以电子科技技术、信息技术等为基础，能够实现商品生产、运输、销售信息及产品溯源等重要通信交流功能的包装，主要有射频识别（radio frequency identification，RFID）、条形码和二维码、磁墨水、语音识别、生物识别等。

RFID 标签具有可重复利用、读取速度快、储存容量大、安全性高、功能稳定等优势，且数据实时更新无须人工干预。RFID 技术还有一个重要作用就是能够防止他人随意篡改或删除产品记录。它具有的许多特点能满足目前飞速发展的物流运输、快递配送等行业，如电商包装中 RFID 标签的应用使商品包装在仓储物流、产品追踪方面有着巨大优势，在赋予包装一定智能性的同时又在提高供应链效率、监管库存和减少人力等方面取得了显著效果，为电商包装的减量化提供了新的思路。

RFID 技术还可以与其他技术相结合得到功能更完善、作用更强大的智能包装。如 RFID 技术可以与传感器技术相结合，得到一种 RFID 生物传感器标签，既可以用来记录食品运输过程中的环境变化，又可以监控食品品质的变化。RFID 技术还可以与纳米技术相结合，由纳米材料制成的辅助传感器可用于监测周围环境，记录产品包装有关温度、湿度、O_2 等方面的信息，然后发送到包装上的 RFID 芯片上，既可以实时对包装进行追踪，又可以获得食品的质量和状态信息。

（3）功能结构型智能包装　　功能结构型智能包装是指通过增加或改进部分包装结构，而使包装具有某些特殊功能和智能型特点。关于功能结构型的研究主要集中于自动加热、自动制冷、自动报警等方面。例如，自动加热包装具有可快速加热、不受电源限制、不需要明火、安全、卫生、无腐蚀性和携带方便等特点，其研究主要集中在饮料、食品等快速加热，为消费者提供简单快捷的产品加热方法。但相关工作在园艺产品包装领域还涉及较少。

随着智能包装技术的发展，包装正日益成为商品功能的延伸，并成为集成各种创新技术应用的载体，各行各业的商品包装也逐渐走向高端化、智能化。因此，发展智能包装必然将成为包装产业的主流趋势。智能包装未来的研究方向应包括纳米材料与包装的创新融合、活性和智能包装的一体化、智能包装与电子信息技术相融合等方面。伴随着科研内容的深入及相关技术的日益完善，相信智能包装在我国会拥有更加广阔的市场和发展前景。

5.4.3　园艺产品绿色包装

5.4.3.1　园艺产品可食性包装

可食性包装（edible packaging）是近年来新兴的包装模式之一。随着人们健康意识和环保意识的提高，对包装的健康性和环保性也有了更高的要求。传统包装所导致的外源化学物残留问题一直是园艺产品采后保鲜研究的方向之一。可食性包装材料大多以薄膜形式存在，主要由多糖、蛋白质、脂肪等可食性生物大分子物质及其衍生物为主要基质加工而成，辅以可食性增塑剂，主要使用混合、加热、加压、涂布和挤出等工艺，通过不同分子间相互作用，干燥后形成一种具有一定工程性质和选择透过性的多孔网络结构的包装薄膜（图 5-21）。通过包裹、浸渍、涂布、喷洒等方式覆盖在食品的表面或内部，减少或阻止水分、气体或其他物质的迁移，调节食品呼吸强度，提高食品表面性能，延长食品保存期，是一种无废弃物的资源型包装材料，可使资源得到最大限度的利用，同时具有环保特性。可食性包装材料的基础原料采用的蛋白质、淀粉、多糖、植物纤维、可食性胶等天然物质，是人体能消化吸收的天然可食性物质。此类包装薄膜接触食品不影响食品风味，可以让人直接食用，且具有质轻、卫生、无毒无味、保质、保鲜效果好等诸多优点。同时，可食性包装材料还具有无废弃物产物、绿色环保这些优良特性，使其成为现在食品包装的主要趋势之一。

图 5-21　薄膜结构说明（Usman et al.，2021）

　　可食性包装并不是一个全新的概念。中国古代使用的将水果浸泡涂蜡的工艺以及使用肠衣包裹香肠的工艺就属于可食性包装。过去几十年来，大家熟悉的糖果包装上使用的糯米酯及包装冰激凌的玉米烘烤杯也都是典型的可食性包装。人工合成可食性包装中比较成熟的是 20 世纪 70 年代已工业化生产的普鲁兰树脂，它是无味、非结晶、无定形的白色粉末，是一种非离子型，非还原性的稳定多糖。由于它是一种多聚葡萄糖，在水中易溶，可作黏性、中性、非离子型，不胶化的水溶液，其 5%～10% 的水溶液经干燥或热压成厚度为 0.01mm 的薄膜，透明，无色无味无毒，具有韧性、高抗油性，能食用，可作为食品包装。其光泽、强度、耐折性好，可用作食用保鲜膜。蛋白质膜则具有良好的阻氧性，是可食性膜材料的主要研究方向之一。多糖类可食性膜是目前较为主流的研究方向，大多采用了动植物多糖和微生物多糖，主要包括了壳聚糖、魔芋葡甘聚糖、改性淀粉、改性纤维素及微生物多糖等。多糖类可食性膜有着良好的机械性能和透明性，同时壳聚糖膜还具有抑菌作用，非常符合研究者的期望。壳聚糖溶液中加入其他食品添加剂，可以更加有效地对园艺产品进行保鲜。杜传来等（2005）发现 2% 壳聚糖的溶液中加入硬脂酸、山梨酸钾和抗坏血酸后制成的壳聚糖涂膜液对鲜切莴苣涂膜后，能够阻止鲜切莴苣褐变，同时还能抑制酚类物质的氧化，从而达到保鲜效果。但是多糖类的大分子具有一定的亲水性，所以具有相对较高的透水性，对于一些园艺产品的采后保鲜不能起到较好的干燥作用。脂肪类的可食性膜主要指向为涂蜡，植物油和脂肪酸及其单甘酯虽然也有使用，但较容易氧化。因此，蜂蜡和一些表面活性剂在脂肪类可食性膜的研究中占主要方向。脂肪类可食性膜具有很好的阻水性，在成膜剂中加入脂类物质也可以在很大程度上降低膜的透水性。

　　从最近几年的研究情况来看，可食性包装膜的研究范围已经由简单应用性研究逐渐过渡到了包装性能改善和加工工艺条件优化的研究上来。较常用的研究方法是通过改变配比，添加不同的可食性增塑剂，改变成膜温度，测试可食性膜的抗拉强度、断裂伸长率和透湿性等膜性能，以确定最佳的成膜工艺和影响膜各项性能的显著因素。多种基质复合制作可食性膜也是研究方法之一。

　　随着可食性包装膜研究的不断深入，针对可食性包装膜原材料的选择、成膜工艺和薄膜性质改进等方面的研究均取得了一定的成果，但由于包装工业的发展和人民生活需求的不断提高，人们对环保、卫生、安全的可食性包装膜的需求日益增加，可食性包装膜的研究应该更实用。与其他新型包装材料相同，可食性包装膜也存在性能较差、成本偏高、制备工艺有待改善等问题，阻隔性和物理力学性能是其发展瓶颈。目前，可食性包装膜研究呈现以下几方面的发展趋势：①可食性包装膜由单材料向多材料方向发展；②由单层膜向复合型膜方向发展，复合型膜可以汇集各组分的长处，尽可能地避开其缺点，达到良好的效果；③多功能可食性包装膜的开发。以下是一些研究案例。

　　案例 1：纤维素/壳聚糖共混透明膜。四川大学化学学院环保型高分子材料国家地方联合工程实验室鲍文毅等（2015）在《高分子学报》上联合发表了题为"纤维素/壳聚糖共混透明膜的制备及阻隔抗菌性能研究"的研究文章，该文测定了纤维素/壳聚糖共混膜的理化性质。研究表明，该共混膜有较好的机械强度，透明性好，疏水性较高，具有良好的 O_2 阻隔性和抗菌性。该研究利用壳聚糖溶液包覆法制备了具有高气体阻隔性及抗菌性的透明纤维素膜，其扫描电镜照片证明壳聚糖厚度为 1.31～4.07μm。通过红外光谱、紫外光谱、热重分析仪、电子万能试验机和接触角测试仪对纤维素/壳聚糖共混膜的结构和性能进行了详细研究，结果表明，壳聚糖和纤维素之间具有一定的氢键相互作用，使得纤维素/壳聚糖共混膜较好地保持了纯纤维素膜的机械强度，且拉伸强度都大于 110MPa。此外，壳聚糖的包覆对纤维素膜的透明性没有影响，它在 600～800nm 处的透光率仍维持在 80%左右，并且提高了纤维素膜的疏水性，其水接触角从纤维素膜的 70°提高到了 100°。利用气体渗透仪进一步研究了纤维素/壳聚糖共混膜的 O_2 阻隔性，结果表明，该膜具有很好的 O_2 阻隔性，其 O_2 渗透系数甚至低于市场上理想的 O_2 阻隔材料乙烯-乙烯醇共聚物（EVOH）。金黄色葡萄球菌抗菌测试表明，通过壳聚糖包覆法改性纤维素能够明显提高纤维素膜的抗菌性。

案例 2：葵花籽壳纳米纤维素/壳聚糖/大豆分离蛋白可食膜。吉林大学生物与农业学院陈珊珊等（2016）在《农业工程学报》上发表了题为"葵花籽壳纳米纤维素/壳聚糖/大豆分离蛋白可食膜制备工艺优化"的研究文章。该文制备了葵花籽壳纳米纤维素/壳聚糖/大豆分离蛋白可食膜（图 5-22），并测定了其理化性质。研究表明，该可食性膜有较好的抗拉强度，阻水性和阻气性也较好，各材料间具有良好的相容性。该研究以大豆分离蛋白（soy protein isolate，SPI）为成膜基材，向其中添加葵花籽壳纳米纤维素（nano-crystalline cellulose，NCC）和壳聚糖（chitosan，CS）制备得到共混可食膜。通过研究成膜材料配比、pH 和丙三醇质量浓度对可食膜抗拉强度（tensile strength，TS）、断裂伸长率（elongation，E）、水蒸气透过率（water vapor permeability，WVP）和 O_2 透过率（oxygen permeability，OP）的影响，以可食膜综合性能为响应值，各因素为自变量，利用响应面法对工艺参数进行优化，并建立了二次多项式回归模型，通过对模型的分析得到各因素对可食膜性能综合分影响的大小顺序为 pH＞成膜材料配比＞丙三醇质量浓度。结果表明，成膜材料质量比 NCC：CS：SPI 为 1.25：0.75：2，pH 为 3.59，丙三醇质量浓度为 0.02g/mL 时，可食膜性能（抗拉强度、断裂伸长率、水蒸气透过系数和 O_2 透过率）的综合分最高为 0.63。红外和扫描电镜结果表明成膜材料间具有良好的相容性。

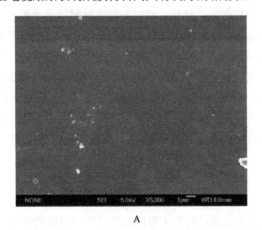 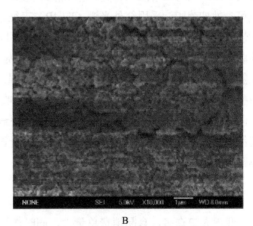

图 5-22　葵花籽壳纳米纤维素/壳聚糖/大豆分离蛋白可食膜表面扫描电镜图（5000×）（A）及可食膜截面扫描电镜图（10000×）（B）（陈珊珊等，2016）

案例 3：添加精油的玉米醇溶蛋白膜。河南科技大学食品与生物工程学院张慧芸等（2016）在《食品科学》期刊上发表了题为"添加丁香精油对玉米醇溶蛋白膜性能及结构的影响"的研究文章。该文首先以玉米醇溶蛋白为原料制备可食性膜，然后将丁香精油添加到玉米醇溶蛋白膜中，并测定了其理化性质。研究表明，该可食性膜有较好的抗拉强度，透湿性和阻光性也较好，但干燥过程中会产生微孔，使成膜后表面粗糙不均匀。该研究以玉米醇溶蛋白为原料制备可食性膜，将丁香精油添加到玉米醇溶蛋白膜中，研究其对玉米醇溶蛋白膜物理性能及微观结构的影响。结果表明，丁香精油体积分数在0.5%～2.0%时，随着体积分数的增加，玉米醇溶蛋白膜的厚度、断裂伸长率和水蒸气透过系数逐渐增加。丁香精油体积分数为0.5%～1.0%时，玉米醇溶蛋白膜的拉伸强度显著增加。添加丁香精油改善了膜的机械性能，增加了阻光性和透湿性。通过红外光谱和扫描电镜分析表明，添加丁香精油并未显著改变玉米醇溶蛋白的结构，且添加丁香精油的成膜液在干燥过程中会产生微孔，使得玉米醇溶蛋白膜的表面粗糙不均匀。

案例4：添加精油的淀粉/明胶混合膜。Acosta等（2016）在 *Food Hydrocolloids* 期刊上发表了题为"Antifungal films based on starch-gelatin blend, containing essential oils"的研究文章。该文首先以淀粉、明胶为原料制备可食性膜，然后将肉桂精油、丁香精油和牛至精油分别添加到混合膜中，并测定了其理化性质。研究表明，不同的精油添加使可食性膜呈现不同的抗菌性。在该研究中，研究人员将肉桂精油、丁香精油和牛至精油相对于聚合物质量的25%掺入甘油增塑的淀粉-明胶共混膜（1∶1）中，并测定它们对物理（阻隔性、机械强度、光学性）性能、薄膜的结构和抗真菌性能的影响。尽管在53%相对湿度和25℃条件下，精油对拉伸薄膜的强度没有显著影响，但精油确实显著降低了薄膜的透水性和透氧性。同样，精油增加了薄膜的透明度，但降低了光泽度。尽管在膜干燥步骤中，大约有60%掺入的精油损失，但通过体外琼脂扩散法，它们对两种测试的真菌物种长孢状刺盘孢（*Colletotrichum gloeosporioides*）和尖孢镰孢（*Fusarium oxysporum*）仍表现出了较好的抗真菌活性。

案例5：壳聚糖-酪蛋白酸钠可食性抑菌膜。内蒙古农业大学职业技术学院刘敏等（2017）在《食品研究与开发》期刊上发表了题为"壳聚糖-酪蛋白酸钠可食性抑菌膜结构表征及抑菌性的研究"的研究文章。该文首先制备了壳聚糖-酪蛋白酸钠复合膜添加天然抑菌剂，并测定了其理化性质。研究表明，该可食性膜有较好的抗拉强度，阻水性和阻气性也较好，各材料间具有良好的相容性。该研究用热溶法制备壳聚糖-酪蛋白酸钠复合基膜，添加天然抑菌剂纳他霉素和溶菌酶，制成可食性抑菌膜。采用红外光谱（FT-IR）表征不同抑菌膜的结构，同时测定3种膜的透光率、力学性能、紫外吸收性和抑菌性。结果表明，不同抑菌膜中的各成分之间相互作用良好，在制得的抑菌膜中，壳聚糖-酪蛋白酸钠-纳他霉素复合膜的相容性最优；壳聚糖-酪蛋白酸钠复合膜各力学性能最佳，添加纳他霉素后，膜抗拉强度增强；壳聚糖-酪蛋白酸钠可食性复合膜和壳聚糖-酪蛋白酸钠-纳他霉素/溶菌酶复合膜对紫外光的吸收较大；单独添加纳他霉素的复合膜对不同菌种的抑菌效果较优，特别对霉菌和酵母菌的抑菌性最好，差异达到显著水平（$P<0.05$），对细菌的抑制作用为假单胞菌>金黄色葡萄球菌>大肠杆菌。综合考虑，壳聚糖-酪蛋白酸钠-纳他霉素复合膜在干酪包装中具有广阔的应用前景。

5.4.3.2 园艺产品可降解包装

我国人口众多，食品消费总量大，同时作为农业大国，有着大量园艺产品采后保鲜的需求。因此包装而产生的垃圾导致的环境污染也十分严重。就传统的包装业而言，厂家多使用纸质、塑料、玻璃进行包装，其中以塑料和纸质包装居多。每年全球工业部门废弃的塑料包装制品高达上千万吨，给环境带来了巨大的压力（图5-23）。基于石化的塑料，如聚烯烃、聚酯、聚酰胺等，由于其数量大、成本低及具有良好的功能特性（如良好的拉伸和撕裂强度，具有良好的阻隔性和对香气化合物的阻隔性和热封性等），被相对较多地用作包装材料。但同时，它们的水蒸气透过率很低，而且不可生物降解，容易导致环境污染，造成严重的生态问题。因此，必须限制其任何形式的使用，甚至可能逐渐放弃，以解决与废物处理有关的循环问题。最近，随着环保意识的提高，人们开始转向寻找可生物降解的包装膜和工艺，从而与环境兼容。从某种意义上讲，生物降解性不仅是一种功能要求，也是一种重要的环境属性。因此，可生物降解的概念既具有用户友好性，又具有生态友好性，其原料主要来源于可重复利用的农业原料或海洋食品加工工业废弃物，并以利用自然资源保护，以环境友好和安全的环境为基础（图 5-24）。可生物降解包装材料的另一个优点是，在生物降解或分解和堆肥过程中，它们可以作为肥料和土壤改良剂，有助于提高作物产量。

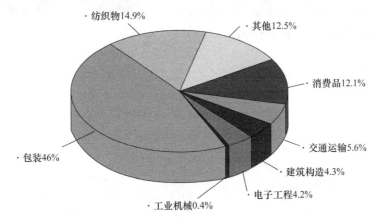

图 5-23　2018 年全球工业部门的塑料垃圾产量分布图（Wu et al.，2021）

　　由于食品的多样化，要延长食品的货架期，保持食品的质量就需要针对不同食品开发不同的包装材料。在解决外源化学物污染上，可食性膜已经在包装领域崭露头角，被广泛地应用于园艺产品、禽畜类产品、食品药品等商品的包装中。而对于环境来说，可食性膜同样是环境友好型，易于降解，详细见上文，此处不再赘述。

　　目前，在可降解包装材料中应用价值较大的有光降解材料、生物降解材料和光/生物双降解材料。生物可降解高分子材料是指在一定的时间和条件下，能被微生物或其分泌物在化学分解下发生降解的高分子材料。理想的生物降解材料在微生物的作用下，能完全分解为 CO_2 和水（图 5-25），不会给环境造成不良危害。因此其在生物医学领域、农业领域、食品加工领域等都有广阔的应用前景。在食品包装领域中最为突出的应用便是制作生物可降解食品包装材料。食品包装作为聚合物最大的加工工业，在选材方面需考虑包装材料的类型、制备方法、工艺流程及对食品安全和环境保护等诸多因素。因此，生物可降解材料以它独一无二的特征在食品包装领域中占据着重要的地位。良好的阻隔性能、机械性能、热稳定性能、化学稳定性能、耐热性能、光学性能等又是评判包装材料好坏的决定性因素。

　　按来源分类,可降解包装材料分为生物来源可降解高分子材料和人工合成可降解高分子材料。生物来源可降解高分子材料主要是淀粉、蛋白质、壳聚糖、聚羟基脂肪酸酯（PHA）和聚羟基丁酸酯（PHB）等，简述如下：①淀粉广泛存在于各种植物的种、根、茎组织中，是一种易得的多糖化合物，且淀粉在各种环境中都具有完全的生物降解性，而且价格低廉，因此是一种极受欢迎的天然高分子可降解材料。在制备淀粉膜时，天然淀粉和改性淀粉均有使用。同时淀粉具有优良的理化性质，如透明、无色无味、低透气性等。但与此同时，淀粉和其他材料相比具有较高的亲水性及较差的机械性能。②蛋白质膜相较而言则表现出较差的耐水性和低的机械强度，但具有较好的阻隔性能，大豆蛋白、酪蛋白酸钠、葵花蛋白和明胶等是在制备生物可降解包装膜时较常使用的材料。③壳聚糖是从虾蟹等的甲壳中提取出来的天然碱性氨基类多糖，它无毒、生物相容性好、可生物降解，是一种可再生的环保型保鲜剂。

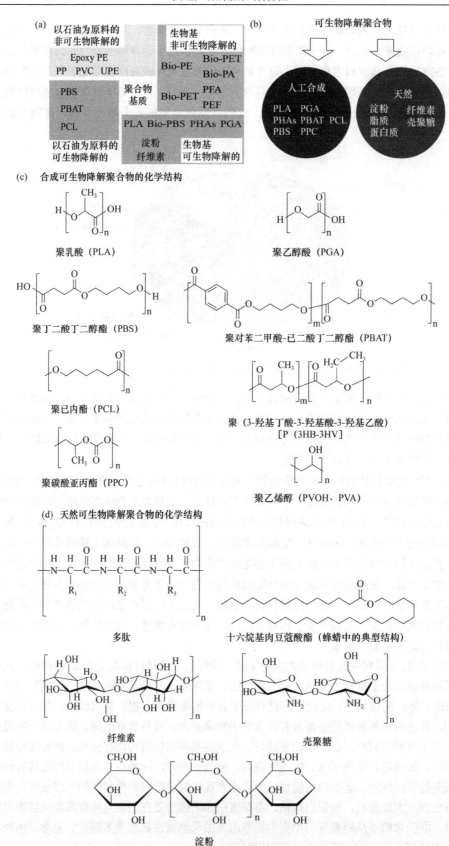

图 5-24 聚合物的分类和一些有代表性的可生物降解聚合物的化学结构（Wu et al.，2021）

④聚羟基脂肪酸酯（PHA）是生物体内存在的一种羟基烷化合物。PHA 除具有与化学合成的高分子材料相似的性质外，还具有生物可降解性、生物相容性、光学活性等特殊性质，因此它有着杰出的成膜性能和涂层性能。但与此同时，PHA 也有着成本高、韧性低、阻气性差等缺陷。聚羟基丁酸酯也是由细菌合成的生物降解性聚酯，但它也具有结晶度高、韧性低、耐冲击性差等缺陷，需要与其他材料复合使用。

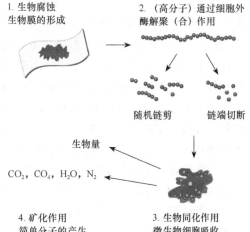

图 5-25　聚合物降解过程（Barron et al., 2020）

人工合成可降解高分子材料主要包括了聚乳酸（PLA）、聚丁二酸丁二醇酯（PBS）、聚乙烯醇（PVA）、聚碳酸亚丙酯（PPC）等，简述如下：①PLA 是以乳酸为原料生产的新型聚酯材料，按光学异构可分为左旋和右旋。PLA 具备良好的阻湿性和阻气性，且可以完全生物降解、对环境友好、可回收、可堆肥、成膜透明性较高、力学性能良好、易于加工成型，是目前主要的研究方向之一。此外聚乳酸与其他材料的相容性也很好，可制备多种混合膜。②PBS 的力学性能和耐热性能良好，热变形温度接近 100℃，克服了其他生物降解塑料耐热温度低的缺陷。PBS 的加工性能最好，属于可降解高分子材料之首，与 PCL、PHB、PHA 等降解塑料相比，PBS 价格低廉，使用价值较高。但是纯 PBS 结晶度较高，不利于加工成型，应用范围较窄。③PVA 具有诸多优良的物理性质，如较好的黏度、乳化性质、分散力、拉伸强度、柔韧性及成膜性。与此同时，PVA 还具有耐水、油、油脂及溶剂的优点。但 PVA 的熔融温度高于分解温度，使得热塑成型难以进行，限制了它在可降解包装中的使用。④PPC 具有良好的生物相容性、耐冲击性、半透明性、无毒无害性及强疏水性，是一种集诸多物理性质和化学性质于一身的可完全生物降解型高分子材料，而且制备的成本也很低廉。但它的机械性能相对较弱，在 15℃下会变脆，40℃上则会变软。单独的人工合成可降解高分子材料都具有或多或少的缺陷，因此，目前的研究方向多集中于通过添加其他物质以达到改善或弥补这些缺陷的效果。以下是一些研究案例。

案例 1：肉桂精油/β-环糊精电纺聚乳酸纳米抗菌膜。Wen 等（2016）在 *Food Chemistry* 期刊上发表了题为 "Fabrication of electrospun polylactic acid nanofilm incorporating cinnamon essential oil/β-cyclodextrin inclusion complex for antimicrobial packaging" 的研究文章。该文首先制备了一种聚乳酸纳米纤维，然后将肉桂精油/β-环糊精包合物添加到其中，制备了一种新型包装材料，并测定了其理化性质。研究表明，制备出的这种材料具有很好的抗菌性。该研究通过静电纺丝技术将肉桂精油/β-环糊精包合物（CEO/β-CD-IC）掺入聚乳酸（PLA）纳米纤维中，获得了一种新型抗菌包装材料。通过共沉淀法制备 CEO/β-CD-IC，SEM 和 FT-IR 光谱分析表明，CEO/β-CD-IC 的成功形成，提高了 CEO 的热稳定性，然后通过静电纺丝将 CEO/β-CD-IC 掺入 PLA 纳米纤维中，并且与 PLA/CEO 纳米薄膜相比，所得 PLA/CEO/β-CD 纳米薄膜显示出更好的抗微生物活性。PLA/CEO/β-CD 纳米薄膜对大肠杆菌和金黄色葡萄球菌的最低抑菌浓度（MIC）约为 1mg/mL（相应的 CEO 浓度为 11.35μg/mL），最低杀菌浓度（MBC）约为 7mg/mL（相应的 CEO 浓度 79.45μg/mL）。此外，与浇铸方法相比，温和的静电纺丝工艺更有利于在所得薄膜中保持更大的 CEO。PLA/CEO/β-CD 纳米薄膜可有效延长猪肉的保质期，表明其在活性食品包装中具有潜在的应用价值，但在园艺产品上的应用尚未研究。

案例2：竹纳米纤维素晶须（BCNW）增强聚乳酸（PLA）复合膜。浙江大学钱少平（2016）发表了题为"竹纳米纤维素晶须增强聚乳酸复合材料界面结合及强化机理研究"的博士论文。该研究采用溶液浇注方法制备了不同 BCNW 添加量的 PLA 复合材料薄膜，探讨了 BCNW 用量对 PLA/BCNW 复合材料外观、力学性能、热特性、表面微观形态和结晶行为的影响。研究发现，当竹纳米纤维素晶须添加量为 2.5wt% 时，复合材料薄膜具有较大的拉伸模量，过多的添加量会降低复合材料的拉伸性能。竹纳米纤维素晶须的加入主要影响聚乳酸的同质结晶，对基体异质晶型影响不明显，但增大了聚乳酸的晶粒尺寸。微观形态分析表明，竹纳米纤维素晶须在一定程度上能对聚乳酸起到增强作用，但两者界面相容性不足（图 5-26）。采用溶液浇注方法制备了不同竹纳米纤维素晶须添加量的聚乳酸复合材料薄膜，探讨了竹纳米纤维素晶须用量对 PLA/BCNW 复合材料外观、力学性能、热特性、表面微观形态和结晶行为的影响。当竹纳米纤维素晶须添加量为 2.5wt% 时，复合材料薄膜具有较大的拉伸模量，过多的添加量会降低复合材料的拉伸性能。竹纳米纤维素晶须的加入主要影响聚乳酸的同质结晶，对基体异质晶型影响不明显，但增大了聚乳酸的晶粒尺寸。同时采用溶液浇注方式，进一步研究了聚乳酸与经表面修饰的竹纳米纤维素晶须复合材料薄膜的特性。发现竹纳米纤维素晶须的硅烷基化的程度会影响其增韧聚乳酸制备的薄膜透明度。随着硅烷基化程度的提高，复合材料的拉伸断裂伸长率与拉伸强度和拉伸弹性模量成反比，拉伸断裂伸长率由未处理的 12.35%，提高到利用 KH-590 处理的最佳值 250.8%。A-151、KH-570 和 KH-590 偶联剂处理均能使复合材料拉伸断裂伸长率提高到 200% 以上。硅烷基化竹纳米纤维素晶须在聚乳酸基体内分布良好，两相之间相容性得到明显改善，存在紧密的物理缠结和化学缠结作用，拉伸断裂面有拉丝现象。热解稳定性随着硅烷基化处理浓度的提高呈先降低后升高趋势。增韧机理主要是拉伸应力良好的传递，聚乳酸中的大分子链、链段、微晶或一些不对称的填料沿外力方向变形，且趋向于有序排列。

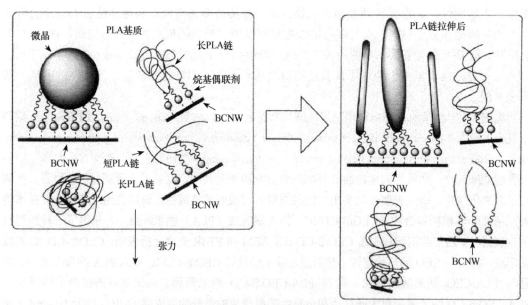

图 5-26　PLA/BCNW/UFBC 三元复合材料增韧机理示意图（钱少平，2016）

案例3：纳米二氧化钛/聚乳酸抗菌薄膜。天津科技大学尹兴等（2017）在《包装工程》期刊上发表了题为"纳米二氧化钛/聚乳酸抗菌薄膜的制备和性能"的研究文章。该文以聚乳酸为原料，添加纳米二氧化钛，制备了一种新型可生物降解抗菌包装材料，并测定了其理化性质。研表明，制备出的这种材料具有很好的抗菌性。以聚乳酸（PLA）为原料，添加纳米二氧化钛（Nano-TiO$_2$）来制备新型可生物降解抗菌包装材料，将抗菌剂 Nano-TiO$_2$ 添加到 PLA 中，采用溶液流延法制备 Nano-TiO$_2$/PLA 抗菌薄膜。测试该抗菌薄膜的抑菌性、力学性能、透湿性，并用扫描电子显微镜、傅里叶红外光谱、X 射线衍射测定等手段对改性结果进行评估。结果当 Nano-TiO$_2$ 的质量分数为 4%时，抗菌薄膜对金黄色葡萄球菌的抑菌率为 90.27%，其拉伸强度为 23.2MPa，断裂伸长率为 2.2%，透湿系数为 2.3×10^{-13} g·cm/（m^2·s·Pa）。结论是 Nano-TiO$_2$/PLA 抗菌薄膜具有优良的抑菌效果，可用于食品、药品等产品的包装。

案例 4：肉桂/生姜精油壳聚糖羧甲基纤维素薄膜。Noshirvani 等（2017）在 *Food Hydrocolloids* 期刊上发表了题为 "Cinnamon and ginger essential oils to improve antifungal，physical and mechanical properties of chitosan-carboxymethyl cellulose films" 的研究文章。该文以壳聚糖羧甲基纤维素薄膜为基底，加入肉桂和生姜精油分别制备可生物降解抗菌包装材料，并测定了其理化性质（图 5-27）。研究表明，制备出的这种材料具有很好的抗菌性，同时精油的添加还增强了壳聚糖羧甲基纤维素薄膜的物理性能。该文研究了肉桂精油和生姜精油对油酸乳化壳聚糖羧甲基纤维素膜的一些生物学、物理和理化性质的影响。肉桂精油涂膜对黑曲霉的体外抗菌活性高于生姜膜。与姜基材料不同，随着肉桂精油浓度的增加，薄膜结晶度降低。用扫描电子显微镜对活性膜的微观结构进行了分析，结果表明，活性膜的形貌与精油的组成有关。与预期的一样，两种精油都降低了活性膜的水蒸气透过率，肉桂精油的降低效果更大。根据环氧乙烷的浓度，生姜膜和肉桂膜的透水性分别提高了 36%～59%和 65%～93%。在机械性能方面，最高浓度的肉桂和生姜精油使膜的延展性分别提高了 328%和 111%。这两种精油膜在物理、力学、热学和水蒸气渗透性方面的不同体现可以归因于其化学成分的不同。肉桂精油中的肉桂醛，可以与羧甲基纤维素、壳聚糖和油酸形成的网络产生多种相互作用。研究结果表明，精油（尤其是肉桂精油）可用于壳聚糖羧甲基纤维素薄膜的增塑，同时提高其透湿性和保持抗真菌活性，图 5-28 为该研究所制备的不同材料薄膜宏观图。

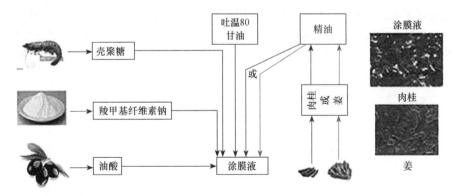

图 5-27　以壳聚糖羧甲基纤维素薄膜为基底的可生物降解抗菌包装材料制备路线图（Noshirvani et al.，2017）

案例 5：纤维素纳米晶掺杂淀粉-聚乙烯醇生物纳米复合膜。Noshirvani 等（2018）在 *Food Hydrocolloids* 期刊上发表了题为 "Study of cellulose nanocrystal doped starch-polyvinyl alcohol bionanocomposite films" 研究文章。该文以增塑淀粉-聚乙烯醇（PS-PVA）复合材料与纤维素纳米晶（CNC）复合制备可生物降解纳米复合材料，并测定了其理化性质。研究表明，制备出的这种材料在机械性能和阻隔性能方面都有改善，加入 CNC 后，PS-PVA 薄膜的溶解性、吸水性、水蒸气透过性和断裂伸长率降低；接触角、极限抗拉强度（UTS）、玻璃化转变温度（T_g）和熔点（T_m）均增加。该研究以增塑淀粉-聚乙烯醇（PS-PVA）复合材料与纤维素纳米晶（CNC）复

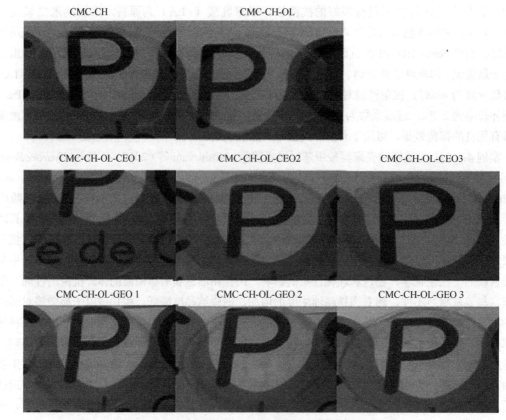

图 5-28　不同材料薄膜宏观图（Noshirvani et al.，2017）
CMC：羧甲基纤维素；GEO：姜精油；CEO：肉桂精油

合制备可生物降解纳米复合材料。通过机械、热学、势垒分析及原子力显微镜（AFM）对纳米复合薄膜进行了表征。通过对 CNC 的几何特征分析，证实了 CNC 的厚度小于 100nm。所制备的纳米复合材料在机械性能和阻隔性能方面都有改善。结果表明，CNC 作为一种绿色增强材料，可用于生物降解包装，是硅酸盐等矿物增强材料的良好替代品。

第6章 园艺产品智慧物流

6.1 物流信息的概念、特征、分类及作用

6.1.1 物流信息的概念

国家标准《物流术语》(GB/T 18354—2021) 定义：物流信息 (logistics information) 是"物流活动中各个环节生成的信息，一般随着从生产到消费的物流活动的产生而产生，与物流过程中的运输、储存、装卸、包装等各种职能有机结合在一起，是整个物流活动顺利进行所不可缺少的"。现代物流发展离不开现代通信手段、设施及其管理模式的相互作用。信息流与物流相互依存、密不可分。一方面，信息反映了物流状态，从而可以据此实现对物流的调控；另一方面，信息技术的进步使得信息流得以发展，又反作用于物流。物流企业通过现代信息技术开展物流信息的收集、分类、传递、汇总、识别、跟踪、查询等工作。根据信息流反映的物流状态，掌握物流信息的企业通过对物流、商流和资金流等进行管控，可以制定更为科学合理的决策，实现资源的合理配置，从而降低成本、提高效益。可见物流信息在现代物流中起着中枢的作用，而以此为主要特征的现代物流则能够显著提高企业的竞争优势。

6.1.2 物流信息的特征

现代物流信息具有种类多、涉及面广的特点。货物从生产到最后到达消费者的整个过程会经历运输、仓储、包装、分拣、加工、配送等多个环节。这些环节均会产生大量的物流信息，分布在制造厂、仓库、配送中心、运输线路、商店、顾客等众多场所。除了企业内部和企业间的各种物流信息，还包括与物流活动相关的各种法律法规、市场信息等。随着各种技术的发展，现代物流的业务范围扩大，综合性增强，物流信息的量多面大的特征会越来越明显，对其进行分类、统计等处理的工作难度也会越来越大，因此需要进行有效的信息管理。

现代物流信息具有快变性、时效性的特点。与早期积累一定订单后于同一时间批量处理的方式有所不同，现代物流信息由于物流活动发生频繁，市场情况和用户需求不断变化，信息价值随时间衰减速度快，时效性很强。随着物流活动朝多品种小批量生产和多频度小数量配送的方向发展，信息更新速度越来越快。针对物流信息的动态性和时效性，物流参与者应当及时掌握相关信息，做出科学合理的物流管理决策。

现代物流信息具有复杂性、需要处理的特点。由于其来源多样化，不能直接用于指导物流运行，而通常都需要经过复杂的加工分析才能变成有价值的信息：收集物流系统内及物流系统外（如生产系统、供应系统等）的有关信息，分析其与物流活动的相关程度，进行筛选处理后指导物流活动。

现代物流不同信息间存在关联性。由于物流本身与生产流、商流相关，物流过程中的各种信息之间也存在着密切的关系，如材料采购、生产计划和库存信息之间存在着相关性，订货信息、分拣配货信息和发货信息之间又存在着因果关系，冷链物流微环境与园艺产品品质变化间存在显著的耦合关系等。

现在物流信息存在相互共享的需求。也就是物流活动各方通过合作，充分共享和利用收集到

的信息的过程。物流、商流及生产三者之间是密不可分的，因此物流信息与物流各功能环节要资源共享；企业要取得竞争优势，也离不开相互协作的各方间的信息共享。

现在物流信息具有标准化的特征。因为现代物流过程中各种信息的来源、加工、传播和应用方式不尽相同，物流企业与其他企业和部门间需进行广泛大量的信息交流。为了使物流信息的交换与共享更加高效，需要建立统一的标准对信息进行处理，如采取统一的物品编码标准、推进物流信息标准化和格式化等。现代物流企业广泛采用电子和网络技术优化企业数据管理与交换，使得物流信息越来越标准化。

除上述特点之外，现代物流信息还需具有准确性、完整性、安全性和低成本性的特征。其中准确性是指物流信息要能正确反映实际的物流情况，信息质量会对物流成本造成影响，准确的物流信息才能保证物流活动顺利进行，同时也便于用户的理解和使用；完整性是指物流信息确切且无冗余，能同时满足专业和非专业人员的使用需求；安全性是指通过采取对应的安全措施来确保信息的传送过程安全，如防火墙技术、安全传输协议及验证体系等；低成本性则要求将信息处理的成本控制在一定范围内。

6.1.3　物流信息的分类

物流信息包括采购信息、进货信息、库存信息、订货信息、流通加工信息、分拣配货信息、发货信息、搬运信息、运输信息、物流总控信息、决策信息和逆向物流信息等。从不同角度可对物流信息进行不同的分类。

按信息的来源可分为物流系统内信息和系统外信息。物流系统内信息是指在物流活动发生过程中所产生的信息，如运输信息、仓储信息、包装信息、卸货信息等都属于物流系统内信息。物流是一个系统工程，主要强调整个系统的协调性与结合性。在物流的整个环节当中，除了要注重各个环节的衔接流畅，还要注重信息的传递顺畅及各种信息完美的整合。物流系统外信息是指在物流活动以外发生的信息，但会影响整个物流活动，包括供应商信息、顾客信息、交易信息、生产信息、消费信息、国内外市场信息、政府下达的政策信息等。这些信息用于指导物流活动的计划、实施、控制、决策等，促使整个过程的顺利进行。

物流信息中包含有效信息和无效信息，因此需要对信息进行加工筛选以获取我们所需要的信息。按加工程度的不同，可以将信息分成两类——原始信息和加工信息：原始信息是指尚未加工的信息，是整个物流信息工作的基础，是加工信息的来源与保障，是最权威信息的代表；加工信息是指对原始信息进行加工、提炼、简化后所得到的信息。这类信息的形成需要各种加工手段，如分类、编制、汇总、挑选、制表、画图等。处理之后可以大大减少信息量，得到更多有效信息，便于使用。

按信息的作用可分为以下几种：①计划信息，指尚未实现或进入具体业务操作但已经被当作目标确认的一类信息，如物流数量计划、运输计划、仓库进出量计划、尚未实施的合同计划、投资计划等。计划信息具有稳定性强、信息更新速度慢等特点，对物流整个过程的战略调整具有重要作用。②控制及作业信息，指在物流实施的过程当中所发生的信息，如运输量、运输种类、运输工具、运费、库存量等。这类信息具有动态性强、信息更新速度快、时效性强等特点，因此，在物流操作中起到控制或者指导的作用，保障整个物流过程按照计划进行。③统计信息，指在物流活动结束后对整个物流过程进行归纳总结所得到的信息，如相同产品在去年的物流量、库存量、运输方式、运输工具等。这类信息是常年积累的资料，具有永恒不变的特点，是厂家对过去的总结。这些总结会形成一个动态趋势，可以为今后的物流过程制定计划、提供战略指导。④支持信息，指能够对整个物流操作过程产生影响的有关文化、科技、产品、法律、教育等方面的信息，如物流技术革新、运输工具革新、物流人才需求等都属于支持信息。这类信息具有涉及面广、信息隐蔽等特点，在物流过程当中可以起到控制、操作、指导等多方面的作用，从根本上提高整个物流过程的水平。

物流信息按物流环节可分为以下几类：①运输信息，根据运输方式可以分为陆地运输信息、水上运输信息、航空运输信息、管道运输信息、邮政特快运输信息及各种货物代理运输信息等。②仓储信息，又叫库存信息，包括各种仓库、货场的货物储存信息和代储信息。③装卸搬运信息，指在港口、码头、机场、车站、仓库等场地进行的货物分类、挑选、堆叠、装上、卸下等信息。④配送信息，主要包括配送货物种类、货物配送方式、配送线路、配送时间和数量等信息。⑤包装信息，包括货物在仓库的包装、改包装及包装物生产的信息。⑥物流加工信息，包括对运输的商品进行计数、分类、保鲜、贴商标及商务快送、住宅急送等信息。

园艺产品产后物流过程存在生物代谢与环境的互作，易受诸多物流微环境的影响。园艺产品物流微环境监测重点关注的信息包括环境温度信息、环境湿度信息、环境气体成分信息及物流机械力信息等。其中环境气体成分主要包括氧气、二氧化碳、乙烯等；物流机械力信息主要包括振动力、碰撞力、挤压力、摩擦力等。

6.1.4　物流信息的作用

物流信息系统对整个物流活动起到指挥、协调、支持和保障的作用。如果信息失误则指挥活动就会失误；如果没有信息系统，整个物流系统就会瘫痪。高效的信息系统是物流系统正常运转的必要条件，主要作用如下。

6.1.4.1　加强物流活动间的协调

物流信息有助于加强物流活动间的协调。物流系统是由许多个行业、部门及众多企业群体构成的经济大系统，物流信息的传送连接着物流活动的各个环节，并指导各个环节的工作，对整个物流活动起着指挥、协调和支持的作用。比如，第三方物流企业如果给生产制造企业提供物流服务，其物流配送作业计划必须与生产企业的生产计划对接，以便协调双方的相应计划，从而提高物流服务的效率。因此，加强物流信息系统的研究和利用，可使物流成为一个有机的整体，而不是各自孤立的活动。只有在物流的各项活动中及时收集和传输有关信息，并通过信息的传递，把运输、存储、加工、配送等业务活动联系起来，才能使物流标准化、定量化，提高物流整体作业水平。

6.1.4.2　强化物流活动的控制

物流信息有助于调控物流活动的流程。例如，当收到订单，就记录了第一笔交易的信息，意味着流程的开始。随后在物流信息的控制下，按记录的信息安排存货，指导材料管理人员选择作业程序，指挥搬运、装货及按订单交货。除此之外，物流企业可以通过沟通为客户提供信息服务，而准确、及时的信息和畅通的信息流从根本上保证了物流的高质量和高效率。

6.1.4.3　缩短物流链条长度，提高物流业务效率

物流信息有助于缩短物流链条长度，提高物流效率。一般来说，物流备货时间较长，大于顾客的订单周期，要克服备货的时间差就要保有存货。存货量可以预测，但误差会导致存货的不足或过量。通过物流信息化可以最大限度地优化物流网络和物流流程，减少一切不必要的环节和过程，有效控制供应链总库存水平，显著降低各项物流费用和企业资金占用，从而大大降低物流总

成本。通过掌握供应链不同节点的信息，如在供应管道中，什么时候、什么地方、多少数量的货物可以到达目的地，可以发现供应链上的过多库存并进行缩减，从而缩短物流链，提高物流服务水平。

6.1.4.4　提高物流决策能力

物流信息有助于物流决策水平的提高。物流信息可以以决策结论的形式出现，也可以以决策依据的形式出现，从而协助管理人员进行物流活动的评价、比较和分析，以做出有效的物流决策。例如，采购部门要根据物流信息确定采购批次、间隔、批量等，以确保在不间断供给的情况下使成本最小化；同时物流信息也为战略制定提供了支持，有效利用物流信息，有助于开发和确立物流战略。这类决策往往是决策分析层次的延伸，但通常更加抽象、松散，并且注重于长期。

6.2　园艺产品采后物流信息获取技术

伴随着现代物流业的快速发展，物流信息量也呈现出爆炸性的增长趋势。光靠手工处理信息的方式无法满足物流管理的需要。计算机的应用加快了物流信息处理速度，但人工信息输入与计算机处理速度脱节，成为物流信息采集的瓶颈。发展园艺产品采后物流信息获取技术，通过自动（非人工）手段快速、高通量地获取物流相关信息，可以避免人工采集带来的效率低下问题，并能够实现物流过程与信息管理系统的无缝连接。

6.2.1　正确采集数据的重要性

数据作为信息之源，其质量对于信息管理系统至关重要。计算机系统要提供有用的决策信息，离不开高效准确的数据输入。物流管理信息系统在数据采集时需注意以下几个方面：①数据源头采集。数据采集必须要坚持源头采集的原则，如尽管园艺产品订单数据会在生产基地、仓储、运输等多个部门间流转，但其采集录入应在批发商、超市、客户等销售部分起始点，而不是在各个部门，否则可能会造成数据不一致，并导致采集效率的下降。②简化采集过程。简便的数据采集录入可以减少由于出现差错和纠错而导致的工作量增加。③减少采集延迟。物流管理信息系统运行效率取决于数据采集速度。手动输入方式无法满足数据快速采集的需要，如借助采用自动识别的实时数据采集技术和远距离射频识别技术来对运输货物进行跟踪与定位，可以提高物流效率。因此，数据采集作为物流管理信息系统的源头阶段，其重要性可见一斑。数据采集的准确性为物流管理信息系统建设提供保障。

6.2.2　条形码识别技术

条形码识别技术是在计算机技术和信息技术基础上发展起来的一门集编码、印刷、识别、数据采集和处理于一体的综合性高新自动识别技术。所谓条形码，是由一组按照一定规则编码的宽度各异的条、空符号构成，可表示对应的数字和符号，而这些数字和符号又能够反映一定的信息。条形码识别技术的核心是利用光电扫描识读条形码，通过自动识别快速准确地将信息录入计算机，从而实现自动化管理。条形码具有信息采集量大、快速、准确性高、制作简便、设备简单、低成本、使用可靠、灵活、实用、自由度大等优点。

6.2.2.1　一维条形码

一维条形码是指只在一个方向上表达信息，由条、空符号组成的标记。其中"条"和"空"

分别指对光线反射率较低和较高的部分,它们按照一定规律排列。机器识读可将条形码转译成二进制和十进制信息,再与计算机中的数据库相匹配,即可高效准确地实现信息采集。一维条形码按应用主要可分为商品条形码(EAN/UPC)、储运单元条形码(ITF-14)、货运单元条形码(UCC/EAN-128 码)三类。

国际物品编码协会(EAN)和统一代码委员会(UCC)规定了用于表示商品标志代码的商品条形码,其中包括 EAN 商品条形码和 UPC 商品条形码,二者的两个系统相互兼容,合并为一个全球统一的标志系统——EAN.UCC 系统。我国通用的商品条形码标准采用 EAN 条形码结构,它分为标准版(EAN-13,由 13 位阿拉伯数字组成)和缩短版(EAN-8,由 8 位阿拉伯数字组成)两种。交叉二五条形码是一种长度可变、连续的自校验双向条形码,由左侧空白区、起始符、数据符、终止符和右侧空白区构成,其条和空都可表示信息,被广泛应用于仓储与物流管理。储运单元条形码(ITF)是一种由交叉二五条形码扩展形成的连续型、定长的自校验双向条形码。物流系统中,ITF-14 常被用来标识商品的储运单元。

货运单元条形码(UCC/EAN-128 码)是一种由国际物品编码协会和美国统一代码委员会共同设计而成的、长度可变的连续型条形码。相比不携带信息的商品条形码和储运条形码,UCC/EAN-128 码将生产日期、有效日期、运输包装序号、规格、地址等重要信息条形码化,因此应用领域非常广泛。

6.2.2.2 二维条形码

针对一维条形码携带的信息量有限,只能充当物品的标识,且其使用必须依赖数据库的支持的问题,二维条形码应运而生。二维条形码是由某种特定几何图形按照一定规律在平面上分布的黑白相间的用于记录信息的条码技术。除了具有条码技术的一些共性,如每种码制有特定的字符集对应、每个字符占一定的宽度及一定校验功能等外,二维条形码还能够在水平和垂直两个方向上存储文字、数值等信息,因此信息携带量更大。

二维条形码的特点包括:①信息容量大。二维码在水平和垂直方向都可扩展表达信息,较条形码提高了信息密度,一般是一位条形码的几十甚至几百倍,能容纳 1850 个字母或 2710 个数字或 500 多个汉字。②编码范围广。可以对文字、图像、声音和指纹等多种形式的信息进行编码。③纠错能力强。即便当局部损坏达 50%,二维条形码仍可被正确识读。④可靠性高。误码率远低于普通一维条形码,不超过千分之一。⑤保密性能好。可引入一定的加密机制,以防止证件、卡片等的伪造。⑥成本低廉。制作简便,可利用各种打印技术将二维条形码印在多种材料表面,识别设备成本低。

二维条形码可以分为两类:堆叠式/行排式二维条形码和矩阵式二维条形码。前者由多行短截的一维条形码堆叠而成,因此在编码设计、校验原理和识读方式等方面继承了一维码的特点,其中具有代表性的有 Code 49 码、PDF 417 码、Code 16K 码和 UPS Code SM 码等。后者是建立在计算机图像处理技术和组合编码原理等基础上的一种自动识读处理码制,它以矩阵的形式组成,在矩阵对应元素位置处用"点"表示二进制,又称点阵码,如 MaxiCode、Code One、Aztec Code、QR Code、Data Matrix、Vericode、Softstrip、Code1、Philips Dot Code 等。

6.2.2.3 条形码读取设备

条形码系统是指由条形码设计、制作及扫描阅读组成的自动识别系统,条形码系统具有低成本、操作简便的特点。其中条形码识读设备读取条形码携带的信息,通过一个光学装置将条空转换成电平信息,而后再被转译成对应的数据信息。条码识读设备按原理可分为以下几种:①光笔。

最早出现的一种手持接触式条码识读设备，经济低廉。光笔接触到条码表面时会发出光点，当划过"条"和"空"部分时光线会分别被反射和吸收而在光笔内部产生变化电压后转译。②CCD 识读设备。通过使用若干个 LED，使发出的光线能够覆盖整个条码从而被光电二极管采样，以"黑""白"来区分"条""空"，再进行转译。③激光扫描仪。利用激光二极管发出光线，由镜子实现采集和聚焦，从而进行条形码的阅读，将光信号转换成电信号后进行译码。④影像型红光。扫描景深大、速度快、读码性能好；解码能力强，能够识读一般扫描器无法识读的条码。此外，按应用方式可分为手持式和固定式。

6.2.2.4　条形码技术在园艺物流中的应用

和其他产品类似，园艺产品从生产到运输、贮藏、配送及销售的各个环节，都可以通过条码技术进行便捷的管理。条码技术通过将产品在各阶段发生的信息连接到一起，可以提升园艺产品在物流中的信息化管理水平，体现在以下几个方面：①条码技术可用于货物的管理。将条码和产品一一对应，管理人员可以快速地对产品进行登记，利用条码技术能够实现数据的快速收集，减少工作程序。此外，条码技术还可用于产品供应链中的货物追踪。②条码技术可用于仓库管理。将条码技术应用于仓库管理，不仅能够提高管理人员清点产品出入库的效率，通过将贮藏的货物进行标示定位，还可以确保货物与货位的对应，从而方便货物的查找和搬运。结合计算机处理，信息记录、查询、汇总及各种账册报表功能均得以实现，管理人员也能够更高效地调控仓库结构、库存量等。③条码技术可用于配送管理。在产品的配送过程中，条码技术的应用可以使包裹在运送过程中的全程追踪成为可能，免去了手工重复输入数据的麻烦；同时将自动识别技术引入配送中心的所有作业流程中，能够极大地提高配送效率。④条码技术可用于零售管理。企业可将该技术应用于商品从进货到售后管理的所有过程中，如商品的出入库管理、仓储配送及售后服务管理等。通过扫描器识读商品的条形码，可以快速知道该商品的名称和价格，能够满足销售高峰和销售规模巨大的大型连锁超市的需要。同时，各种销售记录还可以提供参考，方便管理者进行统计分析、需求预测和制定进货计划。

6.2.3　射频识别技术

射频识别（radio frequency identification，RFID）技术，又称电子标签、无线射频识别技术，是一种通过阅读器发射的无线射频信号自动识别标识对象并获取其携带信息的非接触式自动识别技术。RFID 的优点包括非接触式的读写、机械磨损小、识读距离可调（从几厘米到十几米）、使用寿命长、对高速运动物体的快速识别、环境适应性强、操控容易、多个标签的同时识别、可实现动态实时通信、安全性高、存储容量大等。

与条形码需主动收集条码信息不同，RFID 能够实现标识对象的信息被动收集，它不需要识别目标处于视野范围内，只要在阅读器的作用范围内即读取目标信息。RFID 电子标签与条形码相比具有明显优势。该技术在企业的信息化改造和自动化控制中具有广泛的用途，目前已成为大多数企业在自动识别技术应用的首选技术。

6.2.3.1　射频识别技术的原理与分类

一个 RFID 系统一般由阅读器、能够附着于标识对象上的标签（电子标签）、RFID 中间件和RFID 应用系统软件组成，其基本的工作原理如下：①阅读器发送一定频率的射频信号；②当电子标签进入工作区域时产生感应电流被激活后，将存储在标签中的产品信息发送出去，或主动发送信号；③阅读器读取信息并解码后，送至主机进行数据处理；④主机系统做出相应的处理和控制，发出指令信号，控制执行动作。

　　按照电子标签的功能，RFID 技术大致可分为 4 类。①根据 RFID 标签调制方式，可以分为主动式（主动地发射数据给阅读器）和被动式（利用阅读器的载波调制信号）两种。②根据 RFID 标签的工作频率，可以分为低频（30～500kHz）、高频（主要是 13.56MHz）、超高频（433/869/915MHz）、微波（2.45/5.8GHz）系统。相比低频系统，另外三种系统的发射半径较大、读取速度快和读写距离大，但成本较高。③根据 RFID 标签有无电池，又可分为有源（含有电池）和无源（不含电池）。④根据 RFID 标签的读写能力不同，可分为可读写卡（RW）、一次写入多次读出卡（WORM）和只读卡（RO）。

　　按照物流功能场景，RFID 系统也可分成如下 4 类：①电子物品监视（electronic article surveillance，EAS）系统是一种用于监测物品出入的射频识别技术。当电子标签进入该区域时会产生干扰信号，系统在接收和分析这种干扰信号后，就会控制警报器的鸣响。②便携式数据采集系统可利用手持式阅读器来采集 RFID 标签上的数据，具有比较大的灵活性，适用于不宜安装固定式 RFID 系统的应用环境。③物流控制系统的 RFID 阅读器分散布置在固定的区域，可自动扫描物体上的电子标签，对其中的信息进行存储和分析，用于控制物流。④定位系统通常用于自动化加工系统中的定位，以及对车辆、轮船等进行定位。

6.2.3.2　射频识别技术在物流中的应用

　　电子标签可以实现商品从生产到销售等环节的实时监控，不仅能极大地提高自动化程度，而且可以显著提高供应链的透明度和管理效率。目前，RFID 技术在冷链物流的诸多环节中发挥着重要的作用，包括采购环节、仓储环节、运输环节、配送环节和销售环节。

　　采购环节中，针对冷链产品保质期短、需要保鲜的特点，在冷链产品的供应上，要从产地开始进行跟踪管理，以保证产品的基本品质和营养价值。温度是冷链物流的核心，因此将信息输入内置有温度传感器的 RFID 标签中，并在货物上装备此标签，就能实时收集到货物的温度信息，使得企业能够监控到货物的实时温度。

　　仓储环节中，在仓库的接货入口，RFID 阅读器在货物通过时自动采集电子标签信息，自动完成货物的盘点并将货物信息存储到系统数据库中。还可以利用阅读器监控货物的存放状态和自动完成出库验收操作，便于仓库管理人员了解每种商品的需求模式，及时进行补货，从而提高库存管理能力，实现仓储空间的优化及物料的合理配置，最终降低仓储成本。

　　运输环节中，给货物和车辆贴上 RFID 标签，并在运输线的检查点上安装 RFID 接收装置，就可以随时了解供应链中产品的状态，包括货物名称、品种和数量等信息，并且在 GIS 技术的辅助下还可以实现在途货物的可视化管理。对于冷链产品，运输过程中货物温度变化可以通过内置温度传感器的 RFID 标签进行实时监测。

　　配送环节中，仓库出口处的 RFID 阅读器自动记录出库货物，并将这些信息与相应的采购单进行核对，从而准确、迅速地完成配送任务并实现对货物的跟踪，大大加快配送的速度和提高拣选与分发过程的效率及准确率，并能减少人工识读成本，降低配送成本。

　　销售环节中，由于 RFID 具有同时多数据读取的特性，因此货物盘点时，可以明确货品的数量、保质期、货位等信息，从而节省大量的时间和人力。当货物被顾客取走时，装有 RFID 识读器的货架能够实时地报告货架上的货物情况，并通知系统在适当的时候补货。同时，超市管理系统还能分析顾客的消费频率、商品喜好，从而调整商品的种类与数量。结账时，顾客只需将购物车推过指定的通道，收银计算机就能计算出消费总额，并更新超市库存信息。处理退货时，门店利用 RFID 技术可快速更新退货信息。

6.2.4　物流环境信息采集技术

　　园艺产品采后仍在进行呼吸等新陈代谢，同时整个物流环境中的各种因素都会对园艺产品的品质造成很大的影响，如物流工具、距离，微环境中的温湿度、气体成分、微生物等。因此，物流环境信息的控制对于保障园艺产品在物流环节的质量安全十分关键。要实现对物流环境的监控，离不开物流环境信息的采集。在整个物流运输过程中，环境信息应被实时记录，从而帮助客户和经营者更好地了解产品所处的条件并及时地发现和解决问题。例如，针对有些司机为了省油而在运输途中关闭冷藏设备，继而内部环境升温而引起园艺产品品质劣变和腐烂损耗的问题，需要实时监测冷藏车的内部环境温度，以避免此类情况的发生。

6.2.4.1　物流环境温度监测

　　温度是物流微环境最重要的指标之一，会对园艺产品品质造成很大影响。常温物流过程中，园艺产品产生的呼吸热在堆码紧密时不易散发，导致温度升高，果蔬腐烂；冷链物流过程中园艺产品容易存在空间上的温度差异，导致冷链效果不佳。另外，不同园艺产品对温度的需求之间存在着差异，如热带果蔬适宜的贮运温度一般稍高于亚热带和温带果蔬，易腐烂的园艺产品需选择低温运输等。因此，在物流运输的过程中需要根据不同园艺产品的特性和运输的距离等实际情况确定合适的温度。

　　常用的温度监测传感器可分为接触式和非接触式。接触式是由感温元件与被测对象直接接触，两者进行充分的热交换，达到热平衡后感温元件的温度最终与被测对象的温度相等，据此测出被测对象的温度。根据测温转换的原理，接触式又可分为膨胀式、热电式、热阻式等形式。非接触式是通过感温元件接收被测对象的热辐射能进行热交换，在不与被测对象直接接触的情形下测出被测对象的温度。接触式结构简单、体积小、稳定可靠、技术成熟、可选择性大、维护方便、价格低廉；非接触式结构则相对复杂、体积大、维护麻烦、价格相对较高。在物流温度监控系统中通常采用热电式或热阻式的接触式。随着物联网技术的高速发展，传统的温度传感器也正在向集成化、系统化、智能化转变，可根据物流微环境的特性，通过有线/无线等多种传输方式与系统平台进行实时数据交互，实现数字化、远程化监控，有效提高监管效率（图6-1）。

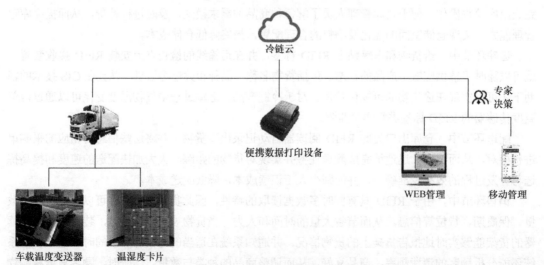

图 6-1　车厢微环境温度监控系统示意图

6.2.4.2　物流环境湿度监测

相比温度，湿度是物流过程中一个相对次要的环境因素。一般园艺产品要求物流微环境的湿度控制在 90%～100%，但是具体情况因品种而异。湿度过高或者过低都会对其品质造成影响，如湿度过高可能引起微生物侵染，产品腐烂；湿度过低则加速水分蒸腾，新鲜度降低。

物流微环境湿度感知主要借助于能感受气体中水蒸气含量，并转换成有效输出信号的湿度传感器，通常采用湿敏元件，主要有电阻式和电容式两大类。电阻式的优点在于灵敏度高，但是线性度相对较差；电容式则响应速度快、湿度的滞后量小、便于制造、容易实现小型化和集成化，但其精度一般比湿敏电阻要低一些。随着技术不断发展，通过传感器技术与计算机技术、自动控制技术紧密结合，湿度传感器也从简单的湿敏元件向集成化、智能化方向发展（图 6-2）。目前在物流湿度监控系统中多使用集成式湿度传感器，具有响应速度快、重复性好、抗污染能力强、外围元件少等特点。

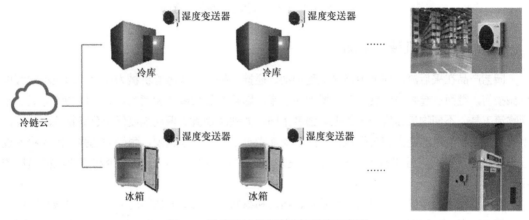

图 6-2　冷库和冰箱湿度监控系统示意图

6.2.4.3　物流环境气体成分监测

与一般的工业或生活等产品不同，在采后物流过程中，园艺产品的新陈代谢仍在继续，并且容易受到环境气体成分的影响，因此需要对物流微环境中的气体成分进行监控。例如，为了减少呼吸对有机物的消耗，会采取适当的方式抑制其呼吸作用，但过高的 CO_2 和过低的 O_2 浓度又可能导致无氧呼吸，影响品质。同时，运输过程中由于后熟或机械损伤，果蔬可能会释放乙烯，呼吸加剧，因此需要注意适当通风，必要时可使用一些气体吸收剂，如用 $KMnO_4$ 或溴化活性炭吸附乙烯。

物流气体成分感知主要借助于气体传感器，它是一种将某种气体体积分数转化成对应电信号的转换器。根据工作原理的不同，气体传感器可分为电化学气体传感器、催化燃烧式气体传感器、红外式气体传感器、PID 光离子化传感器等。其中，氧气和乙烯浓度的检测通常采用原电池式气体传感器，属于电化学气体传感器中的一种，具有检测速度快、准确、低功耗等特点，但使用寿命较短；而二氧化碳浓度的检测通常采用红外式气体传感器，是根据各种不同的元素吸收某个特定波长的这个原理工作，具有精度高、选择性好、可靠性高、不中毒、不依赖于氧气、受环境干扰因素较小、寿命长等显著优点，但成本相对较高。此外，各类气体传感器多与物联网系统关联，以更好地实现物流过程气体成分的实时精准监测（图 6-3）。

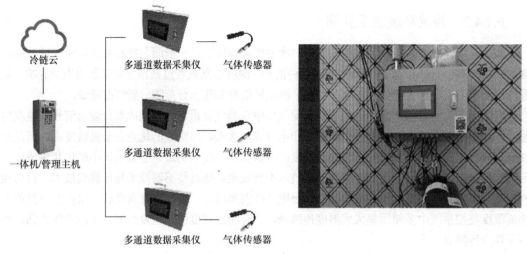

图 6-3　物流仓储环境气体监测系统示意图

6.2.4.4　物流机械力监测

园艺产品在采后流通环节中极易遭受振动、碰撞、挤压、摩擦等机械力作用，形成不同程度机械损伤，继而引起呼吸强度上升，增加腐烂率，影响产品贮藏性和商品性。不同物流方式、不同物流工具、不同物流速度产生的振动强度不同，如铁路物流的振动强度低于公路物流。此外，不同产品吸收能量的能力和对机械损伤的耐受能力也不同，质地越硬，耐受力越强。因此物流过程中要对园艺产品进行机械力监控，及时发现问题并采取措施，以达到减少和避免机械损耗的目的。

物流过程中通常以监测园艺产品垂直、横向和纵向方面所受的加速度为主，主要涉及振动、撞击等机械力，然后通过频谱分析推导出此类振动产生的机械力对园艺产品的影响程度（图 6-4）。加速传感器通常由质量块、阻尼器、弹性元件、敏感元件和适调电路等部分组成。根据传感器敏感元件的不同，常见的加速度传感器有电容式、电感式、应变式、压阻式、压电式等。其中电容式和压阻式加速度计通常结合微机电系统（MEMS）工艺设计为集成式加速度传感器，仅需极少的外围元件就可直接获得加速度值，这为物流过程中机械力的监控创造了便利条件。

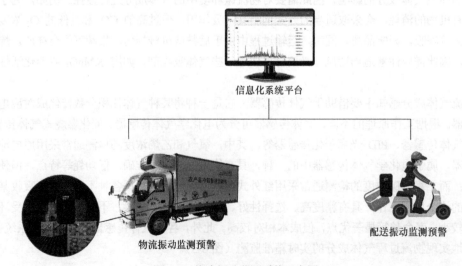

图 6-4　物流振动监测系统示意图

6.2.5　视频监控技术

物流视频监控是物流信息化建设的重要部分。视频监控技术已经历了模拟视频、数字视频、网络视频监控技术等发展阶段。①模拟监控技术主要是指监控图像信息以模拟信号的形式采集、传输、记录和显示。②监控系统数字化发展早期，视频采集和传输依然采用模拟信息，在多媒体终端将模拟信息转换为数字信息。后期由于硬件技术的发展，图像信息的数字化转换也可在前端进行。③网络视频监控基于数字信号处理，采用多种网络传输方式（包括采用 4G、5G 传输技术）进行信号管理、图像存储及点播回放，并通过建立中心业务平台，实现全网监控资源的统一调用和浏览。目前，网络技术和数字视频技术的快速发展也将促进监控系统不断升级，包括低码流和智能化等方向。

物流仓储管理中，仓库视频监控系统通过摄像装置对仓库进行集中观察，是确保物资安全的一种经济高效的方法，也是提高企业管理水平和实现自动化仓库实时控制的关键举措。随着人工智能和图像识别技术的发展，对物流过程的视频监控进行实时行为分析和动态捕捉、实时报警，实现无人值守和与其他物流信息进行可视化融合是未来的主要发展趋势。

6.2.6　定位导航技术

定位技术可以准确了解物流过程中运输工具和货物的实时位置，而定位所用的导航主要基于卫星导航系统。常见的卫星导航系统包括美国的 GPS、我国的北斗卫星导航系统、俄罗斯 GLONASS 系统和欧洲伽利略系统。本节主要介绍前两个导航系统。

定位导航技术不仅能对静态对象进行位置获取，也能作用于动态对象，其具有实时性、全天候、连续、快速、高精度的特点。将定位导航技术运用到冷链物流运输行业，能够带来实质性的变化，如提高冷链物流运输质量、有效保证物流运输到达时间使货物及时送达，从而确保冷链产品的质量。

6.2.6.1　全球定位系统（GPS）

全球定位系统（global positioning system，GPS）是由美国军方研制的一种全方位、全天候、全时段、高精度的卫星导航系统，是目前全世界应用最为广泛也最为成熟的卫星导航定位系统。

GPS 通常由地面控制部分、卫星空间部分、终端装置部分三个核心的部分组成，只有这三个部分共同协调配合，整个定位工作才能完成。①地面控制部分。由主控站、全球监测站和地面控制站组成。全球监测站将取得的卫星观测数据，经过初步处理后传送至主控站；主控站根据所得数据，计算出卫星的轨道和参数，然后将结果送到地面控制站；地面控制站在每颗卫星运行至上空时，把这些导航数据及主控站指令注入卫星。②卫星空间部分。由 24 颗卫星组成，卫星的分布使在全球任何地方、任何时间都可观测到 4 颗以上的卫星，并能保持良好定位精度的几何图像。③终端装置部分。即 GPS 信号接收机，经信号处理而获得用户信息，再通过数据处理完成导航和定位。

GPS 的工作原理：卫星不间断地发送信号，接收机捕获这些卫星信号后，体内的微型计算机就可进行定位计算，经过计算得出接收机的位置、方向及运动的速度和时间信息。

6.2.6.2　北斗卫星导航系统

北斗卫星导航系统是中国着眼于国家安全和经济社会发展需要，自主建设运行的全球卫星导航系统，其为全球用户提供全天候、全天时、高精度定位、导航和通信相结合的服务特色。

北斗卫星导航系统的系统组成：①空间段。由若干地球静止轨道卫星、倾斜地球同步轨道卫星和中圆地球轨道卫星三种轨道卫星组成混合导航星座。②地面段。包括主控站、注入站和监测站等若干地面站。③用户段。包括北斗兼容其他卫星导航系统的芯片、模块、天线等基础产品及终端产品、应用系统与应用服务等。

北斗卫星导航系统的特点包括：①与其他卫星导航系统兼容，精度高、稳定性好、可靠性强，可提供通信服务。②与其他卫星导航系统相比高轨卫星更多，抗遮挡能力更强，尤其在低纬度地区性能优势更为明显。③提供多个频点的导航信号，能够通过多频信号组合等方式提高服务精度。④与GPS系统不同，北斗卫星导航系统所有用户终端位置的计算都是在地面控制中心站完成的。因此，地面控制中心站可以保留全部北斗终端用户机的位置及时间信息。

北斗卫星导航系统的主要功能有：①定位导航服务，服务中国及周边地区用户，提供动态分米级、静态厘米级的精密定位服务。②通信服务，"北斗"系统用户终端具有双向通信功能，用户可以一次传送40~60个汉字信息。③国际搜救服务，与其他卫星导航系统共同组成了全球中轨搜救系统，服务于全球用户。同时提供反向链路，极大提升搜救效率和服务能力。

6.2.6.3 定位导航技术在物流中的应用

车辆导航与定位：定位导航技术可以提供详细的导航信息，运输车辆的司机在不熟悉的道路上行驶，可以全程借助导航技术如GPS运输货物。在运输设备上使用导航技术，可以实时地了解到运输工具所在的地理位置并在电子图上显示出来。消费者也可以查询到自己所购买产品的物流进度，既能让消费者放心，增加买卖双方的信任，又可以让消费者估计货物到达时间，及时做好收货准备。

物流指挥与监控：使用GPS不仅可以提前进行道路规划，以得到最佳路线，这样可以减少等待的时间，充分运用运输车辆，降低物流企业的成本。而且可以对整个运输过程进行监控，实时了解路上运输状况，及时解决麻烦，减少损失。

6.3 物流信息传输技术

物流信息具有广泛性、联动性、多样性和复杂性，贯穿着供应链的各个环节，是建立物流活动与各环节之间联系的桥梁，具有十分重要的作用。在物流过程中，物流信息传输的及时性、准确性和完整性，严重影响产品的品质和现代物流管理的效力。随着技术的不断发展，物流信息的实时传输方式也呈现多样化，有传统的有线传输方式（RS232、RS485、以太网等），也有各种无线传输形式。由于物流各场景自身空间的局限，多采用无线实时传输方式，包括无线传感网络技术[ZigBee、蓝牙（BLE）]、无线网络（GPRS、3G/4G/5G、WiFi等)和低功耗广域网络(NB-IoT、LoRa等)（图6-5）。

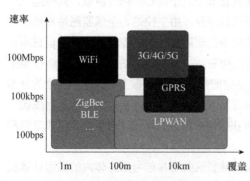

图 6-5　常见无线传输技术对比

6.3.1 无线传感网络

无线传感网络一般指无线传感器网络（wireless sensor network，WSN）。它的基本功能是将一系列空间分散的传感器单元通过自组网多跳的方式进行连接，借助无线网络进行采集信息（如温度、湿度、气体浓度等）的传输汇总，以实现对空间分散范围内的物理或环境状况的协作监控，并根据这些信息进行相应的分析和处理。WSN 综合应用了传感、计算、通信技术，具有较大范围、低成本、高密度、灵活布设等优势，可为用户提供冷藏车厢或冷库微环境信息全天候实时监测，且对物联网的其他产业也具有显著的带动作用。

6.3.2　ZigBee 网络技术

ZigBee 网络技术也称紫蜂，是 IEEE 802.15.4 协议的代名词，是一种低复杂度、短距离（一般几十米，最大能扩展几千米）无线通信技术，具有低功耗、低成本的特点。它由多个无线数传模块组成，每个数传模块之间可以互相通信（图 6-6）。ZigBee 网络的节点不仅可以作为监控对象，还可自动中转其他网络节点传过来的数据资料。ZigBee 有强大的组网能力，可以组成星型、树型和网状网三种网络，可根据不同的物流应用场景选择合适的网络结构。

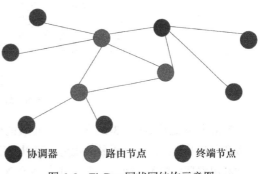

图 6-6　ZigBee 网状网结构示意图

6.3.3　蓝牙

图 6-7　蓝牙温湿度卡片

蓝牙是一种小范围无线连接技术，是可实现固定设备、移动设备和楼宇个人域网之间的短距离传输（10m 左右）、快捷方便、灵活安全、低成本、低功耗的数据和语音通信。而低功耗蓝牙（BLE）是对传统蓝牙技术的补充，具有缩短无线开启时间、快速建立连接、降低收发峰值功耗三大特性，采用 2.400~2.4835GHz 的工作频率（ISM 频带），有 40 个 2MHz 带宽的信道（其中 37 个数据信道，3 个广播信道）。在一个信道内，数据使用高斯频移键控（GFSK）调制传输，使用跳频扩频抵抗窄带干扰问题。通过 BLE 协议的设定，在不必要的时候，可以彻底将射频功能关断（可以在需要的时候快速建立连接进行控制操作）。目前，采用蓝牙低功耗技术的温湿度卡片，在冷链物流中运用较为广泛（图 6-7）。

6.3.4　蜂窝移动网络

蜂窝移动网络由于构成网络覆盖的各通信基地台的信号覆盖呈六边形，从而使整个网络像一个蜂窝而得名（图 6-8）。通常所说的 1G（第一代移动通信网络）到现在的 5G 都可以算作是蜂窝式移动通信网络.

第一代（1G）蜂窝无线通信是为话音通信设计的模拟 FDM 系统。

第二代（2G）蜂窝无线通信提供低速数字通信（短信服务），其代表性体制就是最流行的 GSM 系统。其开发的目的是让全球各地可以共同使用一个移动电话网络标准，让用户使用一部手机就能行遍全球。

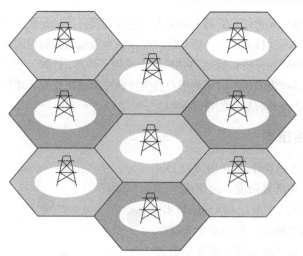

图 6-8　蜂窝网络示意图

2.5G 技术是从 2G 向 3G（第三代）过渡的衔接性技术，如 GPRS 和 EDGE 等。GPRS 在数据业务和承载及支持上具有明显的优势，可以利用无线网络信息资源传送数据，具有传输速率高、资源利用率高、接入时间短、支持 IP 协议和 X.25 协议等优点。

第三代（3G）移动通信和计算机网络的关系非常密切，它使用 IP 的体系结构和混合的交换机制（电路交换和分组交换），能够提供移动宽带多媒体业务（话音、数据、视频等，可收发电子邮件、浏览网页、进行视频会议等），如 CDMA2000、WCDMA 和 TD-SCDMA。从 3G 开始以后的各代蜂窝移动通信都是以传输数据业务为主的通信系统，而且必须兼容 2G 的功能（即能够通电话和发送短信），这就是所谓的向后兼容。

第四代（4G）移动通信技术也称 4G 通信技术。一个重要的技术指标就是要实现更高的数据率，目标峰值数据率是：固定的和低速移动通信时应达到 1Gb/s，在高速移动通信时（如在火车、汽车上）应达到 100Mb/s。4G 通信技术的广覆盖、低延时特性，既适合固定点位的传感数据传输，也可应用在高速移动且跨区域的运输车辆上，在物流信息传输当中发挥着重要作用。

近年来快速发展的 5G 技术（第五代移动通信技术）是最新一代蜂窝移动通信技术。5G 技术的发展为物流信息发展带来了有力的信息传送支撑，有望在云化机器人与智能仓储、物流优化与追踪、无人配送设备、自动驾驶货车等方面助力物流业智能水平的提升。

6.3.5　WiFi

WiFi（wireless-fidelity）是一种基于 IEEE 802.11 标准，可以将终端设备以无线方式互相连接的技术，由 Wi-Fi 联盟（Wi-Fi alliance）所持有。WiFi 可以简单地理解为无线上网，是当今使用最广的一种无线网络传输技术。WiFi 无线网络技术具有覆盖范围广的特点，最优可以达到 300m 左右，因此被广泛用在物流仓储中，只需通过路由节点，不需要复杂的布线，不依赖物理媒介，就可给一些终端设备提供了很好的通信保障，减少了物流成本。另外，WiFi 也具有很快的传输速度，并且支持数据、语音、多媒体业务，为物流仓库中硬件通信提供有力支持。

6.3.6　低功耗广域网络（LPWAN）

低功耗广域网络（LPWAN）是为物联网应用中的 M2M 通信场景优化的，由电池供电的，低速率、超低功耗、低占空比的，以星型网络覆盖的，支持单节点的最大覆盖可达 100km 的蜂窝汇聚网关的远程无线网络通信技术。

　　NB-IoT 是基于蜂窝的窄带物联网的一种新应景技术，可实现低功耗设备在广域网的蜂窝数连接，可直接部署于 GSM 网络、UMTS 网络或 LTE 网络，具有低功耗、广覆盖、大连接的特点，数据可直接上云，部署快速灵活，大大降低成本，同时具有较高的安全性、稳定性和可靠性，为智慧物流的发展提供有效支撑。

　　LoRa 是一种基于扩频技术的超远距离无线传输方案，能够很好地实现远距离通信，具有长寿命、大系统容量、低成本等特点，在智慧农业、智慧物流等应用场景都得到了广泛的应用。

6.4　物流信息管理技术

6.4.1　ERP 系统

6.4.1.1　ERP 概述

　　企业资源计划（enterprise resources planning，ERP）系统是指建立在信息技术基础上，以系统化的管理思想为企业及员工提供决策运行手段的管理平台。ERP 实现了企业内部和相关的外部资源的整合。通过软件把企业的人、财、物、产、供销及相应的物流、信息流、资金流、管理流、增值流等紧密地集成起来实现资源优化和共享。ERP 软件供应商提供的软件一般包括：采购、销售、库存、生产、人力资源、物料需求计划、车间排产、项目、财务等管理模块；它面向企业外部有供应链、客户关系等管理功能。实施 ERP 方案是企业实现内外部信息管理、资源规划的最有效手段。

6.4.1.2　ERP 在物流中的应用

　　物流在我国已经进入高速发展期，当前绝大部分企业都在关注如何用较少的投资，解决好业务各流程的信息化问题，包括信息的采集、传输、加工和建立依赖信息的决策机制。物流领域的 ERP 以信息为媒介把企业多种业务领域及其职能集成起来，利用 GPS、计算机和网络技术，增强双向信息与监控机能，实现运输的网络化管理，提高货车配置效率，降低运输成本。ERP 通过销售和分销、物料管理、生产计划、质量管理、工厂维修等核心模块，帮助企业减少库存、缩短产品周期、降低成本、改善企业物流等。

　　针对物流行业的具体特点，ERP 数据库建设基本包含以下几类：客户数据库，存储客户基本资料；POD/OP 数据库，记录相关交易与物流作业；成本数据库，主要涵盖各节点成本、费用等信息；人事管理数据库，含员工基本资料、绩效、培训等；财务资产数据库，含票据资料、财产基本资料、车辆纪录等；还包括企业会计数据库和行政数据库。

　　数据库与各系统或各系统间均是相互关联的。ERP 各系统功能如下：客户关系管理（client relationship management，CRM）系统，实现客户的基本资料记存、应收款明细等；E3 系统，通过 EDI 与客户 ERP 系统实现数据交换，实现流程管控、报价等；资产财务系统，可细分车辆管理系统、一般资产管理系统、收款与票据管理、预算编制、收款和付款系统等；会计系统，包括会计报表结算、报表分析等。

6.4.2　EDI 系统

　　电子数据交换（electronic data interchange，EDI）指能够将如订单、发货单、发票等商业文档在企业间通过通信网络自动地传输和处理的系统。

6.4.2.1　EDI 的特点与作用

EDI 传递的商业文件具有标准化、规范化的文件格式，便于计算机自动识别与处理；EDI 采用电子化的方式传送，无须人工介入，无须纸张文件，可大大提高工作效率，消除重复工作，节省支出。此外，EDI 改善了客户关系，拓展了用户群。

相对于传统的传真、电报和电子信箱，EDI 作用更为明显。EDI 传输的是格式化的标准文件，并具有格式校验功能，而传真、用户电报和电子信箱等传送的是自由格式的文件；EDI 可实现计算机间的自动传输和处理，其对象是计算机系统，而传真、用户电报和电子信箱等的用户是人，必须人为干预或人工处理；EDI 传送的文件具有跟踪、确认、防篡改和冒领、电子签名等安全保密功能，而传真、用户电报没有这些功能。虽然电子信箱具有一些安全保密功能，但它比 EDI 的层次低。EDI 文本具有法律效力，而传真和电子信箱则没有，且其通信平台层次更高。

6.4.2.2　EDI 系统的架构

EDI 系统包括用户接口、报文生成和处理、格式转换、通信 4 个模块（图 6-9）。EDI 执行标准主要包括 2 个：EDIFACT，用于行政管理、商业和运输的电子数据互换，国际标准编号为 ISO9735；美国国家标准化协会（ANSI）X.12 鉴定委员会制定的 ANSI X.12。EDIFACT 和 ANSI X.12 标准在语义、语法等方面有很大区别。另外，ANSI X.12 标准目前只可用英语。而 EDIFACT 标准则可用英语、法语、西班牙语、俄语，即日耳曼语系或拉丁语系。

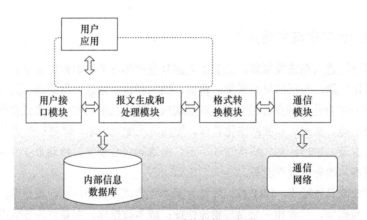

图 6-9　EDI 系统架构示意图

6.4.2.3　EDI 在物流中的应用

系统进行物流数据交换，并以 EDI 系统为基础实施物流作业活动。数据处理过程中，数据通过翻译器转换成字符型的标准贸易单证。然后通过网络传送给贸易伙伴的计算机；该计算机通过翻译器将标准贸易单证转换成本企业内部的数据格式，存入数据库使用。

物流企业引入 EDI，主要是为了传输数据，与企业内部信息系统集成，逐步改善接单、配送、催款的作业流程（图 6-10）。一是能够引入出货单。物流公司引入 EDI 出货单后可与自己的拣货系统集成，生成拣货单，加快内部作业速度，缩短配货时间；在出货完成后，可将出货结果用 EDI 通知客户，使客户知晓出货情况和处理缺货情况。二是引入催款对账单，对于每月的出货配送业务，物流公司可引入 EDI 催款对账单，同时开发对账系统，并与 EDI 出货配送系统集成来生成对账单，从而减轻财务部门工作量，降低对账的错误率及业务部门的催款人力。除数据传输及改善作业流程外，物流公司还可以以 EDI 为工具进行企业再造。

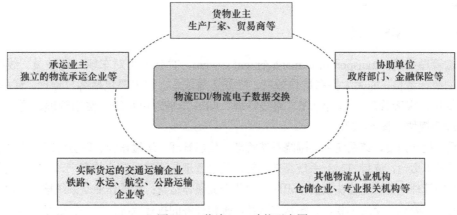

图 6-10　物流 EDI 功能示意图

6.4.3　OMS/WMS/TMS 系统

6.4.3.1　OMS 概述

订单管理系统（order management system，OMS）是物流 IT 系统的核心模块，可支持企业的统一管理和决策分析。它以订单为主线，对具体物流执行过程实现全面和统一化的计划、调度和优化。OMS 主要实现订单接收、运送和仓储计划制订、任务分配、物流成本结算、事件与异常管理及订单可视化等功能。OMS 与 WMS、TMS、FMS、CDS 等物流执行系统紧密结合，可大幅提升供应链物流的执行效率，有效降低物流成本，并帮助实现供应链执行的持续优化。

6.4.3.2　WMS 概述

仓储管理系统（warehouse management system，WMS）是一个实时的、按照运作的业务规则和运算法运行的软件系统，它对信息、资源、行为、存货和分销运作进行更完美的管理，使其最大化满足有效产出和精确性的要求（图 6-11）。

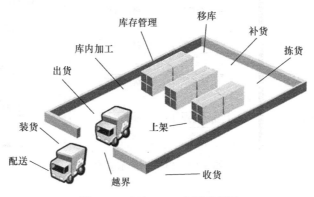

图 6-11　冷链 WMS 应用示意图

WMS 软件和进销存管理软件的最大区别在于：进销存软件是针对特定对象（如仓库）的商品、单据流动，是对仓库作业结果的记录、核对和管理，比如记录商品出入库的时间、经手人等；而除了对仓库作业结果记录、核对和管理，WMS 软件最大的功能是对作业过程的指导和规范，保证作业的准确性、速度和相关记录数据的自动登记，增加仓库的效率、管理透明度、真实度，降低成本。

6.4.3.3　TMS 概述

运输管理系统（transportation management system，TMS）可对车辆、驾驶员、线路等进行详细的统计考核，能大大提高运作效率，降低运输成本。它主要包括客户管理、订单管理、服务商管理、报表管理、车辆管理、路线管理、GPS 车辆定位系统、费用管理、司机管理、维修管理等模块（图 6-12）。

从系统设计角度，该系统主要围绕系统管理、信息管理、运输作业、财务管理 4 个方面。系统管理是技术后台，支持 TMS 系统高效运转；信息管理是通过对企业的客户、车辆、人员、货物等信息的管理，建立运输决策的知识库，优化企业整体运营；运输作业是系统核心，通过对运输任务的订单处理、调度配载、运输状态跟踪，确定任务的执行状况；财务管理是由运输任务产生的收付费用，通过对费用的管理及收支的核算，生成统计报表，能够有效地促进运输决策。

TMS 是一个统一的调度管理平台，其有以下几种作用：①是车辆和整车零担调度中心，使调度管理更具针对性；②通过智能化调度提醒，全面提升企业车辆利用效率；③整合 GPS、SMS（短信息服务）数据，跟踪货物流向，及时调整并处理非正常业务运作；④通过符合运作要求的调度机制，多角度支持调度进行合理排班；⑤灵活的排班方式，支持订单拆分、外委派车处理和集中的派车单管理。

现代化工厂管理中，通常会有 ERP（企业资源计划系统），OMS（订单管理系统）、WMS（仓储管理系统）等来实现生产信息化和仓库数字化管理，三者都是位于物流执行层的上位系统，TMS 则是位于上位系统及下层执行层的中间层，能够通过多种通信协议与上位系统无缝对接，完成对应运输工作。

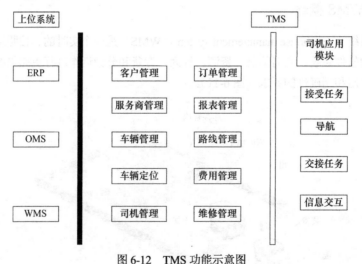

图 6-12　TMS 功能示意图

6.4.4　GIS 技术

6.4.4.1　GIS 概述

地理信息系统（geographic information system，GIS），又称为"地学信息系统"，是一种特定的空间信息系统。它是在计算机硬、软件系统支持下，对整个或部分地球表层（包括大气层）空间中的地理分布数据进行采集、储存、管理、运算、分析、显示和描述的技术系统。

　　GIS 作为一门新兴的交叉学科，在空间数据的管理和可视化表达方面拥有不可比拟的优势。由于物流活动中必须考虑各种地理因素，因此可用 GIS 进行合理的表达和分析，从而完成各种复杂但却极具经济价值的物流活动。随着物流行业与 GIS 技术的进一步发展，相信 GIS 在物流中会有更加广泛和深入的应用（图 6-13）。

图 6-13　GIS 线路选择功能示意图

6.4.4.2　GIS 的主要功能

　　地理信息系统所涵盖的功能十分广泛，结合物流行业的实际需求，常用的有以下几种：①地图制图与可视化，GIS 系统的基本功能，即按照用户的需求，根据地图数据的属性，采用一定的地图符号，在地图上可以展现现实世界中存在的各种地物。例如，以居民地、道路等数据作为基本信息，添置物流行业的专题数据（如区域仓储中心、取卸货点等），能够形成一幅物流行业专用的电子地图。②查询功能，包括图属互查功能和空间查询功能。图属查询包括图查属性和属性查图。空间查询能够分析系统中点、线、面基本图形间的关系，如查询物流中心周围 1km 范围内所有配送点的情况等。③空间分析，是指在统一空间参考系统下，通过对两个数据进行的一系列集合运算，产生新数据的过程。例如，叠加人口密度大于 3000 人/km² 的区域和距离主干道 3km 范围内的区域就可初步甄选出适合作为区域物流中心门店的地理位置。④网络分析，是进行物流设施选址时最重要的功能，用于分析物流网络中各节点的相互关系和联系，主要有路径分析、资源分配、连通分析、流分析等。

6.4.4.3　GIS 在物流中的应用

　　1）物流中心选址。是物流系统中具有战略意义的投资决策问题，对整个系统的物流合理化和商品流通的社会效益有着决定性的影响。但商品资源分布、需求状况等因素的影响，使得即使在同一区域内的不同地方建立物流中心，整个物流系统和全社会经济效益也是不同的。在考虑各种因素后就可确定最佳的物流中心位置。利用 GIS 的可视化功能可以显示出包含区域地理要素的背景下的整个物流网络（如现存物流节点、客户等要素），从而直观地确定位置或线路，形成选址方案。

2）最佳配送路线。可以设置车辆型号及载货量限制条件、车速限制、订单时间限制等，精选出最优配送路线。还可以跟进用户需求将目的地一次性批量导入 GIS 系统当中，根据订单地址精确生成地图点位，生成最佳配送路径，提高配送效率，节约成本。

3）车辆跟踪和导航。GIS 能接收 GPS 数据，并将其显示在电子地图上，帮助企业动态地进行物流管理。可以实时监控运输车辆，实现对车辆的定位、跟踪与优化调度，以达到配送成本最低，并在规定时间内将货物送到目的地，很大程度地避免迟送或错送；货主可以对货物进行跟踪与定位管理，掌握运输中货物的动态信息，增强供应链的透明度和控制能力，提高客户满意度。

4）配送区域划分。企业可以参照地理区域，根据各个要素的相似点把同一层上的所有或部分要素分为几个组，用以解决确定服务和销售市场范围等问题。例如，某一公司要设立若干个分销点，通过系统要求这些分销点覆盖某一地区，而且能够实现使每个分销点的顾客数目大致相等，平均分配物流资源。

6.4.5　数据挖掘与物流信息管理

6.4.5.1　数据挖掘

数据挖掘是从海量原始信息中挖掘出一些模式、规则，这些规则和模式对企业有潜在的价值，而且是新颖、未知的，可以为企业提供决策支持，企业使用这些规则和模式可进行风险预测、分析，进行销售方案制定等。

数据挖掘是一个交叉学科。首先，进行数据挖掘就需要有数据，涉及数据库方面的知识如 OLAP、数据仓库、SQL Server 等，在这些知识的支持下，可准备数据和进行数据预处理等操作。其次，数据挖掘需要机器学习、人工智能方面的知识，利用这些方面的知识可以有效地进行预测和挖掘模式；再次，涉及统计学方面的知识，如回归分析、聚类分析，贝叶斯分类等，统计学与数据挖掘有很大的相似点，可以为其所用；最后，一般数据挖掘应用在企业中，则需要用到企业管理方面的知识，如业务管理、销售管理、客户关系管理（customer relationship management）、企业资源管理（enterprise resource management）等方面的知识。

6.4.5.2　物流信息管理

物流信息化是基于互联网、物联网技术，针对生产、加工、流通、消费节点，建设基于产品安全、品质和成本控制方面的透明供应链技术服务体系，提升模式创新的可操作性，通过监控流程、感知环境、提高效率、节约成本来实现生产安全、流通安全和消费安全。

将数据挖掘技术应用到物流信息系统中，就是依据企业的各种运营目标，使用相应的挖掘算法对企业的海量数据库中的数据进行分析、处理，提取出对企业有价值的知识模式或者规则，使得企业的业务流程更加有效，提升人力、物力资源利用率，提高经济效益和企业的市场竞争力，提升其管理能力及水平。数据挖掘技术在 LIS 中的经典应用是 CRM，即通过对数据的分析，查找客户流失的原因和对客户进行分类等。

在物流中，对仓储、订单、财务、客户、业绩等进行管理也需要使用数据挖掘技术。订单管理智能化使得业务部门可根据客户信用度来筛选物流订单，如可为高信誉用户提供更好的服务，而对低信誉度用户应审核其订单的有效性；运输管理智能化可以根据目的地、出发地和存储地来合理地选择配送路径等，并进行实时追踪；存储管理中，分析滞销、缺货物品的种类和原因，通过调整采购计划，合理使用仓储；通过订单数据，对业务绩效进行评估，从而改进运作体制。

挖掘出数据中有商业价值的信息并应用相关技术，不仅可以为企业提供运作信息和提高企业管理能力，还可辅助企业开发增值服务方案，使服务质量得到优化和提升，使物流管理更加科学、灵活，更好满足客户的需求。合理分配和安排各项资源的使用，使运营处于较低的成本和较高的利润状态下，企业和客户及时有效地进行互动，促使物流运作顺利而快速，减少不利风险的概率，充分把握有利风险带来的机遇，提升企业效益。

6.5　物联网技术及其在物流中的应用

6.5.1　物联网的概念

物联网（the internet of thing）是指在互联网的基础上，按照一定的协议，利用各种信息传感设备（如射频识别装置、红外感应器全球定位系统、激光扫描器等）将用户端从人延伸到物品，通过信息交换和通信，实现物品的智能化识别、定位、跟踪、监控及管理的一种网络概念。作为新时代下的技术产物，物联网是"信息化"时代的重要发展阶段，被称为继计算机、互联网之后，世界信息产业发展的第三次浪潮。在园艺产品物流中，物联网技术的应用可以提升仓储管理、物流监控、产品溯源及配送效率，并降低成本。

6.5.2　物联网的结构

物联网由感知层、网络层和应用层三部分组成，各部分之间分工协作，使物联网具有感知、互联及智能的叠加特征（图 6-14）。

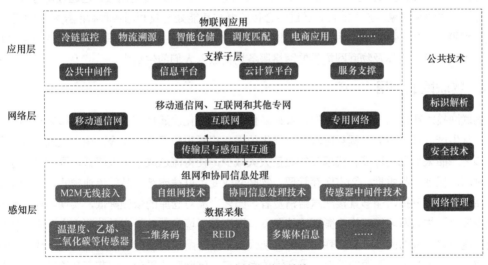

图 6-14　冷链物联网结构

6.5.2.1　感知层

感知层主要负责信息的采集，是物联网系统的基础。它通过各类传感器进行信息的采集，同时综合了各种信息处理技术，如智能组网技术、无线通信技术和嵌入式计算技术等，能够对收集到的信息进行收集最终传送到用户终端，并按上层的控制指令调整设备的运行。目前，限制物联网技术在园艺产品智慧物流中应用的关键瓶颈之一是传感器技术。要更好地实现对园艺产品品质劣变和腐烂的监测，可以从突破待测变量的类型，提高检测精度、降低能耗和成本、增强感知鲁棒性等方面来提升园艺产品传感器的性能。

6.5.2.2　网络层

网络层在物联网中承担着快速、安全、可靠地传输信息数据的功能，包括汇集工具负责汇总感知层采集到的信息，并将其接入物联网的传输体系中，以及通过传输介质将信息传递到物联网的任一工作节点。网络层对感知信息进行的各项工作离不开各种硬件，如无线通信网络、移动通信网络、互联网、名称解析服务器等。在物联网环境下，物流信息平台在运营维护、互联互通等方面对网络层硬件提出了新的挑战。

6.5.2.3　应用层

应用是物联网发展的动力和目的。作为物联网系统的核心，应用层是物联网拓宽产业需求和实现经济效益的关键，其主要作用是对感知层和信息层传递的原始海量信息进行分析处理与决策，从而实现智能化的管理、应用和服务。应用层包括各种支撑平台、公共中间件、应用服务器、手机、计算机（PC）、掌上电脑（PDA）等硬件，为实现海量数据的处理及物联网应用服务的普适化，需要攻克各种技术难关，如"云计算"中的虚拟化、网格计算、服务化和智能化技术等。

6.5.3　物联网的特征

物联网具有如下几个特征：①技术性，作为技术变革的产物，物联网广泛应用了各种技术，如射频识别技术、传感技术、纳米技术等。②连通性，物联网是建立在互联网上的一种泛在网络，能够通过各种有/无线网络与互联网融合，将物体信息实时准确地传达出去。连通性可分为三个维度：时间、空间和对象。③智能性，通过结合传感器与智能处理及利用各种智能技术（如云计算、模式识别等），物联网能够根据用户的不同需求，对海量信息进行智能处理，扩充新的应用领域和模式。④嵌入性，物体及物联网提供的网络服务均被嵌入人们的生活中。

6.5.4　物联网的作用

物联网技术在园艺产品流通中发挥着许多作用：①简化流通环节。在过去，园艺产品运输效率低，从生产到被销售的过程耗时较久，产生的采后损耗也较严重；如今，由于物联网技术的引进，园艺产品采后批发环节和代理商的数量大大减少，使得流通成本大大降低，同时缩短了运输到货时间，保证产品质量。②零库存管理。物联网改变了以往园艺产品的流通模式，配送中心完成产品的集散和分拣，能够直接配送给消费者，园艺产品对仓库的依赖降低，实现零库存管理。③减少浪费。物联网环境下物流微环境的温度、湿度等环境参数处于实时监测之中，大大降低了物流环境不宜造成的园艺产品损耗。另外，现代技术使得配送路线的智能成为可能，优化的配送路线和方案大大减少了资源的浪费。④产销关系稳定。借助智能平台，园艺产品流通的各方能够实现信息共享，通过结合市场需求及实际生产情况，采取对应措施，推进供需关系良性发展，产销关系更加稳定。⑤安全追踪溯源。物联网技术使顾客可以通过扫描二维码等对园艺产品供应各个环节进行追踪，获取有关的信息。当出现产品真伪及安全隐患等问题时，能够迅速排查出问题的环节，维护消费者权益。

6.5.5　物联网技术在物流中的应用

通过对物流过程的实时监控，物联网技术能够跟踪易腐货物并进行智能警报，减少物流过程中的人力和监控成本。将物联网与 RFID、EPC、互联网技术等结合，能够快速自动地处理物流过程中的物品信息，再通过网络将信息共享，实现供应链的高效管理。另外，利用物联网技术对获取的信息进行分析，可以提供决策建议，优化业务。

6.5.5.1　物联网技术在仓储中的应用

在仓储物流中应用物联网技术，可以实现自动仓储业务，降低成本，提高仓储物流水平（图 6-15），具体可有以下几种优点：①货物自动分拣。物联网感知技术能够快速自动识别货物，提供库存的实时信息，实现快速供货、降低库存及了解各种商品的需求模式。另外，通过结合具体的采购、销售及物流装运计划，能够实现自动化存取货等各种业务操作。②智能化出入库管理。利用 RFID 读写设备识别具有 RFID 标签的货物，在入库时将货物信息自动存入数据库，或在出库时将货物信息与相关订单进行自动匹配。每个农产品都可以拼接电子标签进行定位。③自动盘点。用智能扫描器扫描产品的电子标签数据，能够准确高效地进行货物自动化盘点。④"虚拟仓库"管理。物联网环境下各地的仓库被网络系统连接起来，形成了能够进行统一管理和调配使用的"虚拟仓库"，不仅扩大了货物集散的空间，还方便了库存的处理和优化。

图 6-15　基于物联网的智能仓储物流

6.5.5.2　物联网技术在运输中的应用

物联网在运输中的应用使得运输更加智能化，即管理智能化、运输可视化和信息透明化，主要体现在以下几个方面：①运输计划定案。物联网下，物流信息平台的信息资源整合能力强，物流信息传递高效，通过分析和研究相关数据，能够提供合适的运输方案。②仓储装卸等作业。利用 RFID、EPC 等技术对产品进行编码、识别等操作，能够避免因人工输入而出错的情况，提高出入库、盘点、装卸搬运等环节工作效率。③在途管理。通过 RFID、GPS 与传感技术的结合，工作人员可以对运输车辆/货物进行识别和跟踪，在途管理变得可视化与透明化，工作人员还可以根据具体情况对货物进行必要的在途控制，保证质量与安全。④运输配送。物联网环境下运输配送作业功能更多，如信息自动更新和提醒。通过获取交通、用户数量和需求等信息，还可以更新制定动态配送方案，提高配送效率。⑤运费结算和审计。计价系统能够对货物标签上记录的信息进行识别和处理，并进行智能结算，并在审计确认后直接自动扣除运费，简化交易过程。

6.5.5.3　物联网技术在车辆监控中的应用

基于物联网，物流车辆监控管理系统能够实现实时监控车辆，存储、管理与分析车辆信息等多种功能（图 6-16）。它由三个部分组成：车载终端、数据库系统和监控中心，前两者负责车辆状态信息的获取和存储，为驾驶员与监控中心交互提供桥梁，实现驾驶员和监控中心的互通、数据的存储；监控中心作为主体，提供监控人员对车辆下达指令和掌握车辆信息的平台。例如，通过 GPS 对车辆进行实时定位，通过 GPRS 的话音功能或其他液晶显示终端实现消息传送，通过 RFID 技术实现货主对货物的跟踪查询。

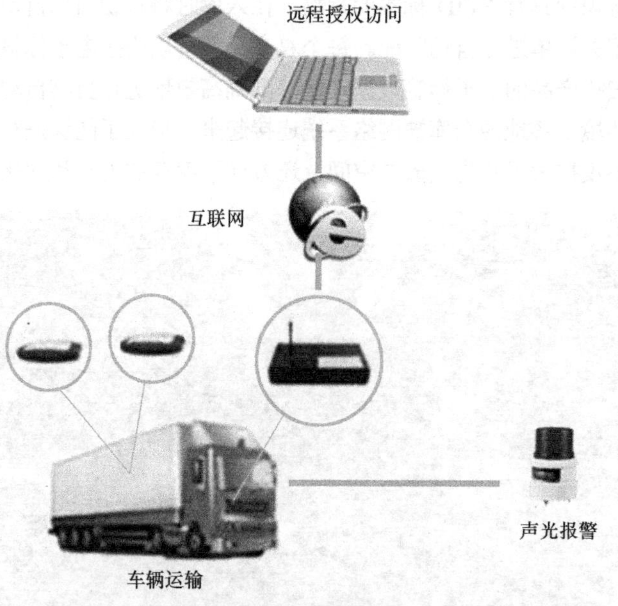

图 6-16　基于物联网的冷藏车监控示意图

6.5.5.4　物联网技术在港口物流中的应用

港口口岸物联网通过各种技术采集港口物流的信息，并利用互联网有机整合各种港口物流系统（如陆路客货运输、港口码头作业等），为口岸管理部门及企业提供各类信息，还能完成多种业务，主要列为以下几点：①提高管理水平，物联网技术能够为管理决策提供数据，通过监控和分析各种参数，利用先进的算法，可以提供优化的作业安排，从而简化过程，提高效率，节约成本。②进行码头业务管理，如船舶的集中调度、堆场智能管理、场站管理、计费管理及设备管理和丰富的网站服务等。③产生安全生产效应，体现在如下几个方面。减少中转作业、保证货物安全、缩短在途时间，进而减少交通事故发生和简化人工检查，从而提高保安效率等。④有良好的经济效益和社会效益。物联网能够通过提高物流操作效率降低港口作业成本，实现不间断作业，提高港口的吞吐能力以扩大收入。社会效益方面，物联网能统一指挥作业，提高管理效率。通过监控和预警规避风险，协调港口与周边物流企业的相关操作作业。

6.5.5.5　物联网技术在配送中的应用

针对传统配送方案受多种因素的影响，物联网通过对这些影响因素进行采集和有效反馈，形成动态的配送方案，从而解决问题。主要措施包括：①制定动态的配送方案。配送方案是实现配送动态化的关键，通过有效获取源头信息然后进行网络传输，再结合科学系统的处理，从而制定合适的配送方案。②进行自动配装配载。物联网技术引入后，货物经历多次重新配装配载时能够利用物流信息管理系统中的数据，实现分货、配装配载的自动化，提高效率。③建立客户动态服务。物联网体系为企业与客户的即时沟通提供了条件，根据双向的信息交换做出及时的服务调整，提高服务质量。

6.5.5.6　物联网技术在销售中的应用

在批发市场或超市等销售地点广泛应用 RFID 技术，能够实现对冷柜温度和产品保鲜状况的实时监控。安装可以提供产品种类和价格等信息的电子阅读器，使消费者在推购物车通过出口时，实现产品的自动结账。另外，可根据产品的供给信息给出储备量不足等自动反馈，从而补货。通过监测产品情况，在出现异常现象时报警，从而保证安全。

6.6　大数据分析、人工智能及物流专家系统

6.6.1　大数据分析

大数据（big data）是指无法在一定时间范围内用常规软件工具进行捕捉、管理和处理数据，而是需要新处理模式才能具有更强的决策力、洞察发现力和流程优化能力的海量、高增长率和多样化的信息资产。

6.6.1.1　大数据的特点与意义

大数据的主要特点即 5V 特点［国际商业机器公司（IBM）提出］：容量（volume）、速度（velocity）、多样（variety）、价值（value）、真实性（veracity）。此外，还有可变性（variability）和复杂性（complexity）。大数据技术的战略意义不在于掌握庞大的数据信息，而在于对这些含有意义的数据进行专业化处理，实现数据增值。

6.6.1.2　大数据结构

大数据包括结构化、半结构化和非结构化数据，非结构化数据越来越成为数据的主要部分。想要系统地认知大数据，可以从三个层面来展开：第一层面是理论。在这里从大数据的特征定义理解行业对大数据的整体描绘和定性，解析大数据的价值所在，洞悉大数据的发展趋势，审视人和数据之间的博弈。第二层面是技术。在这里分别从云计算、分布式处理技术、存储技术和感知技术的发展来说明大数据从采集、处理、存储到形成结果的整个过程。第三层面是实践。在这里分别从互联网的大数据、政府的大数据、企业的大数据和个人的大数据 4 个方面来描绘大数据已经展现的美好景象及蓝图。

6.6.1.3　大数据在物流中的应用

1）市场预测。大数据能够真实而有效地反映市场的需求变化，对产品进入市场后的各个阶段

做出预测，进而控制物流企业库存和安排运输方案。

2）物流中心的选址。通过大数据中分类树的方法，物流企业可以在充分考虑到自身的特点和交通状况等因素的基础上选址物流中心，使配送成本和拟定成本之和达到最小。

3）优化配送线路。物流企业用大数据来分析商品的特性和规格、客户的不同需求等因素，可以用最快的速度制定出最合理的配送线路，而且企业还可以通过配送过程中实时产生的数据，精确分析配送整个过程的信息，做出提前预警，使物流的配送更加智能化和可预见化。

4）仓库储位优化。合理地安排商品储存位置对于仓库利用率和搬运分拣效率有着极为重要的意义。对于商品数量多、出货频率快的物流中心，储位优化就意味着工作效率和效益。通过大数据的关联模式法可以分析出商品数据间的相互关系，依此来合理地安排仓库位置。

6.6.2　人工智能

6.6.2.1　人工智能的概念及主要研究内容

人工智能由 artificial intelligence（AI）翻译而来，是一门新的用于模拟、延伸和扩展人的智能技术科学。人工智能企图了解智能的实质，并生产出一种新的能以人类智能相似的方式做出反应的智能机器，该领域的研究包括机器人、语言识别、图像识别、自然语言处理和专家系统等。人工智能可以对人的意识、思维的信息过程进行模拟。

用来研究人工智能的主要物质基础及能够实现人工智能技术平台的机器就是计算机，除计算机科学以外，人工智能还涉及信息论、控制论、自动化、仿生学、生物学、心理学、数理逻辑、语言学、医学和哲学等多门学科。人工智能学科研究的主要内容包括：知识表示、自动推理和搜索方法、机器学习和知识获取、知识处理系统、自然语言理解、计算机视觉、智能机器人、自动程序设计等方面。

6.6.2.2　人工智能在物流中的应用

我国物流正由高速发展向高质量发展转变，体量巨大和增速放缓成为目前的两大特征。人工智能与物流的融合创新不断深化，成为降本增效、高质量发展的重要方式，物流与信息技术的融合创新应用成了重要的发展趋势。

近年来，物流行业发展基础和整体环境发生显著变化，新兴技术广泛应用、包裹数量爆发增长、用户体验持续升级等对传统物流企业运作思路、商业模式、作业方式提出新需求、新挑战，驱动物流不断转型升级。总体来看，当前物流行业呈"五化"发展趋势，即物流网络协同化、物流要素数字化、物流服务体验化、物流活动绿色化和物流运营经济化。人工智能与物流的融合创新不仅赋能传统的物流活动，同时赋能新兴的物流服务。

人工智能应用于物流配送路径。我国人工智能化的发展速度越来越快，这就促使人工智能的使用范围变得越发的广泛。人工智能通过计算出物品配送的最优路径，使配送优势更加明显。在实际的配送中，使用智能机器人及无人机开展物品的配送工作会有效地提升工作的效率及质量，同时还会极大程度地降低成本费用，其收益远高于工作人员单独性的配送。在采取无人配送模式当中，模式识别等技术的应用能够极为快速地扫描读取物品上的各类数据信息，为物流配送工作带来很大的便利。

人工智能应用于物流仓储（图 6-17）。采取人工智能技术，开展历史数据的分析工作，掌握库存货物的实际存取规律，动态化整改库存，可以更好地减小仓储的实际成本费用，同时有效地提升仓储工作开展的时效性。运用无人搬运车，可以依照其之前设置的相关导引路径，把货物运输到预先设置的位置点。采取人工智能算法，利用智能化设备，合理地规划好运输路径，精确的推断出其环境的变化状况，让仓储机器人能够自行运转，达到无人化的目的。

人工智能应用于物流分拣。采取人工智能技术，合理地使用智能化设备及相关的技术，可构建出更为高效的分拣系统，扩展其技术的实际使用范围。

人工智能应用于物流一体化。随着我国互联网行业的发展，配送物流资源不能较好地满足社会目前网络的销售需求，这就导致一些网络货物不能及时地运输到消费者的手中，同时也不能完成上门调试及安装等任务。在优化物流行业时期，要把线下物流配送数据信息和线上的物流销售货物信息内容相整合并优化，让其构成一站式的服务链条。当前，我国所存在的一体化成功案例已经不在少数，这就会有效地推动与完善物流智慧化的发展。在消费者购买产品之后，借助终端设备，动态化观察后续程序、物流运输配送单位等数据信息变化，帮助消费人员更为充分地掌握物品实际的运输动态。

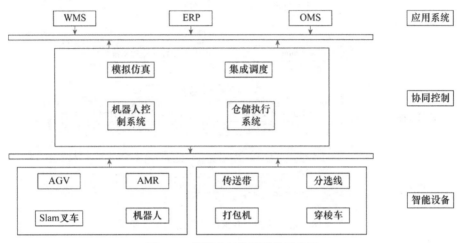

图 6-17　智能仓储物流系统示意图

人工智能在物流中所发挥出的效用极大，其对于物流行业的发展至关重要。在人工智能技术的飞速发展背景下，人工智能融入物流作业中已经成了时代发展的必然，合理化使用人工智能技术可以实现物流行业的变革发展，在降低物流单位运行费用的同时，还可以较好地提升各项工作开展的效率。通过该项技术的使用，将智慧物流当作物流行业发展的主导，可更好地顺应时代的发展，强化企业的自身竞争实力。

6.6.3　物流专家系统

第三方物流作为一种新型的物流模式正在得到日益广泛的关注。而目前存在的一个突出问题是：许多企业并不清楚究竟是否应将企业内部物流外包给专业化第三方物流公司，这就直接制约了我国第三方物流企业的发展乃至物流市场化的进程。专家系统无疑会起到较好的决策辅助功效。因此，针对第三方物流专家系统所进行的研究，有着重要的理论与实践意义。

6.6.3.1　物流专家系统基本构架

物流专家系统主要包括网络层、业务服务层、决策支持层、数据库等，其架构如图 6-18 所示。

网络层通过浏览器客户端向业务服务层提交请求，接收和解析服务器端返回的 HTML 文件。浏览器客户端和业务服务层之间通过互联网相互连接。

业务服务层由站点模块和环境支撑软件组成。站点模块由统计分析、预警分析、解决方案等模块组成；环境支撑软件主要包括 OLAP 分析组件、Microsoft .NET Framework 等。现将站点模块简述如下：①统计分析是通过对园艺产品安全检测数据进行分析，得到一定时期内或者一定区域内各种园艺产品检测指标的统计信息；②预警分析是采用各种预测模型对园艺产品安全检测数据进行趋势分析，以直观的形式给出园艺产品安全状况的发展趋势；③解决方案是根据不同品类的园艺产品，不同的时空目标和数据库中已有的温控物流综合信息，提供生鲜园艺产品温控物流整体技术解决方案。

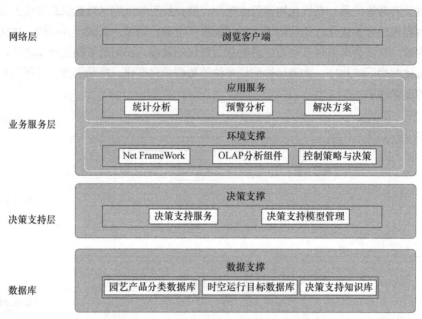

图 6-18　农产品物流专家决策系统架构示意图

　　决策支持层主要包括决策支持服务和决策支持模型管理。决策支持服务主要用于接受业务服务层提交的各种数据分析请求，并调用相应的模型进行处理。通过该模块，可实现决策支持模型库的动态管理，模型和知识可不断更新完善，形成开放的易扩展的智能系统。决策支持模型库提供决策支持服务，主要包括：①相关分析、主成分分析和判别分析等园艺产品质量安全影响分析模型；②回归分析、时间序列平滑、趋势曲线、季节变动、神经网络等预警分析模型；③指数法、模糊综合评价法、灰色分析评价法、物元分析法、人工免疫系统等综合分析模型。

　　数据支撑层包括园艺产品分类数据库、时空运行目标数据库和决策支持知识库等，数据库之间通过关联字段来实现关联。

　　1）园艺产品分类数据库根据不同的分类方法分为不同的数据表：①按两分法，常温与低温贮藏、呼吸跃变与非呼吸跃变、南方与北方等；②按品类，白菜、苹果、玫瑰花等；③按品种，赣南脐橙、温州蜜柑等。

　　2）时空运行目标数据库包括：①基础地理数据，如行政区域、地理位置等；②产地环境数据，如大气、水文、水质、气候等；③园艺产品来源地、园艺产品经营主体、园艺产品市场、商场空间分布；④时间维度，如月、季度、年等；⑤时空环境数据库，包括自然环境、控制环境等。

6.6.3.2　园艺产品决策支持知识库

　　决策支持知识库包括：①以提供优质优价园艺产品供应链整体解决方案为目标的园艺产品

保鲜工艺检测与预警技术、园艺产品安全智能信息化监控与溯源技术、园艺产品冷链装备、园艺产品供应链管理决策分析各类决策分析模型的信息表和函数表；②园艺产品安全统计与分析和园艺产品安全预警等各类决策分析模型的信息表和函数表；③园艺产品安全控制和检测技术、历史园艺产品安全事故经验、专家经验等数据，历史园艺产品安全事故经验、园艺产品生产标准数据。

园艺产品知识库与决策支持规则的获取主要通过人机接口输入和专家系统学习。其中专家自主学习的知识包括：①重点检测园艺产品的挖掘。根据历史检测数据，利用分类方法，通过分析各种园艺产品安全状况变化的相似性，对各种园艺产品进行分类，并提取分类模式到知识库。②重点检测指标的挖掘。根据历史检测数据，采用趋势曲线、季节变动等模型，建立园艺产品"重点检测指标时序图"，检测者和管理者利用"重点检测指标时序图"，只需在不同时期对园艺产品部分指标进行检测，就可完成对园艺产品安全进行监管。③重点检测点的挖掘。利用聚类模型，以园艺产品市场、超市、生产基地（企业）为单位，对各种园艺产品安全检测数据进行聚类分析，从而可以依据园艺产品安全特征对园艺产品经营主体进行聚类，并获得安全问题较多的园艺产品经营主体。

6.6.3.3 专家系统在园艺产品物流中的作用

园艺产品物流专家系统旨在以自然环境为基础，通过智能信息化感知与传输手段，为监控与决策分析模块提供园艺产品物流过程中的工艺数据等，从而获得与其相关的成本信息（图6-19）。在此基础上，专家决策系统可进行基于时间和空间的安全维度分析；对园艺产品的安全状况进行综合等级认定，实现温度全程感知、成本评估、安全预测等功能；实现物流过程中的时空成本、工艺成本和信息化成本等透明的供应链管理，从而探索技术产业链与优质园艺产品产业链双链双延、双链双赢的商业模式，最终为产业、企业（品类）物流和物流产业、企业（环节），温控物流工程提供可操作较强的优质优价商品供应链一揽子解决方案。

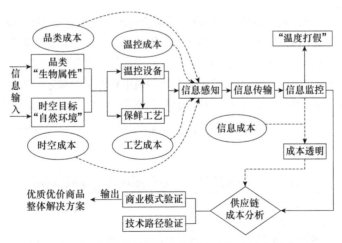

图6-19 园艺产品物流专家系统功能实现示意图

6.7 追溯技术及区块链

6.7.1 追溯技术发展与应用

追溯主要包含两层含义：一是跟踪，即从生产、流通到消费，跟随一个或一批商品流向的能力；二是溯源，即从消费、流通到生产，识别一个或一批特定商品来源的能力。目前，国内围绕产品追溯体系的技术研发、系统集成、设备制造等技术产品蓬勃发展，咨询、监理、认证、保险等配套服务逐步发展，设备租赁等创新模式不断涌现，追溯服务业开始呈现产业化、聚集化、规模化发展态势。

6.7.2　追溯系统概述

6.7.2.1　追溯关键技术

追溯系统采用1+N园艺产品追溯系统模型，解决现有园艺产品追溯系统不能跨越企业边界，数据交互困难，覆盖品类单一、重复建设的问题。在研究物联网技术在园艺产品全程追溯中的应用基础之上，建立适应电子产品代码（electronic product code，EPC）特点的物联网应用追溯模型，最终实现各种园艺产品追溯系统的通用、核心功能。确保市场上销售的"每一个果、每一束菜"都通过严密监管，"来源清楚，去向明白，消费者放心"。

追溯技术主要包括物联网技术与追溯关键性技术，按照对追溯信息处理方式的不同可将追溯技术分为两类：追溯信息的标识技术和追溯信息的识别技术。而根据追溯信息编码方式的不同，则可将追溯技术分为字母数字码、一维条形码、二维条码和无线射频识别技术等。

6.7.2.2　追溯系统的功能需求

追溯系统是一个通用、可扩展、能够满足企业多层次需求的园艺产品全程追溯数据平台，保证了从生产、加工、储运到销售全程信息的透明度。应用条码技术、RFID和EPC物联网，每件园艺产品上都粘贴一个条码或RFID标签存储器，向标签内写入园艺产品的各种信息。消费者、政府监管部门可对这些信息进行查询，从而达到追溯园艺产品生产源头、追查事故责任的目的。当园艺产品发生问题时，可以通过系统追溯查询到每个环节，为食品的安全保障提供了有效的监管。

采用1+N园艺产品追溯系统模型，解决追溯系统覆盖品类单一、重复建设的问题（图6-20）。模型中的1是指一个通用数据平台，N是指多个专用数据采集模块。专用数据采集模块部分和园艺产品生产、加工、储存、运输、销售的工艺有关。通用数据平台负责实现数据的存储、传输和查询处理。采用1+N追溯系统模型，将追溯系统中通用和专用的部分分离开来，既可以解决现有追溯系统覆盖品类单一的问题，又可以解决追溯系统建设中分工不明确、重复建设的问题。

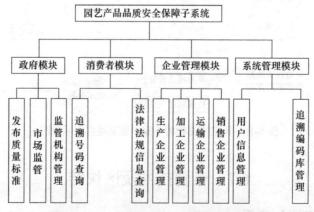

图6-20　1+N园艺产品追溯系统功能示意图

该系统是以信息共享为最终目的，面向企业、消费者和政府监管部门的服务平台。因此系统的用户包括政府、企业和消费者,主要功能模块如下。

1)政府模块。①市场监管,通过平台,政府监管部门可通过网络在线实时了解相关企业的相关情况,如企业当前屠宰情况(可视频监控)等与本企业相关的所有数据等。②监管机构管理,监管机构可进行对系统内账户进行添加、删除、修改、查询。③发布质量标准,政府相关执法部门需要注册政府主管部门账号,用于发布园艺产品质量安全的法律法规知识及其相关标准。这些法律知识不仅园艺产品生产商、加工商、销售商会能够查询,为消费者也提供了查询接口,方便消费者维护自己的合法权益。

2)消费者模块。①追溯码查询,在追溯查询中,只需要提供一个产品的追溯码,即实现对产品追溯流程的查询。②法律法规信息查询,法律法规模块包括国家和地方法律规章及国家标准、地方标准、行业标准和企业标准等。

3)企业管理模块。企业管理模块主要是对纳入系统的生产企业、加工企业、运输企业、销售企业进行添加、删除、修改、查询。按主体性质、主体类别、经营范围、经营地点等进行存储和检索。

4)系统管理。①用户信息管理,对用户的个人信息进行添加、删除、修改、查询;数据库维护管理能够及时对系统产生的数据进行备份和还原,确保数据的安全性和完整性。②追溯编码库管理,依据商务部对追溯码的编码规则,提供编码管理服务,对平台内的 RFID 标签编码进行统一管理,提出一套方案,使得企业可以对其内部的标签进行唯一标识。

6.7.2.3　系统架构

园艺产品追溯系统是指利用 RFID、EPC 等信息技术,并依托网络通信、系统集成及数据库应用等技术,建立的一套信息化监管平台,对园艺产品从整个产业链一直到终端消费的每个环节进行全程记录,实现全程跟踪和追溯(图 6-21)。政府监管部门通过平台对园艺产品流通产业链的各环节进行有效监控,并及时准确地进行数据统计。消费者也能够利用这个系统平台对购买的园艺产品进行全程追溯查询。

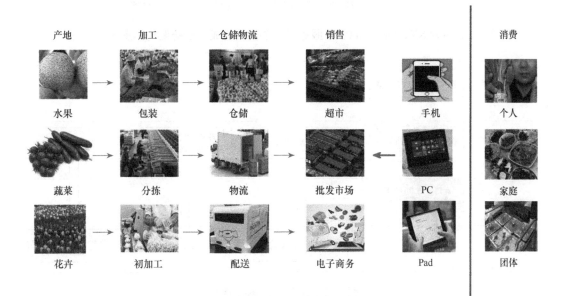

图 6-21　追溯系统业务流程示意图

　　在园艺产品生产、流通过程中，每件园艺产品上都粘贴一个 RFID 标签存储器，向 RFID 标签内写入园艺产品的各种信息，如产地、品种、种植者、农药使用、病虫害记录及储藏、运输等信息。RFID 标签内的信息采用统一的 EPC 编码管理方案，在追溯网络上唯一标识产品，实现在任何时间、任何地方、通过任何方式，只要消费者连接上追溯网络，输入追溯码，就能查询到所购买产品的相关信息。

　　追溯系统构架中，追溯数据平台是一个开放、分布式、可扩展的平台（图 6-22）。政府部门负责追溯平台的构建和追溯信息的维护。节点企业负责企业自身信息的建立和维护及 EPC 注册。消费者购买产品后，利用产品上的追溯码，通过该平台可以查询到产品的制造商、生产日期、有效期、在供应链上流经的环节等相关信息。物联网中每一个物品都应该有自己唯一的编码。网络架构提供物品编码解析、数据发现、网络管理等服务。数据层利用各种感知设备，得到农产品产、加、储、运、销过程数据。各个企业可以建立自己的 PML 服务器，存放自己的农产品数据。整个构架中，PML 服务器是分布式信息的存放点，企业自己管理；ONS 是物品的解析服务；DS 是物品的发现服务。这种架构的优点是规模可伸缩、功能可扩展。

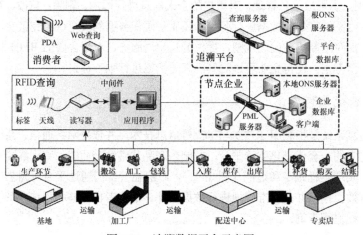

图 6-22　追溯数据平台示意图

平台主要由 SAVANT、ONS 和 PML 服务器三个模块构成，系统架构如图 6-23 所示。

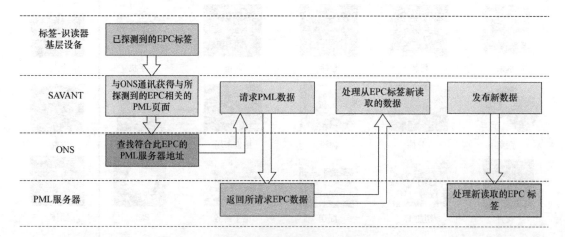

图 6-23　追溯系统构架示意图

基于 RFID 和 EPC，物联网的追溯模式结合了中央数据库式追溯模式和指针式追溯模式的优点。供应链上的节点企业通过 RFID 等相关技术，把产品信息保存到企业自身的 PML 服务器，把 PML 服务器地址注册到本地 ONS 服务器，并把本地 ONS 服务器地址注册到平台根 ONS 服务器，消费者在平台上输入产品的追溯码，通过平台的根 ONS 服务器找到企业的本地 ONS 服务器地址，再通过企业的本地 ONS 服务器访问 PML 服务器以获取产品信息。该追溯模式通过 EPC 唯一标识产品，实现产品的全球追溯（图 6-24，图 6-25）。

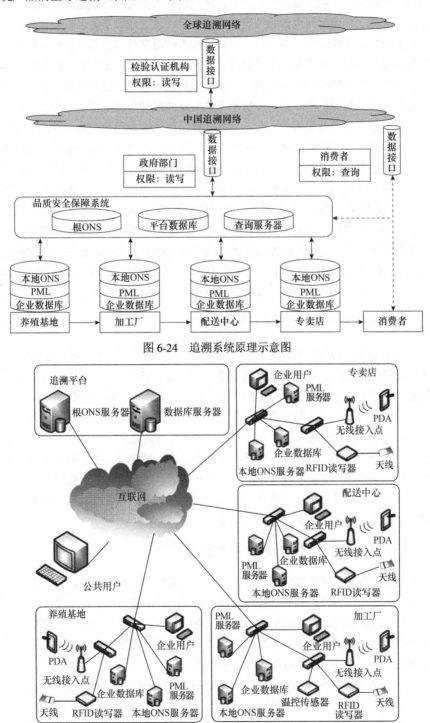

图 6-24　追溯系统原理示意图

图 6-25　追溯系统网络结构

6.7.3　区块链技术与追溯系统

6.7.3.1　区块链技术

区块链本质上是一个去中心化的分布式账本数据库。它通过多方共识算法建立起了互联网上的信任，并通过智能合约实现了服务流程自动。区块链技术主要让区块通过密码学方法相关联起来，每个数据块包含了一定时间内的系统全部数据信息，且生成数字签名以验证信息的有效性并链接到下一个数据块，从而形成一条主链。区块链技术使得交易信息基于密码学原理，无须第三方参与。区块链技术具有去中心化、不可篡改性、开放透明性、机器自治和匿名性等重要特征，以此可以解决交易过程中的信任和安全问题。①去中心化。区块链没有中央部署的软硬件系统，不依赖于中心化的人为管理机构，所有计算和存储节点的权利与义务都是一样的，系统的运行依靠分散的客户端节点共同参与和维护。②不可篡改性。区块链采用单向哈希算法，同时每个新产生的区块严格按照时间线形顺序推进，时间的不可逆性导致任何试图入侵篡改区块链内数据信息的行为都很容易被追溯，使被其他节点的排斥，达到限制不法行为的目的。③开放透明性。区块链整个系统的代码是开源的，每个人都可以提取阅读其逻辑原理。并且，整个系统的数据和接口对所有人公开，任何人都可以通过公开接口查看区块链数据(交易双方的个人私有信息是加密的)，并在此基础上进行二次开发。④机器自治和匿名性。区块链节点之间的数据交换遵循一套公开透明的算法，所有客户端节点之间可以在信任的环境下开展数据的交换，数据交换完全靠整个客户端节点自治完成，整个交易过程完全依靠对机器的信任，交易双方完全可以在匿名的环境下进行，这样既保证了交易的可靠性和安全性，也可以保护交易双方的个人隐私。

6.7.3.2　区块链技术与追溯体系的融合

正是由于区块链技术具备以上特征，当前很多存在应用难点的领域都希望能够引入区块链技术来解决一些问题。园艺产品安全溯源体系如果引入区块链技术，能够低成本并高效率地解决安全领域存在的信任难题。区块链技术与追溯体系的有效结合，能发挥以下优势：①区块链的去中心化和不可篡改的特征，可保证现有追溯系统的数据可靠性，避免数据在存储、传输和展示环节被篡改。②结合物联网和传感设备的进一步应用，各个环节的数据完全依赖于机器采集和机器信任，而不被人为选择性提供。③因为开放透明和机器自治，消费者、生产者和政府监管部门对追溯系统中的数据完全信任，普及率越来越高，整个社会的系统应用水平大幅提高。④因为匿名不再影响信任水平，个人隐私信息可被匿名，当园艺安全事故发生，生产者和消费者个人信息被保护，有效避免了群体性事件发生和网络暴力的过度蔓延。

6.7.3.3　基于区块链技术的追溯系统应用现状

随着研究的不断深入，区块链技术脱离了单纯作为支付手段的局限性，其应用从金融领域延伸到园艺产品溯源防伪、物流、供应链管理等诸多领域。区块链技术的不可篡改特性，为园艺产品溯源防伪提供了新的途径。利用可信的技术手段将所有信息公开记录在"公共账本"上，可以解决传统溯源防伪业务中的"信任问题"。园艺产品行业能够建立一个更加透明的、可追溯的体系，以确保链条上每一个环节和团体都能够从中受益。

例如，10 家世界上较大的食品和销售公司 Walmart、Nestle 等与 IBM 签订协议，共同研究利用区块链技术进行数据保全和溯源系统性建设工作。沃尔玛、京东、IBM、清华大学电子商务交易技术国家工程实验室共同宣布成立中国首个安全食品区块链溯源联盟，旨在通过区块链技术实现食品供应体系的全链条追溯,使数字产品信息(如原产地信息、工厂加工记录、检验报告、有效期、运输过程等)都与相应的食品建立数字化关联。信息的准确性和可信度大大提高,实现了所有食品供应链参与方共享交易记录,极大地促进了食品供应链参与方的彼此互联、互信与协作。

以园艺产品供应链追溯为例,区块链技术有如下几方面优点:①提高了供应链的透明度。产品安全相关文件电子化后可被分享,园艺产品可以追溯到果园菜地,种植日期、批次等信息一目了然。②验证了园艺产品安全数字化存储平台的可靠性。授权用户能更新数据,更新后的数据会在 5min 内向区块链的所有用户显示。③实现了高效快速的召回。定位一批次的产品只需花费不到 10s,在 30s 内可以调出单个商品的相关文件。④实现了全链条可追溯。使用商品信息数据进行搜索时,只需要几秒钟就能显示出产品从果园菜地到目前流通环节的信息。

此外,由生产、加工、物流配送、公益事业和区块链研发等企事业单位及有关机构自愿组成的中国食品链联盟,实现了中国食品链从产品种植、生产、加工、包装、运输和销售等全流程的追溯跟踪,并对企业和用户进行实名认证,一旦发现诈骗或者假冒商品,执法部门可以直接定位、取证、追责。例如,中国食品链联盟开发的"链橙"系统,利用区块链的公开透明、不可篡改的特点为赣橙提供溯源服务,提供了从田间到餐桌的可追溯查询系统,确保消费者购买到正宗江西赣橙。

6.8　电子商务技术

6.8.1　电子商务技术概述

电子商务技术(technical of electronic commerce)是利用计算机技术、网络技术和远程通信技术实现整个商务过程中的电子化、数字化和网络化。人们不再是面对面、靠纸质单据(包括现金)进行买卖交易,而是通过网络,通过浏览网上琳琅满目的商品信息、跟踪完善的物流配送和采取方便安全的资金结算进行交易。

根据电子商务的发展和对电子商务技术的要求,可将电子商务技术划分为以下五大类:①网络数据通信。在电子商务的应用中,计算机网络作为基础设施,将分散在各地的计算机系统连接起来,使计算机之间的通信在商务活动中发挥了重要的作用。②EDI 技术。标准化 EDI 技术具有开放性和包容性,在开发 EDI 网络应用中,无须改变现行标准,只需扩充标准。③安全技术。安全技术是保证电子商务系统安全运行的最基本、最关键的技术。利用密码技术、数字签名技术、报文鉴别技术、防火墙技术、VPN(虚拟专用网络)技术及计算机病毒防御等技术,在保证传输信息安全性、完整性的同时,可以完成交易各方的身份认证和防止交易中的抵赖行为发生。④电子支付技术。网上银行(电子银行)的出现使用户可以不受时间空间的限制享受全天候的网上金融服务。在电子商务活动中,客户通过计算机终端上的浏览器访问商家的 Web 服务器信息,完成商品或服务的订购,然后通过电子支付方式与商家进行结算。⑤数据库技术。数据库是企业管理信息系统中管理信息的工具,数据库技术渗透在企业各种应用中,电子商务作为新型的商务模式,受到了数据库技术全方位的支持,从底层基础数据的存储到上层数据仓库和数据挖掘技术的应用都涉及数据库技术。

6.8.2　电子商务安全技术

6.8.2.1　电子商务安全

互联网充分开放,不设防护的特点使加强电子商务的安全问题日益紧迫。只有在全球范围建立一套人们能充分信任的安全保障制度，确保信息的真实性、可靠性和保密性，才能够打消人们的顾虑，放心地参与电子商务。

在电子商务的交易中，经济信息、资金都要通过网络传输，交易双方的身份也需要认证，因此，电子商务的安全性主要是网络平台的安全和交易信息的安全。而网络平台的安全是指网络操作系统对抗网络攻击、病毒，使网络系统连续稳定地运行。常用的保护措施有防火墙技术、网络入侵检测技术、网络防毒技术。交易信息的安全是指使交易双方的信息不被破坏、不泄露，并进行交易双方身份的确认，可以用数据加密、数字签名、数字证书、SSL、set 安全协议等技术来保护。

6.8.2.2　安全需求

电子商务的安全需求主要包括：①数据的完整性，是指数据传输后与传输前毫无差别。主要通过安全的散列函数和数字签名技术来实现。②数据传输的安全性，是指在公网上传送的数据不被第三方窃取。一般是通过数据加密（包括秘密密钥加密和公开密钥加密）实现，其中数字信封技术是秘密密钥加密和公开密钥加密技术结合实现的保证数据安全性的技术。③身份验证，在网上进行交易双方是看不见的，因此在交易时应该确认对方的真实身份。如果涉及支付，还需确认对方的账户信息是否真实。身份验证主要采用口令字技术、公开密钥技术、数字签名技术或数字证书技术来实现。④交易的不可取代性。在进行网上交易时，各方都必须带有与其他人不同的信息，以保证交易过程的顺畅。主要通过数字签名技术和数字证书技术来实现。

6.8.2.3　数据加密技术

电子商务系统采用对数据进行加密以确保其安全性。原理是利用加密算法将信息明文转换成按一定加密规则生成的密文后进行传输。数据加密技术分为对称密钥加密与非对称密钥加密（图 6-26）。

对称密钥加密（symmetric-key encryption），即发送和接收数据的双方，即发送和接收数据的双方必须使用相同的密钥对明文进行加密和解密运算。它的优点是加密、解密速度快，适合于大容量数据；缺点是不适用于大数量用户同时使用。常用的对称加密算法有：美国国家标准局提出的 DES 算法、瑞士联邦理工学院的 IDEA 算法等。

非对称密钥加密（asymmetric-key encryption），指每个人都有一对唯一对应的密钥：公开密钥（简称公钥）和私人密钥（简称私钥）。一般用公钥来进行加密，私钥进行签名；同时私钥用来解密，公钥用来验证签名。算法的加密强度主要取决于选定的密钥长度。非对称密钥加密的优点是易于分配和管理，缺点是算法复杂，加密速度慢。目前常用的非对称加密算法有：麻省理工学院的 RSA 算法、美国国家标准和技术协会的 SHA 算法等。

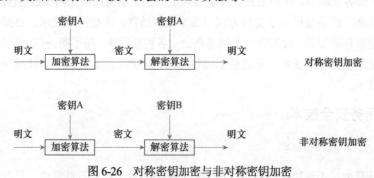

图 6-26　对称密钥加密与非对称密钥加密

6.8.2.4　数字签名技术

数字签名技术是进行身份验证的技术，是一种带有密钥的信息摘要算法，可用来代替手写签名或印章。它可以保证信息传输的保密性、数据交换的完整性、发送信息的不可否认性、交易者身份的确定性等。

6.8.2.5　认证机构和数字证书

在电子商务交易中，证书授权（Certificate Authority，CA）认证机构作为受信任有权威的第三方，可提供网络身份认证服务，专门负责发放并管理所有参与网上交易的实体所需的数字证书。公开密钥基础架构技术（PKI），即利用非对称和对称加密算法、数字签名、数字信封等加密技术，建立起安全度极高的加解密和身份认证系统，确保电子交易安全有效地进行。

6.8.2.6　安全认证协议

目前电子商务中经常使用的有安全套接层（secure sockets layer，SSL）协议和安全电子交易（secure electronic transaction，SET）协议两种安全认证协议。

安全套接层（SSL）协议。SSL 协议向基于 TCP/IP 的客户/服务器应用程序提供了客户端和服务器的鉴别、数据完整性及信息机密性等安全措施。SSL 协议在应用层收发数据前，协商加密算法，连接密钥并认证通信双方，从而为应用层提供了安全的传输通道；在该通道上可透明加载任何高层应用协议（如 HTTP、FTP、TELNET 等）以保证应用层数据传输的安全性。SSL 握手协议由两个阶段组成：服务器认证和用户认证。SSL 采用了公开密钥和专有密钥两种加密：在建立连接过程中采用公开密钥；在会话过程中使用专有密钥。加密的类型和强度则在两端之间建立连接的过程中判断决定，它保证了客户和服务器间事务的安全性。

安全电子交易（SET）协议。SET 协议是针对开放网络上安全、有效的银行卡交易，由维萨（Visa）公司和万事达（Mastercard）公司联合研制，为互联网上卡支付交易提供高层的安全和反欺诈保证。它由于得到了 IBM、HP、Microsoft 等很多大公司的支持，已成为事实上的工业标准，目前已获得国际互联网工程任务组（The Internet Engineering Task Force，IETF）标准的认可。SET 在保留对客户信用卡认证的前提下，又增加了对商家身份的认证，这对于需要支付货币的交易来讲是至关重要的。SET 将建立一能在互联网上安全使用银行卡购物的标准。安全电子交易规范是一种为基于信用卡而进行的电子交易提供安全措施的规则，SET 协议保证了电子交易的机密性、数据完整性、身份的合法性和防抵赖性，且 SET 协议采用了双重签名来保证各参与方信息的相互隔离，使商家只能看到持卡人的订购数据，而银行只能取得持卡人的信用卡信息。所以它是一种能广泛应用于互联网上的安全电子付款协议，它能够将普遍应用的信用卡的使用场所从目前的商店扩展到消费者家里（消费者个人计算机中）。

6.8.3　园艺产品电商物流发展的思考

6.8.3.1　生鲜电商

包括园艺产品在内的生鲜农产品电商被称为是电商领域的最后一片蓝海，从而备受瞩目。生鲜行业是一个非常宽泛的行业，涉及的产品种类比较多，包括蔬果、花卉、肉禽蛋类、海鲜、河鲜类等。随着互联网应用逐渐渗透各个领域，针对家庭用户、餐饮用户、批发市场的生鲜电商行业蓬勃发展，生鲜电商企业层出不穷。然而，生鲜行业里规模比较大的企业却比较少，盈利的生鲜企业更是微乎其微。主要是因为生鲜产品标准化程度低，地区差异大，难以复制；生鲜产品保质期短，需要多温区储藏运输与质量管控。

未来几年内，将会有更多的公司及资本进入生鲜电商市场，抢占市场开拓期的红利。由于生鲜电商对于仓储冷链配送、商品品控要求极为严格，市场已经形成了较高的行业壁垒，资金短缺、实力薄弱的初创公司将面临极大的压力。生鲜电商的损耗率在5%～8%，物流成本在20%。因此，建立完善冷链物流配送体系是生鲜电商发展的一个重要方向。而目前国内还没有完整的生鲜物流配送体系，冷链高昂的建设成本成为生鲜电商最头疼的问题。一个4000m²左右冷仓的建设成本就在1500万元以上。虽然建设成本高昂，但冷链物流配送是生鲜电商平台的核心力量，谁做得越快，做得越好，谁就将迅速获得市场份额。

6.8.3.2　"互联网＋"生鲜电商

伴随着经济全球化、物流设施的国际化和物流服务的全面化，物流活动并不仅仅局限于一个企业、一个地区或一个国家，企业间的竞争已经上升到供应链与供应链之间的竞争。当前，我国正处于增速趋缓、结构调整、动能转换的重要拐点，以"互联网＋"为代表的新技术、新产业、新业态、新模式成为发展新引擎，助推中国"新经济"的发展。"互联网＋"高效物流将变为现实，智慧物流通过产业链上下游的广泛连接和深度融合，创造开放共享、合作共赢的新生态。

传统生产、流程环节的电子化，即要在互联网的技术基础上，增加冷链物流所涉及的品类、时空、贮运、3T参数，实现传统产业数据的电子化和单元化；传统贸易流通模式的电子化，即运用互联网技术，将传统线下产业移植线上，实现线上交流、洽谈直至形成有效交易。通过传统产业和贸易流通的电子化，利用云技术手段，形成"天网电商，地网物流"的云服务体系。通过数据和流程服务的电子化证明产品安全、减少企业风险、管控供应者的诚信度，最终形成冷链物流的透明供应链，增强消费者的信任度，净化生鲜食品的市场环境。通过挖掘大数据，提升、整理、归纳，形成（国家、行业）标准去指导和规范企业、消费者与市场，让生鲜电商企业不再亏损，摸索出一条具有市场竞争力的生鲜电商发展壮大之路。

6.8.3.3　生鲜电商物流技术需求

新常态下，政府高度重视食品安全，中产阶级人口数量不断增加，对冷链产品和品质消费的需求越来越高，政府和消费者对冷链物流理念的认识越来越深，冷链市场规模继续扩大。生鲜电商物流技术要求最高，第一级是普货物流技术，第二级是食品安全要求（包装食品），第三级是冷链、温控、品控的生鲜初级农产品，还有不同的品类和时空差异。所以说生鲜电商物流是最难的。电子商务需要快速移动，它的微环境（包装）、中环境（贮运装备）和时空环境（季节地域）对食品的生命状态、品质都是有影响的，需要持续完善相关装载的标准，逐步规范。

6.9　智　慧　仓　储

智慧仓储系统的主要作业内容包括入库识别、货物搬运、存储上架、分拣出库，每项作业分别由相对应的设备来完成，如图6-27所示。其通过系统集成技术，并运用现代化的机电控制、计算机、信息、通信与管理技术，通过对仓储设备的操作与控制来实现仓储物流的自动化、智能化甚至无人化。其中常用的仓储自动化装备有立体仓库、堆垛机、高位叉车。图6-27中WCS指仓库控制系统，WMS指仓库管理系统。

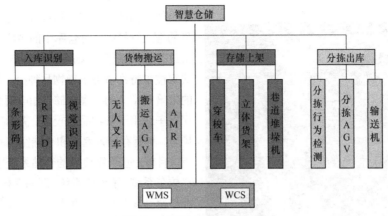

图 6-27　智慧仓储系统的组成

6.9.1　智能叉车与无人叉车

叉车是物料搬运设备中的主力军。近年来，无人仓技术的快速发展和人工成本不断上涨，对智能物流技术设备需求有所增加，也带动了智能型叉车的快速发展。智能型叉车具有以下几个方面的技术特点与优势：①集成各类感知采集技术，如车载 RFID 射频识别/读写技术，可有效、快速识别各类巷道、货位与货物标识/标签，实现出入库系统自动确认。②个性化的人机交互界面可快捷、精准地实现指令的调度，极大地提高搬运的速度与效率。③配备多种传感器，实现对叉车行驶速度、加速度、重量、位置和方位等参数进行监测，能有效地监控叉车的地理位置、充电电量等运行状态参数，通过距离探测雷达、摄像头、激光雷达等装置，自动实现碰撞判断，达到车辆的安全运行与预警；也可通过网络来远程监控设备的运行状态。④通过网络将所管理叉车的地理位置、调度任务、运行状态、所运输货物编码与数量等信息上传至"智能车辆调度与监控云平台"，通过后台大数据分析和数据挖掘技术，对车辆进行动态调度，实现远程运行、监控与管理，从而大大减轻管理工作量，减少差错率。

无人叉车是在叉车上配备多种导航装备技术，通过系统内部构建地图和各种调度优化算法，辅以碰撞、干涉探测技术，进而实现车辆运行的安全，保障叉车的无人化作业（图 6-28）。无人叉车与智能叉车的主要区别在于前者是实现无人化操作，而后者则具有人工智能技术的特征。近年来，国内外自动引导小车（AGV）生产厂家企业针对无人叉车导航等技术方面开发了系列化的产品，采用多种导航方式提高其精确性和安全性，如激光导航＋UWB（超宽带无线电定位）、UWB＋IMU（惯性测量单元）、二维码导航＋IMU 等多种导航方式的组合，可以使智能叉车满足任何复杂场景的应用。

图 6-28　无人叉车

6.9.2　穿梭车

穿梭车可以在密集的箱式货架或立体仓库中来回穿梭，在提升机或堆垛机的配合下到达上下不同层，自动搬运货物，完成上下架作业，并通过辊道或传送带输送系统，快速实现各项入库/出库任务。

穿梭车根据运输载体的不同可以分为托盘式、料箱式两类。其穿梭车结构形式、控制方式基

图 6-29　双向穿梭车运输水果

本类似，需要对穿梭车的位置、速度、加速度、目的地进行控制，对仓库中的多辆穿梭车、提升机进行协同调度，以适应不同的应用场景。托盘式穿梭车特别适用于货物品种少，但每一个品种的批量非常大的密集仓储，如电商仓储。料箱式穿梭车适用于货物品种较多、需拆零进行分拣的场景，具有存储效率高和仓储空间利用率高等优点。目前，基于穿梭车的仓储系统主要包括双向穿梭车系统、子母车系统、四向穿梭车系统三类。

双向穿梭车（图 6-29）系统包括若干辆穿梭车、高度提升机、输送辊道与立体货架等物流装备，通过 WCS 仓库控制系统、WMS 仓库管理系统等软件对仓储进行管理与调度。在立体仓库巷道之间每层都设有穿梭车运行轨道和位置检测装置，由穿梭车完成纵深方向的物料移动，由穿梭车上的推送装置将物料推送到指定的货位，或将指定位置的物料移至穿梭车上。轨道两端与提升机相连接，实现穿梭车在高度方向的提升，提升机可以将穿梭车送到任何一层，完成高度方向的物料搬运（图 6-30）。该系统不仅实现了仓库内的自动化作业，而且也提高了仓库的空间利用率。在出/入库率不高且较稳定的仓库中，采用双向穿梭车系统的性价较高。当某个巷道的穿梭车发生故障时，可以将空闲的穿梭车通过转驳设备调度过来应急，使用效率高。

双向穿梭车系统作业效率较稳定，但对于未来需要场地及作业拓展的应用场景则有所局限。而子母穿梭车可以很好地解决了这些问题，在仓储系统构架和作业调度上来看与双向穿梭车系统类似，区别仅在于由穿梭子车和穿梭母车取代了双向穿梭车（图 6-31）。由母穿梭车来完成纵深方

图 6-30　穿梭车进入提升机

向的车辆运动，子穿梭车来实现横向方向的物料搬运。提升机和双向穿梭车系统一样，完成高度方向的物料搬运，子穿梭车、母穿梭车、提升机通过 WCS 软件平台调度协同作业，各部件之间运动控制独立，减少了等待时间，系统的整体效率高。子母穿梭车系统可以采用电池或导轨送电方式提高动力，采用电池方式的穿梭车通过 BMS 电池管理系统检测电池电量，低于一定值时自动运动到充电站进行充电。

随着物流产业的不断发展，小批量、多频次的物料存取需求不断增加，物流企业对空间节省、密集存储等需求也越来越高，四向穿梭车应运而生。所谓四向穿梭车，即可以完成"前后左右"运行的穿梭车，在系统构架和运行调度上与双向穿梭车系统类似（图 6-32）。四向穿梭车具有两套轮系，分别负责纵向和横向的运动。在立体仓库的同一层配置若干台四向穿梭车，可实现四向穿梭车高密度存储和作业，减少了占地面积。四向穿梭车尤其适用于异形仓库布局，也完全可以

达到任意位置，场景适应性强。在仓储总体规划中，可充分利用四向穿梭车的优势，通过穿越墙体、架设廊桥等方式将分隔开的库区有机联系成一个整体，四向穿梭车根据负荷高低在不同库区、不同巷道、不同层间优化调度，以达到设备共享和高效运行的目的。

图 6-31　子母穿梭车在货架中运行（左侧为子车，右侧为母车）

图 6-32　托盘式四向穿梭车

6.9.3　自动导向搬运车

6.9.3.1　AGV 的概念和特点

自动导向搬运车（automated guided vehicle，AGV）是指以电池为动力源的一种自动操纵行驶的工业车辆（图 6-33）。AGV 的传统功能是搬运，导航方式先进，行驶路径可灵活调整。强大的上位软件系统，可以对机器人群的混合作业实现精准控制和调度。近年来，AGV 用途呈现出多样化，由单一的搬运载体变为智能的分拣设备、装配工具、服务工具等复杂场景。AGV 在技术上已经非常成熟，可以自动完成搬运、分拣等作业，做到准确、安全、智能的货物转载运输，非常适用于 SKU（库存保有单位）量大、商品数量多的随机存储与拆零拣选场景。

图 6-33　AGV

AGV除具备高度自动化，可以大幅度降低人工成本、提高拣货效率和准确率等特点外，还有其他诸多优势：①项目实施速度非常快，交付周期短，且现场安装调试简单。十分适合电商仓储等业务发展较快的行业。②系统柔性强。根据业务需要可随时增减机器人的用量，实现系统的灵活部署与扩展和货架布局的灵活调整。③投资低、回报周期短。人工成本及管理成本得到大幅度降低，使得整个项目投资回报期更短。

6.9.3.2　AGV 的主要结构

AGV通常由自动导向系统、动力系统、控制和通信系统及安全系统等4个部分组成，其主要系统包括导航定位、车载伺服驱动与控制、货物装卸、地面计算机控制与管理、信息采集与处理等功能。系统能对各台 AGV 实现合理分配调度、最佳路径选择、安全交通管理、实时图形监控等。其系统外部可与自动化物流系统、生产管理系统或信息自动化系统有机结合，实现信息的联网流通和管理的实时监控。其他搬运车辆还包括牵引车、手推车、手动液压升降平台车、手推液压堆高车、手拉液压托盘搬运车等。

6.9.3.3　基于 AGV 的解决方案

AGV 由于具备以上特点和优势，在物流仓储中得到了越来越多的应用。为了进一步提高物流拣选的效率和准确率，降低配送错误率，减轻作业劳动强度，降低物流成本，不同的物料拣选解决方案随之应运而生。

1）"货到人"解决方案。该方案以举升式 AGV 为核心，通过地面二维码或激光雷达导航，AGV将订单商品所在货架运送至拣选站，不仅大大节省了人力，同时有效提高了效率和准确率（图 6-34），如AGV 潜入货架下面，通过顶升结构将货架抬起，然后托举货架移动到拣货站。但由于机器人需要潜入货架底部，因此对机器人导航精度要求较高，而且必须搬运整个货架而不是单取某个库存量单位（stock keeping unit, SKU），因此搬运能耗高。"货到人"另一个缺点则是影响了存储密度，需要预留较大空间供货架移动，其存储密度甚至可能低于过去使用固定货架的仓库。

图 6-34　单台举升式 AGV

2）"订单到人"（"料箱到人"）解决方案。为了提高物料搬运的精准度，降低劳动强度，希望 AGV 能够搬运单个料箱而不是整个货架，以进一步提高系统效率，降低运营成本。因此在举升式 AGV 之后，国内外出现了以货箱或订单箱为运载单位的"料箱到人"或"订单到人"仓储机器人解决方案。"料箱到人"方案中，夹取式AGV 从固定货架上成批取出料箱，替代作业人员进行长距离行走，拣选人员在一定区域内作业。

"料箱到人"方案里货架是固定的，这更符合大部分已建仓储的情况，改造难度相对小。由于 AGV 不是顶着整个货架移动，因此可以把货架之间的巷道设置得更窄，存储密度更高，更省地方。"料箱到人"方案作业的对象是比货架更小的单元料箱，因此更符合 SKU 更多元化、物流作业更精细化的发展趋势。该方案的缺点则是一次拿货的种类比"货到人"要少，但这可以通过一次操作多个料箱或优化调度算法来处理。

6.9.4 智慧仓储应用案例

近年来，智慧仓储的应用越来越多。某著名电商公司的物流中心采用了大量 AGV 作业的物流装备，但并不排斥和全部代替人工。AGV 的大量使用可以极大提升营运效率，减轻作业人员的工作强度，提高拣选速度。该物流中心的作业流程如图 6-35 所示。

图 6-35 物流中心货品处理流程

1）收货作业。通过车辆卸货区的传送线，将包装箱直接输送至仓库门口收货区的可伸缩式辊道传送线上；扫描包装箱的编码，根据货物的品类进行拆零分拣；在作业区人工取下物料包装箱，拆除包装箱；对箱内的货物进行分类粘贴条码，然后采用手持式条码枪扫描，自动将货物信息录入系统；选择相对应的入库方式，收料后的货物放置到料箱或推车内，人工送至待入库区；将料箱去除放置入库传送带上，通过传送带和物料搬运系统送至仓储区的指定货位。

2）上架作业。在入库区，由 AGV 驮送装载货物的货架至入库操作站；工作人员拣选相应的货物随机放入对应的仓储货架的空置货位，同时用扫描枪读取所存储货位的条码信息和货物的条码信息，系统自动匹配货物代码与货位编号，使其一一对应，同一货位可存储不同的货物；AGV 通过巷道将满载的货架移送到系统所指定的空位存放，放下货架后，AGV 可以通过货架下的空间穿行返回，等待下一条作业指令。

3）拣货作业。"货到人"的工作模式下，工作人员通过工作区上方的显示屏阅读作业信息，AGV 自动将货架按指令要求运送至指定的工作区便于人员操作，劳动强度低；作业完成后，按确认指令，AGV 则继续运行到下一工作区，直至货物全部被拣选完毕。

当 AGV 驮送货架进入工作区时，上方的显示屏同步显示要货物的拣选信息，如货格代码、货物图片、货物需拣选的数量、货物将存储的货架与货位等，工作人员能非常清晰地看到作业的流程和要求。

4）包装作业。将出库的货物通过传送带输送至包装作业区，人工将料箱取下，用扫描枪扫描其中的货物编码，根据显示屏上的订单信息、包装箱内货物名称和数量、包装盒尺寸大小；拣选对应的货物放入规定大小的包装箱内进行包装；打印商品订单信息标签，贴在包装盒指定位置，放入出库传送带；包装盒通过安装在上方的同时定位与地图构建（simultaneous localization and mapping，SLAM）激光扫描设备，扫描盒内货物信息并称重，进而自动与系统内订单信息匹配，自动打印并粘贴快递标签；不合格包装盒将会被剔除提示重新检测。

5）出货作业。各类包装盒通过众多不同的传送带汇总至传送带主线准备最后装车前的配送；各种规格大小不同的包装盒根据配送地点进行优化、归类，通过不同的分送皮带机、辊道机、分拣滑道，最后进行排序、分拣；分类好的包装盒通过滑块分拣机、伸缩皮带机将输送到对应的装卸车位传送带，然后进行装车作业。

第7章　园艺产品采后全供应链控制技术与集成

7.1　园艺产品产销模式

市场经济较成熟的发达国家所生产的园艺产品已在生产与市场之间形成了完整的链条。近年来，随着我国园艺产品市场营销的发展，园艺产业从只关注产品生产，到关注以产品为中心的营销，再发展到以顾客需求为导向的生产和营销。但不少园艺产品采后的销售期有限，所以我国园艺生产者仍然面临严峻的销售压力，因而解决销售十分关键。任何一种销售方式，如果选择使用得当，可以发挥其优势，否则无法获得预想的效益。

7.1.1　园艺产品的商品特点和消费趋势

和其他农产品或工业品不同，园艺产品有自身的商品特点：①易腐性。大多数园艺产品都易腐烂变质，有一定的贮藏周期。越是容易腐烂的产品，越需要快速销售。②价格和产量波动大。受到生长状况、气候、病虫害、贮运保鲜等因素的影响，园艺产品的数量和价格容易发生变化，甚至会出现售价低于生产成本的情况，影响销售模式。缺少规划的栽培面积和生产安排也会导致园艺产品每个季度的价格和产量发生变化。③季节性变化。园艺产品短暂的收获期和全年的供给需求存在矛盾，也会造成短期的设备和人工饱和工作及其他时期的闲置。不过我国辽阔的产区会使得部分园艺产品收获期依次出现，形成补充性供给。④生产呈现区域性。园艺植物大多具有明显的地域特征。地域性不仅影响园艺产品的生产，也影响产品的贮运物流和销售。

近年来，由于人民生活水平的改善和生活方式的变化，园艺产品的消费也呈现新特征和新要求。水果方面，水果在日常食品消费中的比例逐渐增加，营养健康安全的水果受到欢迎，高档水果需求不断增长，进口水果大量涌入，包装精美的水果成为走亲访友的选择。蔬菜方面，人们同样越来越注重营养健康的蔬菜消费，蔬菜农残问题受到关注，但绿色有机蔬菜还未成为主流，蔬菜消费呈现品种多样性，净菜消费增长迅速，蔬菜食品工业化趋势明显。花卉方面，作为非生活必需品，花卉的观赏价值和观赏寿命是消费者关注的重点，网购花卉逐渐增多，鲜花消费成为节日主流，盆景和珍稀花卉前景广阔。

7.1.2　直接销售

（1）直接销售概述　　直接销售是指生产者绕开中间销售环节，直接将产品销售给消费者的过程。直接销售最主要的特征是没有中间环节，仅需一次就可完成产品所有权的转移，减少了中间成本，使消费者获得的产品价值基本等同于生产成本，因此销售价格比较便宜。通常进行直接销售的人员受雇或隶属于生产者。

直接销售方式的选择需要考虑以下几点：一是产品特性，如不易储运，易于采摘销售等，可以选择直接销售；二是生产者的条件，是否具有直接销售所需的人力、物力、财力、时间、精力、场地空间等；三是成本，需要对比不选择直接销售带来的交易次数增多和成本增加，以及选择直接销售所需的谈判交易费用、市场信息咨询费等成本；四是市场覆盖度，即通过直接销售能否有效覆盖目标市场，一般来说潜在购买者数量较大时可以采用直接销售方式；五是消费者接受度，即消费者是否愿意选择或习惯选择直接销售方式购买产品。

直接销售方式的优点主要有：①加强了生产者与消费者间的直接接触，有助于生产者改进生产和服务，并提供了生产者直接向消费者介绍产品的机会，使生产者和消费者都处于主动地位；②减少转移搬运次数产生的成本和引起的产品损伤，提高销售效率和产品竞争力，并可有效保持产品新鲜度；③返款迅速，可以提高资金周转率，避免三角债；④提供就业机会，让一部分剩余劳动力有机会从生产领域进入流通销售领域。

直接销售方式的局限性包括：①生产者需承担产品需求和销售价格波动带来的风险；②产品流通与销售的费用、时间、人力等成本由生产者承担，特别是对于个体农户来说，难以有足够时间去了解市场行情和消费者喜好，因此兼顾生产和销售是很困难的；③直接销售员接触的消费者有限，寻找消费者的成本过高。很多园艺产品采后贮藏期有限，如果不能在保鲜期内完成销售，会造成严重的损失。不过随着电商兴起，该问题有所改善。

（2）园艺产品直接销售的主要形式　　我国园艺产品传统销售有"萝卜白菜，拔地就卖"的说法。近年来又新发展出了订单直接销售、采摘直接销售、零售直接销售等形式。

订单直接销售是指生产者在安排生产前与产品购买者直接签订消费合同，通过订单进行产销对接。订单直接销售根据反映了市场需求的订单，可以更有针对性地安排生产，有利于解决销售问题，还将有助于生产者调整生产规模和品种，提高产品质量，树立品牌。订单直接销售需要注意以下几点：一是合同制定要规范，避免不进行调查论证而盲目签订订单，要考虑双方的利益和义务，使订单公正、合理，科学严谨。二是维护订单的严肃性，订单签署后要认真履行，避免故意违约的发生，损害合作基础。三是政府要为农民签订订单把好关，对农民和下单企业的情况充分了解，以订单为桥梁规范双方经济行为，建立广泛联系，协调农企关系，但要避免政府代农民签约。四是农民要增加合同意识，知道自己也是合同签约的一方，既要履行合同，即产品质量、产量等要符合合同要求，维护信誉；又要保护自己的权益，避免购买方坑农害农行为。五是要重视产品质量，质量是订单农业的生命。要用高品质、高附加值的产品多争取订单，扩大市场。

采摘直接销售是指在观光采摘期间直接推销园艺产品的直接销售形式。通常采摘产品的价格要高出市场价格，且会带来可观的服务收入。但目前不少观光采摘项目运行并不理想，主要原因包括：①形式单一，活动内容多雷同，缺乏吸引力；②设施简陋，服务质量差；③季节性影响严重，淡季门庭冷落，缺乏全年均衡经营；④经营能力欠缺，缺乏合理布局，创新意识不足。因此，开展观光采摘直接销售应注意以下几点：一是提供优质特色产品，如品质优良、品种新颖的果蔬，吸引消费者前来；二是提高软硬件服务水平，及时了解流行品种变化和消费者需求，建设一批精品特色项目，让消费者玩得开心、舒心，吸引回头客；三是注重经营者自身素质提高，引入资本和专业人员进行运营，并组织培训，提升员工素质和能力；四是突破季节性限制，如改良栽培方式、开发衍生品、将采摘与旅游结合起来等，做到一年四季都可看、可玩、可买。

零售直接销售是指生产者直接将产品卖给消费者或者客户（如饭店、食堂等）。目前零售直接销售的形式主要包括以下几点：一是农民在农贸市场、田间地头、马路摊位、自行开设零售商店和门市部等出售产品；二是农民直接将产品送到购买者手中；三是通过电商、团购、微商等直接销售。发展零售直接销售有以下几点需要注意：①因为直接面对消费者，因此产品的质量是第一位的。同时要根据消费者的生活水平、消费水平和消费习惯等提供有针对性和有竞争力的产品。②载体建设是发展零售直接销售的基础，如建设环境、位置、布局良好的农贸市场，选择快速、便捷、损伤小的快递等。③生产者要及时了解市场行情，积极推销产品，避免"坐门等客""酒香不怕巷子深"等被动销售的想法。

7.1.3　间接销售

（1）间接销售概述　　　间接销售又称为有渠道营销，是指生产经营者通过中间商把产品销售给消费者。中间商主要指取得产品所有权或帮助转移产品所有权的企业或个人。间接销售对于生产者、中间商和消费者都有一定的好处：①对于规模不是很大的生产者，可以节省成本、提高效率，并减轻了生产者掌握市场经营、贮运保鲜等知识和经验的负担，而且可以享受中间商具有的广大客户群。②消费者可以不用接触需要购买产品的所有生产者，节约了搜索的成本。③中间商可以不进行生产就获得规模经济带来的利润。间接销售的主要特点包括：一是专业高效性。因为由专业人士进行营销，节省了生产者寻找每一个消费对象的时间和空间。二是规模主动性。因为中间商可以与多家生产者和消费者联系，进出多品种、大批量的产品，形成规模效益。进而掌握销售产品的主动权，甚至影响生产者生产产品的品种、数量、规格和档次等，同时影响消费市场。三是灵活性。中间商可以根据市场需求和产品供给情况，及时调整进出货的渠道、时间、品种、销售方式等策略。

（2）选择间接销售的条件　　　实现间接销售所需满足的条件：一是生产形成了一定的规模。当产品生产规模扩大后，部分生产者会认为已不适合再自行设立营销部门或自己单独跑销售，而是愿意选择中间商进行销售，即使一部分利润会被中间商赚取。另外，中间商也愿意与有一定规模的生产者谈判，否则货源难以稳定，需要谈判的生产者也过多。二是产品标准优质。大小规格不一、进货品种不定、缺乏科学保鲜手段的园艺产品，无法在市场上获得更高的销售价格，也难以吸引中间商采购。三是有专业人员和组织。园艺产品间接销售需要具有较丰富市场竞争经验的专业人才和组织进行市场预测分析、决策管理等，组织体系要能够开展企业经营策略、企业发展目标、企业经营手段、企业经营文化、经营管理技术措施、企业货源体系、销售体系等一系列工作。

（3）间接销售的形式及运作　　　园艺产品间接销售的主要形式包括：①代理商，是在其行业管理范围内接受他人委托，为他人促成或缔结交易的一般代理人。代理商分为独家代理与多家代理。独家代理是指生产者的特定商品全部由该代理商代理销售，不仅其他代理商不得到该区域越区代理，生产者也不得在该地区设经营销售点进行厂家直接销售或批发。多家代理是指生产者不授予代理商在某一地区、产品上的独家代理权。每个代理商都可以为厂家经营订单，而厂家也可以在所在区域或各地直接销售或批发产品。代理商的代理方式主要有佣金代理与买断代理。佣金代理指代理商的收入主要来自经销的佣金，而买断代理需要先进货后再进行销售。②经销商，指生产者指定特定公司为其产品销售的中间商。双方需要签订经销合同，明确产品的销售权利和销售义务，双方的关系是法律上的买卖关系。③产品经纪人，是指以合法身份在市场上为买卖双方充当中介并收取佣金的商人。经纪人分为行业经纪人和业务经纪人，其中行业经纪人包括商品现货交易经纪人、期货交易经纪人等。前者对商品买卖交易的盈亏不负责，只要成交就可以取得佣金；后者交易的不是现货，而是期权交易。而业务经纪人，在园艺产品市场最常见的是佣金经纪人，主要依据委托人的目标完成任务后，按照交易额提取一定比例的佣金。

　　园艺产品间接营销的市场运作经历了一系列的中间环节。主要包括：①代理商，其职责是让生产者与外来客户建立业务联系，不直接经营产品。②收购商，其直接收购园艺产品，并通过自己的渠道转发出去。③加工商，主要是对园艺产品进行一定的粗加工或精加工后再将其进行渠道销售。④批发商，包括大宗供应商和小批量的批发兼零售商。⑤零售商，主要是将园艺产品投向市场，然后拆零销售，直接面对消费者。⑥网络中间商，主要是指通过互联网开展园艺产品简介营销的中间商。⑦农民专业合作组织，主要是以农户经营为基础，园艺产品生产经营者自愿联合的互助性经济组织。

批发商是指对园艺产品进行整批买卖的中间商，其是生产者与零售商进行货物销售的中间环节，一般不与消费者建立直接的联系，具有交易数量大，但交易频率低的特点。批发企业按经营所有权的归属可分为：自主经营批发企业、代营批发企业、生产者自设的批发企业；按照服务内容，可分为专营批发企业与兼营批发企业等；按照地区和功能可分为：产地批发企业、中转批发企业和消费地批发企业。批发市场是批发商市场操作的载体，是我国园艺产品流通的"大动脉"。一定规模的生产者可以自建批发企业，也可以建立批发市场部，专门进行销售。

零售商是园艺产品在流通中间环节中的最后部分。零售商除了直接为消费者提供商品外，还具有传递和反馈市场信息的功能。大型的零售商拥有自己的品牌和连锁店。零售商也存在于园艺产品直接销售中。生产者可以直接与零售商签订销售合同。由于拥有强大的资金和市场，大型零售市场可能出现过分压低价格的情况。

网络中间商，虽然名义上宣传消除中介，减少成本，吸引客户，但实质上还是中间商。网络中间商在开展业务中可以减少中间的经营费，但依然会产生电子化成本，如收集信息、接洽业务、劳动力成本等。目前，网络中间商还不能取代中间商在园艺产品市场连接生产者与消费者的作用。

农民专业合作组织是一种全球各国较普遍实行的农民经济合作组织形式，其中包括了具有进入市场、批发、出口各类园艺产品能力的销售合作社或者多功能合作社。为了促进园艺产品市场的销量，部分地区的政府开始积极响应国家号召，在农村开展专业合作社，从而提高了农民的收入水平，形成了一种良性循环。

7.1.4　互联网营销

（1）**互联网营销概述**　　园艺产品的互联网营销属于园艺产品营销的一种，是近年来发展起来的利用互联网开展园艺产品营销的新型模式，可以简单地描述为"鼠标＋大白菜"式营销。其主要活动包括网上市场调查、资讯查询、信息发布、交易洽谈、付款结算等。互联网营销具有信息透明、便捷实用的特点，可以解决传统园艺产品销售过程中遇到的信息沟通不畅、供给资源容易被垄断和错过的问题，有助于解决园艺产品因生产结构性、季节性、区域性不合理导致的过剩难卖问题。

园艺产品互联网营销的优势主要包括：①增加交易机会。互联网营销不受时间和空间限制。只要能够上网，交易时间是 24h 全天候的，不会遇到闭市休市，交易地点可以是全球的，不受地域限制。②降低交易成本。互联网营销信息发布速度快，可以拉近交易者之间的地域距离，有利于减少通信、交通、广告、人力、时间等成本。③形成合理的生产决策。通过互联网营销，生产者可以获得全方位的市场信息，并通过分析得出正确的生产决策，避免传统营销无法准确把握市场信息的问题。

在这个网络日益发达的时代，营销只靠线下销售是无法成功的，要想不被时代淘汰，就要紧跟时代的步伐。在现代营销中，营销者通过熟练运用网络工具进行互联网营销，对园艺产品营销模式的变革起到了显著的推动作用：一是加快了产品标准化。园艺产品标准化发展缓慢的重要原因是缺少推动力。互联网营销对产品标准化的需求迫切，从而加快了园艺产品标准化生产，进而加快园艺产业的品牌化发展；二是削弱了传统营销体系中的垄断行为，交易更加透明公开，供需信息可以全面活动，从而科学指导生产；三是开阔了生产者的眼界，使农户能够了解到最新的农业生产和社会发展动态，掌握现代化生产和营销技能。

随着国家大力发展新基建，在互联网上开展园艺产品营销已成为产业发展的必然趋势。园艺产业现代营销要求在瞬息万变的市场中寻找消费者的需求信息，并做出正确的生产决策，在满足消费者的同时实现自身发展。特别是随着消费者生活水平的不断提高，对优质、多样的园艺产品的需求不断增加，园艺产品也越来越向商品转变，这对园艺产品的生产和营销者提出了更高的要求，增加了产业从业者利用互联网获取市场信息的动力。而参与全球化贸易更需要发展园艺产品的互联网营销。

发展园艺产品互联网营销目前面临以下挑战：产品生产在品种、品质、标准化、品牌等方面无法满足互联网营销的要求；园艺产品保鲜贮运技术和装备落后，园艺产品现代物流体系亟须建立；生产者进行互联网营销的意识和习惯薄弱，需要培养；相关资费、法制、税收等公共政策不完善，网络交易的安全性需要保障，网上信用体制亟待健全；农村网络技术设施落后，需要加快建设，网络质量需要提高；掌握现代农业生产、商务和网络的专业人才缺乏；能够通过网络获取农业生产、消费、市场、商机等信息的新一代网农较少，需要培养。因此，我国发展园艺产品互联网营销，需要加快农村互联网基础设施建设，引导发展互联网营销示范体系，加快专业人才和互联网农民的培养。

（2）互联网营销的应用　园艺产业发展互联网营销不是赶时髦，要进行具体的分析。如果一种园艺产品已经有了现成的市场和良好的营销体系，那就不一定非要考虑互联网营销。对于那些利润高、特定消费者不易寻找的园艺产品，如特色产品、出口产品等，可以选择互联网营销。同时，进行互联网营销的园艺产品必须已具备一定的标准化、品牌化、规格化程度。发展互联网营销需要一定的资金投入，不一定会取得立竿见影的成效，在开展互联网营销之前，需要对支出进行统筹规划。因此，生产和营销者需要具有相关人力资源。

互联网营销主要分为无站点营销和站点营销。无站点营销较适合缺少资金和互联网知识、人力等资源的农户和企业，可以直接借助网络资源开展营销，包括：①发布信息，既可以利用相关网络平台发布产品特性信息和寻找商业伙伴，又可以通过互联网寻找潜在客户，然后有针对性地发布公司、产品、采购等信息，并开展品牌推广。②获取市场信息，传统模式下，市场信息获取工作量大，耗时费力，难以快速准确地掌握市场动态。利用互联网，无论是获得第一手市场信息还是第二手市场信息，整个过程都可以快速完成。特别是可以通过浏览建设运营良好的行业网站了解信息，扩大商业圈。此外，还可以通过搜索引擎寻找市场信息。③发布广告，主要步骤包括确立广告目标（目标市场、市场定位、营销计划等）、确定合适的广告预算、进行广告内容设计、进行广告媒体选择、进行广告效果监测和评价。可以通过互联网和移动互联网等形式发布广告。④销售产品，通过电商等网络平台接收订单和支付，直接面向客户提供产品销售。站点营销包括自建网站、开发移动 app 等，具有和无站点营销相似的功能，但可以更好地展示产品和品牌形象、发布信息、开展顾客服务、进行网上销售等，主要适合有资金实力的农户、合作社和企业。

目前，通过移动互联网平台开展园艺产品营销已成为重要的手段。特别是 2020 年，受新型冠状病毒肺炎（现称为新型冠状病毒感染）的影响，园艺产品的生产者不得不转换固有的思维模式，利用移动互联网平台，发起直播带货模式。"云逛街""云销售"等热门词汇逐渐出现在大众眼前。直播带货是指利用移动互联网平台，采用直播的形式，在线上近距离展示产品，并随时对观众提出的问题进行答疑、导购。这种新型营销模式不仅更具亲和力、互动性，而且没有中间商赚差价，消费者可直接与商品对接，顺应趋势，商家也会给予消费者最优惠的价格。淘宝、拼多多等线上销售平台，均已有大量直播带货卖家入驻。直播带货之所以逐渐取代直接去电商平台搜索购买，从消费者的角度看，一方面可以降低购买成本。例如，相同品种的水果，如果在直播间里购买，可领取优惠券，下单后支付的价格会更加便宜。另一方面，品质不用担心。利用线上平台进行购买的确有许多好处，但消费者往往会担心商品的质量问题，在线上购物时会打开评价看看买家秀，再思量许久确定是否购买。许多电商平台致力于采用多种手段来建立与买家之间的信任，但事实是这些方法并没有取得很好的成效。而进行直播带货的网红，很多都是公众人物，背后也有庞大的团队，非常看重自己的口碑，很少拿自己的信誉开玩笑。从商家的角度，一方面可以与消费者建立信任，进行带货的主播，一般都是其专业领域的佼佼者，对于所销售商品的专业知识和使用体验都十分了解，完全碾压平台上对于产品的文字描述，因此容易与消费者建立信任。另一方面，可以获得线上吸粉效应。通过网红的人气，再加上他们的专业知识，可以吸引更多的人观看直播，并对所中意的商品进行下单。直播也很容易吸粉，随着直播次数的增加，主播的粉丝数也在增加，商家会获得更高的盈利额。例如，由于 2019 年突如其来的新冠肺炎，不少果农面对水果滞销问题，选择通过直播带货在线上进行售卖，可以极大程度地减少损失，甚至可以获得盈利。

（3）网络零售　　网络零售也称网络购物，是指卖家与买家以互联网为媒介进行信息的组织和传递，即进行商品交易活动，主要包括商品信息查询、下单商品、资金交易及物流配送。网络零售主要包含 B2C 和 C2C 两种形式，这两种形式有很大的区别：①对象不同，B2C 是企业对消费者的电子商务，即通常所说的"网络购物网站"，而 C2C 是消费者对消费者的电子商务，主要是指网上拍卖，是一种大众化的个人与个人的交易。②产品不同，B2C 销售的多是标准化的产品，而 C2C 销售非标准化的商品较多，像二手产品、稀缺产品或非正常渠道产品都属于非标准化商品。顾客有可能通过 C2C 渠道淘到其他途径买不到的商品或价格低廉的商品，但这也增加了 C2C 顾客对产品质量的顾虑。③特点不同，B2C 电子商务模式特点是，企业主要提供信息供消费者查询，从原来的商品管理变为用户管理，服务更加的个性化，而且一般拥有自己的物流系统。C2C 电子商务模式特点是，商品种类繁多，交易方式十分灵活，能够更好地吸引消费者。但 C2C 网站一般没有自己的配送系统，主要依靠第三方物流渠道。随着网络信息的不断发展，网络零售经营模式的适应性越来越强，网购已成为消费者消费的主流。2019 年国内网络零售市场交易规模达10.32 万亿元，较 2018 年的 8.56 万亿元，同比增长了 20.56%。电商平台阿里、拼多多、京东等基本垄断了 90% 的国内份额，并且正在向低线城市及国外迈进，促进交易规模的进一步增长。另外，短视频平台如快手、抖音在电商方面也有较快发展。网络购物在社会消费品零售总额的占比也不断提升，2019 年已超过了 1/4，可见网络购物在消费群体中的重要性。

网络零售的主要发展趋势包括：①消费升级让网络零售更加关注产品品质，需要更加关注消费者的消费习惯、倾向和需求，并指导上游生产商。②移动网购比例进一步增加，移动网购具有购物便捷、时间碎片化利用、地点泛在化等优点。目前，移动端发生的网购比例超过 70%。③社交电商作用凸显，随着微信这样拥有巨大的用户流量和公众号资源的社交平台出现，人们也开始在这样的社交平台上进行购物，平台上完善的可选购商品并下单的小程序和支付功能也进一步推动了社交电商的发展。同时，拼多多、云集等新兴社交电商也快速兴起。④农村电商快速发展，电商企业逐渐扩大规模，已全面向农村地区扩张，激发了农民的网购欲望，带动了农村电商的进一步发展，进而推动了网购消费市场的发展。⑤品牌化发展加快，和其他工业产品不同，包括园艺产品在内的农产品在网络零售中的品牌化程度非常低。随着消费者对于园艺产品标准化、优质安全、健康营养等需求的不断增加，打造产品品牌，提升产品价值将成为园艺产品网络零售的重要抓手。⑥跨境网购成为潮流，随着网民对全球优质园艺产品消费需求的不断增加及我国进口跨境电商发展环境进一步优化，减少海淘税收，将极大地吸引国外产品通过正规渠道进入中国市场，实现消费留在国内，税收留在国内，并更有效地保障产品品质和供应链安全管控。

7.1.5　新型渠道策略

（1）社区营销　　社区营销是以社区为主要销售平台，以社区住户为销售对象的一种全方位的营销活动。因为直接与顾客接触，社区营销可以说是直接销售的一种。社区营销不同于社区推广和社区销售，而是包括产品选择、人员组织、宣传广告、公关等在内的一种全方位的营销活动。社区营销主要包括以下几个优点：一是可以直接面对消费者，目标人群集中，产品黏性大；二是消费者可以深入了解产品，增加产品曝光率；三是可以掌握消费者反馈的一手信息，并及时对消费者的需求进行产品策略的调整；四是可信度高，更有利于口碑宣传；五是可以绕开传统零售门店的场地限制，投入少，见效快，已成为传统销售渠道的重要补充。

社区营销的方式如下：①社区广告媒体，主要包括社区平面和视频广告媒体两部分，如社区车库、电梯、文化墙、绿化带的投放广告，高档楼宇液晶电视、数码商场液晶电视联网播放广告等。②社区活动。厂家可与社区居委会联系，举办一些促销活动或社会性公益活动，在为居民谋福利的同时，可巧妙宣传产品，提升居民心中公司的企业形象。③社区团购。以小区或部分住宅为单位，商家在小区内部招募团长，即营销者，然后以微信群、QQ 群等为载体，团长在群里推广团购产品，最终用户通过小程序或直接跟团长联系下单购买。社区团购之所以发展如此迅猛，是因为其独特的优点。首先，社区团购借助于微信等超级流量入口，将大量分散顾客整合建立联系与互动，更加便于传播，大大提高了成单的效率。其次，由于社区团购以小区为单位，商家可以统一发货，节省物流成本，且无中间环节，顺应趋势，消费者也可以获取高性价比的产品。最后，由于团长是社区内部人，居民们都认识，因此可建立信任感，出现商品质量问题，可及时处理，售后有保障。这种社区团购模式，不仅满足了社区居民的需求，而且由于其价格实惠吸引了更多消费者，也增加了他们的购买次数，为企业带来了可观的盈利。

开展社区营销也存在一些阻碍，一方面社区管理以安全为重，一旦管理不当会引发一系列治安等问题，因此往往会索取较高管理费，甚至经常拒绝进入；另一方面消费者对摊位不固定的纯商业活动较为抵触，也不放心。因此，要站在社区管理者的角度分析可以合作互补的营销模式，寻求双赢。建立长期合作和保持良好关系也很重要。尤其是现在越来越多企业认识到社区营销对于推广其产品的重要性，从而进入社区的企业数量不断增加，因此激烈竞争当中只有独树一帜的企业才能脱颖而出。而要想成功开展社区营销，应当做到以下几点：①愿意接受直销营销模式购买的客户对于商家来说极其珍贵，因为不是每个人都可以接受这种没有店面去展示商品的销售方式。而由于社区的相对封闭性及住户的相对集中性，直销营销模式才可在社区中广泛开展，因此，要对社区中建立的微信群、QQ 群等进行科学、细致、人性化的管理。②在社区内进行产品销售的同时要注意传播企业文化，只有与居民建立了信任感，提升了居民心中的企业形象，才能更加有利于品牌和产品推广。③要对客户群进行分类整理，凭借其共同的偏好和消费习惯进行群体划分，对各个群体进行营销和传播，将会取得事半功倍的效果。

社区营销需要开展的主要工作有以下三方面：一是收集社区居民的基本信息。企业可以通过社区内的广告媒体、在社区内发传单、举办一些社区活动如扫二维码领取奖品等收集社区居民的基本信息，包括居民姓名、年龄、性别、电话号码、家庭住址、爱好、职业、收入、教育背景等。二是建立信息数据库。将收集的社区居民基本信息录入数据库。数据库中的有效信息越多，企业的资本就越多，这将成为企业战胜其他商家的重要法宝，并将为企业带来巨大的盈利。三是推广营销。基于采集整理获得的居民数据库信息，通过有效推广途径，如发信息、打电话、发邮件、投广告等，将产品信息有针对性地传播给具有购买意向的目标消费群。以其超高的优惠和性价比吸引消费者，并给予消费者最好的服务，如送货到家及售后服务等，吸引更多的回头客。

（2）社群营销　　企业基于消费者相同或相似的爱好，通过某种载体如微信群聚集人气，通过商品本身或其优质服务满足消费者需求，由此产生的商业模式即社群营销。通过社群售卖园艺产品，可以使商家与消费者联系起来，消费者不仅可以通过购买园艺产品为企业带来利润，而且可以参与园艺产品种植的过程，既可以体验种植的乐趣又可以为商家带来利润，这是一种在互动中产出优质园艺产品的一种营销模式。社群营销不仅可以满足消费者对园艺产品的需求，也可以通过招收会员或邀请会员进群，为他们提供优惠。随着进入移动互联网时代，并结合微信、QQ 等高效的社交工具，社群营销进入了快速发展阶段。当然，社群营销的载体不局限于微信、QQ 等平台，线下的平台和社区也可以做社群营销。例如，企业可与社区、银行合作共建社群。通过共建社群，提高服务能力，为提高民生幸福指数做贡献。这也可以提升和改善政府的服务能力和社会治理能力。

建立社群的目的如下：①随着精准营销时代的到来，商家尝试使用各种方式来营销，精准找到人群，将具有相同兴趣、爱好、特质、价值观的人群聚集起来，通过分析大家在群里共同学习分享的内容，了解到社群中成员的需求，从而获得更多的商机；②挖掘各个社群的核心成员，并对他们进行培养；③通过在群里提供有态度有价值的内容，聚集人气，吸引顾客。

社群运营通常通过关键绩效指标（key performance indicator，KPI）来评价，主要包括结果导向型和过程导向型两个方面。前者的评价指标包括用户新增量、转化率、复购率、活动参与度、朋友圈点赞数等；后者的评价指标包括群活跃度、群活动频次等。值得注意的是，KPI 指标是衡量社群运营质量的关键，而不是对社群运营过程的管理。KPI 只能帮助评估社群整体目标实现的进展，而不能评估日常工作运营的工作量和效率。

如今时代，品牌逐渐引导消费，因此社群营销也需要"由单一的促进销售向系统地建设品牌转变"。只有跟上潮流，建立属于自己的品牌，并努力提升其品牌的知名度和忠诚度，赢得消费者的美誉与信任，由此形成一些有益的品牌联想，产生良性的销售循环。为了提升品牌的知名度，企业可以在开展社群营销时，有效地利用广告媒体和开展相关公益活动，以提升顾客对该企业产品的好感。

园艺产品社群营销技巧主要包括以下几点：①明确主题。比如销售某一类园艺产品。主题不明确容易导致成员退群或不再关注。②科学管理。建议对群的运行制定一定的规则，避免害群之马对群运行伤害。同时有若干人参与群的运维，如群主、宣传者、执行者、解答者、售后客服等角色。③加强互动。互动是保持群粉丝黏性、加大产品宣传的重要手段。可以定期分享园艺产品种植、采后、营养健康等知识，安排一定的主题活动、专家授课等，发放体验券、优惠券等。也可以在合适的时候组织线下活动。

塑造 IP 是在社群营销中打造产品品牌的有效捷径。在物质丰富的时代，社群营销更加注重企业情感输出，企业也更加注重其品牌的 IP 打造，使其成为一种与用户沟通的新模式。例如，一些比较热门的园艺产品品牌，就是人格化 IP 打造的产物，赋予产品大量感情色彩从而增强产品人性化。很多品牌在宣传产品之前都会引用一些甜美的爱情故事或者神话传说，这种就是最简单的 IP 打造。一个经典的园艺产品 IP 打造案例就是褚橙。与传统打造柑橘品牌不同，IP 的思路是要先给柑橘赋予一个鲜明的价值观，像褚橙的推出，企业首先让用户在媒体上了解到褚橙的创始人褚时健，并且深切感受到褚老种植橙的艰辛，由此产生共鸣；然后用户会进一步了解园艺产品的品质，进而信任并购买。这就与传统营销即从原产地、老农、辛苦、传承、甜如初恋等角度沉淀出品牌的认知不同。可以看到 IP 的逻辑是只要能赢得顾客信任，顾客都会去购买推荐的产品。而品牌注重的是商品本身，先根据商品的功能和属性，找到与其契合的消费人群。然后在这个基础上宣传自己的品牌文化。品牌的逻辑是：因为信任商家所推出的产品，所以信任商家。IP 的特征主要包括以下几点：①天然的聚合力。无须多余地修饰与推广，它有一种天然的自发力，像网红在网上晒他的生活状态一样，本身就形成了天然的凝聚力，能够自然而然创造大量的粉丝。②感染力。"果园里，摘苹果的人们望着树上红彤彤的苹果，脸上乐开了花，眉毛也笑成了一弯新月。"这句话总能牵动人们内心的情感。果农辛苦一年，为的就是果实成熟那一刻。通过了解劳动人民的辛苦，也可以带给人强大的感染力。③价值观。倡导新的生活状态，提倡与众不同，都属于价值观。打造 IP 首先就是赋予产品价值观。而在价值层面，一般生命周期足够长的 IP 更具有价值，IP 运营的过程有点像播种，要选择好种子，然后等待它长成一棵树。

（3）新零售　　新零售是传统零售在网络零售发展过后的又一轮革新。由于传统零售与网络零售都有各自的缺点，因此需要一个新的模式来补充，这就促使了新零售的诞生。传统零售由于其空间位置有限，销售覆盖面积小，销售经营缺乏灵活性，因此，成本也相对较高；而网络零售虽然灵活性较高、销售面积大且成本低廉，但缺乏消费者所需的购物体验感、场景感。总的来说，这两种模式均有优缺点，因此，可将二者结合形成一种新模式即新零售。新零售的定义是以消费者体验为中心的数据驱动泛零售形态，核心是重构，核心价值是最大限度地提升流通效率。新零售的特征主要包括 4 个方面：第一，新零售融入了更多的服务和体验元素，企业要求更加了解消费者，为消费者提供"更佳的体验"，即以顾客为中心，以顾客的需求为主要目的；第二，新零售的数字化特征，即将信息转化为数据，从而对实体元素进行合理高效的安排与管理；第三，新零售的全渠道特征，即线上线下渠道同时开启，实行无缝转接；第四，新零售所售种类全面，不仅可以让消费者进行购物，而且还可以社交、娱乐，是一种全面的综合的零售模式。

发展新零售是园艺产品营销创新的必然。首先，消费升级需要营销模式转变。随着"80 后"和"90 后"成为消费主力，发展型消费、享受型消费、服务型消费的比例迅速增加，消费者更加注重商品的个性化、定制化和高品质。以这种趋势发展，未来像这些具有个性化、定制化、可追溯的小而美的园艺产品品牌将在市场上占据主流。其次，销售环境竞争日趋激烈。与传统园艺产品零售相比，网络零售具有价格便宜且操作简单的优点；但是存在大量的竞争者，造成了网络零售内部及线下与线上之间的竞争。而新零售将为园艺产品销售提供新的模式。最后，数字经济发展快速。由于新零售以顾客为中心，注重顾客的体验感，并且依托大数据、云计算等多种先进技术，是一种渠道一体化、经营数字化、物流智能化的服务方式，因此，可实现生产、销售、物流和服务体系相互融合。当前，以信息技术和数据作为关键要素的数字经济蓬勃发展，将更加有助于精准地对园艺产品进行市场定位和消费者定位，为园艺产业开展新零售提供了强大的驱动力。

在新零售理念下发展园艺产品营销，一方面要注重深化线上和线下的融合发展。新零售理念下的线上线下融合，绝不是简单的相互补充或者辅助，而是将两者深度融合，建立更加全面的营销模式，获得最大化的营销利润。线下平台主要是为消费者提供良好的购买体验与售后服务，提供具有个性化、品牌化的特色园艺产品，并以消费者的体验感为重心。线上平台主要通过参股入股等的方式与线下平台进行战略合作，减少线下实体店成本高、风险高的问题。园艺产品的线上与线下销售可以其他相对完善的平台进行合作，彻底打通线上与线下的通道，全方位深度融合。另一方面要提供以消费者为中心的全方位服务式营销。一是要提升产品质量，注重生产特色、高附加值的园艺产品，加大保鲜贮运技术和配套装备投入，满足消费者对绿色、健康、营养、新鲜的园艺产品的需求。二是要进行复合式营销。主要是想通过多种不同的营销方式如文化营销、关联营销、口碑营销、体验营销、服务营销、物流营销、售后营销等，对消费者的感官、思维、行为进行刺激，促使提升下单量。企业通过这种方式进行营销，可以提升其品牌知名度、塑造完美IP。三是增加产品增值服务。新零售的营销主要是以服务为主，尽力满足顾客既想购物又想娱乐的需求，与传统的园艺产品营销有很大区别，主要是给顾客进行特色园艺产品的介绍和宣传，并让顾客亲身体验园艺产品的生产过程，增加趣味性。

7.1.6　国际市场营销

（1）国际市场营销概述　　国际市场营销是指企业将生产出的商品及其服务推广至国外的一

种营销模式。当前，世界各国之间的交往越来越频繁，尤其是经济方面，已逐渐形成"命运共同体"的一种经济全球化趋势。因此，园艺产品营销也应适应这种趋势，响应经济发展的客观需求，打破国界，推广海外，开展国际市场营销。这样做的好处主要有以下几点：①有利于国际资源优化配置，促进各国经济发展。各国企业开放市场，使资源在世界范围内流动，有利于各国之间的技术交流与合作，实现资源的优化配置，使社会资源发挥最佳效用，从而提高各国的经济发展。②有利于扩大营销范围，规避经营风险。通过开展国际市场营销，可扩大产品的销售范围，提高生产规模，从而使企业获得更大利润，尤其是当国内市场不景气时，通过产品在国际市场的销售，可以避免企业的经营风险。③有利于提高企业竞争力，加速企业发展。在经济迅速发展的时代，世界万物都在不断更新，企业要想不被淘汰，也应不断发展进步。通过开拓国际市场，可以为企业带来更多的发展机会和社会资源，跟上时代的步伐，从而提高各企业之间的竞争力，并在竞争中不断成长。

国际市场营销与国内市场营销有很大的区别，其主要原因是所处背景不同。国际市场营销是在经济全球化的背景下发展的，而且又受到国际政治、经济、文化、法律、科技等环境因素的影响。与国内市场营销相比，国际市场营销超越了国家之间的地域界线。在差异性方面，一是国际市场营销范围大，营销活动在多个国家中开展，同时还受到国内宏观营销环境的影响，国际市场营销所面临的环境更加复杂。二是国际市场进入障碍多，包括各国贸易政策不同（关税税率、非关税壁垒等），语言文化差异导致沟通难度大，地理空间隔离导致信息交流不畅、仓储物流售后存在诸多困难等。在复杂性方面，由于各国体制差异大，都有自己的国家利益，因此在政治利益、产业政策、货币制度、贸易法规、文化背景、价值观、思维模式、消费行为等方面都会极大地影响营销活动，贸易战、倾销反倾销调查等非常普遍。在挑战性方面，一是竞争对抗升级。和国内市场比，企业不仅要面对对方国家同类企业的竞争，而且还要面对国际性企业的挑战。二是风险性大，包括履约守信风险、价格波动风险、汇率波动风险、保鲜运输风险、政局政策风险等。三是信息管理和应用成本高，包括信息获取、信息理解与处理、信息有效传播、对方企业资信调查等。

（2）国际贸易　　国际贸易是指各自独立的国家（或地区）之间进行的商品、服务和技术等交换活动的总称，分为以下几种类型：①出口贸易，是指一国把自己生产的商品输往国外市场销售。如果只是将产品运往国外，并不属于出口贸易。②进口贸易，是指从国外市场购入用于销售的商品。③过境贸易，是指某商品从甲国输往乙国时经由本国，可分为直接过境贸易和间接过境贸易。对于前者，商品在过境时不存放海关仓库，而后者会存放。过境贸易不进入本国进出口统计。④转口贸易，是指本国从甲国进口商品后再出口至乙国，可分为直接运输和转口运输，前者在从甲国往乙国运输时不经过本国，后者则经过。⑤复出口，是指商品没有在本国消费或加工就又出口，包括进口货物的退货、转口贸易等。⑥复进口，是指商品出口至国外后，未经加工或消费又进口至本国。导致复进口的原因主要有贸易因素、物流因素、税收政策因素、税率倒挂因素等。国际贸易的主要统计指标包括贸易额、贸易量、贸易差额、对外贸易商品结构、对外贸易地理方向、对外贸易依存度等。

园艺产品的主要贸易方式除常见的逐笔出售外，还有以下几种形式：①经销，是指企业或个人按照双方所签订的合同为另一个企业或个人销售商品的行为。国际贸易中的经销有两种形式。一是经销商与企业签订合同购得货物后，自行在任意的市场上，以自定的价格将购买的货物售卖出去。二是卖方给经销商提供任一地区或市场，并在一定时间内以自定的价格销售指定商品的权利。②代理，是指以委托人为一方，独立的代理人为另一方，在约定的地区和期限内，代理人以委托人的名义从事代购、代销指定商品的一种贸易方式。企业根据代理商推销商品的数量，给予一定的佣金作为报酬。③拍卖，是指对某一商品有意向的买家之间相互出价竞买，最后商家将货物卖给出价最高的买家的交易方式。目前，全球有60%的鲜切花从荷兰阿斯米尔花卉拍卖市场拍卖出。我国昆明国际花卉拍卖交易中心有限公司（KIFA）于2002年正式运营，现拥有6万 m^2 的交易场馆、两个拍卖交易大厅、9口交易大钟、900个交易席位，每天可完成800万～1000万枝的花卉交易规模。④寄售，是指卖方即寄售人先将货物运往国外，委托国外代销人按照寄售协定规定的条件，在当地市场上进行销售，是一种委托代售的贸易方式。寄售人的收益为销售所得的盈利扣除代销人的佣金及其他费用。⑤招标与投标，招标是指招标人即买方根据自己的需求发出招标通知，通知主要包括招标人欲购买的商品名称、规格、数量，所给投标人的时间、地点和投标程序等。投标是指投标人按照招标的要求和条件，在规定的时间内向招标人递价，争取中标的行为。⑥期货交易，是指在期货交易场所内，按一定规章制度买卖期货合约的交易形式。其中期货是指期货合约，即按照规定在未来的某一特定时间和地点交接一定数量的货物。⑦会展，是指通过展会的方式向顾客及同行业展示自己的最新产品及成果，从而达到产品营销目的的一种营销方式。

出口货物环节主要包括报价、订货、付款方式、备货、包装、通关手续、装船、运输保险、提单、结汇等，其中最重要的4个环节分别是货（备货、报检）、证（催证、审证和改证）、船（租船订舱、报关、投保、装运）、款（制单收汇、出口收汇核销、出口退税）。备货主要是进出口企业根据双方签订的合同，向有关企业或部门采购和准备货物的过程。货物备齐后，下一步就是申请出入境检验检疫局检验。海关放行的唯一凭证就是质量监督检验检疫总局发给的合格检验证书。在签订的出口合同中，买卖双方如果达成共识要求采用信用证的方式付款，买方应严格按照合同的规定，按时办理信用证。对于不按时开证甚至故意不开证，应催促对方迅速办理开证手续。信用证内容应该与买卖合同条款保持一致。在执行任一环节时，都应按照合同的规定，并经常进行核对与审查，防止出现差错，造成不必要的损失。如果发现问题，应区别问题的性质，与相关部门研究后进行改正。在备货的同时，办理货运要及时，一般采用EDI电子数据交换技术等进行货物运输单据的传递。报关是指进出口货物装船出运前，货物所有人要向海关申报的手续。只有经过海关放行，货物才可装船出口。如果需要卖方投保，须在发货前及时向保险公司办理价格成交投保手续。在信用证付款条件下，我国目前出口商在银行可以办理出口结汇的做法主要有3种，收妥结汇、押汇和定期结汇。

（3）我国园艺产品的主要国际贸易市场　　蔬菜一直保持着我国第一大出口优势农产品的地位，出口额占我国农产品出口总额的20%左右，进口占比相对较低，进口额占农产品进口总额的0.6%左右。2019年，我国蔬菜进出口总额达到164.6亿美元（进口9.6亿美元，出口155亿美元），进出口总量达到1213.36万吨（进口50.17万吨，出口1163.19万吨）。其中，山东、广东、江苏、福建等为主要蔬菜及其加工产品出口的省份，占我国蔬菜出口总量的60%以上；出口地主要集中在东盟、日本、韩国、俄罗斯、美国、欧盟等地区。我国出口蔬菜品种多元化，主要有保鲜蔬菜、蔬菜腌制品、蔬菜干制品、蔬菜罐头、冷藏保鲜蔬菜等，出口的主要产品有芦笋、胡萝卜、萝卜、菠菜、洋葱、马铃薯、蘑菇罐头等。进口地主要集中在美国、越南、比利时、荷兰、日本、印度、意大利、新西兰、土耳其、丹麦等国家和地区。

2019年，中国水果进口量约为683万吨，总价值95亿美元，分别同比增长24%和25%。同时，2019年中国水果出口总量为361万吨，价值55亿美元，分别同比增长4%和14%。2019年中国进口的前十名水果清单，按照出口值从高到低的顺序排列分别为泰国、智利、菲律宾、越南、新西兰、澳大利亚、秘鲁、厄瓜多尔、南非和美国。按进口值计，排名前九位的水果品种分别是榴莲、樱桃、香蕉、山竹、葡萄、猕猴桃、龙眼、橙和火龙果。这九个主要品种占进口总值的75%。

按出口额计，中国的十大境外市场是越南、泰国、印度尼西亚、菲律宾、中国香港、俄罗斯、马来西亚、孟加拉国、缅甸和哈萨克斯坦。出口品种主要包括苹果、葡萄、柑橘、鲜梨、鲜桃和油桃、葡萄柚、柠檬和酸橙。按价值计算，这八个类别约占中国水果出口的 80%。

我国已成为世界最大的花卉生产基地，也是重要的花卉消费国和花卉进出口贸易国。2019 年，花卉进出口贸易总额 6.20 亿美元，较 2018 年增加 0.22 亿美元，增幅 3.68%。其中，花卉进口额 2.62 亿美元，出口额 3.58 亿美元。2019 年，我国花卉出口国家（地区）有 97 个，其中出口额排名前五位的国家分别是日本、韩国、荷兰、美国和越南。我国花卉出口以盆花（景）和庭院植物、鲜切花、鲜切枝（叶）及种苗为主。我国的花卉进口国主要是荷兰、泰国、日本、智利这 4 个国家。2019 年，我国共有 21 个省（自治区、直辖市）进口花卉，云南、浙江、广东、上海和北京 5 省（直辖市）花卉进口额排名前五位，进口额 2.27 亿元，占当年进口总额的 86.79%。进口品类主要有百合、郁金香、风信子、洋水仙、朱顶红等鳞茎类；大丽花、花毛茛、彩色马蹄莲等块根、块茎类；美人蕉、德国鸢尾、荷花、睡莲等根茎类；兰花、玫瑰、菊花、康乃馨、百合（属）和其他鲜切花品类。

（4）国际市场的开发　　对国际市场营销的环境进行分析和研究是很必要的。首先，可以发掘市场机会、发现市场存在的问题；接着，做好相应的应对措施，趋利避害；最后提高企业的收益，促进企业的进一步发展。一个国家的政治、经济、文化、法律都会影响企业的国际市场营销。①政治环境。农业是各国经济的基础，各国重点保护的产业，因此，某园艺产品企业要想进入某一国际市场，就应该先了解该国的农业政策，并通过谈判为园艺产品的出口营造良好外部环境。②经济环境。一个国家的经济体制、经济发展水平、经济增长率、居民收入、居民消费程度等因素都会影响着园艺产品的国际营销。其中，各国的园艺产业发展水平对园艺产品营销影响最大。③文化环境。包括消费习惯、宗教信仰、价值观、审美观等。④法律环境。国际法律环境主要由国际公约、国际惯例和涉外法规三部分组成。国际公约是指几个国家之间缔结的关于确定、变更或终止它们权利或义务的协议，是国际有关政治、经济、文化、技术等方面的多边条约。国际惯例是指在长期国际贸易实践中形成的一些通用的习惯做法与先例，是一种不成文的法律规范。涉外法规主要包括三类，一是包括商标法、专利法、反倾销法、环保法等的基本法规；二是关税政策；三是非关税壁垒，或叫进口限制，如苛刻的卫生检疫标准。

如今，越来越多的企业尝到了开展国际市场的甜头，嗅到了国际市场存在的商机。但往往这样盲目地跟从只会带来恶性竞争从而造成不好的影响。为了成功进军国际市场，我们前期需要做大量的准备，就拿园艺企业为例，开展国际营销调研是我国园艺企业进入国际市场的第一步。这样不仅可以帮助企业发掘新商机、寻找新市场，而且有助于分析市场的需求量，实行按需生产，这样便不会出现产品滞销的问题。同时，还可以通过调研了解到顾客喜欢的产品设计风格，并依此进行修改和设计，再以合适的方式进入国际市场。为了更好地开拓国际市场，首先应对本企业市场进行辨认，然后再对国际市场进行细分，主要包括对世界市场的宏观细分和对某一国外市场顾客的微观细分。最后要进行目标市场的选择，一是要看产品的竞争相对优势，包括成本与特色优势；二是要进行地理位置分析，主要涉及贸易物流成本、消费者购买喜好和产品保鲜能力等；三是要考察市场规模，主要是看人口和收入水平；四是要评价风险程度，充分考虑如自然灾害、经济危机、战争、股市风险、政局不稳等带来的危害，并做好相应的应对措施。而对于园艺产品来说，最主要是防止产品的滞销带来的浪费与亏损。

出口是园艺生产企业进入国际市场的方式，包括间接出口和直接出口两种方式。间接出口是指企业通过第三方营销中间商或者有国外销售机构的企业进行出口，是企业开始进入国际市场的常见方法。其优点包括投资少，不必自建海外推销队伍和外销机构，承担的成本风险较小，企业可集中精力生产等；缺点是严重依赖中间商，不能直接掌握国际市场动态进行针对性营销。直接出口是指企业不用经过国内的中间环节，直接在国外建立自己的分支机构或通过国外的中间商将商品在国际市场上进行营销。这样的出口方式既有优点也有缺点，优点是有利于企业实时了解国际市场的营销动态，并据此调节商品生产，防止出现滞销。缺点是成本较高，需要在海外培养销售专业人才。因此，直接出口主要适合那些出口额大并有能力直接接受外国买主的企业。

任何想进军国际市场的企业都需要建立一个完善的国际营销组织，在国外贯穿于整个营销过程，使营销任务顺利完成，从而增加企业的收益。该组织的工作流程大致是首先寻找市场机会，紧接着评价这个选择方案的可行性，之后就是制定市场开发，最后是组织和管理营销活动。其主要目标应该包括快速反馈市场变化和需求，及时做出营销策略的调整，获得最大化的营销效率，实现消费者利益最大化。

企业管理国际营销活动的机构可以分为三个部分：①出口部。像产品出口这种简单的方式一般适合各企业在进入国际市场的初期使用。因此，企业都会成立一个出口部，主要负责签订出口合同、处理出口文件、联系出口代理商、安排商品运输等工作，由于工作相对简单，因此出口部人员也比较简单，主要由销售经理和几名工作人员组成。②国际事业部。主要负责商品的出口、制定一些跨国经营的政策，如实行技术转让或直接在国外进行业务投资、协调各经营实体店的跨国经营等。③全球组织。当企业的重心偏向国际市场时，就成为一个在多个国家开展大量国际业务的国际公司或全球公司。企业内部结构按照不同因素可以分为按地理区域划分的全球性区域结构、按产品类目划分的全球性产品结构及按照职能划分的全球性职能结构。

7.2　园艺产品采后全供应链控制技术与集成案例

7.2.1　采后全供应链控制技术

园艺产品采后全供应链控制技术是实现产品从采收后到产地处理、贮藏、运输、销售等各个环节始终处于适宜的控制环境下，最大程度地保证产品品质和质量安全，减少产品损耗的系统技术。由于园艺产品品类繁多，自然属性差异较大，与消费者衔接的特点不同，其物流特性和交易特性也不尽相同。依据生物特性对园艺产品的种类进行划分，是园艺产品物流技术集成研究的重要划分标准。同时，园艺产品自然生产的季节性、生产区域的专业化等特点，决定了生产者和消费者之间存在时间和空间的"距离"，克服这一时间和空间"距离"的障碍，使此时（此处）生产的园艺产品满足彼时（彼处）消费，就产生了物流时空问题。园艺产品物流运行时空目标关联的自然环境主要决定于产品原产地、销售地和运行区域所在的地理位置（如热带、温带和寒带；高原和平原；陆地和水域等）、气候条件和运输时间（如季节变换和昼夜更替等），同时也受到国家或地区制度和体制、农村与城市基础设施、技术与人才等社会因素的影响。此外，随着生鲜产品快速供给的需求和生鲜电商的快速发展，需要在商品交换的空间跨度不断扩大、时间跨度不断缩小的情况下实现商品品质的有效维持，并减少腐烂、病害、机械伤等情况的发生。但目前研究主要集中于单品类、单环节及单技术领域，交叉集成研究有待加强，产业迫切需要发展园艺产品采后全供应链控制技术。

7.2.2　水果采后物流技术集成案例

（1）沾化冬枣电商物流技术集成应用　　人们的生活水平不断提高，对水果的需求也由以前的柔性需求逐步变为刚性需求，对水果品质的要求也不断提高。近几年，生鲜电子商务的快速发展为消费者购买高品质水果提供了很好的途径，而具有产地优势的特色园艺产品最受消费者的青睐。消费者希望足不出户就能买到真正自原产地的高品质园艺产品。

沾化冬枣作为一种地理因素明显的原产地产品备受生鲜电商和消费者的青睐。而生鲜电商企业往往以原产地、高品质为卖点吸引消费者，价格也远远高于传统渠道。然而电子商务企业面临着冷链物流成本高、损耗大、覆盖范围小、品质及仓储供应难以保证等问题。例如，某水果销售网站在运营过程中就遇到了进口生鲜食品损耗大的问题。为了保证品质，实行自建冷链物流的方式，但仅能覆盖北京、上海两地，因此目前生鲜电商企业主打的都是当季水果和大棚蔬菜。由于当季水果市场竞争大，因此产品利润低。通过先进技术贮藏的冬枣可比传统方式延长至少一个月的上市周期，从而有效地避开竞争，大大提高产品利润。

以沾化冬枣电商销售为例。成熟的冬枣经过采收、分级、分拣、包装、贮藏、运输、销售多个环节，通过高精度移动冷库、品控包装技术、物联网技术、检验检测技术构建新型供应链模式，为各生鲜电子商务企业提供最优质的沾化冬枣。同时，全程减少物权转移，减少环境变化，明确责任主体，建设监控、检验、追溯三位一体的品控体系。进而利用贮藏保鲜等物流技术优势，结合冬枣产地优势，从冬枣种植管理入手，分拣最优品质的冬枣产品，采用精准贮藏保鲜技术，延长冬枣的上市周期，为各生鲜电子商务企业提供最优质、最地道的沾化冬枣，塑造企业自有的优质园艺产品品牌。最后以此为基础逐步扩大产品种类，目标是将公司发展成为具有自有品牌的生鲜电子商务线下供应商。

当公司具有园艺产品全供应链技术及管理经验后，将尝试开展具有更高附加值的技术咨询服务，为其他园艺产品经营企业、生鲜电商企业提供园艺产品全供应链技术咨询服务和生鲜园艺产品供应链管理咨询服务。包括：①专业技术人员制定冬枣种植基地选择标准；制定冬枣分级标准和收购标准；设计开发专用分拣分级装置；设计低温分拣包装车间布局；制定分拣、包装、出入库操作规程。公司组织人员招聘，建立创业团队。②销售人员联络潜在客户，拓展销售市场；采购人员寻找合格的种植基地，选择最好的基地进行洽谈并建立商务合作关系。③确定移动绿库停放地点和低温分拣包装车间的地点，然后对场所进行必要的改造；根据预期订货量寻找合适的暂存冷库。④冬枣成熟上市后，利用移动绿库进行预冷和短储后，及时销售以满足冬枣上市之初的订单需求。等到冬枣大量收获价格下降后，进行大规模贮藏：其中一部分贮藏于移动绿库中，用于两个月以后的销售；另一部分贮藏于租用的冷库中，用于两个月内的销售。⑤根据订单情况，陆续将冷库中的冬枣出库并发货，这一阶段以保证冬枣的供货不间断为主，同时通过各种营销手段培养消费者对产品的认可度，形成客户黏性。⑥与生鲜电商一起大规模开展营销，将利用移动绿库贮藏的冬枣大量投放市场，利用这一阶段赚取高额回报。

在销售策略方面，本案例采用集中供货的形式，为生鲜电商企业集中供货。同时采用阶段性营销的方式：①运行初期全力开展与现有生鲜电商企业的合作，签订订货合同，确定订货量。冬枣上市后，在保证冬枣品质的前提下，根据前期订货单确定采购数量，冬枣采用移动冷库进行贮藏，其他冬枣全部租用当地的冷库进行贮藏。从冬枣开始上市到上市后的两个月间，所有销售的冬枣均来自租用冷库，产品采用高性价比策略，在同价位产品中实现品质最佳，在同品质产品中实现价格最低，以此扩展市场，提高品牌认知度，保持客户黏性。②在冬枣供应进入尾声后，将移动绿库贮藏的冬枣集中投放市场，通过与电商企业的商务合作，利用各种营销手段，重点营销已购买过我们产品的顾客。此阶段市场上的产品数量减少，品质下降，并且价格逐渐走高，而本案例的产品依然可以保持很好的品质，从而可以获得极高的利润率。

在产品定位及定价策略方面，本案例的客户群体为生鲜电子商务企业，终端客户群体为以城市白领为代表的网购群体，因此，产品的价格将根据冬枣上市时间的不同进行差异化定价。在冬枣上市初期定价较高，主推品牌档次和产品品质，使消费者认可我们产品的品质和品牌的高端定位。在冬枣集中上市阶段定价平民化，通过大规模的产品营销和优质低价换取客户数量，建立消费者对产品品质和品牌的认知度。由于冬枣是具有明显季节性的产品，必须通过持续的销售和不断的优惠活动使消费者形成购买的习惯，以此保持客户黏性，建立一批有价值的消费群体。在冬枣常规销售的尾声定价高端化，主要目的是获取高回报率。通过与生鲜电商合作，利用各种营销手段，重点针对具有购买经历的老客户开展营销攻势。

　　本案例的 B2C 物流品控技术流程（图 7-1），主要包括：①收购。提前联系冬枣研究所和冬枣种植合作社，在冬枣成熟季开始收购，共收购 4 种成熟度的冬枣：青熟、白熟、脆熟（点红）、半红。用于即采即买的冬枣选用半红，用于短期贮藏选用白熟和半红，用于长期贮藏反季销售的冬枣选用青熟和脆熟（点红）。②冬枣收购时使用分拣机对冬枣进行分级筛选，根据不同级别确定收购价格，质量等级要求如表 7-1 所示。③预冷。将分级后的鲜枣装入周转筐中，及时入库预冷，预冷使用移动绿库强制开启风机预冷 24h（预冷温度 0～2℃）和中集移动式真空预冷设备两种方式进行。待冬枣中心温度降至 0～2℃以后再进行包装和贮藏。④包装。鲜枣预冷后放入各种规格的保鲜袋中密封，再放入泡沫箱中，泡沫箱用胶带封口后放入纸箱中。包装应选择在具有一定控温条件的冷库或低温车间内进行，包装箱共分为三种规格，分别为 2kg、3kg 和 5kg。冬枣装箱时必须做到无间隙，如存在间隙需用填充物填满，以减少冬枣在运输过程中因碰撞产生的机械伤。⑤暂存。即采即卖的冬枣放入移动绿库中暂存，等待发货。温度为 −1～0℃。⑥贮藏。需短期贮藏和长期贮藏的冬枣放入移动绿库中贮藏，贮藏温度为 −2℃。⑦运输。即采即卖产品每天统一时间发货，交由第三方快递公司运输。贮藏一定时间销售的产品根据订单情况集中于一个时间段出库，交由第三方快递公司运输。⑧记录。冬枣入库后及时记录批次、产地、等级、采收及入库时间等，填写货位标签及货位图。

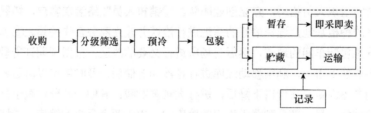

图 7-1　冬枣 B2C 物流品控技术流程

表 7-1　冬枣质量等级要求

指标	等级		
	特级	一级	二级
单果重/g	17～20	14～16	12～13
果形	近圆形或扁圆形	近圆形或扁圆形	近圆形或扁圆形
机械伤、病虫害	无	无病虫果，裂口果不超过 3%	无病虫果，裂口果不超过 5%
色泽	果皮赭红光亮，着色 50%以上	果皮赭红光亮，着色 50%以上	果皮赭红光亮，着色 50%以上
口感	皮薄肉脆，细嫩多汁，浓甜微酸爽口，唤食无渣	浓甜微酸爽口，唤食无渣	皮薄肉脆，浓甜微酸爽口，唤食无渣

　　（2）蒙阴蜜桃跨境物流技术集成应用　　蒙阴县在山东省中南部，蒙山北麓，东汶河上游，是沂蒙山区的腹地，地处中纬度，属暖温带季风型大陆性气候，四季分明，气候条件非常适合果品生长，有明显的地域优势。近年来，蒙阴县充分发挥资源、区位优势，按照品种布局区域化、基地建设规模化、生产技术标准化、发展品种优良化的"四化"标准，积极引导果农实行无公害化生产。截至 2013 年底，全县以桃、苹果、板栗为主的优质果品生产基地面积达到 65 万余亩，

果园面积达到 100 万亩，果品总产达 11 亿 kg，销售收入达到 40 亿元，被评为"全国果品生产十强县"和"全国果品综合强县"，其中蜜桃面积 65 万亩，产量 10.4 亿 kg，是全国蜜桃第一大县，被命名为"中国蜜桃之都"和"中国桃乡"，蒙阴蜜桃是地理标志产品，注册了地理标志证明商标，品牌价值达 35 亿元。

生鲜电子商务市场巨大，前景广阔，但是电子商务企业面临着冷链物流成本高、损耗大、品质及仓储供应难以保证等问题。其中产后品控物流技术是生鲜电商发展的瓶颈。因此，必须通过应用先进适用的产后物流品控技术来保障产品品质，提升商品价值。

本案例以蜜桃为代表的蒙阴特色园艺产品为对象，首次应用于 6 月中旬，6 月 16 日完成货物装载，集装箱经陆运至青岛港，于 18 日装入远洋货轮，经过近二十天的海上航行于 7 月 10 日到达阿联酋迪拜，蜜桃好果率超过 95%，所有蜜桃仅用 2 天时间便销售一空。2015 年，自 6 月 16 日，蒙阴共向迪拜出口蜜桃 6 批次 10 个集装箱，共向新加坡出口蜜桃 11 批次 21 个集装箱。

蒙阴蜜桃跨境物流技术流程主要包括 6 个环节。①采摘及收购。蜜桃的收购采用两种方式，一种是直接到集散市场上进行收购，现场进行分拣；另一种是到蜜桃种植基地，要求采摘人员根据需要进行采摘。两种方式都在露天环境下作业，蜜桃收满一车后再运到工厂。通常收购需要一整天的时间，蜜桃通常要到下午 6 点以后才能入库。②预冷。预冷采用真空预冷车与冷库预冷相结合的方式。蜜桃运回厂区后立即进行预冷，预冷时间根据发货时间决定。蟠桃运回后先不入冷库，放在冷库穿堂过道内，需进行扫毛加工后再入预冷。③包装。蜜桃在装集装箱当天出库进行包装，目前采用的包装为五层瓦楞纸箱包装，纸箱内放一层（24 个）蜜桃，桃之间用纸隔断分割。包装箱内套塑料袋，塑料袋采用纳米袋，纳米袋分挽口、扎口和扎口＋1-MCP 三种处理方式。④装柜。等所有蜜桃产品包装好后，用叉车将托盘运到集装箱里，然后再通过人工方式进行码放。装柜期间，为避免冷凝器结霜制冷机组不开机。集装箱封箱后开启车载机组进行降温。⑤海陆联运。集装箱先通过陆运运到青岛港码头，然后由码头统一进行调配吊装到货轮上，该过程需 2 天；货轮离港经过 18 天海运后到达迪拜阿里港；到港后由迪拜收货方到港口取货柜，然后运至迪拜当地批发市场，该过程需 2～3 天。⑥迪拜销售。集装箱运到迪拜当地批发市场后，连同半挂车底盘一同停放在市场，产品销售完后再将集装箱交还货代公司。

由于鲜桃属于典型的呼吸跃变型果实，因而对影响呼吸作用的 CO_2、O_2 和乙烯等多源性气体的变化特别敏感，长途运输过程中易出现失水、失重、快速软化、果实腐烂、果肉褐变等影响品质的质量问题，增加了鲜桃的不耐储藏和易腐性。为此，本案例采用了纳米自发气调保鲜技术进行保鲜（图 7-2～图 7-5）。在蒙阴蜜桃跨境出口迪拜中，蜜桃在装集装箱当天出库进行包装。结果显示，跨境出口迪拜的蒙阴蜜桃好果率接近 100%，展现出了优良的保鲜效果。

图 7-2 纳米自发气调保鲜袋

图 7-3 纳米自发气调保鲜袋包装蒙阴蜜桃

图 7-4　工作人员赶赴迪拜查验纳米自发气调保鲜效果

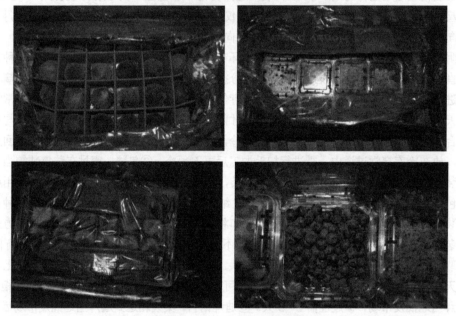

图 7-5　纳米自发气调保鲜效果

　　同时，随着冷链耦合保鲜剂或气调技术的加入，气体成分参数的监测受到越来越多的关注。通过实时采集鲜桃从采收到销售过程中的温湿度、O_2、CO_2 及乙烯等关键环境参数信息，可以及时控制环境信息的改变引起的果蔬品质的变化。传统的气体监测设备大多是有源性的，容易受到长途冷链运输环境的限制；并且存在存储容量小、功耗大、体积大及成本高的技术问题，不能实时、全面记录长途冷链物流运输过程中的多源性气体参数变化。为了解决上述技术问题，本案例应用了一套自己开发的对鲜桃冷链物流环境信息采集的系统装置（图 7-6），对采摘时的大气温湿度、树上果实的内部温度、冷库内的温湿度＋气体、集装箱外的温度及集装箱内的温湿度＋气体等信息进行了监测（图 7-7～图 7-15）。特别是温度监测环节，包括了蜜桃从采收、预冷到出库后的温度变化情况、蜜桃装入集装箱后海陆联运到迪拜过程中的温度变化情况、集装箱外部温度变化情况。信息监测装置主要包括微控制模块、存储模块、时钟模块、时间控制模块、传感器模块及供电模块。传感器模块包含温湿度传感器、O_2 传感器、CO_2 传感器及乙烯传感器，传感器模块采集的信息通过存储或实时发送两种方式发送终端。

　　本案例以 2～12℃的果蔬保鲜温度为标准，研发了适合果蔬冷链物流的蓄冷式保温集装箱（图 7-16），满足果蔬公铁联运需求。测试了蓄冷式保温集装箱的保温性能，并研究了其对油菜和韭黄等新鲜蔬菜产品的物流保鲜效果，为蓄冷式保温集装箱的优化设计和相变蓄

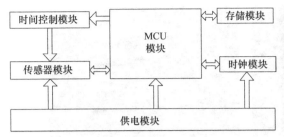

图 7-6　环境信息采集系统框架

图 7-7　监测设备实际应用

冷技术在果蔬冷链物流中的研究与应用提供了参考和依据。

7.2.3　蔬菜采后物流技术集成案例

　　冷藏集装箱、冷藏车等运输设备是完成长距离冷链运输的主要工具。此类设备依靠车载供电设备运行，技术成熟，但油耗大，易发生"断链"现象。相变蓄冷技术是一类利用高密度储存的相变介质物态变化中的显热、潜热或化学反应中的反应热调控环境温度的技术。作为一种高效率、低成本的蓄冷方式，相变潜热蓄冷技术在加工、贮藏、运输及销售等食品冷链物流中有着较强的发展潜力。在生鲜食品电商配送、医药领域，相变蓄冷材料以冰袋、冰排或冰盒的形式已得到广泛应用。各国学者正在研究将相变蓄冷材料应用于冷藏车、冷藏集装箱，以实现节能和减少温度波动。目前，对蓄冷式保温集装箱的研究相对较少，尚无成熟的商业化产品。

图 7-8　树上果实的内部温度

图 7-9　采摘环境的温湿度采集

图 7-10　集装箱外部的温湿度采集

图 7-11　冷库内的温湿度＋气体采集

图 7-12　温湿度、O_2、CO_2、乙烯采集设备安置

图 7-13　冷库内温湿度、O_2、CO_2、乙烯数据采集

图 7-14　集装箱内温湿度、O_2、CO_2、乙烯数据采集

图 7-15　集装箱内温湿度、O_2、CO_2、乙烯采集设备安置

图 7-16　蓄冷式保温集装箱实物图

试验方法主要包括：在蓄冷式保温集装箱的前中后部，分别安装温度记录仪。在蓄冷式保温集装箱内，装载油菜、韭黄等蔬菜，并将蔬菜分为泡沫箱组、泡沫箱＋冰组、筐装组。每箱（筐）为 15kg，每组 25 箱（筐）。2018 年 11 月初，蓄冷式保温集装箱在昆明-大理线路公铁联运测试，往返时间为 72h。测试蓄冷式保温集装箱的温度变化情况，并对比运输前后的色差、可溶性固形物、pH 及硬度等指标变化情况，分析品质变化是否存在显著差异。

环境温度对蓄冷式保温集装箱的内部温度的影响结果显示，箱内温度的稳定性是衡量蓄冷式保温集装箱性能的重要指标之一。当箱体内外温差较大时，箱内温度波动较小，则蓄冷式保温集装箱冷藏性能良好，否则性能较差。如图 7-17 所示，箱内温度随箱外环境温度的变化而波动，但波动较小；受开关门的影响，整体上箱内温度后部≥中部≥前部；在 72h 内，箱内温度最高为 11.90℃，最低温度为 4.58℃，箱体温度性能指标基本达到 2～12℃的设计要求。

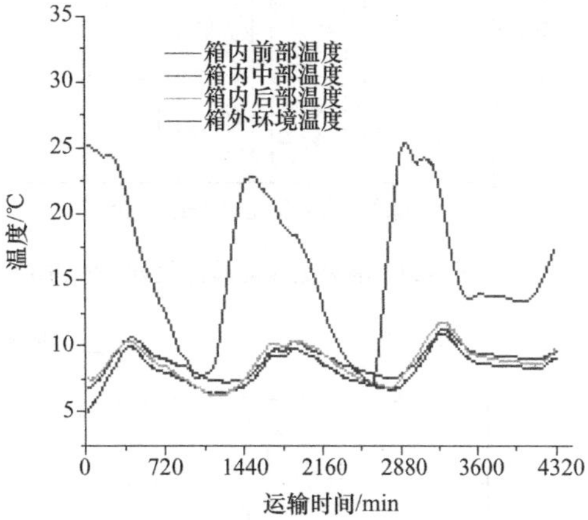

图 7-17 蓄冷式保温集装箱内外温度变化情况

运输前后油菜的品质变化结果显示：①色差结果如图 7-18～图 7-20 所示。运输前后各处理组的色差 L^*、a^* 均无显著性差异（$P>0.05$）；三种处理组的 b^* 值较运输前略有上升，但无显著性差异（$P>0.05$）。这表明运输过程中，各处理组菠菜的色泽变化较小。②硬度结果如图 7-21 所示。运输后泡沫箱包装组的硬度略有上升，但无显著性差异（$P>0.05$）。这表明运输过程中，各处理组菠菜的硬度变化较小。③pH 变化结果如图 7-22 所示。运输前后，各处理组的 pH 均无明显变化（$P>0.05$）。④可溶性固形物变化结果如图 7-23 所示。运输前后，泡沫箱组、泡沫箱＋冰组的可溶性固形物略有下降，筐装组明显上升（$P<0.05$）。在物流保鲜过程中，由于新陈代谢的作用，泡沫箱组、泡沫箱＋冰组的可溶性固形物逐渐降低；因无包装保护，伴随蒸腾作用，略有失水，筐装组的可溶性固形物含量升高。

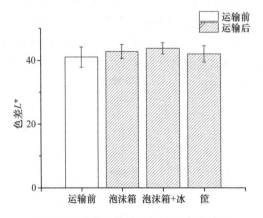

图 7-18 油菜运输前后色差 L^* 变化情况

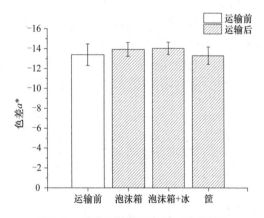

图 7-19 油菜运输前后色差 a^* 变化情况

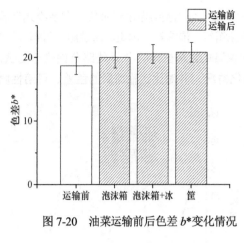

图 7-20　油菜运输前后色差 $b*$ 变化情况

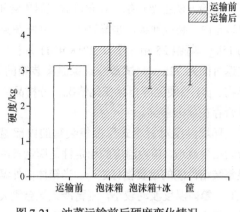

图 7-21　油菜运输前后硬度变化情况

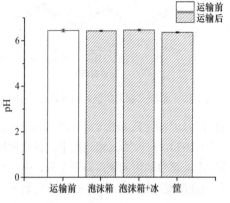

图 7-22　油菜运输前后 pH 变化情况

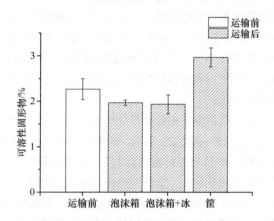

图 7-23　油菜运输前后可溶性固形物变化情况

运输前后韭黄的品质变化结果显示：①如图 7-24～图 7-26 所示，运输前后各处理组的色差 $L*$ 无显著性差异（$P>0.05$）；泡沫箱组、泡沫箱+冰组的 $a*$ 值较运输前均略有下降（$P<0.05$），$b*$ 值较运输前均略有下降（$P<0.05$），筐装组的 $a*$、$b*$ 值均无显著性变化（$P>0.05$）。这表明运输过程中，泡沫箱组、泡沫箱+冰组较运输前偏红、偏蓝，色泽略有变化。②如图 7-27 所示，运输前后，泡沫箱+冰组的可溶性固形物略有下降，泡沫箱组、筐装组均无显著性变化（$P>0.05$）。本案例中，三种处理组的可溶性固形物含量变化较小，韭黄的新陈代谢速率较慢。③与油菜类似，各处理组的 pH（图 7-28）较运输前均无明显变化（$P>0.05$）。

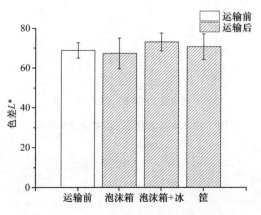

图 7-24　韭黄运输前后色差 $L*$ 变化情况

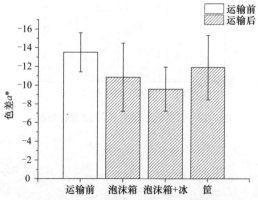

图 7-25　韭黄运输前后色差 $a*$ 变化情况

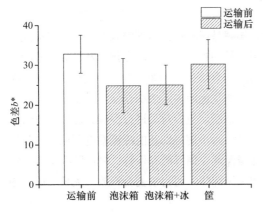

图 7-26　韭黄运输前后色差 b* 变化情况

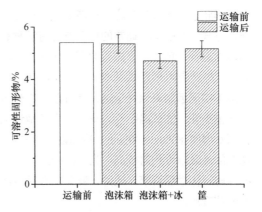

图 7-27　韭黄运输前后可溶性固形物变化情况

整体上，蓄冷式保温集装箱冷藏性能良好，具有较好的物流保鲜效果。本案例成果为蓄冷式保温集装箱的优化设计和相变蓄冷技术在果蔬冷链物流中的研究与应用提供了参考，在保障蔬菜品质、降低冷链物流能耗和成本，提升经济效益方面有着积极作用。

7.2.4　花卉采后物流技术集成案例

鲜切花属极娇嫩、易腐烂产品，在采后流通需要经过采收、整理、分级、包装和运输等环节，采收期不当、采收操作粗放、运输过程中过度失水、温度过高及有害气体积

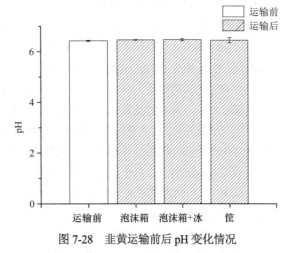

图 7-28　韭黄运输前后 pH 变化情况

累等都会造成鲜切花的质量损耗，表现为花朵不能正常开放、花瓣过早萎蔫、叶片干枯脱落、腐烂等，从而影响鲜切花的销售状况。

花卉采后供应链的主要流程包括：①采收。切花应在适宜的时期进行采收，采收过早或过晚都会影响切花的观赏寿命。在能保证开花的前提下，应尽早采收。②分级。依据花柄的长度、花朵质量和大小、开放程度、小花数目、叶片状态等进行分级，一般来说，对切花而言，花茎越粗越长，则商品的品质越好。不同级别的切花需要分别作不同的处理。③预处理。预处理的目的是保证温室采收后切花的品质。预处理主要包括以下几个步骤：一是采后调理。采收后的花应尽快放入调理水中以防花萎蔫，有条件的地方，可以用含有杀菌剂的水来调理花，水的 pH 为 3.5～4，以减缓切花采收后的病害。二是保鲜预处理。包装贮运前，用含糖的化学溶液（常用蔗糖和硫代硫酸银）短期浸泡处理花茎基部，从而达到改善开花品质，延长花期，保障蕾期采后花枝正常开放及保证运输或贮藏后的品质。三是预冷。对高度易腐的鲜切花进行预冷，除去田间热和呼吸热，可大大减少运输中的腐烂、萎蔫，使其保存时间更长。预冷的温度为 0～1℃，相对湿度为 95%～98%。预冷的时间随花的种类、箱的大小和采用的预冷方法而不同。在生产上还可以采用水冷和气冷。预冷后，花枝应保持在冷凉处。④包装。对分级后的切花，按销售地要求及标准进行切枝、捆扎、装入保鲜袋。用于内包装的材料常使用功能性保鲜膜，主要有吸附或除去乙烯的薄膜、形成气调环境的薄膜等，旨在达到气调保鲜的目的，通过调节花贮运过程中呼吸作用的自发气调，吸收氧气同时释放二氧化碳，使切花处于低氧高浓度二氧化碳环境，降低呼吸消耗，保持花最佳

的新鲜状态。所选包装应尽可能地适应产品、运输方法及市场。同时，还要注意包装箱的形状和摆放方式。⑤贮运。通常的贮运方法有湿藏和干藏。湿藏是指将花的茎部浸入充满水或保护液的容器中进行运输，适于短途贮存及运输。干藏主要用于长期贮存或运输，在预冷及预处理液的基础上，综合应用聚乙烯薄膜保湿包装、有害气体吸收剂、蓄冷剂与聚苯乙烯保冷隔板等技术，在常温下实现远距离保鲜运输，是目前国内外较先进的鲜切花远距离运输综合保鲜技术，大大降低了运输损耗。⑥低温贮存。花从生产基地运输到消费基地后，也应对其进行保鲜处理以待出售。在相对湿度 85%~100% 下，冷藏温度保持在 2~4℃（注：不同鲜切花的冷藏温度不同，热带鲜切花的冷藏温度相对较高，为 10~15℃），可采用冷藏保鲜、调气贮存保鲜、减压贮存保鲜、辐射保鲜、化学保鲜等。此外，鲜花保存时应离蔬菜和水果远些，因为它们会释放出大量乙烯，导致鲜花衰败。

荷兰是全球经济型花卉销量最多的国家和最大的花卉出口国，在鲜花运送技术方面处于世界领先地位，每天有数万束鲜花从荷兰最大的鲜花拍卖市场——爱士曼运往世界各地。荷兰保障花卉优质高效运输的主要做法有：①依托家庭农场规模化种植。荷兰家庭农场的平均规模非常大，且生产级别较高，具有很强的竞争力。荷兰花农大多数都掌握专业的花卉种植技术，依托自己的家庭农场，主要种植 1~2 个品种，其花卉种植规模大、品种专一，且专业化程度高。②以拍卖市场为中心的高效营销体系。荷兰的花卉产品采用占比最大且典型的"荷兰式拍卖"——公平、公开、快速和高效。荷兰的花卉拍卖市场拥有一整套完善的鲜花保存、包装、检疫、海关、运输、结算等全面服务系统，高效率的花卉拍卖营销体系可以为全球 80 多个国家和地区的花店提供最新鲜的鲜切花。荷兰全国各地分布着 7 个花卉拍卖市场，拍卖世界各地的花卉品种。产品拍卖后，直接运至买方指定地点，电子订购系统为全天 24h 销售的产品提供信息服务。③快捷、完善的冷链物流系统。荷兰的冷链物流十分发达，荷兰绝大多数物流企业都拥有现代化的冷藏技术和设备，鲜花由公路冷藏集装箱从产地运至拍卖市场。每天有数千辆冷藏集装箱卡车进出拍卖市场，拍卖结束后马上运送至周边欧洲国家。距离较远的则采用空运方式。在荷兰，像史基浦等机场都设有专门的冷库，用于储存即将运往世界各地的鲜花，保证在一天之内把各类花卉产品运送至全球 80 多个国家和地区的花店。④严格的花卉产品质量控制体系。高品质一直是荷兰花卉产业的代名词，这也是荷兰花卉产业闻名于世界的主要原因。荷兰政府专门建立了一套严格的花卉质量控制体系和质量标准，并采用产品质量信用认证措施保证花卉产品的品质。而对于在花卉市场没有拍卖出去的产品，则全部销毁，绝不低价出售。

荷兰花卉产业的科学技术处于世界先进水平，具有强大的产品创新和研发能力，已建立了合理的科研体系和有效的运行机制。在荷兰，花卉的研究机构数量较多且设置合理，各个研究机构都有自己的主要研究方向，并且能将科研、推广、生产和市场融合与对接。花卉研究机构主要分为 3 个层次，即大学研究院、国家研究院和企业研究院，各级分工明确，相互合作。例如，瓦赫宁根大学与研究中心是荷兰最好的研究所之一，配备了世界上最先进的设备。这里有超过 100 位的专家从事花卉遗传学、生理学和生物化学研究。在国家科研所，有数千名研究人员主要从事应用型理论研究。企业科研所由企业自主创办，在荷兰全国共有 70 多个，研究方向主要为花卉的栽培技术、种子的引进和开发，科研成果一旦出炉就可投入生产。正是有这一系列的科研机构和专业人才作为后盾，荷兰花卉产业才能体现出如此强劲的产品创新和研发能力。

国内鲜切花不乏优质产品，但存在运输成本高、损耗大、耗时长等问题。一方面，国内很多花卉市场在布局和规模方面没有长期规划，又缺少政策支持和信息引导，内部的设施简陋、交易方式落后，对信息收集和使用能力不足，这使得国内花市难以充分发挥其作用。另一方面，尚未建立专业的花卉冷链物流体系，缺乏专业物流公司，产销链条中的从业人员意识有限，使得专业包装和运输设备难以推广，国内的鲜切花"美丽"受限，只能在产地保持最佳效果。目前国外发展成熟的全程冷链运输在国内推广缓慢。由企业内在动力推动物流体系发展，并借助大城市物流优势，以完善我国花卉物流体系，将是今后几年我国花卉产业发展的方向。

当前，由市场和企业发展内在要求驱动，发展花卉冷链物流的时机已到来，以下几点有助于加快物流业的发展：①大力发展合作经济组织，为花卉冷链物流发展创造基础条件。通过合作经济组织，分散的农户联合成规模集体，有助于统一运营，这使得农户与物流商沟通时有更大的话语权。②构建"从生产到消费"的花卉全程冷链物流系统。保证花卉品质从采收、采后处理至到达消费地批发市场全程冷链物流，这期间需要科研机构研究冷藏保鲜技术、专门的空间、设备进行采后处理和冷链无缝对接运输，还需经过专业培训的人员进行操作，投资大、成本高、技术性强。此外，简化通关、检验检疫程序等需要多部门配合，包括政府扶持和企业协作。③扶植专业的花卉物流企业，培育第三方物流。物流服务商需具备整合物流活动和沟通产销信息的能力，做到尽可能减少中间环节、降低损耗、节约成本。培育花卉第三方物流龙头企业，弥补花卉物流服务主体缺位，是当前花卉物流发展的紧迫任务。④规范物流服务程序，建立花卉物流行业标准。标准除了有规范作用，同时也是门槛，不但能指导物流活动，也是对建立专业物流的一个筛选和整合的过程。⑤逐步实现电子商务与现代物流相结合是花卉产业未来发展的必然趋势。将花卉产品的特点和人们的消费习惯融合，电子商务与现代物流有机结合，如"云花七夕淘宝行"是一次规模化的尝试，并且取得了不错的效果。

7.3　园艺产品采后技术标准体系的建立

目前，我国园艺产品冷链物流发展仍处于起步阶段，规模化、系统化的冷链物流体系尚未形成。冷链物流标准体系涉及仓储、运输、配送、装卸搬运、包装、流通加工等环节。冷链物流标准体系包括技术基础标准、冷链物流设施标准、仓储、运输、配送、装卸搬运、包装、流通加工设备标准、托盘标准、周转箱标准、集装箱袋标准、手工作业工具标准、信息采集跟踪标准、信息传输设备标准、信息交换设备标准、信息处理设备标准、信息存储设备标准、冷链物流技术方法标准等。

7.3.1　园艺产品采后技术标准主要类别

（1）采收与质量要求标准　　园艺产品采收是田间生产的结束，同时又是贮藏物流的开始。因此，园艺产品采收的质量要求十分严格。国内已经发布的相关标准有：①《葡萄保鲜技术规范》（NY/T 1199—2006）。该标准规定了葡萄果实的质量要求及采收时期和采收要求。②《苹果采收质量与技术规范》（DB 61/T 1116—2017）。该标准规定了苹果采收成熟度指标及采收的准备、要求、技术等。③《猕猴桃采收及商品化处理技术规程》（DB 34/T 3009—2017）。该标准规定了猕猴桃采收的技术要求。④《杨梅质量等级》（LY/T 1747—2018）。该标准规定了杨梅产品的质量要求、质量安全要求等。⑤《浆果类果品流通规范》（SB/T 11026—2013）。该标准规定了浆果类果品的商品质量基本要求，适用于葡萄、草莓、猕猴桃、火龙果、蓝莓、无花果、阳桃、枇杷等浆果类果品的流通，其他浆果类果品的流通可参照执行。

（2）分级标准　　园艺产品的分级，是实现合理定质定价，并保持商品品质稳定的重要措施。分级依据包括外部品质（大小、形状、表面缺陷、色泽、纹理）和内部品质（内部缺陷、糖酸含量、水分、质地）。已经发布的分级标准有：①《鲜苹果》（GB/T 10651—2008）。该标准规定了鲜苹果各等级的质量要求、容许度、包装和外观及标识等内容，适用于'富士系''元帅系''金冠系'、'嘎啦系'、'藤牧1号'、'华夏'、'粉红女士'、'澳洲青苹'、'乔纳金'、'秦冠'、'国光'、'华冠'、'红将军'、'珊夏'、'王林'等以鲜果供给消费者的苹果，用于加工的苹果除外，其他未列入的品种也可参照使用。②《猕猴桃等级规格》（NY/T 1794—2009）。该标准规定了猕猴桃的等级规格要求、试验方法、检验规则等。③《加工用苹果分级》（GB/T 23616—2009）。该标准规定了加工用苹果的术语和定义、分级规定及检验方法。④《红地球葡萄分级标准》（DB65/T 2832—2007）。该标准规定了红地球葡萄分级的术语和定义、分级要求、检验方法。⑤《无公害草莓　第3部分：　质量标准》（DB3302/T 066.3—2008）。该标准规定了无公害草莓的质量要求、产品分级、质量指标、抽样与检测等。

（3）预冷标准　　预冷指将园艺产品快速冷却，是运输、贮藏或加工以前必不可少的环节。已经发布的预冷相关的标准主要包括：①《结球生菜　预冷和冷藏运输指南》（GB/T 25871—2010）。该标准适用于结球生菜的预冷。②《早熟马铃薯　预冷和冷藏运输指南》（GB/T 25868—2010）。该标准给出了用于直接食用或用于加工的早熟马铃薯预冷的指南。③《仁果类水果（苹果和梨）采后预冷技术规范》（NY/T 3104—2017）。该标准规定了仁果类水果（苹果和梨）采后预冷技术的术语和定义、基本要求、入库、预冷、出库。④《鲜食浆果类水果采后预冷保鲜技术规程》（NY/T 3026—2016）。该标准规定了鲜食浆果类果品的预冷技术规程，适用于葡萄、猕猴桃、草莓、蓝莓、树莓、蔓越莓、无花果、石榴、番石榴、醋栗、穗醋栗、阳桃、番木瓜、人心果等鲜食浆果类果品的采后预冷。⑤《叶用莴苣（生菜）预冷与冷藏运输技术》（SB/T 10287—1997）。该标准规定了叶用莴苣（生菜）预冷的方法和技术要求。⑥《果蔬真空预冷机》（SB/T 10790—2012）。该标准规定了果蔬真空预冷机的型号、型式与基本参数、技术要求、试验方法、检验规则及标志、包装、运输和贮存等要求，适用于果品、蔬菜、食用菌、花卉等采后的真空预冷设备。

（4）包装标准　　包装不仅可以使园艺产品免受机械损伤、隔绝或减少病虫害的蔓延、保持微环境（温度、湿度、气体成分）稳定等，还能吸引消费者购买和进行营销，是实现园艺产品商品化的重要步骤。目前已经发布的有关包装的标准有：①《新鲜水果、蔬菜包装和冷链运输通用操作规程》（GB/T 33129—2016）。该标准规定了包装的基本要求、包装材料、包装容器、包装方式、包装操作等。②《绿色食品　包装通用准则》（NY/T 658—2015）。该标准规定了绿色食品包装的术语和定义、基本要求、安全卫生要求、生产要求、环保要求、标志与标签要求和标识、包装等要求。③《蓝莓保鲜贮运技术规程》（NY/T 2788—2015）。该标准规定了鲜食蓝莓的包装技术要求。④《新鲜水果和蔬菜包装与运输操作规程》（CAC/RCP 44—1995）。该规程建议对新鲜水果和蔬菜进行适当包装，以在运输和销售过程中保持产品品质。⑤《南汇水蜜桃包装标识规范》（T/PDNXH 203—2022）。该标准规定了南汇水蜜桃包装标识规范（以下简称水蜜桃）的定义、标识种类、标示内容、标注原则等。

（5）贮藏标准　　园艺产品采后贮藏期间需要一些综合措施来提高产品的耐储性。其涉及的相关标准有：①《绿色食品　贮藏运输准则》（NY/T 1056—2006）。该标准规定了绿色食品贮藏运输的要求。本标准适用于绿色食品贮藏与运输。②《甜樱桃冷链流通技术规程》（GH/T 1238—2019）。该标准规定了甜樱桃贮藏、出库的技术要求。③《苹果采收与贮运技术规范》（NY/T 983—2015）。该标准规定了鲜食苹果贮藏技术规范。其中贮藏方式包括土窑洞、通风库、冷库、气调库。特别规范了贮运过程中温度、湿度、气体指标，分级、包装、贮藏寿命、出库指标、检验规则及检验方法。④《柑橘储藏》（NY/T 1189—2017）。该标准规定了储藏环境条件、库房管理、入库管理、出库方法和试验方法等柑橘储藏的术语与定义，适用于甜橙类、橘类、柑类、柚类、柠檬、杂柑等柑橘类水果的储藏。

（6）运输标准　　运输是园艺产品从采收到消费者手中的重要环节，其标准制定非常重要。

目前，园艺产品的运输标准有：①《绿色食品 贮藏运输准则》（NY/T 1056—2006）。该标准规定了绿色食品贮藏运输的要求。②《杨梅低温物流技术规范》（NY/T 2315—2013）。该标准规定了杨梅鲜果的运输技术规范，适用于东魁和荸荠种等杨梅品种，其他品种也可参照执行。③《猕猴桃采收与贮运技术规范》（NY/T 1392—2015）。该标准规定了中华猕猴桃和美味猕猴桃运输的技术要求。④《甜樱桃采后处理技术规程》（DB 37/T 3687—2019）。该标准规定了甜樱桃鲜食用果实的运输要求。⑤《草莓采后包装与运输技术规程》（DB 21/T 3189—2019）。该标准规定了草莓鲜果的运输技术要求。⑥《水蜜桃采后处理技术规程》（DB 51/T 1374—2011）。该标准规定了水蜜桃果实的运输技术要求。⑦《热带水果和蔬菜包装与运输操作规程》（SB/T 10448—2007）。该标准规定了热带新鲜水果和蔬菜的运输操作方法，目的是使产品在运输过程中保持品质。

（7）销售标准　　销售是园艺产品实现其商品价值的最后也是关键的环节，其标准有：①《樱桃番茄电商销售贮运技术规程》（DB 32/T 3659—2019）。该标准适用于樱桃番茄电商销售模式下的保鲜与运输。②《杨梅鲜果物流操作规程》（DB 33/T 732—2016）。该标准规定了杨梅鲜果销售的操作规程。③《苹果销售质量标准》（SB/T 10064—1992）。该标准规定了苹果销售的等级、品质、检验等，适用于苹果主要品种的批发销售。

7.3.2　我国冷链物流标准化体系存在的问题

（1）我国冷链物流标准领域存在空白、交叉重复、矛盾现象　　目前虽然某些品类的冷链流通规范（要求）已经出台，但相对而言仍存在很多盲区和空白。一是由于冷链物流涉及品类和环节的复杂多样、系统难度大、冷链追溯难、监管难等问题，一些规范和标准难以落地，既存在"无法可依"的情况，也存在"有法不依，有法难依"的现象；二是我国南北地区温差较大，存在因纬度差异带来的大环境温度变化的问题，很难统一规范；三是从事冷链物流业务的主体劳动力大多为司机、操作工等，专业知识水平不高，不能从一线及时反映出冷链物流的欠缺和不足，以形成标准化公约；四是成型的冷链物流"大数据"还是空白，标准问题一直是制约中外冷链深入合作的重要因素，由于国内冷链标准不完善、水平低，或者有标准无监管，有标准不执行，很多国外品牌宁可自建冷链物流体系，也不寻找国内冷链物流企业合作。

同时，不同地方标准存在交叉重复现象，我国冷链物流标准的制定由各产业技术组织、科研机构、各行业组织协会根据各自的特点来制定各自的标准，制定和发布的标准多存在交叉重复现象。比如，上海地方标准《食品冷链物流技术与管理规范》（DB 31/T 388—2007）、河北地方标准《食品冷链物流技术与管理规范》（DB 13/T 1177—2010）中在食品冷链流程、冷藏储存、批发交易、配送加工和销售终端等流通环节的温度控制上存在重复现象。上海地方标准《食品冷链物流技术与管理规范》（DB 31/T 388—2007）和深圳地方标准《食品冷链技术与管理规范》（SZDB/Z 41—2011）中"冷链""冷冻食品""冷藏食品""冷库""冷藏运输设备"等概念是相同的，在冷藏储存、批发交易等环节中存在交叉重复现象。不同领域的冷链物流中也存在重复现象，比如，《水产品冷链物流操作规程》（DB 12/T 563—2015）和《果蔬冷链物流操作规程》（DB 12/T 561—2015）在货品标识、储存、运输等环节存在重复现象。国家标准、行业标准和地方标准三者之间关系混乱，标准制定的主体不明确，缺乏协调性，内容上存在一定的重复性。比如，我国标准《畜禽肉冷链运输管理技术规范》（GB/T 28640—2012）中的包装及标识、贮存、装卸载、运输环节，天津地方标准《畜禽肉冷链物流操作规程》（DB 12/T 562—2015）中货品包装与标识、储存、运输环节，农业行业标准《生鲜畜禽肉冷链物流技术规范》（NY/T 2534—2013）中包装、贮存、运输环节和环节内容上存在重复现象，在上述三个标准中这三个环节又贯穿在各个标准中，存在交叉现象。在标准《畜禽肉冷链物流操作规程》（DB 12/T 562—2015）和标准《生鲜畜禽肉冷链物流技术规范》（NY/T 2534—2013）中冷链物流的概念也存在重复现象。

此外，在已颁布的冷链标准中所涉及的基本术语不统一，如"冷链物流"这一术语，在《物流术语》（GB/T 18354—2021）中定义为以冷冻工艺为基础、制冷技术为手段，使冷链物品从生产、流通、销售到消费者的各个环节中始终处于规定的温度环境下，以保证冷链物品质量，减少冷链物品损耗的物流活动。在《食品冷链物流技术与管理规范》（DB 13/T 1177—2010）中定义为：为保持新鲜食品及冷冻食品等的品质，使其从生产到消费的过程中，始终处于低温状态的配有专门设备的物流网络。在《生鲜畜禽肉冷链物流技术规范》（NY/T 2534—2013）中定义为从生产到消费全过程中，产品始终处于低温状态进行生产加工、贮运、运输、批发和零售等实体流动的过程。"活动""网络""过程"，从对"冷链物流"的定位上就没有统一起来。再如"冷藏食品"这一术语在不同标准中也不统一，在《食品冷链物流技术与管理规范》（DB31/T 388—2007）中冷藏温度要求在7℃以下，而《食品冷链技术与管理规范》（SZDB/Z 41—2011）中要求中心温度始终维持在8℃以下。

（2）冷链物流标准化推行部门缺少统一性、协调性　冷链物流属于跨部门、跨行业的特殊服务业，冷链物流标准的制定涉及产地处理、仓库建设、特种车辆运维、制冷工艺、食品安全、物流操作等多个环节和产业，在统筹工作相对不力的情况下，标准制定、推广、贯彻落实会出现各自为战的局面。现行的标准化体系以部门为主，制约了冷链物流各相关产业标准化之间的统一性和协调性。标准的管理部门，除国家统一的标准管理部门外，还有政府和行业的各职能部门，而不同的产业技术组织、科研机构则分散在各个政府部门、各个行业中。部门的分割使得标准运作缺乏协调沟通，标准化技术组织和科研机构按照传统的分工在各自的产业领域进行标准化工作，相互之间难以交流和配合，难以形成完整的体系，这给标准化体系建设带来了许多不利因素。

（3）企业标准化意识淡薄，标准制定缺乏实践经验，对实际运作指导性不足，标准宣贯有待加强　长期以来，我国标准工作重制定轻应用，更多的精力投入到了标准制修订当中，对标准的宣贯工作重视程度不够，宣贯力度小、机制不灵活，又因冷链流通企业标准化意识淡薄、标准制定缺乏实践指导性，导致我国冷链物流经常出现"有法不依，有标不行"的问题。我国园艺产品冷链物流标准还处于起步阶段，缺乏实际经验和基础研究。人们缺乏冷链物流对产品质量安全重要意义的认识，对标准化工作的认知度依然不高，企业也存在着冷链物流标准意识淡薄的问题。而且我国冷链物流相关企业冷链物流标准化工作需求不足，多数中小企业鉴于对成本的衡量及不规范市场环境的考虑，对标准实施推广、参与起草的积极性不高。现大部分冷链物流标准多为推荐性标准，不具有强制性，而不具有强制性的标准在冷链物流行业并不成熟的现实环境下约束力极低，对冷链物流企业指导作用非常有限，这导致多数企业对标准中存在的空白持忽视态度。企业参与标准化工作力度不足，并未制定对应的企业标准，在标准制定工作中缺乏实际存在问题的解决方法，实际运作指导性不足，无法针对其发展需求对行业标准化工作提出实用性的意见和建议。

（4）冷链物流设备标准化程度低、结构不合理　我国冷链物流起步较晚，市场需求还没有形成足够的规模，很多冷链物流企业都是从传统物流企业转型的中小企业，多数冷库和车辆都是由原来的常规仓库和车辆改装的。企业间的设备不能整齐划一，有的企业为追求低成本运作，刻意降低购买设备的成本，造成冷链物流设备性能远低于大型企业生产的同类产品，难以实现行业标准化，无法实行企业标准化规范和管理。此外，我国冷链物流基础设施存在结构不合理，部分冷库扎堆性建设导致资源浪费的问题，比如东部地区冷库多中西部冷库少，肉类冷库多果蔬气调库少，销地冷库多产地冷库少，冷冻库多冷藏库少等。

（5）国际标准采用比例低　　随着经济全球化的发展，我国与世界农业发展更为紧密，冷链物流也面临着全球化的进程。这就要求我国的园艺产品冷链物流标准具有较强的国际性，与国际冷链标准体系相一致。我国冷链物流起步较晚，在标准的制定中较少考虑与国际标准的接洽。受我国技术、管理水平及经济的制约，我国冷链物流标准体系国际化还有较长的路要走。因此，我国应加强与国外冷链物流标准化机构合作与交流，积极开展冷链物流标准化领域的国际交流，及时跟踪国际物流标准化动态及技术发展趋势，加大对国际标准化组织制定的国际冷链物流标准和发达国家冷链物流标准的研究力度，借鉴其标准化建设经验，探索适合我国国情的冷链物流标准体系建设新思路。

7.3.3　我国冷链物流标准工作建议

（1）深化标准工作，构建三大标准体系　　2015 年以来，从国家标准化管理委员会、中华人民共和国国家发展和改革委员会等标准主管负责部门，到以中国物流与采购联合会冷链物流专业委员会、全国物流标准化技术委员会冷链物流分技术委员会为代表行业标准制定的协会，再到冷链行业龙头企业和科研院校专家，都在加快冷链空白领域的标准制定及整个冷链物流标准体系的完善（图 7-29）。

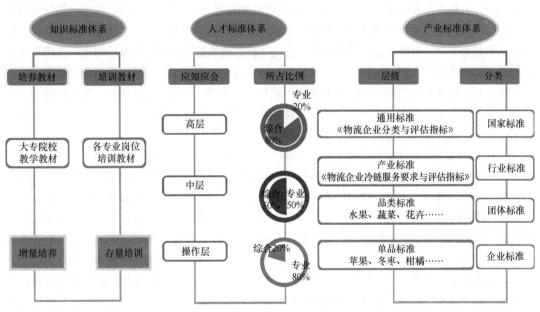

图 7-28　三大标准体系建设架构图

我国冷链物流标准工作应从以下方面进行开展：一是联合国内有实力的科研机构或组织，完善和构建了冷链物流领域的三大标准体系（图 7-30），即：知识标准体系、人才标准体系和产业标准体系。当前看，产业标准体系可以《物流企业冷链服务要求与能力评估指标》及其评估办法作为核心标准建立，人才标准体系可以《冷链物流从业人员职业资质》作为核心标准建立。

二是支持行业协会依据相关国家标准和行业标准开展冷链物流领域行业评估等自律工作，通过支持优秀企业做大做强，减少劣质服务企业的市场生存空间，营造良好的行业氛围。

三是开展"一仓星带双运星"综合冷链标准体系。通过《物流企业冷链服务要求与能力评估指标》国家标准，全面开展星级冷链物流企业的评估认证，尤其要重视、鼓励和支持较低星级的企业参评。鉴于仓储型企业对运输型企业运力的刚性需求，我们提出仓储型（或冷链食品生产加

图 7-29　三大标准体系良性循环示意图

工）企业，应该提出对运输车型、运输质量的强制要求，以保证全程品控，所以一个仓储型星级企业必须要求两个以上运输型星级企业为其服务，将有利于打造冷链物流名牌企业，改善整体冷链运行环境。并通过行业组织开展评估工作、深入企业，发现问题，了解企业需求，进而完善标准体系，并为冷链物流知识体系的建设提供一线数据和案例。所以加强水产品冷链物流行业的人才培养，推动高素质人才队伍建设，建立产学研联盟，形成多层次的人才教育、培训体系，也是一件非常紧迫的事情。

（2）推进冷链物流标准化体系建设　　我国园艺产品冷链物流长期存在规模小、物流标准化程度低的问题，从而导致整体效率低下、成本居高不下。《国务院办公厅关于加快发展冷链物流保障食品安全促进消费升级的意见》（国办发〔2017〕29 号）提出，要加快完善冷链物流标准和服务规范体系，制定一批冷链物流强制性标准。2020 年中央一号文件指出，要加强农产品冷链物流统筹规划、分级布局和标准制定。《物流标准化中长期发展规划（2015—2020 年）》（国标委服务联〔2015〕54 号）中要求"着力提升物流标准的适用性，强化普及应用，加强实施信息反馈、效果评估和监督管理，创新实施推广模式"，并将"冷链物流标准体系建设及应用推广工程"作为一项重点工程来推动。建议加快冷链物流标准化体系建设，规范操作规程，提高物流运营效率。重点推进现行园艺产品物流各类标准的系统梳理和修订完善，加强强制性标准、基础性标准、冷链流通关键环节标准制定，加强不同标准间及与国际标准的衔接，鼓励和引导有关企业、事业、社团等单位积极开展标准化工作。

（3）大力发展团体标准和高水平企业标准　　团体标准是利益的驱动，是局部的，是可以竞争的，自愿的。满足于一个局部群体的需要，能够发挥协同作用。团体标准依据于利益协同制定，利益共同体共同遵守。发展冷链物流团体标准的制定，有利于提升利益共同体的利益，提升其工作效率，朝着市场导向发展。应该积极发挥行业协会和骨干龙头企业作用，大力发展团体标准，并将部分具有推广价值的标准上升为国家或行业标准。同时，冷链物流行业中，企业的利益关系到其发展前景。应鼓励大型商贸流通、加工、销售等企业制定高于国家和行业标准的企业标准。

（4）加强冷链物流标准宣传和推广实施　　标准发布实施后，应该积极对标准进行宣贯，指导标准的建立落实，带动企业进行大规模应用；组织相关企业参加标准的宣传贯彻，了解本标准对冷链产业发展的重要积极意义；通过相关产业、科技协会进行标准的推广实施。

（5）通过标准化，促进品牌化，提升商品价值和市场竞争力　　在供应链上下游推行标准化工作，引导和扶持我国园艺产业的生产企业和流通企业打造共生品牌。好的园艺产品，如果没有全程冷链保障，到消费者手里质量将大打折扣。因此鼓励园艺生产、批发和销售企业选择星级冷链物流企业，培养企业愿意为高品质物流服务支付高成本的意识。因为看似在流通环节支出较大，但是却保障了产品优质，保证了市场占有率，在实行"品牌化"的战略道路上，最终保障的是企业的利益最大化。

园艺产品物流的标准化体系建设是一个中长期性的工作，不是一朝一夕之事，同时还要与时俱进不断引进新技术，适应新形势，不断改进完善既有标准，建立健全新标准。建设的最终目的是帮助企业利用冷链标准体系，以较少的能源消耗，较低的谈判成本、操作成本，较流畅的操作流程、交接过程，最大程度维持园艺产品物流品质，为人民群众提供优质新鲜的园艺产品。

第8章 园艺产品采后性状的遗传改良

8.1 采后病害抗性的遗传改良

由真菌、病毒或细菌引起的侵染性病害是园艺产品采后损耗的主要原因之一。园艺产品自身的抗病性是决定采后病害发生程度的重要因素之一。因此,对抗病性的遗传改良,成了园艺产品采后性状改良的重要内容之一。

番木瓜环斑病毒(papaya ring spot virus, PRSV)引起的番木瓜环斑病严重限制了番木瓜在热带和亚热带地区的生产,受感染的番木瓜植株表现出发黄、扭曲、严重的叶镶嵌和果实上典型的"环斑"症状。病毒感染会严重地影响番木瓜的生长,降低果实品质,并阻碍果实结实。由于PRSV可通过蚜虫迅速有效地传播,因此使用杀虫剂不能有效地控制病毒传播。抗PRSV的木瓜转基因研究始于20世纪80年代,研究人员将PRSV编码的外壳蛋白(coat protein, CP)基因转入番木瓜,开发出了抗PRSV的优良株系,转基因番木瓜'Rainbow'于1998年5月在夏威夷正式投入商业化生产。但是,抗性品种无法对所有地区的不同PRSV病毒株系均产生抗性,因此不同国家和地区必须要选用当地优势病毒株系的基因重新进行转基因研究,才能获得具有对当地病毒株系抗性较好的转基因品系。我国华南农业大学在国内率先进行抗PRSV转基因番木瓜的基因工程研究,将我国华南地区PRSV的优势株系YS的复制酶基因转入番木瓜植株,获得了高抗的转基因品系'华农1号',于2006年获得在广东省应用的安全证书,在广东大规模种植后,产生了极大的经济、社会和环境效益。

作用于真菌细胞壁的抗性相关的防御酶基因也常常被作为遗传改良的基因资源。如几丁质酶可以裂解真菌细胞壁的几丁质,是植物体内防御酶系统中的重要成员之一。研究人员将编码芸豆几丁质酶蛋白的 *ch5B* 基因转入草莓中,提高了草莓对灰霉病的抗性。从拮抗土壤真菌哈茨木霉中分离的β-1,3-葡聚糖酶基因在草莓中的表达增强了草莓对炭疽病的抗性。

另外,一些专性抗性基因也是遗传改良的重要基因资源。20世纪30~40年代,一种全新的对白粉病具有广谱抗性的突变体在人工诱变的大麦群体中被发现。在该突变体中 *MLO*(mildew resistance locus O)基因发生了功能缺失突变。研究发现,*MLO* 的功能缺失可赋予植物持久、广谱的白粉病抗性。利用CRISPR/Cas9基因组编辑技术,对葡萄的 *MLO* 基因进行编辑突变,得到了可以正常生长的 *VvMLO3* 基因杂合突变转基因葡萄株系,显著提高了其对白粉病的抗性。

8.2 植物激素响应特性的遗传改良

植物成熟和衰老都受到植物激素的调控。因此,通过遗传改良,控制植物激素的合成和代谢,或者改良植物对激素的敏感性,是园艺产品采后性状改良的常用策略。

乙烯在呼吸跃变型果实的成熟过程中起着关键作用。乙烯最主要的合成途径是甲硫氨酸途径。甲硫氨酸在ATP的参与下转变成S-腺苷甲硫氨酸(S-adenosine methionine, SAM),SAM在1-氨基-环丙烷基羧酸合成酶(1- amino-cyclopropanyl carboxylate synthase, ACS)的催化下,分解成甲硫腺苷酸和1-氨基环丙基-1-羧酸(1-amino-cyclopropyl-1-carboxylic acid, ACC),ACC在ACC氧化酶(ACC oxidase, ACO)的催化下氧化形成乙烯。许多生物技术策略通过抑制ACS或ACO

的表达来减少自催化乙烯的产生，以延缓水果的成熟和延长水果的货架期。Oeller 等将反义 ACS 基因转入番茄，发现转基因番茄果实中乙烯合成量降低了 9.5%，不出现呼吸高峰，放置三四个月不变红，不变软，也没有香气。通过外源乙烯或丙烯处理，果实才能成熟变软，成熟的果实在质地、色泽、芳香、可压缩性方面与正常果实相同。Picton 等应用反义 RNA 技术转化 ACO 基因，转基因番茄植株果实乙烯生成量相比对照组下降了 90%，在转色期采收的果实三个星期才能变红，而对照组只需要 7 天，并且转基因果实一旦变红后，并不像正常果实过熟那么快，在室温条件下可放置 130 天。利用 RNA 干扰（RNA interference，RNAi）技术沉默木瓜中的两个 ACO 基因，获得的晚熟番木瓜果实贮藏期分别延长了 20 天和 14 天。并且，RNAi 株系果实的可溶性固形物总量与野生型果实相当，转化果实在延长贮藏期的基础上对果实品质并无影响。ACC 脱氨酶是一种抑制乙烯生物合成的胞内酶，将其转入番茄植物后，果实中的乙烯释放量减少了 90%，在转色期采收的果实可推迟 2 个星期成熟，并且成熟的果实可在室温无限期贮藏而硬度几乎保持不变，转基因果实无须使用乙烯催化，在运输和贮藏过程中成熟而变红。

而另外一些改良策略则是针对乙烯信号转导途径中的关键因子。EIN3/EILs 蛋白（ethylene insensitive3/EIN3-like）作为乙烯信号转导途径中关键的核转录因子，EBF1/2（EIN3 binding F-box protein 1/2）通过介导 EIN3/EIL 蛋白的降解而负调控乙烯信号传递。在番茄中沉默 *SlEBF1* 和 *SlEBF2* 的表达，会加速番茄果实成熟和衰老。此外，Guo 等鉴定了一种新的番茄 F-box 基因，命名为 *SlEBF2-like*（其编码的蛋白质与 SlEBF2 有更大的相似性）。在番茄中过表达 *SlEBF2-like* 基因，可以使番茄果实伸长，并延迟番茄果实发育和成熟。

除乙烯外，其他植物激素如脱落酸（abscisic acid，ABA）、吲哚乙酸（indole-3-acetic acid，IAA）等均与果实采后品质变化有关。bHLH 转录因子是真核生物中存在的最广泛的一大类转录因子。在番茄中过表达 *SlbHLH22*，果实变得更加柔软和容易失水，并对外源 ABA 和 IAA 更为敏感，成熟速度快于野生型果实。在转基因番茄果实也观察到编码扩展蛋白（expansin，EXP）、脂氧合酶（lipoxygenase，LOX）、甘露聚糖酶（mannase，MAN）、木葡聚糖内转糖苷酶/水解酶（xyloglucan endotransglucosylase/hydrolase，XTH）等细胞壁代谢相关蛋白和酶的基因（*SlEXP1*、*SlLoxA*、*SlMAN*、*SlPE* 和 *SlXTH5*）的表达。因此，在生产中使 SlbHLH22 沉默或许可以延长番茄果实货架期。

冷害是园艺产品采后低温贮运过程中经常发生的一种生理性病害，给园艺产品的采后贮运带来不确定性。高度保守的 C 重复序结合因子（C-repeat motif-binding factor，CBF）是在许多物种中发现的冷响应系统组件。使用 CRISPR/Cas9 技术创制的番茄 *SlCBF1* 突变株，与野生型番茄植株相比表现出更严重的冷害症状，耐寒性下降。水杨酸（salicylic acid，SA）能提高植物的抗性，但高水平的 SA 积累会导致植物低温耐受性变差。水杨酸羟化酶能分解植物体内的 SA，从而防止 SA 在植物体内大量积累。在番茄中转入水杨酸羟化酶基因（*NahG*）后，能使番茄获得比野生型番茄更强的抗冷性，转基因番茄果实冷藏后的冷害症状较轻。

8.3 质地的遗传改良

质地的变化是园艺产品采后耐贮运性和商品性下降的重要原因之一。对于许多肉质果蔬而言，在成熟过程中会经历软化过程，这导致对机械损伤和病原菌的抗性均下降，品质也随之发生劣变。而有些果蔬则相反，会发生胞壁成分合成的增加，如木质化等，失去食用价值。对园艺产品开展质地的遗传改良，可以通过改变乙烯及其他成熟衰老相关激素的合成与代谢来实现，也可通过对细胞壁合成相关基因的改造来实现。

多半乳糖醛酸酶（polygalacturonase，PG）是一种果胶降解酶，是研究最广泛的涉及水果软化的酶。1987 年，Calgene 公司克隆了 *PG* 基因并完成了测序，随后，转基因番茄 "Flavr-Savr Tomato" 研发成功，并在 1994 年被美国食品药品监督管理局（food and drug administration，FDA）批准用于商业种植。该转基因番茄所含的修饰基因可以减缓果实成熟过程，并能有效防止果实的采后软化。尽管 "Flavr-Savr Tomato" 在上市短短的 4 年后就退出了市场，但关于转基因的研究却从未停步。人们在草莓、苹果等果实中，也做了类似的尝试。在草莓中反义表达 *PG* 基因，可以在未改变果实的颜色、重量和可溶性固形物等其他性状的情况下延缓草莓果实的软化。抑制苹果中 *PG1* 基因的表达，可以减少果胶解聚，有效延缓苹果果实的软化。

除了 *PG* 基因，其他与细胞壁代谢相关的基因也是重要的遗传改良基因资源。果胶裂解酶（pectate lyases，PL）基因在果实软化中的作用也非常重要，沉默番茄和草莓中的 *PL* 基因，在不改变果实成熟的其他品质情况下，改变果实的质地，可有效延缓果实软化。在番茄果实成熟过程中，过表达扩展蛋白基因 *SlEXP1* 有助于果实软化，并导致果实中葡聚糖降解，而抑制 *SlEXP1* 的表达则降低果实在早熟阶段的软化。通过生物技术手段获得 *SlEXP1* 基因功能沉默的突变番茄植株，其果实硬度增加，成熟延迟。α-甘露糖苷酶（α-mannosidase，α-Man）和 β-D-*N*-乙酰己糖胺酶（β-D-*N*-acetylhexosaminidase，β-Hex）是两种成熟特异的 *N*-糖蛋白质修饰酶，可以破坏碳水化合物之间及碳水化合物和非碳水化合物之间的糖苷键。通过反向遗传学技术得到的 α-Man 和 β-Hex 的 RNAi 株系的果实硬度分别约为野生型的 2.5 倍和 2 倍，降低果实细胞壁降解和成熟相关基因的表达，可延长约 30 天的货架期。α-Man 或 β-Hex 的过表达则会导致果实过度软化。此外，在番木瓜、香蕉和芒果等呼吸跃变型果实的软化过程中也发现了高水平 α-Man 和 β-Hex 活性，说明通过反向遗传学技术修饰 *N*-聚糖相关基因对提高水果货架期具有重要的意义，并且不会对表型产生任何负面影响。

石细胞是一种短柱细胞，由薄壁细胞通过木质素和纤维素的沉积形成次生加厚的细胞壁，然而木质化的石细胞极大降低了水果的品质。根据联合国粮食及农业组织的数据，中国生产了全球 60%以上的梨，并供应了约 15%的出口梨市场。然而，中国梨出口价格却低于市场平均水平，主要是因为其石细胞含量高于欧洲和日本梨。石细胞在梨果肉中特异性积累，导致果实品质下降。因此，降低中国梨的石细胞含量，对于改良梨的品质具有重要意义。研究发现 *miR397a* 通过抑制编码关键木质素生物合成酶漆酶（laccase，LAC）的基因来调节水果细胞的木质化。瞬时过表达 *Pbr-miR397a* 和三个 *LAC* 基因同时沉默降低了梨果实中的木质素含量和石细胞数。此外，*Pbr-miR397a* 在转基因烟草中的过表达靶向抑制了目标 *LAC* 基因的表达，降低了木质素的含量，但不改变丁香基和愈创木酚木质素单体的比例。这些结果为改善梨果实品质提供了重要的基础。

8.4　色泽的遗传改良

果蔬中的呈色物质主要包括类胡萝卜素、花色苷和类黄酮类化合物。通过生物技术调节呈色物质的合成是色泽遗传改良的主要策略。

花色苷是园艺产品中常见的一类水溶性色素，使园艺产品呈现红色、蓝色、紫色和紫黑色等颜色，花色苷的代谢途径被广泛研究。二氢黄酮醇-4-还原酶（dihydroflavonol-4-reductase，DFR）是植物花色素生物合成途径中的关键酶之一。将草莓的 *DFR* 基因沉默后，果实颜色变浅，花色苷浓度也随之变化，果实中的天竺葵苷、矢车菊苷和山柰酚也明显减少。MYB 转录因子的复合物可以调控花色苷的表达，在苹果和草莓中转化表达转录因子基因 *MYB10* 可以提高果实中花色苷的含量。白肉萝卜突变体是 RsMYB1 启动子中 DNA 甲基化改变的结果，这种可遗传的表观遗传学变化是由于 CACTA 转座子甲基化过高，因此 *RsMYB1* 表达量明显下降，抑制了花色苷的生物合成。

用去甲基化酶抑制剂处理部分消除了突变体表型，可以有效预防白肉突变。苹果 MdMYB1 启动子 MR3 区域（-1246 至-780）的 CHH 甲基化水平与 *MdMYB1* 表达呈负相关，负责 CHH 甲基化的 RdDM 途径（RNA-directed DNA methylation pathway）的蛋白 MdAGO4 与 MdRDM1 和 MdDRM2 相互作用形成效应物复合物，从而实现 CHH 甲基化，表明了苹果的 *MdMYB1* 基因座通过 MdAGO4 与 MdMYB1 启动子的结合而甲基化，从而通过 RdDM 途径调节 *MdMYB1* 基因座甲基化调控苹果花色苷的生物合成。

番茄果实是类胡萝卜素和类黄酮的主要膳食来源，其含有大量的番茄红素和 β-胡萝卜素，这些物质对人体健康非常有益。*DET1*（de-etiolated 1）作为编码光信号转导机制的调节基因，可以抑制由光控制的几个信号通路，从而影响番茄果实品质。将番茄中 TDET1 基因的组成性沉默会使成熟果实中 β-胡萝卜素和番茄红素含量升高，但也会观察到严重的发育缺陷，如植株高度降低、灌木丛生和矮化等。为了使 TDET1 基因沉默在果实中展现出积极作用而不对植物生长产生负面影响，利用果实特异性启动子结合 RNAi 技术，通过抑制 TDET1 的 mRNA 积累来提高番茄果实的营养价值，DET1 基因在转基因果实中被特异性降解，果实中类胡萝卜素和类黄酮含量显著增加，而其他品质指标基本不变。此外，利用果实特异性 E8 启动子驱动的 RNAi 抑制番茄中 ABA 生物合成关键酶 9-顺式环氧类胡萝卜素双加氧酶（9-cis-epoxide carotenoid dioxygenase，NCED）基因 *SlNCED1*，可使番茄红素和 β-胡萝卜素等化合物的积累增加。

另外，人们还发现，某些基因的表观遗传突变会影响园艺产品的色泽形成。番茄 SBP-box 基因（colorless non-ripening，Cnr）的表观遗传突变导致了无色的非成熟果实。*Cnr* 表型是由 SBP-box 启动子的自发表观遗传变化引起的，番茄中的 *Cnr* 突变抑制了正常的成熟，并产生了严重的表型改变，使果实形成无色的粉状果皮。研究发现在 *Cnr* 位点并没有核苷酸序列差异，这表明突变可能是由基因组这一区域的表观遗传变化引起的。通过亚硫酸氢盐测序检测 *LeSPL-Cnr* 启动子区域的甲基化状态，在 *Cnr* 突变体中，在 *LeSPL-Cnr* 第一个 ATG 上游的 286bp 邻接区域检测到高水平的胞嘧啶甲基化。在表现出 *Cnr* 表型的植物中，果实和叶片组织中的 DNA 在这个区域的甲基化程度较高，如在 286bp 区域 14 个胞嘧啶位点上，从野生型果实和 *Cnr* 的三个独立成熟果实分离的基因组 DNA 中，甲基化胞嘧啶的百分比分别为 1.4% 和 86.4%。我们推测最初的 *Cnr* 突变是 *LeSPL-Cnr* 启动子中几个正常的非甲基化胞嘧啶的甲基化引起的，这些变化可通过 DNA 复制稳定遗传。

8.5　风味和营养品质的遗传改良

蔗糖积累会影响草莓果实的质地、香气、营养和口感等，在果实发育和品质形成中起关键作用。此外，蔗糖不仅是碳代谢的重要来源，也是调节植物生长和果实发育过程的信号分子。蔗糖非发酵-1（sucrose non-fermentation 1，SNF1）、相关蛋白激酶-1（SNF-related serine/threonine-protein kinase，SnRK1）及其两个同源物，组成了保守的丝氨酸/苏氨酸激酶家族，这些蛋白质是中枢能量和新陈代谢传感器，可根据营养信号和环境压力调节能量平衡，在植物碳代谢中起着重要作用。在草莓果实中，通过反向遗传学方法发现 *FaSnRK1α* 过表达显著增加了蔗糖含量，而 RNAi 抑制 *FaSnRK1α* 则降低了蔗糖含量。表明 FaSnRK1α 可以系统地调控蔗糖代谢途径中关键酶的基因表达和活性，促进蔗糖的长距离运输，从而增加蔗糖积累，最终促进草莓果实成熟。

抗坏血酸也称为维生素 C，是一种酸性多羟基化合物，对植物和动物的生长和发育具有重要的作用。在植物中，抗坏血酸作为抗氧化剂，通过清除光合作用、氧化代谢和各种胁迫过程中产生的活性氧来保护植物免受氧化损伤。植物中的抗坏血酸过氧化物酶（ascorbate peroxidase，APX）

可以将抗坏血酸氧化成单脱氢抗坏血酸。单脱氢抗坏血酸不稳定,通过单脱氢抗坏血酸还原酶作用重新转化为抗坏血酸,或者在没有酶的作用下代谢成脱氢抗坏血酸。脱氢抗坏血酸可自发水解成 2,3-二酮-L-古洛糖酸,或者利用还原型谷胱甘肽作为还原剂,在脱氢抗坏血酸还原酶的作用下,重新生成抗坏血酸。Zhang 等在番茄中克隆了一个线粒体 *APX*(mitochondria APX,*mitAPX*),并通过转基因干扰对其进行了表达抑制,发现纯合转基因株系中 *mitAPX* 表达降低,番茄果实中抗坏血酸含量增加了 2 倍左右。在草莓果实中异位表达猕猴桃 GDP-L-半乳糖磷酸化酶(GDP-L-galactose phosphorylase,GGP)基因可以将草莓果实中的抗坏血酸含量提升 2 倍。

番茄果实香气活性挥发物的前体大致分为氨基酸(如苯丙氨酸、亮氨酸和异亮氨酸)、脂肪酸和类胡萝卜素三大类。其中,产生番茄果实香味的最重要的挥发物质之一是直接从苯丙氨酸分解的酚类挥发物(苯乙醛、2-苯乙醇和 1-硝基-2-苯基乙烷),与甜味、水果味和花香有关。通过检测决定水果风味变异潜在的数量性状位点(quantitative trait locus,QTL),发现 4 号染色体上的QTL 可以影响苯丙氨酸衍生挥发物(phenylalanine derived volatiles,PHEV)中 2-苯乙醇、苯乙醛和 1-硝基-2-苯基乙烷的含量。在对 *PHEV* 基因座进行精细定位后筛选出 *FLORAL4* 基因为 PHEV调控的候选基因。采用基因编辑 CRISPR/Cas9 技术,发现 *FLORAL4* 是影响 PHEV 在番茄果实中积累的关键基因。这一发现有助于对特定果实风味成分进行更有针对性的育种,或利用诱变及基因编辑方法创造新的有利突变体,在番茄风味遗传改良育种中具有很大的应用潜力。

8.6　其他遗传改良

植物多胺中的腐胺、亚精胺和精胺等均参与各种生物过程,如形态发生、衰老和果实发育及生物和非生物胁迫,尤其对非呼吸跃变型果实成熟具有重要作用。对草莓果实成熟相关的蛋白质组数据分析发现,一种调控多胺氧化酶(polyamine oxidase,PAO)的基因 *FaPAO5* 可能对果实成熟有影响。RNAi 抑制 *FaPAO5* 的果实中亚精胺(spermidine,Spd)、精胺(spermine,Spm)和ABA 的积累增加,H_2O_2 的产生减少,从而促进了果实的成熟,并且在 *FaPAO5* 过表达转基因果实中观察到相反的表型。通过反向遗传学的方法证实了 FaPAO5 作为信号因子调节了 Spm/Spd 水平,是草莓果实成熟的负调控因子。

8.7　展　　望

利用分子育种技术定向改良园艺产品采后性状,是提升园艺产品采后贮运性的根本途径。目前看来,蔬菜、果树、花卉的育种目标主要集中于提升产品品质及提高植株的抗病性、抗干旱、耐涝、抗冷和耐热性等方面。其中,提升品质就包括了对园艺产品的采后耐贮运性的改良。在园艺产品采后生物学基础研究方面,人们在品质形成与劣变、病害抗性、环境适应性等方面开展了大量的研究,越来越多基因的功能及其调控模式被揭示。在未来的研究中,一方面仍需充分利用园艺产品的分子遗传信息,在多组学及系统水平上全面分析基因功能,以揭示园艺产品采后性状的调控网络、环境应答互作分子网络、代谢网络等分子机制,发掘关键的基因,为果树定向育种提供基因资源和理论指导;另一方面,有相当大一部分园艺产品是植物的花和果实,对于其采后特性的改良比起改良植株特性所需的周期更长,尤其是对于多年生的果树作物,获得稳定遗传的转基因植株并在果实上观测到表型,周期尤为漫长。因此,如何利用现代生物技术缩短研究周期,也是该领域研究的重要任务之一。

主要参考文献

鲍文毅, 徐晨, 宋飞, 等. 2015. 纤维素/壳聚糖共混透明膜的制备及阻隔抗菌性能研究. 高分子学报, (1): 49-56.

蔡金术, 王中炎. 2009. 猕猴桃树势对果实大小与品质的影响. 湖南农业科学, 12: 119-121, 130.

曹德胜, 史琳. 2003. 制冷剂使用手册. 北京: 冶金工业出版社.

曹锦萍, 陈烨芝, 孙翠, 等. 2020. 我国果蔬产地商品化技术支撑体系发展现状. 浙江大学学报 (农业与生命科学版), 46 (1):
1-7.

陈珊珊, 陶宏江, 王亚静, 等. 2016. 葵花籽壳纳米纤维素/壳聚糖/大豆分离蛋白可食膜制备工艺优化. 农业工程学报, 32 (8):
306-314.

崔建云, 任发政, 郑丽敏. 2006. 现代食品包装技术. 北京: 中国农业大学出版社.

邓靖, 李文, 郝喜海, 等. 2014. 基于丁香精油/β-CD 包合物的 PVA 活性包装膜制备及性能研究. 化工新型材料, 42 (9): 58-60.

杜传来, 郁志芳, 王佳红, 等. 2005. 壳聚糖涂膜包装对鲜切莴苣保鲜效果的研究. 包装与食品机械, 23 (2): 11-14.

杜玉宽, 杨德兴. 2000. 水果蔬菜花卉气调贮藏及采后技术. 北京: 中国农业大学出版社.

范雨航, 李少华, 许青莲, 等. 2017. 气调保鲜对采后柠檬贮藏品质的影响. 食品工业科技, 38 (5): 324-328.

冯琨. 新媒体时代农产品品牌塑造研究. 农业经济, 2021 (7): 131-132.

冯世宏, 杜慧玲, 曹丽云, 等. 2004. 果蔬保鲜剂特克多的合成. 食品研究与开发, 25 (6): 57-58.

傅泽. 2021. 数字经济背景下电商直播农产品带货研究. 农业经济, (1): 137-139.

刚成诚, 李建龙, 王亦佳, 等. 2012. 利用不同化学方法处理水蜜桃保鲜效果的对比研究. 食品科学, 33 (6): 269-273.

高海生, 张翠婷. 2012. 果品产地贮藏保鲜与病害防治. 北京: 金盾出版社.

高媛, 马帅, 代敏, 等. 2018. 果蔬酚酸生物合成及代谢调控研究进展. 食品科学, 39 (9): 286-293.

韩佳伟, 李佳铖, 任青山, 等. 2021. 农产品智慧物流发展研究. 中国工程科学, 23 (4): 30-36.

何生根, 肖巧云. 2000. 切花栽培和保鲜技术问答. 广州: 广东科技出版社.

贺俊杰. 2006. 制冷技术, 北京: 机械工业出版社.

侯东明, 江亿. 1992. 水果蔬菜薄膜气调贮藏. 北京: 清华大学出版社.

黄绵佳. 2007. 热带园艺产品采后生理与技术. 北京: 中国林业出版社.

甲子光年. 2020. 一文读懂风口上的仓储自动化. 中国机器人网. (2020-06-07) [2023-6-11]. https://www.shangyexinzhi.com/
article/1968975.html.

姜方桃, 邱小平. 2019. 物流信息系统. 西安: 西安电子科技大学出版社.

金明弟, 路凤琴, 李惠明. 2018. 蔬菜职业农民技术指南. 上海: 上海科学技术出版社.

阚娟, 火ális斌, 谢王晶, 等. 2019. 1-MCP 和 UV-C 处理对采后苹果抗氧化活性的影响. 食品工业科技, 40 (3): 281-285.

李波, 王谦, 丁丽芳. 2019. 物流信息系统. 北京: 清华大学出版社.

李栋栋, 罗自生. 2013. 植物衰老叶片与成熟果实中叶绿素的降解. 园艺学报, 40 (10): 2039-2048.

李卉, 孙政国, 李阳, 等. 2014. 新型组合物理方法对凤凰水蜜桃的保鲜效果. 天津农业科学, 20 (4): 31-36.

李丽, 何雪梅, 李昌宝, 等. 2017. 炭疽病菌侵染对香蕉采后品质变化及抗病相关酶活性的影响. 现代食品科技, 33 (9): 83-90.

李学工. 2020. 冷链物流管理. 2 版. 北京: 清华大学出版社.

李一. 2002. 热带、亚热带水果的贮藏. 世界热带农业信息, 7: 1-5.

梁雯. 2019. 物流信息管理. 北京: 清华大学出版社.

林海, 郝瑞芳. 2017. 园艺产品采后贮藏与加工. 北京: 中国轻工业出版社.

刘国琴, 赵娜, 于甸平. 2005. 芥菜类蔬菜栽培与贮藏加工新技术. 北京: 中国农业出版社.

刘敏, 赵浩, 范贵生, 等. 2017. 壳聚糖-酪蛋白酸钠可食性抑菌膜结构表征及抑菌性的研究. 食品研究与开发, 38 (2): 12-16.

刘学浩, 张培正. 2002. 食品冷冻学. 北京: 中国商业出版社.

罗云波, 生吉萍. 2010. 园艺产品采后贮藏加工学: 贮藏篇. 2 版. 北京: 中国农业大学出版社.

马华敏. 2021. 直播带货助推农产品营销模式升级路径研究. 商业经济研究, (15): 81-84.

钱少平. 2016. 竹纳米纤维素晶须增强聚乳酸复合材料界面结合及强化机理研究. 杭州: 浙江大学.

全国城市农贸中心联合会. 2022. 《2021 年农贸市场发展情况调查报告》. (2022-07-21) [2023-6-11]. http://www.cawa.org.cn/
research/report2.html.

任丹丹, 朱品宽. 2020. 乙烯在果实采后成熟与病害腐烂过程中的双重作用. 生物学教学, 45 (4): 4-6.

沈海民, 纪红兵, 武宏科, 等. 2014. β-环糊精的固载及其应用最新研究进展. 有机化学, 34 (8): 1549-1572.

孙红霞,李源. 2020. 冷链供应链管理. 北京:清华大学出版社.

谭兴和. 2015. 蔬菜茶叶贮运保鲜技术(现代农产品贮藏加工技术丛书). 长沙:湖南科学技术出版社.

滕文毫,孙寒冰. 2017. 制冷技术基础. 北京:高等教育出版社.

汪利虹,冷凯君. 2020. 冷链物流管理. 北京:机械工业出版社.

王洪伟. 2020. 物流管理信息系统. 北京:北京大学出版社.

王丽琼. 2008. 果蔬贮藏与加工. 北京:中国农业大学出版社.

王世良. 2005. 机械制冷冷藏集装箱与运输. 北京:人民交通出版社.

王献,郑东方. 2002. 切花贮藏保鲜新技术. 郑州:中原农民出版社.

王晓娜. 2021. "互联网+"与农产品营销模式创新融合的措施研究. 农业经济,(3):137-138.

王新颖,江志伟,方龙音,等. 2014. 氯化物与臭氧水果保鲜方法及杀菌效果探究. 食品工业,35(3):1-4.

王玉霞,高维全. 2021. 直播电商赋能下农产品营销模式优化研究. 价格理论与实践,(2):119-122.

王志华,王文辉,佟伟,等. 2019. 黄金梨采收与贮运保鲜关键技术. 果树实用技术与信息,6:46-47.

卫苗. 2021. 新媒体背景下特色农产品的营销模式与优化策略. 农业经济,(9):135-137.

尉迟斌,卢士勋,周祖毅. 2011. 实用制冷与空调工程手册. 北京:机械工业出版社.

吴业正. 2005. 制冷与低温技术原理. 北京:高等教育出版社.

吴媛媛,吴伟杰,郜海燕,等. 2020. 灰葡萄孢霉角质酶粗提液酶学特性研究. 核农学报,34(7):1518-1524.

伍新龄,荆红彭,张旭,等. 2015. 不同自发气调包装膜对鲜食大豆保鲜效果的比较. 食品科学,36(14):265-270

谢如鹤. 2013. 冷链运输原理与方法. 北京:化学工业出版社.

杨李欣. 2001. 切花的采后处理与保鲜方法. 河南林业科技,21(3):29-31.

叶健恒. 2018. 冷链物流管理. 2版. 北京:北京师范大学出版社.

尹兴,孙诚,付春英,等. 2017. 纳米二氧化钛/聚乳酸抗菌薄膜的制备和性能. 包装工程,38(15):36-40.

曾洁,徐亚平. 2012. 薯类食品生产工艺与配方. 北京:中国轻工业出版社.

张长峰. 2004. 气调包装条件下果蔬呼吸强度模型的研究进展. 农业工程学报,20(3):281-285.

张长峰,徐步前,吴光旭,2006. 参数估算法在气调包装果蔬呼吸速率测定中的应用. 农业工程学报,(2):176-179.

张华,吴笛,曹朦,等. 2012. 热烫对绿芦笋品质和抗氧化活性的影响. 农业机械,(27):123-126.

张慧芸,郭新宇,吴静娟. 2016. 添加丁香精油对玉米醇溶蛋白膜性能及结构的影响. 食品科学,37(12):7-12.

张青,龚海辉,徐世஬,等. 2006. 果蔬气调运输技术及设备的现状. 包装与食品机械,(6):46-48.

张小琴,石磊,周家华,等. 2016. 可食性膜对鲜切水蜜桃保鲜效果的研究. 河南农业科学,(5):152-156.

张晓明,孙旭. 2019. 物流信息化与物联网发展背景下的农产品冷链物流优化研究. 北京:经济管理出版社.

张亚龄. 2021. 大数据背景下农产品市场营销及物流一体化模式. 中国果树,(8):113.

赵春江. 2021. 智慧农业的发展现状与未来展望. 华南农业大学学报,42(6):1-7.

赵丽芹,张子德. 2017. 园艺产品采后贮藏加工学. 2版. 北京:中国轻工业出版社.

郑少峰. 2019. 现代物流信息管理与技术. 北京:机械工业出版社.

郑文法. 2012. 鲜切花主要种类及其保鲜技术研究综述. 安徽农学通报,18(15):68-69,71.

只井杰. 2021. 生鲜农产品社群营销的优势、挑战及对策. 农业经济,(10):135-137.

中华人民共和国农业部. 2007. 浆果贮运技术条件:NY/T 1394-2007. 北京:中国标准出版社.

周志才,王美兰,王鲁敏. 1997. 蒜薹不开袋MA贮藏的应用研究. 园艺学报,24(4):401-402.

宗静. 2013. 68种名特蔬菜的营养与科学食用. 北京:金盾出版社.

Acosta S, Chiralt A, Santamarina P. 2016. Antifungal films based on starch-gelatin blend, containing essential oils. Food Hydrocoll, 61: 233-240.

Ali S, Khan A S, Malik A U, et al. 2016. Effect of controlled atmosphere storage on pericarp browning, bioactive compound and antioxidant enzymes of litchi fruits. Food Chem, 206 (1): 18-29.

Álvarez-Hernández M H, Martínez-Hernández G B, Avalos-Belmontes F, et al. 2020. Postharvest quality retention of apricots by using a novel sepiolite-loaded potassium permanganate ethylene scavenger. Postharvest Biol. Technol, 160:111061.

Ayvaz H, Schirmer S, Parulekar Y, et al. 2012. Influence of selected packaging materials on some quality aspects of pressure-assisted thermally processed carrots during storage. LWT, 46 (2): 437-447.

Bailen G, Guillen F, Castillo S. 2007. Use of a palladium catalyst to improve the capacity of activated carbon to absorb ethylene and its effect on tomato ripening. Span J of Agric, 5 (4): 579-586.

Baladhiya C, Doshi J. 2016. Precooling techniques and applications for fruits and vegetables. Internat. J Proc. & Post Harvest Technol, 7 (1): 141-150.

Barron A, Sparks T D. 2020. Commercial marine-degradable polymers for flexible packaging. iScience, 23 (8): 101353.

Bovi G G, Caleb O J, Linke M, et al. 2016. Transpiration and moisture evolution in packaged fresh horticultural produce and the role of integrated mathematical models: a review. Biosyst Eng, 150: 24-39.

Brosnan T, Sun DW. 2001. Precooling techniques and applications for horticultural products: a review. Int J Refrig., 24 (2): 154-170.

Carmen G M, Perez E C, Chimbombi E, et al. 2009. Effect of oxygen-absorbing packaging on the shelf life of a liquid-based component of military operational rations. J Food Sci., 74 (4): E167-E176.

Carmona-Hernandez S, Reyes-Perez J J, Chiquito-Contreras R G, et al. 2019. Biocontrol of postharvest fruit fungal diseases by bacterial antagonists: a review. Agronomy-Basel, 9 (3): 9030121.

Cherpinski A, Biswas A, Lagaron J M. 2019. Preparation and evaluation of oxygen scavenging nanocomposite films incorporating cellulose nanocrystals and Pd nanoparticles in poly (ethylene-co-vinyl alcohol). Cellulose, 26 (12): 7237-7251.

Choi I, Han J. 2018. Development of a novel on-off type carbon dioxide indicator based on interactions between sodium caseinate and pectin. Food Hydrocoll, 80: 15-23.

Choi S, Eom Y, Kim S M. 2020. A self-healing nanofiber-based self-responsive time-temperature indicator for securing a cold-supply chain. Adv Mater, 1907064.

Eissa A H A, Albaloushi N S, Azam M M. 2013. Vibration analysis influence during crisis transport of the quality of fresh fruit on food security. Agric Eng Int CIGR Journal, 15: 181-190.

Fadiji T, Coetzee C, Opara U. 2016. Compression strength of ventilated corrugated paperboard packages: Numerical modelling, experimental validation and effects of vent geometric design. Biosyst Eng, 151: 231-247.

Fernando I, Fei J, Stanley R. 2018. Measurement and evaluation of the effect of vibration on fruits in transit—Review. Packag Technol and Sci, 31: 723-738.

Gajbhiye M, Sathe S, Shinde V, et al. 2016. Morphological and molecular characterization of pomegranate fruit rot pathogen, Chaetomella raphigera, and its virulence factors. Indian J Microbiol, 56: 99-102.

Granda-Restrepo D, Peralta E, Troncoso-Rojas R, et al. 2009. Release of antioxidants from co-extruded active packaging developed for whole milk powder. Int Dairy J, 19 (8): 481-488.

Gu K D, Wang C K, Hu D G, et al. 2019. How do anthocyanins paint our horticultural products. Sci Hortic, 249 (30): 257-262.

Guo Y Y, Wang L, Chen Y, et al. 2018. Stalk length affects the mineral distribution and floret quality of broccoli (*Brassica oleracea* L. var. italica) heads during storage. Postharvest Biol. Technol, 145: 166-171.

Hussein Z, Fawole O, Opara L. 2020. Harvest and postharvest factors affecting bruise damage of fresh fruits. Hortic Plant J, 6 (1): 1-13.

Jarvis M C, Briggs S P H, Knox J P. 2003. Intercellular adhesion and cell separation in plants. Plant Cell Environ, 26 (7): 977-989.

Joshi K, Mahendran R, Alagusundaram K, et al. 2013. Novel disinfectants for fresh produce. Trends Food Sci Technol, 34 (1): 54-61.

Kanatt S R, Rao M S, Chawla S P. 2012. Active chitosan-polyvinyl alcohol films with natural extracts. Food Hydrocoll, 29 (2): 290-297.

Kim D, Seo J. 2018. A review: Breathable films for packaging applications. Trends Food Sci Tech, 76: 15-27.

Kong Q S, Yuan J S, Gao L Y, et al. 2017. Transcriptional regulation of lycopene metabolism mediated by rootstock during the ripening of grafted watermelons. Food Chem, 214: 406-411.

Leal I L, da Silva Rosa Y C, da Silva Penha J, et al. 2019. Development and application starch films: PBAT with additives for evaluating the shelf life of Tommy Atkins mango in the fresh-cut state. J Appl Polym Sci, 136 (43): 48150.

Li H, Tian S P, Qin G Z. 2019. NADPH oxidase is crucial for the cellular redox homeostasis in fungal pathogen *Botrytis cinerea*. Mol Plant Microbe In, 32 (11): 1508-1516.

Li M, Dunwell J M, Zhang H W, et al. 2018. Network analysis reveals the co-expression of sugar and aroma genes in the Chinese white pear (Pyrus bretschneideri). Gene, 677: 370-377.

Li Q, Cheng C X, Zhang X F, et al. 2020. Preharvest bagging and postharvest calcium treatment affects superficial scald incidence and calcium nutrition during storage of 'Chili' pear (Pyrus bretschneideri) fruit. Postharvest Biol Technol, 163: 111149.

Li Y C, Bi Y, An L Z. 2007. Occurrence and latent infection of Alternaria rot of Pingguoli pear (*Pyrus bretschneideri* Rehd cv. Pingguoli) fruits in Gansu,China. J Phytopathol, 155: 56-60.

Lian Z X, Zhang Y F, Zhao Y Y. 2016. Nano-TiO$_2$ particles and high hydrostatic pressure treatment for improving functionality of polyvinyl alcohol and chitosan composite films and nano-TiO$_2$ migration from film matrix in food simulants. Innov Food Sci Emer, 33: 145-153.

Liu C Q, Hu K D, Li T T, et al. 2017. Correction: Polygalacturonase gene pgxB in Aspergillus niger is a virulence factor in apple fruit. PLoS One, 12, 13.

Liu Z G, Li Z G, Yang Y G, et al. 2020. Differences in the cell morphology and microfracture behaviour of tomato fruit (Solanum lycopersicum L.) tissues during ripening. Postharvest Biol Technol, 164: 111182.

LuFu R, Ambaw A, Opara U L. 2020. Water loss of fresh fruit: influencing pre-harvest, harvest and postharvest factors. Sci Hortic, 272: 109519.

Magwaza L S, Opara U L. 2015. Analytical methods for determination of sugars and sweetness of horticultural products: A review. Sci Hortic, 184: 179-192.

Mahajan P, Rux G, Caleb O, et al. 2016. Mathematical model for transpiration rate at 100% humidity for designing modified humidity packaging. Acta Horticulturae, 1141: 269-274.

Maneerat C, Hayata Y. 2008. Gas-phase photocatalytic oxidation of ethylene with TiO$_2$ -coated packaging film for horticultural products. T

Asabe, 51 (1): 163-168.

Mariani M, Phebe D. 2019. Physico-textural and cellular structure changes of Carissa congesta fruit during growth and development. Sci Hortic, 246: 380-389.

Mathew S, Mathew J, Radhakrishnan E K. 2019. Polyvinyl alcohol/silver nanocomposite films fabricated under the influence of solar radiation as effective antimicrobial food packaging material. J Polym Res, 26: 223

Mattheis J P, Fellman J K. 1999. Preharvest factors influencing flavor of fresh fruit and vegetables. Postharvest Biol. Technol, 15 (3): 227-232.

Mercier S, Villeneuve S, Mondor M, et al. 2017. Time-temperature management along the food cold chain: a review of recent developments. Compr. Rev. Food Sci. Food Saf, 16 (4): 647-667.

Moggia C, Graell J, Lara I. 2017. Firmness at harvest impacts postharvest fruit softening and internal browning development in mechanically damaged and non-damaged highbush blueberries (*Vaccinium corymbosum* L.). Front Plant Sci, 88: 535.

Niponsak A, Laohakunjit N, Kerdchoechuen O. 2016. Development of smart colourimetric starch-based indicator for liberated volatiles during durian ripeness. Food Res Int, 89: 365-372.

Noshirvani N, Ghanbarzadeh B, Gardrat C. 2017. Cinnamon and ginger essential oils to improve antifungal, physical and mechanical properties of chitosan-carboxymethyl cellulose films. Food Hydrocoll, 70: 36-45.

Noshirvani N, HongW, Ghanbarzadeh B. 2018. Study of cellulose nanocrystal doped starch-polyvinyl alcohol bionanocomposite films. Int J Biol Macromol, 107: 2065.

Nunes M C N, Brecht J K, Morais A M M B, et al. 1995. Physical and chemical quality characteristics of strawberries after storage are reduced by a short delay to cooling. Postharvest Biol. Technol, 6 (1/2): 17-28.

Ordaz-Ortiz J J, Marcus S E, Knox J P. 2009. Cell wall microstructure analysis implicates hemicellulose polysaccharides in cell adhesion in tomato fruit pericarp parenchyma. Mol Plant, 2 (5): 910-921.

Palou L. 2018. Postharvest treatments with GRAS salts to control fresh fruit decay. Horticulturae, 4 (4): 46.

Pérez-López A, Chávez-Franco S H, Villaseñor-Perea C A, et al. 2014. Respiration rate and mechanical properties of peach fruit during storage at three maturity stages. J Food Eng, 142: 111-117.

Podsędek A, Wilska-Jeszka J, Anders B, et al. 2000. Compositional characterization of some apple varieties. Eur Food Res Technol, 210 (4): 268-272.

Prusky D, Alkan N, Mengiste T, et al. 2013. Quiescent and necrotrophic lifestyle choice during postharvest disease development. Annu Rev Phytopathol, 51: 155-176.

Prusky D, Yakoby N. 2003. Pathogenic fungi: leading or led by ambient pH. Mol Plant Pathol, 4: 509-516.

Reyes L F, Villarreal J E, Cisneros-Zevallos L. 2007. The increase in antioxidant capacity after wounding depends on the type of fruit or vegetable tissue. Food Chem, 101 (3): 1254-1262.

Rhim J W, Roy S. 2020. Carboxymethyl cellulose-based antioxidant and antimicrobial active packaging film incorporated with curcumin and zinc oxide. Int J Biol Macromol, 148 (4): 666-676.

Robertson G L. 2012. Food Packaging: Principles and Practice. 3rd ed. Boca Raton: CRC Press.

Shin Y L, Shin J, Lee Y. 2009. Effects of oxygen scavenging package on the quality changes of processed meatball product. Food Sci Biotechnol, 18 (1): 73-78.

Stroescu M, Stoica-Guzun A, Jipa, I M. 2013. Vanillin release from poly (vinyl alcohol)-bacterial cellulose mono and multilayer films. J Food Eng, 114 (2): 153-157.

Tafolla-Arellano J C, Báez-Sañudo R, Tiznado-Hernández M E. 2018. The cuticle as a key factor in the quality of horticultural crops. Sci Hortic, 232: 145-152.

Talasila P C, Chau K V, Brecht J K. 1995. Design of rigid modified atmosphere packages for fresh fruits and vegetables. J Food Sci, 60 (4): 758-761.

Tannous J, Barda O, Luciano-Rosario D, et al. 2020. New insight into pathogenicity and secondary metabolism of the plant pathogen Penicillium expansum through deletion of the epigenetic reader SntB. Front. Microbiol, 11: 13.

Terry L A, Ilkenhans T, Poulston S, et al. 2007. Development of new palladium-promoted ethylene scavenger. Postharvest Biol Technol, 45 (2): 214-220.

Tilahun S, Choi H R, Park D S, et al. 2020. Ripening quality of kiwifruit cultivars is affected by harvest time. Sci Hortic, 261: 108936.

Tomczyk J A, Silberstein E, WhitmanW C, et al. 2016. Refrigeration and Air Conditioning Technology. 8th Edition. Albany, N.Y Delmar Pub.

Usman J, Othman M, Ismail A F, et al. 2021. An overview of superhydrophobic ceramic membrane surface modification for oil-water separation. J Mater Res Technol, 12 (12): 643-667.

Weide J V, Forte A, Peterlunger E, et al. 2020. Increase in seed tannin extractability and oxidation using a freeze-thaw treatment in cool-climate grown red (Vitis vinifera L.) cultivars. Food Chem, 308: 125571.

Wen P, Zhu D H, Feng K. 2016. Fabrication of electrospun polylactic acid nanofilm incorporating cinnamon essential oi/β-cyclodextrin inclusion complex for antimicrobial packaging. Food Chem, 196: 996-1004.

Wu F, Misra M, Mohanty A K. 2021. Challenges and new opportunities on barrier performance of biodegradable polymers for sustainable packaging. Prog Polym Sci, 117: 101395.

Xia M, Zhao X, Wei X. 2020. Impact of packaging materials on bruise damage in kiwifruit during free drop test. Acta Physiol Plant, 42 (7): 119.

Xu X, Zhang X, Liu S. 2018. Experimental study on cold storage box with nanocomposite phase change material and vacuum insulation panel. Int J Energ Res, 42: 4429-4438.

Yam K L, Takhistov P T, Miltz J. 2005. Intelligent packaging: Concepts and applications. J Food Sci, 70 (1): R1-R10.

Yan D, Shi J R, Ren X L, et al. 2020. Insights into the aroma profiles and characteristic aroma of 'Honeycrisp' apple (Malus × domestica). Food Chem, 327 (25): 127074.

Zhang H Y, Mahunu G K, Castoria R, et al. 2018. Recent developments in the enhancement of some postharvest biocontrol agents with unconventional chemicals compound. Trends Food Sci. Technol, 78: 180-187.

Zhang J H, Cheng D, Wang B B, et al. 2017. Ethylene control technologies in extending postharvest shelf life of climacteric fruit. J Agric Food Chem, 65 (34): 7308-7319.

Zhang W L, JiangW B. 2019. UV treatment improved the quality of postharvest fruits and vegetables by inducing resistance. Trends Food Sci Technol, 92: 71-80.

Zhang W W, Zhao S Q, Zhang L C, et al. 2020. Changes in the cell wall during fruit development and ripening in Fragaria vesca. Plant Physiol Biochem, 154: 54-65.

Zhao C J, Han J W, Yang X T, et al. 2016. A review of computational fluid dynamics for forced-air cooling process. Appl Energy, 168: 314-331.